〔第二版〕
地域共生の都市計画

都市空間を造り運用する活動は、市民個人や団体、企業などの創意とエネルギーでもって具体化されている。市民とは、自らの都市状態を診断し、批判し、課題を自覚し、共有できる将来空間像を構想し、実現のためのルールと協力関係を築く主体である。とすると都市計画とはその営みを支援する社会的システムであるといえる。

三村浩史 ❖ 著

学芸出版社

第二版　はしがき

　1997年の初版以来，本書は多分野の方々に読まれ，第7刷までかさねてきました．しかし8年を経過したいま，かつてない次元に入りつつあるわが国社会と都市計画をめぐる21世紀の課題にこたえるべく，初版を全面的に見直し，新しい動向の紹介と評価を加え，都市計画ハンドブックとして活用しやすい「第二版」を作成いたしました．人間居住論をベースとする本書の基調に変化はありませんが，都市計画の新しい動き，たとえば「景観法」を取り上げて，その意義と活用プログラムを書き加えました．現代都市計画を理解するうえでの市民・入門者テキスト，専門家のハンドブックとして活用いただきたく存じます．

2005年3月
著者

初版　はしがき

　都市計画・まちづくりの講義は，これまで大学の建築・土木・造園などの建設系の学科では必須科目となってきた．さまざまな建築物の設計や都市施設の建設さらに公園緑地の整備などにたずさわる専門家たちにとって，都市計画についてのはば広い知識や技術が素養として求められてきたのである．

　しかしながら20世紀後半の都市計画の仕事は，上のような建設系の専門を中核としながらも，きわめて多様な分野との協同作業ですすめられるようになった．ひとつの都市開発プロジェクトを起こすときでも，健康，衛生，環境，自然などの生活環境，コミュニティ，福祉，教育文化，芸術といった社会環境，雇用，産業，財政，投資といった経済環境，住民参加，情報公開，分権，法制度などの政治環境など多分野との連携が常に求められる．

　それだけに今日，これら多分野の専門家にとっても，市民・ボランティアにとっても，共通に用いられる都市計画テキストが求められているといえよう．

　本書は，こうしたニーズに応えようと，京都大学で「都市設計学（全学共通講義）」を担当してきた著者が，最近の内容を中心に図表や事項を大幅に加えて，学習テキストとしてまとめ直したものである．内容では，社会実践としての都市計画といういとなみの基本的な仕組みを論述するとともに，並行して都市政策・まちづくりにかかわる近年の思潮や計画技法についても紹介しているので，専門家や実務者のための事典としても役立つことと思う．

　いうまでもなく都市計画という本来からして多分野的総合の世界の紹介は，著者単独でできることではない．執筆にあたっては，多くの関連分野の専門家の成果および政府・自治体等の資料を引用させていただいた．また，各地のまちづくり運動からも新しい発想を学ばせていただいた．かならずしも準備万全でなかった毎回の講義を通して学生諸君からも逆に教えられることも少なくなかった．さらに友人諸君には原稿を点検し補正する手間をお掛けした．これらのことを記して感謝の意を表するものである．

1996年11月
著者

―― 目　次 ――

　　はしがき ……………………………………………………………………………… 3

I 人間居住と都市計画の発達　　　　　　　　　　　　　　　　　　　7

1　現代の人間居住と都市計画 …………………………………………… 7
　1・1　都市化する世界　7
　1・2　都市化と新たな貧困への対処　8
　1・3　環境共生型の都市づくり　9
　1・4　現代における都市計画の課題　10
　1・5　地域共生の都市計画・まちづくりを担う人々　13

II 都市づくりの思想と空間形態　　　　　　　　　　　　　　　　　15

2　近代以前の都市づくり ………………………………………………… 15
　2・1　先都市（pre-urban）時代の集落空間　15
　2・2　古代都市文明の空間形態　17
　2・3　中世から近世への都市と空間形態　19
　2・4　西欧バロック都市から近代都市計画へ　22

3　近代以降の都市づくり ………………………………………………… 24
　3・1　産業革命と理想社会論の系譜　24
　3・2　近代の都市計画論　27
　3・3　モダニズム都市計画の展開　29

III 都市の総合基本計画　　　　　　　　　　　　　　　　　　　　　36

4　地域計画と都市計画マスタープラン ………………………………… 36
　4・1　地域計画の基本論理　36
　4・2　地域計画における都市計画の位置づけ　39
　4・3　都市計画マスタープラン　43
　4・4　都市の空間構成計画　46
　4・5　開発プロジェクトと都市計画　50

5　土地利用計画 …………………………………………………………… 53
　5・1　土地利用の考え方　53
　5・2　土地利用計画に呼応する都市計画　53
　5・3　土地利用マスタープラン　58

6 公園緑地の計画 ……………………………………… 62
- 6・1　人間と緑地　62
- 6・2　公園緑地計画の方法　65

7 都市交通および脈絡系施設の計画 ……………………… 73
- 7・1　都市発展と都市交通計画のはたらき　73
- 7・2　交通サービス需要の把握　73
- 7・3　都市計画と総合的交通体系　76
- 7・4　道路網・街路空間の計画　81
- 7・5　都市循環系施設の計画　85

8 景観基本計画とアーバンデザイン ……………………… 87
- 8・1　景観と風景の考え方　87
- 8・2　景観にかかわる行政制度の経過　89
- 8・3　地域景観の空間構成を理解する　92
- 8・4　景観形成計画を策定する　94

IV 市街地の整備と居住地設計　102

9 コミュニティと居住地計画 ……………………………… 102
- 9・1　現代のコミュニティ　102
- 9・2　居住地の変動と持続　104
- 9・3　居住地整備のためのプログラム　108

10 市街地の開発・再開発と整備計画 ……………………… 114
- 10・1　空間的基盤としての市街地　114
- 10・2　市街地を開発する仕組み　116
- 10・3　市街地のストックと保全・改善・再開発　122

11 建築行為・開発行為の社会的コントロール …………… 130
- 11・1　建築の自由と不自由　130
- 11・2　建築のための敷地の条件　131
- 11・3　地域地区制と建築物の用途コントロール　132
- 11・4　建築物の形態コントロール　135

12 市街地の安全と防災都市づくり ………………………… 143
- 12・1　安全と安心の保障　143
- 12・2　災害発生・拡大のメカニズム　143
- 12・3　防災計画の論理　144
- 12・4　防災都市づくり　147

13 地区計画などミクロの都市計画 ………………………… 153
- 13・1　まちづくりの仕組み　153
- 13・2　地区計画制度　155
- 13・3　さまざまな「まちづくり」の手法・制度　159

13・4　まちづくり目標への誘導手法システム　164

Ⅴ これからの課題　167

14　地域共生の都市計画にむけて ……………………… 167
14・1　地域共生の意味　167
14・2　予測される社会変化とその影響　167
14・3　21世紀都市計画への課題展開　168
14・4　都市計画の科学と教育　171

用 語 集 ……………………………………………………… 174
参考図書 ……………………………………………………… 181
索　　引 ……………………………………………………… 187
あとがき ……………………………………………………… 190

用語集に収録した用語に＊をつけています．

I 人間居住と都市計画の発達

1 現代の人間居住と都市計画

1・1
都市化する世界

　人間の居住拠点としての都市はおよそ5000年前に現れたとされる．それらは河や海の水路があつまる交通の拠点に立地し，広域にわたる宗教・政治・軍事力の所在地として，交易や関連事業の活動中心として成長した．
　気候が変動したり土地の生産力の低下があったり大災害や戦争による破壊や交通立地上の変化などがあって，都市はいくどとなく衰退し破滅してきた．砂漠にうずもれた廃墟になったり，さびしい一集落にもどってしまった歴史上の都市も数知れない．一方，不死鳥のように蘇ったり，一寒村から1世紀もたたない間に世界的なメトロポリスへと爆発的に成長してきた都市も，わたしたちは経験している．このような歴史を通じての都市の栄枯盛衰を想ってみると，一種の無常感におそわれるかも知れない．しかし現実に，世界人口の半分以上は，すでに都市地域に住んでおり，都市化*は年々進行して，人類社会は大きな繁栄を享受する一方で，さまざまな都市問題に悩まされている．さしあたって現代の都市をどのように改善したり新開発して生活空間としての質を向上していくか，そして誇りをもって将来世代に引き継げるかが問われている．
　さて，都市とはいったい何か，定義することはたやすくないが，首都などの主要な都市をみると，それは政治権力の拠点であり，経済流通の中心であり，商工民集団の活動の場でもある．いうなれば，政治・宗教・経済・社会・文化活動の総合的かつ集約的な場である．
　社会集団の意味と働き（機能）は，建築物や町並み・通りや公共施設といった形ある生活空間として表現される．都市は，社会の成り行きとして半ば自然に生成されたようにもみえるが，その実は社会の強い意思の計画的実現であり，その様態は時代精神のシンボルである．
　都市の存在は，これまで農村との対比によって特徴づけられてきた．ライフスタイル*でいうと「都会」と「田園」という対比があった．しかし現代社会では，交通・物流・通信システムの発達によって半都市半農村のような地域が広がっているので，時代に即した理解が必要である．
　さて，工業化社会の先進国として20世紀前半にすでに大都市化がすすんでいたヨーロッパや日本は，第二次大戦で被災したあと都市復興に取組んだ．前者の多くでは歴史的な記念物や都市の空間構成を注意深く保存しながら復興し，かつ周辺の郊外団地やニュータウンなどの開発によって人口の都市化と経済成長の受皿を用意してきた．日本では戦災復興区画整理によって旧都市の姿はまったく変容した．また新しい郊外の多くは質の低いスプロール状開発であった．これが近郊農村や衛星都市をのみこんで果てしなく拡散してきた．一方，第二次大戦で被災しなかった米国では，モータリゼーションと大規模な郊外開発によって旧都市部の衰退と荒廃が深刻になった．都市財政を回復するために大規模な都市再開発事業が多くの都市で実行され，公共が旧い街区を根こそぎ除却して，広い道路と充分な駐車場を造成し，民間デ

ベロッパーが高層の商業業務ビルやマンションを建設するのが事業方式であった．このようなスクラップアンドビルド型の再開発は，米国だけでなく他の先進国でも実行されたが，中心部からさらに居住人口を郊外へと追出し，かつ伝統的な都市が有していた人間味を断絶させている．

都市中心部＝インナーシティ*の衰退と荒廃が1970年代から問題となった．居住人口をもういちど回復すること，夜間や休日は無人化するオフィス街ではなく，さまざまな職場と住居とが複合した地区の存在が再評価されるようになりつつあるが，その回復は容易ではない．むしろ，商業や業務機能も分散して郊外を新しい職住複合センターへと再編成する傾向にある．

現代社会にあって，わたしたちは，いったいどのような都市像を描くべきなのか．1990年代に入ってから，都市間の生存競争がかつてなく激しくなった．企業も大学も公的機関も，より魅力があり経済条件のよりよい地域を選んで移動する．かつての重化学工業時代のような用地・用水・輸送といったハードな産業立地条件とはちがった都市の情報発信力，文化的イメージ，産業の多様さ，環境や景観イメージなどが新しい都市の魅力源となりつつある．

市民と都市が主体性をもって，まちづくりをすすめることが，自らの生活空間の質を向上させるとともに，外部にむかってその存在の特色をアピールする．このことが広域的な都市間の競争に生きのこる条件になっている．

都市の盛衰はこれからも予想されるところである．戦争に対して平和政策があるように，都市破壊と廃墟化に対して，歴史的遺産を大切にしながら居住と職場・産業および環境のあいだに新しいバランスを実現する都市政策が求められるのである．

都市計画やまちづくりは，そのような都市政策を空間構造と形態イメージとして表現し具体化する役割を担っている．

たとえ都市のすがたや立地は変動しても，わたくしたちが英知をあつめて運営する都市計画・まちづくりの仕組みとそこでの市民の社会生活秩序の形成は，まさに人類の文化的所産として，将来の都市づくりに生かされるであろう．

1・2
都市化と新たな貧困への対処

近代における都市計画という概念および社会的営みは，主として先進国や植民地都市ですすめられてきたが，第二次大戦後に植民地支配から自らを解放した第三世界*諸国の都市計画が新たな課題として登場した．先進国にくらべて人口増加率が高く，都市での人口増加率はさらに高まる傾向にある（図1・1，表1・1）．国内の産業構造が発展途上段階にあり，道路や港湾，電力供給などの社会基盤施設＝インフラストラクチャーが乏しいために，増加する人口を受入れる地方都市の発達が遅れている．そのため各国の首都や限られた大都市への集中がいちじる

スクォッター階層の住宅建設（ムンバイ＝旧ボンベイ，インド）

表1・1　大都市への人口集中度（百万人以上）

国　名	大都市人口 （千人 A）	総人口 （千人 B）	集中度 (A/B)×100%
インド	51,210	1,027,015	5.0
タイ	7,507	60,617	12.4
韓国	21,332	45,986	46.4
フィリピン	5,676	76,499	7.4
メキシコ	12,783	97,483	13.1
ブラジル	33,286	169,799	19.6
エジプト	12,362	59,313	20.8
中国	71,058	1,295,330	5.5
ドイツ	6,287	82,017	7.7
日本	26,853	126,926	21.2

（出典：『世界人口年鑑』2003年より）

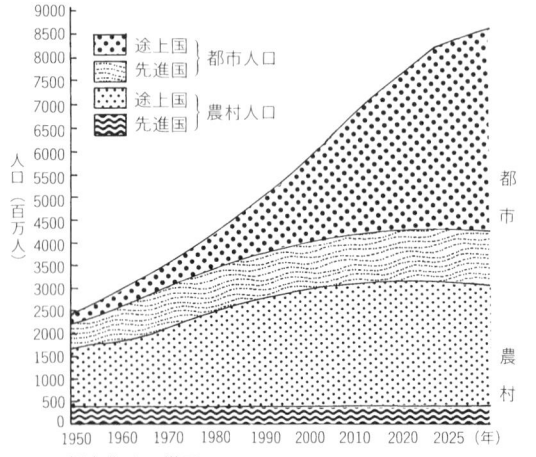

図1・1　都市化する世界　（出典：『世界人口白書』1993年より）

しい．大都市での雇用機会という人口を吸引する力よりも，生産力の発展が遅れている農村から余剰人口を押出す力が上回る状態が生じている．その結果，大都市では，水道，道路，鉄道，生活施設，住宅などの都市生活基盤がいちじるしく不足し，スラム*やスクォッター*地区の居住者が都市人口の数十パーセントにも達している．

こうした都市問題を解決していくためには，住民・市民の自力改善の取組みと都市政策や都市計画制度との協力体制を築き上げねばならないが，それは，まだまだ時間のかかる仕事である．

1972年に国際連合が主催したスウェーデン環境会議では，先進国と発展途上国とのいわゆる南北問題といわれる経済格差が問題となり，環境問題を考えるにあたって，それぞれの国・地域の都市・農村のバランスのとれた政策として取組むことが確認された．そして1976年のカナダでの人間居住会議＝ハビタット（the Habitat）では，先進国と開発途上国を問わないで，健康で文化的な居住を追求することこそが，すべての人々にとっての基本的人権であることを認め，その権利を具現化するため土地，住宅，資財と技術，共同施設などを整備する人間居住政策（human settlement）*について政策を立案して実践することになった．この流れは，さらに1987年の国際居住年で，各国が人間居住計画をたてて国際的に協力しあうという共同行動に受け継がれている．住宅と居住環境を社会資本として整備するための公共財源が少ない途上国では，住民コミュニティ*が，まちづくりに積極的に参加し自力改善をすすめられるよう，政府や公共機関やそのための資金や技術や制度を整えて支援する戦略が採択されている．

アジア，アフリカなど発展途上国の都市計画や建築・住宅政策は，先進国の事例にとらわれない独自の社会文化的背景をもっており，今後どのように展開するかが注目されるところである．

1・3 環境共生型の都市づくり

人口増加にともなう土地の過度利用やエネルギー使用量の増加，その結果としての森林地域の後退と砂漠化のひろがりなどは現象として知られていたが，近年になって地球規模での環境の状態をマクロに測定し将来変動をシミュレーション予測する地球環境科学がすすんだことから，地球環境における温暖化と海水面の上昇，オゾン層の破壊と紫外線被曝量の増加，エネルギー資源の枯渇，食糧不足などの将来問題が明らかになってきた．1992年，地球規模での環境破壊の防止を国際間で協調して取組もうと，1992年に国連が主催した会議で地球環境憲章「リオデジャネイロ宣言」，行動指針「アジェンダ21」が調印されたが，2002年のヨハネスブルグ地球環境サミットでは，エネルギー消費大国である米国の不同意や途上国の貧困解消優先の主張などが絡んで協調が困難になっている．しかし，省資源・省エネルギー，代替資源エネルギー開発，環境負荷の少ないライフスタイル，リサイクルなどの技術開発と協力は地道に取組まれている．地域による気候や生活慣習のちがい，南北諸国間の利害の差を理解しながら対処することが，現代の都市計画にとって重要なテーマである．

環境共生型の都市への転換とは，用地・用水や交通エネルギーを浪費しない都市・農村の空間構成を考えること，破壊と建設の新陳代謝がはげしいスクラップアンドビルド型に代わって，ストックを大切にして廃棄物質を減じつつリサイクルする，あるいは再生可能な木材などを多用する都市建設システムに切り替えること，さらに土，水，気候，生命系の健康な循環を持続させる都市空間の環境管理とデザインなど，地域ごとそれぞれの気候風土と社会経済条件のもとで，日常的な生活ニーズに適

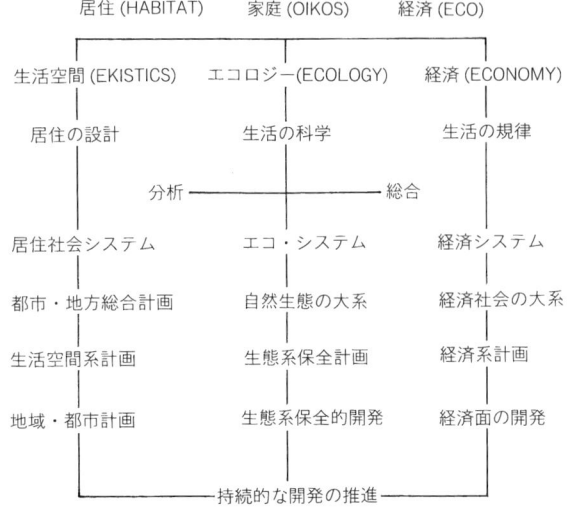

エコロジーという概念は，ギリシャの家庭を安定的に経営する（日本でいう家政学）に発している．ここから環境，生活空間，経済社会システムの一体化が説明される

図1・2 環境を損耗しない持続的開発計画の構図（出典：ストックホルム王立工科大学 Igor D. Dergalin 教授のテキスト，*The Good City*，1993/94 より）

合する都市計画システムを実現することである．

地球環境問題へ取組む世界的スローガンになっている"Think Globally, Act Locally"とは，マクロな視点からは人類の居住と環境と経済の統合を目標にしつつ，具体的には各国・各エリアの地域条件をふまえて行う着実な取組みを示唆している．地球レベルで思考しつつ各地域レベルで実践することが行動の基調である（図1・2）．

1・4
現代における都市計画の課題

都市を経営する目的は，第一に，市民社会の構成員である個人および集団が健康にして文化的な生活を平等に営み，かつ，より高度な要求を追求するという生活の基本的権利を実現できるように，その基礎となる社会的および空間・環境的な諸条件を整えることである．たとえば健康な環境は，市民自らが求めるものであるが，住宅地，交通サービス，緑地の整備や大気・水質の保全などは都市社会が責任をもって取組まねばならない事項に属する．

第二に，その都市が，地域の核として全国や世界のネットワークのなかにあって，独自の社会・経済および文化的役割を果たすことである．現代における都市の価値は，規模の大小ではなく，小さくても均衡がとれており市民活動が個性的な発信をしているかどうかで評価される．そのための指針となる都市政策は，産業経済の開発，福祉と教育，健康と安全，環境の管理，文化と交流などいくつかの側面について検討され，都市の「基本構想」と「基本計画」としてまとめて表現される．

このような都市政策が意図する活動ができるように，地域の空間を整えることが，都市計画という仕事に期待される役割である．都市の形態と空間構成を決めること，交通通信施設や物資循環施設によって都市機能を効率化すること，自然環境と歴史的環境を保存しながら新しいアメニティを造出することなど，これらの相互に矛盾することも少なくない政策ニーズを，かけがえのない各都市地域の空間において総合的に実現するところに，都市計画の本質がある．その実現のために，本書では，現代日本における都市計画の基本課題を次の5つと設定して論述することにする（図1・3）．なお，参考までに政府の社会資本整備審議会答申（2003年）の5つの基本的方向を掲げておく．

現代日本の都市計画5つの基本的課題

1 産業活動・市民活動を活性化する地域（まち）の整備	〔機能〕
2 住居とコミュニティ福祉を実現する居住地の整備	〔居住〕
3 均衡ある都市構造を体現する基盤施設の整備	〔基盤〕
4 健康と安全およびアメニティを持続向上する地域環境管理	〔環境〕
5 市民・民間・行政が協働する自治まちづくりの発達	〔自治〕

（三村，1996年）

参考：「安全・快適で美しい『生活・活動・交流空間』を創出し，新しい時代の変化を乗り切る21世紀型都市再生ビジョンの提案」

①環境と共生する持続可能な都市の構築
②国際競争力の高い世界都市・個性と活力あふれる地方都市への再生
③「良好な景観・緑」と「地域文化」に恵まれた『都市美空間』の創造
④安全・安心な都市の構築
⑤将来像実現に向けた官民協働による都市の総合マネジメント

（社会資本整備審議会答申，2003年）

1 産業活動・市民活動を活性化する機能

都市の産業経済を発展させ雇用所得の安定を得ることは，地域・都市政策のもっとも中心的な課題である．近年のグローバル経済下における産業構造の変動は，地域に大きな打撃を与えており，衰退する都市も少なくない．地域にある既存の生産力を活かし，効果的に新しい開発投資を導入するような産業振興こそが都市政策行政にとっても重要テーマになっている．都市計画は，このような開発政策が求める産業のための基盤施設（道路，港湾，用水，用地などのインフラストラクチャー）の造成を図ってきた．しかし，近年の都市産業は，サービス産業化や文化産業化しているので，多種類の中小企業集団が相互依存しつつ集積する機能複合地区の存在が見なおされている．また従来は産業施設とは意識されなかった大学や研究開発機関，マスコミ機関，業務センター，訪問者を受入れる歴史文化ゾーンや会議場などの観光システムといった新しい魅力を整えることが求められている．これらが市民に新しい就業の機会をつくりだす．

一方，市民活動においては，生涯教育，地域福祉，健

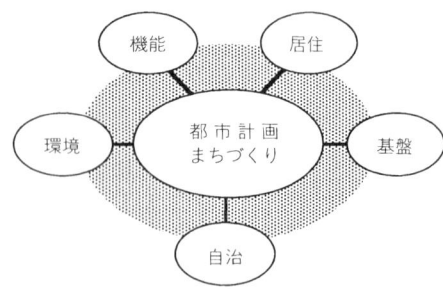

図1・3　都市計画の基本課題

康管理，レジャー・スポーツ，ショッピング，まちづくり，交通通信などへの志向＝ニーズが高まっている．こうしたニーズは当然ながら社会的サービス需要を増大させる．したがって，産業活動と市民生活の連環関係＝リンケージをより強めるように，多様な職場と市民生活施設および住居とをバランスよく配置し整備することが求められる．現代では，個性的な魅力ある都市づくりが，知名度を上げ，市場を安定させ，外からの来住人口と開発投資および訪問客の導入を有利にすることができる．このように，都市計画のあり方自体が産業振興にも大きな影響をおよぼしている．大規模店舗やグローバル産業などの新規立地は既存の都市構造を大きく変容させる一方で，立地変動のサイクルが短くなり地元経済は不安定になる．地域を活かせる持続的発展策が課題である．

2 住居とコミュニティ福祉を実現する居住

都市空間量のおおよそ二分の一は居住地である．伝統的な商工業と住居との混合居住地もあれば，ベッドタウンと称される郊外の住居専用居住地もある．居住地とは，幼児から高齢者まで多世代が日常的に触れあいながらコミュニティ*を営み，生涯教育，近隣の安心と安全，行事や付きあいの生活文化，地域福祉，住宅改善などを実現する場である．居住地のコミュニティには，つねに動的な安定を保つための取組みが求められる．人口の定住と転出入，住宅や生活施設の老朽化と更新，環境の荒廃と改善，商店街や地場産業の振興と新しい都市機能の導入などによって，居住地の個性的な魅力が継承されることになる．

いま問題とされている旧市街地＝インナーシティ*の空洞化とは，人口や地場産業の流出にともない，近隣生活を支えてきたコミュニティが衰退した結果である．居住地の変動に対しては，多世代が交流して居住ができるようなきめの細かい住宅対策を行うこと，高齢者や障害者もノーマライゼーション*の方向で在宅福祉を享受でき，また若い家族が働きながら子育てができるように保育・職場・住居などのコミュニティ環境を整えることが大切である．子どもを安心して育てられる福祉サービスと近隣生活環境を計画的に整えることが求められる．

都市計画においても，地域福祉計画*や住宅マスタープラン*など関連する行政計画と連携しつつ，また，「まちづくり協議会」などのコミュニティ経営組織と協力して，居住地の保全，改善およびときに必要となる再開発をすすめてゆくプログラムが求められる．

3 均衡ある都市構造を体現する基盤施設

さまざまな機能地域と居住地とを都市全体として有機的に組織するのが，人と物資と情報の流れ，水やエネルギーなど供給と処理の流れを機能させる循環系のネットワークの働きである．街路・軌道，上下水道，通信ネット，エネルギー供給などは，都市空間を骨格づけながら神経系や動脈・静脈の循環系をネットワークとして機能させる．さまざまな交通ターミナルや供給処理施設などは機能的な器官の働きをする．都市の基幹施設を計画的に整備することは，昔から都市計画のもっとも重要な働きであった．こうした都市の循環ネットワークは都市域を越えたシステムの一部でもある．たとえば，交通・情報システムも広域的なネットワークの一部である．また，上下水道も地域の水文循環系環境のなかにあって，水の利用や処理を集約しているのである．

わが国の都市は一見すると無定形な市街地の混沌のようにみえるが，交通通信系や供給廃棄系のネットワークはかなり効率よく作用している．これらは災害時には，生存系施設＝ライフラインとなる．1995年1月に発生した阪神・淡路大震災でもライフラインの復旧が生活の立上がり・復旧のための緊急条件となったことは記憶に新しいところである．

都市基盤施設のうち，街路・軌道網や水路網は特に都市空間に構造的な秩序を与えるものである．幹線街路や軌道や水路などの基幹都市施設などは，いったん建設されるとハードなストックとして，長期にわたって都市空間の歴史的な骨格を形成する．しかし，その機能はけっして固定的なものではない．各時代のニーズに対応してそれらの使い方を柔軟に変更してゆく必要がある．たとえば街路空間では，車両の通過交通と歩行者の広場の利用を空間と時間ごとに配分して多重の機能を含めることができる．また，河川や運河は近代化過程においては単なる水路・暗渠とされてきたが，それがもつ環境機能，視覚機能，防災機能などの再評価により，水辺空間としての多重の価値実現を図ることができる．

このように社会資本を公共的に計画する場合に，地域の環境・景観との調和が求められる．また，モータリゼーション時代になって，環境，公共交通サービス，都

市構造のあり方が，低密度都市地域の北アメリカの反省として提起され，よりコンパクトな都市構造が追求されるようになった．

4 健康と安全およびアメニティを持続向上する地域環境

都市は人工的であり，農村は自然的であると長らく考えられてきた．しかし，都市生活や産業活動をしている人類もまたひとつの生物種であり，他の生物と生存環境を共有しているのである．自然の回復力を人類の開発力がはるかに上回っている現在では，自然環境との共生を持続させる都市システムの確立が重要課題である．土地の乱用を避け，大気，水系，土壌，植生などへの汚染負荷をできるだけ減少するような都市設計をこころがける必要がある．すべての都市空間のなかに生物の営みの場＝ビオトープを見出してこれを育てるようにしなくてはならない．エアコン型冷房にのみ頼らずに，川風など自然風を取入れて涼しいまちにする．雨水，地下水，処理水などが土地に貯えられ循環できるような新しい都市水系に再編成することも大切な課題である．都市民が農林漁業にも関心をもって体験したり従事できるような生産緑地のあり方もこのようなテーマの展開のひとつであろう．こうしたことを都市計画で実践するには，地域の自然環境の特色に基づく取組みが基本となり，それを支援するきめの細かい土地利用計画や環境共生型の都市（エコポリス*）づくりなどの改革が必要になる．地域の環境管理計画と連携して，自然環境の保護保存を含めたきめの細かい土地利用計画，開発影響を事前に評価する環境アセスメント*，環境への負荷をできるだけ減らす都市施設システムの設計などを通じての取組みが求められる．

アメニティとは，住民が自らの居住環境を主体的に管理して，それを享受することに爽快さを感じられる状況と説明される．アメニティを可能にするには，地域環境管理計画の内容を充実すること，開発事業における環境アセスメントを丁寧に実施すること，ローカルな環境問題についての住民参加を保障することの進歩が求められる．

アメニティの視覚的な領域である「都市の美しさ」については，1990年代から全国各地の自治体が景観条例（または風景条例）を制定するようになり，この動きを反映して，わが国初めての景観法が2004年に施行された．今後の都市計画のあり方にも新しい論議と実験を呼び起こさずにはいない重要なテーマである．

都市における安全性については，空間開発技術の発達によって，低湿洪水危険地帯，軟弱埋立地，崖崩れや活断層危険地帯などにも居住できるようになった．また超高層ビルや超深度地下空間が登場し，それらの錯綜する複合空間集積体が形成されるなど，災害発生の潜在的基盤は大きく変化している．もちろん対抗する防災技術システムも発達しているが，まだまだ未経験の世界である．また，わが国の場合，木造密集市街地で地震や火災時の避難が困難な地区が多い．古い建築ストックでは安全基準を充たさないものが放置されている．木造の特質を否定しないで安全な市街地をどうつくるかもこれからの課題のひとつである．また，交通災害もまだまだ減少していない．安全な環境を確保して市民が安心できるよう，地域防災計画とも連携して都市計画に取組む必要がある．

5 市民・民間・行政が協働する自治まちづくり

21世紀には大きな変動が予測される日本の都市社会は，従来の行政主導の都市政策だけでなく，市民とコミュニティ，事業者，専門家など参画する実践的な都市経営政策でもって運営されることが求められている．都市計画という社会的な業務も，都市経営政策と連携して事をすすめるが，同時に，長期的な視野からの都市空間や環境のあり方を忘れてはならない．都市経営は，どちらかというと短期・中期的な情勢への対応に迫られがちであるが，「変動を乗り切る」ためには都市であることの安定した基盤を失ってはならない．住民とコミュニティ，暮らしの伝統，歴史的な風土のアメニティ，多様な都市空間のストックなどがいったん失われると，そこは市街地であっても都市とはいえなくなる．

この点で，わが国の都市計画行政の権限は，1968年の改正によって地方公共団体＝おもに都道府県へと委譲されたが，都市計画にかかわる建設事業は国の補助金と起債認可になお依存しているから，自治体が独自のアイデアで都市計画をすすめるきっかけを妨げてきた傾向があった．わが国の自治体行政能力と住民のまちづくり能力が未発達だった時代には，政府は国民国家としての国力の充実のために地方を啓発監督し従属させる必要があった．しかし，各地域の自発的まちづくり能力が発達しつつある現代社会では，中央政府の役割は，地方分権のすすんでいるドイツのように，自治体の自発的な都市

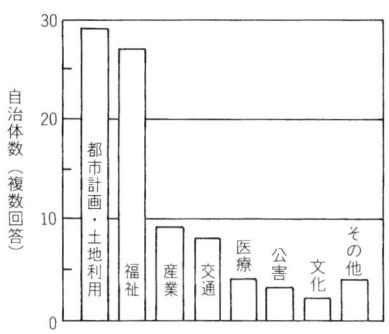

図1・4 市町村ののぞむ権限移譲（出典：全国57パイロット自治体調査，1995年10月15日，日経新聞より）

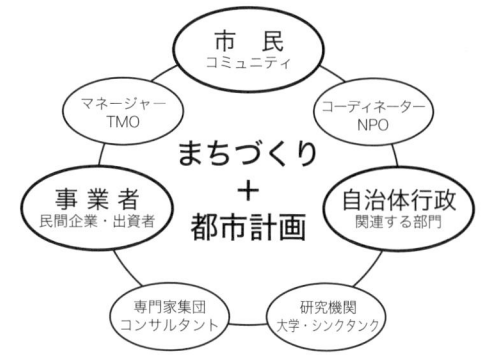

図1・5 市民・コミュニティをささえるまちづくり・都市計画組織

計画・まちづくりに助言し支援することである（図1・4）．地方分権化にともない，この点で，日本の都市計画はローカルな案件については，市町村に決定権限が委譲されつつある．また各種のマスタープラン策定や景観法の運用なども自治体が自発的に選択するテーマとなっている．一律運用でなくなると，自治体，住民・コミュニティのまちづくりの力量の差が如実に現れることになる．自治体スタッフと住民，事業者による都市経営・まちづくりの知性と能力がいよいよ試されることになるだろう．

1・5 地域共生の都市計画・まちづくりを担う人々

1 市民とコミュニティ

日常生活している環境は半ば空気のような存在で取り立てて意識することが少ない．しかし何か問題が発生したり，あるいは外部から注目されると，あらためてその日常性の価値に気づく．自分の住まいや庭と同じようにコミュニティの住環境や都市の変化に不断の関心をもって，育て整えていく意識と行動力こそがこれからの市民たるものの条件である．

自治会・町内会の活動，ボランティア活動，まちづくり協議会などを興すとともに，自治体行政，NPO，専門家などの働きを活用して，まちづくりの構想をたてて，自治体の政策と都市計画に反映させる．あるいは問題解決のための調査や提案，これらを意見として表明し実現する運動など，自らの学習と能力形成が求められる．地域リーダーにお任せでなく，より多くの女性，青年，それに次世代を担う子どもたちにも，まちづくりの体験学習や意見発表などができるようになってもらいたい．また，人口移動が多くなっているので，移住してきた人々も参加しやすくすることが必要であろう．

近年においては，地域福祉，環境管理，中心市街地の活性化など市民メンバーがNPO*や公益法人・企業の経営にも参加する場がひろがっているので，いよいよ力量が求められる．

民間企業や商工会議所など産業団体は，いわば法人市民であって伝統的に市政に対して強い影響力をもってきた．グローバル経済下における流動性の高い企業を地元がどう迎えるかは，新しい課題となっている（図1・5）．

2 自治体行政スタッフ

法律や条例に基づいて都市計画業務を公正に執り行うには，都市の歴史，現況，市民にニーズを把握して政策や運用に反映させる不断の努力が求められる．さらに，自治体都市計画の重要な仕事は，市民の都市計画・まちづくり能力の形成を積極的に支援することである．

行政や公的な情報の開示と提供，市民への説明や相談対応，調査や提案づくりへのスタッフや専門家の派遣，先行事例などの見学など，市民が積極的にまちづくりの権利を具体化できるためのサポーターとしての役割をになうことが求められている．

さらに，都市計画行政は，多くの関連分野や組織との連携・協働で成り立っているので，自治体の行政体内部の積極的調整が重要である．地方分権時代にあっては，縦割り思考を横の連携・協働の可能性追求へと転換しなければならない．

3 都市計画コンサルタント

都市計画・まちづくりのための地域調査，診断，住民参加のワークショップ開催，計画の策定支援や提案・情

報提供などの業務を，専門的職能（professional）として担当するのがコンサルタント（consultant）である．公共・民間とも各種の政策立案や事業の計画にあたって，支援作業をコンサルタントに委託することが多く行われている．計画主題に応じて，コンサルタント集団は，都市・地域計画，建築，土木工学，法律，経営，住居，福祉，生態，デザインなどの専門家の参加を求めて多分野的なチームを組織して対応する（multi-disciplinary）．専門家集団が，自らの専門性をボランタリーに活かして市民のまちづくりを支援（advocacy）するNPO集団として活動する場合も増えつつある．

特に，コミュニティ主体のまちづくりでは，組織化，学習や調査の手順・技術や制度の情報などで支援するコーディネーター（coordinator）の役割が大きくなっている．

4 都市開発デベロッパー

近年の世界的趨勢として，都市開発プロジェクトを集約的に実行するデベロッパー（developer）の役割が大きくなっている．1980年代まではニュータウンや産業団地開発が多かったが，1990年以降，市街地再開発や各種の活性化・再生事業が目立っている．民間単独で資金調達するもの，公共との協働事業，公共からの委託事業もある．採択されるには，経営を含む事業提案（proposal）が市民と自治体から評価を得なければならない．あるまとまった戦略的に重要な敷地では，デベロッパー集団に開発プロジェクト提案を求め，優秀案に沿って都市計画の決定内容を変更するという方式も多くなっている．デベロッパー集団と支援コンサルタントには高度な専門的能力が求められる．

5 都市計画に関係ある学者・研究者

都市・都市政策およびプランニングという社会的営みの現象，矛盾の発生，動向の解析，計画思想，理論と計画実験などを通じて問題点と解決の指針を明らかにすることを役割としている．関連学会として，日本都市計画学会，日本建築学会，土木学会，日本造園学会，日本都市学会，人文地理学会，都市住宅学会，日本不動産学会など多数がある．医学における臨床と基礎学術との関係に似ているが，近年は，計画コンサルタントの業務も高度化し，技術蓄積もすすんでおり，その限りでは大学研究がおよばない面も多い．都市計画研究は，そのような支援活動のあり方自体も対象としており，計画実践やボランティア活動といった臨床にも参加しつつ，創造的な方向を求める基礎理論の構築をめざしている．

Ⅱ 都市づくりの思想と空間形態

2　近代以前の都市づくり

　わたくしたちが市民として暮らし，ときに旅行者として訪れ体験する都市，それらの空間形態には，どのような思想と働きがこめられ，どんなデザイン様式や建設技術にささえられて実現されてきたのだろうか．また，このような空間形態を実現させた主体や専門家とは，どのような人々であったのか．これらは都市という人類文明の歴史を語るものであるとともに，都市計画の営みの社会的発達をも示すものである．

　古代から近代まで，各時代の精神を体現してきた，いくつかの都市の空間形態とその背景にあった計画思想とプランナーの働きを概観しつつ，都市計画の本質と発達のプロセスに学ぶことが，「Ⅱ 都市づくりの思想と空間形態」を通してのねらいである．

　なお，都市づくりの歴史をよりくわしく学ぶには，都市史学，人文地理学，文化人類学，生活史学，社会学などの書物にたずね，それらを都市の空間形成史として読取りたい．

2・1
先都市（pre-urban）時代の集落空間

1　移動と定住

　人間集団が，ある範囲の地域で生産労働し居住する営みを「人間居住（human settlement）」という．山野や水辺をめぐって食物採集をしたり焼畑式の移動農業をしたり草地に遊牧をするなど，土地の生産性がまだ低い段階では，生存の条件を求めて広い範囲を移動して生活しなければならなかった．住居や集落も仮設的であり固定的な物財を蓄積することも少なかった．農耕・漁労・牧畜における持続的でより集約的な土地生産性の向上は，一定地域での定住を可能にし，やがて集落や小生活中心を成立させた．地理学者のG.シューベルトは『世界の住宅地理』（1961年）で地域への定住タイプを表2・1のように説明している．

　秩序だった農業集落の形成は，すでに6000年前中国の集落遺跡でもみることができる．原始的な生産段階における自然力への畏怖が，生産の安定を祈る自然神崇拝（animism）を生み，居住集団における儀礼・風習・万物を生み出す土地への信仰と空間の場の意識*などを発達させる動機となったと思われる．さらに農業生産の発達とともに，神と居住集団とを結び，祭政をつかさどる支配階級の拠点としての中心集落あるいは初期都市が形成されるに至った．

表2・1　地域への定住タイプ

1	数日かぎりの住居（素朴な採集生活で暮らす小集団）
2	しばらく住まいの住居（発達した狩猟と採集で暮らす集団）
3	短い周期で移動する住居（遊牧を行う部族社会）
4	季節ごとに移動する住居（半遊牧と農耕で暮らす部族社会）
5	半恒久的な住居（農耕を営む定住社会）
6	恒久的な住居（発達した農耕と政治組織をもつ定住社会）

（出典：N.ショウナワー，三村浩史訳『世界のすまい6000年 ①先都市時代』彰国社，1985年より）

2　伝統的な集落にみる空間形態

　ポストモダニズムの現代に入ったいま，近代の画一性を超えるべく，さまざまな気候風土のもとでの経験を蓄積し，独自の習俗慣行と生活様式を育て，土地に根ざした居住の空間形態をつくってきた伝統的な集落への関心

が高まっている．民俗学や地理学や文化人類学の専門家とともに建築学者や建築家もまだ「残存している」原初的集落空間の形態とそれを規定する宇宙観*の意味や空間形態づくりの原理を読取ろうとしてきた．

伝統的な集落形態の分析と生活様式に継承されている空間認識の調査を概観してみると，大略次のような知見が見出される．

① 自然災害の危険を避け，水源がえられ，農耕・漁労・狩猟に適した農水産資源のある土地が選定される．
② 集落地，耕地，林地，水面など地形を活かした土地利用が維持される．
③ 生活集団をさまざまな外敵（自然の脅威や敵の攻撃）から守るために，集落はまずもって防衛の砦として構築される．
④ 呪術や信仰に基づく土地の認識により聖と俗，清浄と不浄，陽と陰といった空間の場の位置と方位およびシンボル形態に独自の意味づけがなされている．
⑤ 集落と住居には，信仰・支配・生活慣行にしたがった空間秩序がみられるなど．

これらは現代のように計画・設計されてできたわけではない．長期間の試行錯誤と淘汰を経て，経験を重ねて生き残ったのが集落の空間秩序といえるだろう．美しい農村集落の風景に故郷の懐かしみを感じるのは，都市化する前の数千年間も農耕民として暮らしてきた私たち祖先から伝わる人間居住の遺伝子かもしれない．このような人々の生活空間の形成原理の探求は，これからの持続的な開発をめざす都市計画にとっても手がかりを与えてくれる（図2・1(A), (B)）．

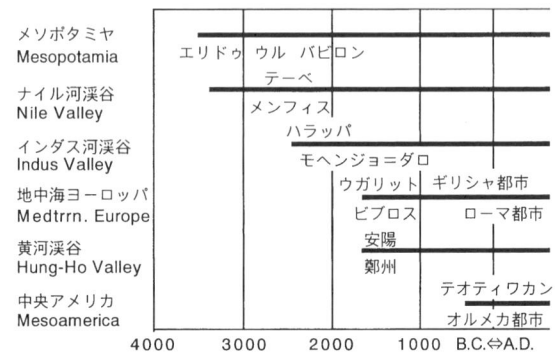

図2・2 古代都市の年代 （出典：G. Sioberec, 'The Origin and Evolution of Cities', Scientific American, 1965年9月号より）

図2・1(A) 自然的な集落（スーダン） （出典：Colin Duby, The Houses of Mankind, Thames & Hudson, 1979年より）

バビロンの景観．中央がユーフラテス川 （出典：Fiona Macdonald, Cities, Franklin Watts, Inc. 1992年より）

川べりの台地，まわりに環濠と防護柵をめぐらしている．集落内には祭祀所，物見やぐら，高床倉庫などが配置されていた．

図2・1(B) 弥生時代の集落イメージ図 （出典：建設省『川の本』1990年より模写）

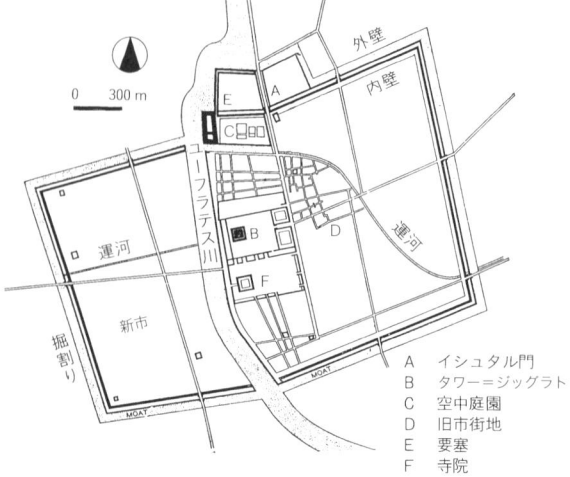

図2・3 古代都市（バビロン，前6世紀） （出典：Leonardo Benevolo, The History of the Cities, MIT Press, 1980年より）

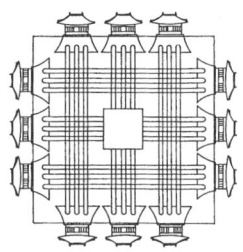

中国古代都城のイメージ（周時代）

中央に宮殿，祭祀センター，城壁で囲まれた市内には格子状の街路網が通じている．城門が内外の結界をなしている．

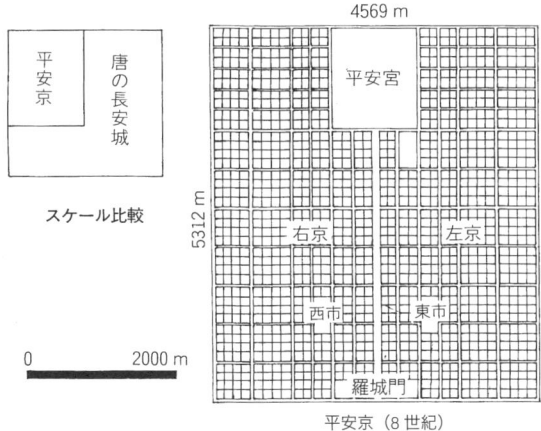

図2・4　中国，日本の古代都城（出典：高橋康夫他『図集日本都市史』東大出版会，1993年より構成）

アクロポリスの丘（写真：ギリシャ観光局，1995年）

A　アクロポリス
B　ディオニソス劇場
C　オリンピア聖所
D　アゴラ
E　裁判所
F　会議所

図2・5（A）　ギリシャの古代都市（アテネ，前4世紀）（出典：Leonardo Benevolo, *The History of the Cities*, MIT Press, 1980年より）

2・2 古代都市文明の空間形態

1　都市文明の登場

世界史における原初的小都市の発生は6000年まで遡れるが，本格的な都市文明（urban civilization）の登場は，およそ紀元前4000年と想定されている（図2・2）．古代四大文明は，チグリス・ユーフラテス川，ナイル川，インダス川，および黄河（近年の学説では長江も含めて）の，いずれも大河川流域の豊かな農業地帯を背景として発達した．農耕生産の豊かさを祈る心は，自然信仰から教義と儀式をともなう宗教的権威となって発展した．また広い範囲にわたって民族と耕地と用水を支配するために政治と軍事権力を集中した．その中心拠点として形成されたのが，祭政を司る王，貴族，神官僧侶による神殿都市としての「都＝みやこ」である．古代都市の構成原理は，王政が神から権威を授かる宇宙観・宗教とその儀礼様式に支配されていたと思われる．神殿と宮殿はその威光を誇るべく立派に構築され多数の彫刻が配された．大陸における古代都市はすべて外敵の侵略に備えて城壁をめぐらす都城であり，城門を通じて都市の出入りを管理していた．わが国の古代都市も都城パターンを導入したが，大陸のような堅固な城壁はほとんど建設されなかった（図2・3，図2・4）．

2　祭祀文化空間としての地中海都市国家

ギリシャやローマの都市は，農耕支配だけでなく交易や軍事力を背景とする広範な植民地経営と多数の奴隷の労働に支えられる経済の上に経営されていた．古代地中海都市の空間秩序の例としてアテネをみると，まずもって都市を守護する神々の居所としてのパルテノン神殿を中心シンボルとしてディオニソス劇場などをともなうアクロポリスの丘が聖域をなす（上の都市）．アクロポリスは城砦として防衛機能を担っていた．貴族＝市民（citizen）たちの日常活動の中心広場がアゴラであって，市民たちの政治論議，衆議裁判，情報交換の場であった．アゴラを取り巻いて学問所（library），競技場，市場等が公共空間（civic center, public space）を形成していた（下の都市）（図2・5（A））．ここでは，文学，芸能，美術

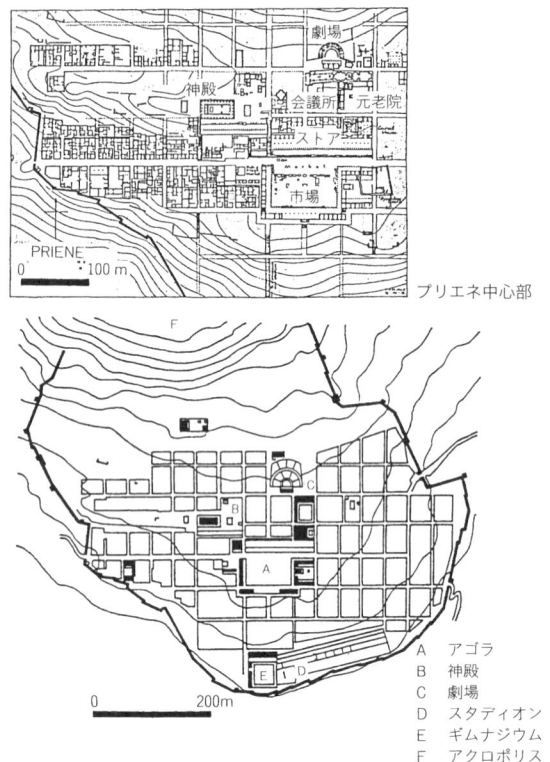

図2·5(B) ギリシャの古代都市（プリエネ，前4世紀）(出典：図2·3下と同じ，およびW. Perkins, *Cities of Ancient Greece and Italy*, George Braziller, 1968年（邦訳：北原理雄訳『古代ギリシャとローマの都市』井上書院，1984年）より構成)

A アゴラ
B 神殿
C 劇場
D スタディオン
E ギムナジウム
F アクロポリス

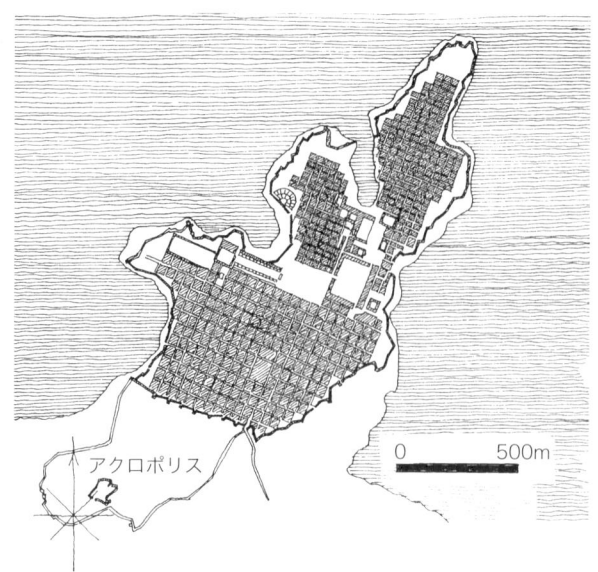

図2·5(C) ギリシャの古代都市（ミレトス，前5世紀）(出典：図2·5(A)と同じ)

はもとより芸術（art）と技術（technology）を全生活空間（ecumeni）の秩序と調和に総合する建築術（architecture）と建築家（architect）という専門職能が評価されるようになった．アテネより後の時代の植民都市はこの都市空間構成の原理をいっそう明確にした．古代ギリシャの都市計画家となったヒッポダモスは，前450年頃，植民地の港湾都市，プリエネ，ミレトスなどで合理的な提案を行った．夏季には山から海への風を存分に都市に取り入れる配置を行い，格子状の街区構成でもって健康な環境を確保した．都市空間は，聖域（都市の守護神），公共区域（都市国家の戦士），私的区域（地主＝営農者）に3区分して，明快な都市秩序を示した．合理性と機能性を追求する近代都市計画にもつながるものとして注目されている（図2·5(B)，(C)）．

ギリシャを征服したローマは，政治，芸術様式，建築様式，学問など文化全般を学んだが，広大なローマ帝国の首都と植民都市建設に必要とされた，道路網，水道橋，下水施設，公共広場（フォルム），大浴場や競技場などのインフラストラクチャー建設や公衆空間の建設を画期的に発展させた．

3 都市住宅と居住地

古代都市の空間構成は，その中心における支配階級の権力を表現する公共施設や邸宅地区と，周辺における庶民の暮らしが営まれる形式ばらない居住地区とで構成される．古代都市においては，支配階級の高度な消費ニーズを充たす雇用人や奴隷があつめられた．さらにそれらが独立したり新たな来住があって商人や職人の定住が始められた．消費財のほとんどは農村の家内生産であったが，奢侈的な消費財は，支配者階級の直営からしだいに都市商人職人の生産流通体制へと発展したのである．さらに，余剰生産力の向上によって貢納や交換などの地域的流通機能が発達することで「市＝いち」が発達した．商人階級や職人階級の都市定住は，貴族の邸宅地とはちがって，小規模高密ながら特性ある「町＝まち」空間を形成し始めたのである．

都市における住宅と居住地の形成では，農村集落の伝統を継承しつつ，かつ高密居住と階級による棲分けなど，独自の居住空間様式を発展させてきた．公式空間と比べて居住地空間は，一見すると零細で密集し雑然としているが，よく観察すると住宅単体とその集合体＝コミュニティの住環境は緻密な共同空間秩序でもって構成されていることがわかる．オリエントの都市住宅は，古代から現在に至るまで，内庭を囲んで諸室があり，これが狭い迷路のような道に沿って連坦している（図2·6）．

図2・6 古代都市の住宅街区（ウル，BC2500年頃）(出典：表2・1と同じ)

2・3 中世から近世への都市と空間形態

1 大陸の城塞都市

古代王朝の帝国的体制が崩壊したあと，大陸各地では農業生産力の発展にともなう地方ごとの共同体とその拠点としての中世都市が数多く建設された．それらは共同体を自衛する城壁と城門（city wall and gates）をもった城塞（fortification）都市であった．外敵の攻撃に対して，市民は城内に立て籠って防衛した．

城壁で囲まれた都市内部をみると，ヨーロッパでは，市街地の中心に教会・寺院，同業者のギルド会館，市民広場とマーケット広場などを配置している．そのまわりを職人や商人が高密度に居住するという空間形態をもっている．まさに信仰と自治で組織された共同体＝コミューンのめざす思想がここに体現されている．都市の拡張は，外周に新たな城壁を建設することで実現された．初期の中世都市は，イタリアやスペインにみるように防衛や衛生上の理由から丘陵の上か山腹に建設された．斜面地居住は，水源や交通には苦労が大きかったと思われる．一方，オランダのような平地や低湿地方では，外まわりに掘割りをめぐらし，都市内に交通と排水のための運河を配するといった，水調節と防衛とを可能にする人工パターンの空間形態を生み出した（図2・7）．

南アジアの都市もまた城壁・城門で囲まれてきた．内

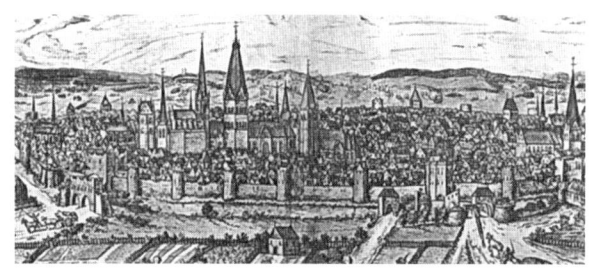

上　リューベック（13世紀）
中　中世都市のシルエット
下　落城のシーン（16世紀の木版画）

図2・7　ヨーロッパの中世都市
（出典：ジェフリー・パーカー『同時代史的図説世界史』帝国書院，1988年，および図2・3下と同じ資料より構成）

部の中央には，ヒンズー寺院やイスラム寺院（mosque）と宮殿，泉のある広場や庭園とスーク（suq）と呼ばれる市場が配置されている．これらを迷路のような街路網をもつ居住地区が取巻いている．ことに乾燥地帯に立地する都市は，後背地からの水利施設による泉水と花壇のあるオアシス都市として形成された．暑熱地帯では，住宅への直射日光を避け，涼風を招く廊下となるように，通路の幅は狭くなっている．

中国の都市もまた城壁と城門で囲まれている．城内に

2　近代以前の都市づくり　19

は中央政府から派遣されてきた官僚の行政庁邸宅と庭園，寺院，庶民の居住地と商店街がその内部の構成要素である．キリスト教やイスラム教都市のような宗教寺院を中心とする空間的統一感は希薄であったといえる．中国西部の乾燥地帯ではオアシス型であり，一方，東南アジアに属する南部のモンスーン気候帯にある都市では，河川・水路および掘割りネットワークを，市内の舟運交通，給排水路，環境のコリドー（回廊）として巧みに制御しているなど，気候と地形条件に対応しながら独自の都市空間と環境をつくり出してきている．

2 日本の近世城下町

日本の場合，近世の黎明期には，経済力を貯えた地方民があつまった宗徒集団による自治都市の萌芽があった．垣内や寺内町といわれる集落・集団居住地であって，中心に寺院があり，周囲を堀で囲む環濠集落である（図2・8）．自治と自衛性をもった集団居住地であったが，封建体制の全国統一のもとで，大陸のような城塞都市に発達することはなかった．

中世の山城から近世の平城へ，領主の砦や居館はあっても，都市は城壁を必要としなかった．戦国時代にあっても防衛すべき市民の存在が未成熟だったといえる．近世には，城下町が計画的に建設された．もとは築城術（軍術）から発したものであるが，城下町の都市空間の構成原理は次のように読取れる．

① まず，河川や背後山稜など，自然地形が，当時の築城術からみて防護に適する要害の地を選定する．また都市用水を確保する．

② 天守閣と領主の居館は，石垣と内堀で囲んで城廓の中核とする．

③ 市街地の外郭には河川などを利用した外堀や軍事拠点となる寺院群を配置して防衛線を敷く．

④ 市街地の大部分を武家地が占め，商工民のための町人地は数分の1で，密集居住がふつうであった．士（農）工商という封建的身分秩序を機能的にゾーニングで実現している．

⑤ 街路網は防衛に備えて狭く迷路のように屈折させた．戦時になると守られるのは城廓であって，城下町は防護ベルトと化した．

⑥ ヨーロッパの中世都市では教会の鐘楼がそうであったように，天守閣が都市のもっとも中心的なランドマーク*となるように設計されている．

このように城下町は，自然条件をうまく取入れつつ機能的に計画された都市であったと評価される（図2・9）．

近世半ばになると，城下の商工民の力量が高まり，町並みが目立つようになった．藩の財政を潤す商工業を涵養する都市経営へと施策が展開し，やがて，商業地・盛り場の開発や運河・港湾の開発など官許を得た初期民間

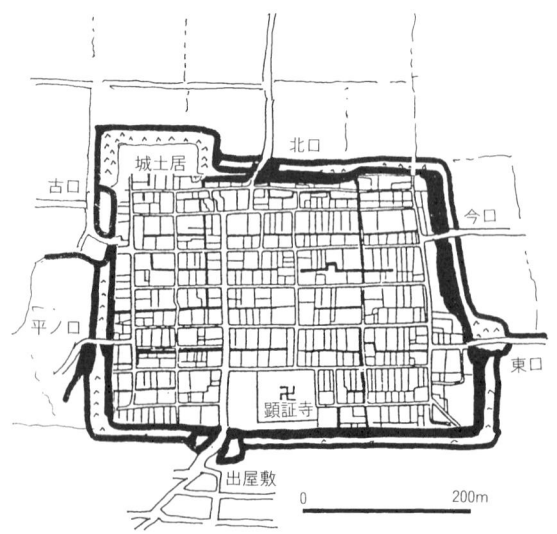

図2・8 日本の中世都市＝寺内町（久宝寺，大阪，15世紀）(出典：図2・4と同じ)

図2・9 日本の近世城下町（大和郡山，17世紀）(出典：図2・4と同じ)

デベロッパーの登場もみられるようになった．

3 ルネッサンスの理想都市

ヨーロッパの中世都市は 14，15 世紀においてペストの蔓延や不作などによる人口の減少，階級対立による不安定な時代をむかえた．そのなかで，15 世紀中葉になると東方との貿易などで経済成長をみた地中海地方では，各地に富豪ファミリーが台頭しイタリアの都市国家群を繁栄させた．かれらは，中世共同体的な束縛から自らを解き放ち，新興階級としての文化表現を求めた．ギリシャ・ローマの古典の秩序を新しく解釈しなおして，人文主義哲学に基づくヒューマニティ志向と端正な古典的秩序とを融合させた芸術志向がルネッサンス文化を開花させた．古典様式にみる規範的な空間構成論理と城塞防衛における射撃の死角をなくす幾何学的な形態の理想都市案の数々が提案された（図 2・10）．

イタリア理想都市—古典的端正さのイメージ（16 世紀）

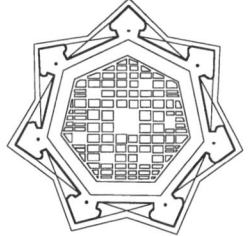 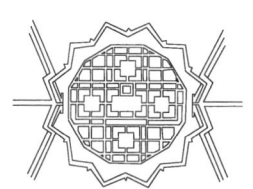

カスタネオの提案（1567）　スカモッティの提案（1615）

図 2・10　理想都市の形態パターン（イタリア・ルネッサンス，16〜17 世紀）（出典：図 2・3 下と同じ，および Giulio C. Argan, *The Renaissance City*, George Braziller, 1969 年（邦訳：堀池秀人・中村研一訳『ルネッサンス都市』井上書院, 1983 年）より構成）

純然たるルネッサンス都市は実現しなかったが，実際には，中世都市の軍事的改造が行われ，またギリシャ・ローマの古典様式をデザインモチーフとした公共広場や邸宅が建築された．

イタリアのルネッサンス期の都市デザインにおいては，パトロンの庇護のもと独立した社会的職能としての建築家が尊重された．建築家に求められたのは，複雑な条件をすぐれた建築設計に統合する全能的な力量であった．そのための素養として建築家は，古典になじんで，哲学，絵画・音楽・演劇などの芸術，天文学，気象，軍事技術，構築技術などにも精通することが理想とされた．

都市計画という時代精神を空間形態化する仕事が，いつ頃から建築家（architect）や技術者（engineer）さらには構想家（planner）といった専門職能としての役割を果たすようになったのか，その過程を知ることはなお興味ある課題である．

これまで通観してきた都市の歴史的な流れをみるとき，このような空間形態を生み出してきたのは，どのような人々であったろうか．

農村集落や自然発生的小都市の場合では，住民と地域リーダーは，自然条件に適応しながら，可能な労力や資源を見極めながら集団が持続的に生きてゆく術としての生活空間づくりを行った．無数の試行錯誤の繰返しから，もっとも適切な立地選定や空間構成の知恵が生まれ，蓄積されて伝承や習慣となった．

宗教的な教義と修業から得られた直感が立地を選ぶこともあった．たとえば，真言宗を開祖した弘法大師が修行中に高野山を聖地として見立てて宗教都市を発展させた事績をどうみるか．当時としては常識をこえる洞察力と構想力ではなかったろうか．

都市空間の形成では，外敵からの防衛はもっとも大切な付帯条件であったから，城下町建設にみるように軍術と築城術が大きな役割を果たしたことは推察できる．

かつて偉大な政治リーダーや神官は同時に軍事家，芸術家，技術家でもあったろう．宗教が描く曼陀羅図のような世界のイメージがあり，陰陽説や風水思想などの宇宙観があり，吉凶の占いは都市の立地や施設の配置を規定した．これらも当時の都市計画の方法だったといえるだろう．

古代の宗教，哲学，芸術活動が，単なる生活経験を超越して，都市という演出の場で壮大に展開されるときに，その大意をどのように理解して空間形態として実現したのであろうか．またどのような地位に立つ職能者が古代都市を構想し設計したのか，その様相はまだまだ定かではないが，支配権力の根拠地の都城では威厳を表現する壮麗な公共建築や寺院建築や広場を設計するため，古代都市の時代からすでに建設部門のリーダーが建築師という専門的職能として分化していたことは明らかである．そのなかからすぐれた芸術的表現と都市建設技術をもつ人たちが建築・都市設計家という専門的職能として分化してきたことが推察できる．

2・4
西欧バロック都市から近代都市計画へ

地域と時代の精神を反映して都市は形成されてきた．明らかな意志と設計図をもって計画的に建設されたものもあれば，成り行きに任せて成長し変容し，やがて廃墟と化したものもある．また，いくつもの時代の盛衰を重ねて歴史の厚みをみせている歴史的都市も少なくない．

実在としての都市と並んで，都市を賛美したり批判したり改革のあり方を論じる主張＝都市論がさかんになり，さらには，あるべき都市の精神と秩序を空間的な提案とする理想都市計画案が登場する．

近代の合理主義，民主主義，法治主義と行政のシステム化，情報量の増大等は，都市計画という社会的な営為の方針や内容を，市民や法人に知らせることで，それらに参画する機会を豊かにする方向にある．一方，計画策定や建設技術が高度になったり制度が複雑になると，専門家と官僚に頼りすぎる傾向も生じてくる．以降は2章のまとめとして，現実の都市形態の形成だけでなく，そのあり方を論じる都市計画思潮や社会的に実現する制度の発達についても論述する．

1 バロック都市*

西欧が絶対主義時代に入ると，中央集権化された国家権力や官僚体制の中枢拠点としての首都が建設されるようになった．たとえば，パリの都市改造は，絢爛豪華で贅をつくしたバロック様式の宮殿や記念碑や劇場，そして国家の権威を具現化させる大通りと公園広場を実現した．それまで城壁で囲まれて有機的な構成を保ってきた中世都市を破壊しながら建設された．国家の権威を体現する壮大な公式的（formal）空間の幾何学的明快さをもち，そして権力と財力の集中を飾る贅沢で浪漫的古典主義デザインで装飾されたものがバロック都市の空間形態となった．L．マンフォード*が『都市の文化』で述べているように銃砲の発達と組織化された軍隊という軍事技術の変化により，城壁や中世的に入り込んだ居住区はもはや不必要となり，代って組織的に訓練された軍隊の示威行進のための大通りが必要となった．入り込んだ居住区は逆に反乱分子の巣窟として排除される対象となった．旧市街地の空間形態を無視して，新しい大通り（avenue）が貫通し，中世の城壁は除却されて環状道路（boulevard）になった（図2・11）．

19世紀にはいって，ウィーンやマドリッドの都市改造，サンクト・ペテルブルグ（旧レニングラード），さらにはワシントンやニューデリーの新首都計画でも，首都の権威を美的に誇張する都市空間形態の設計が採用されてい

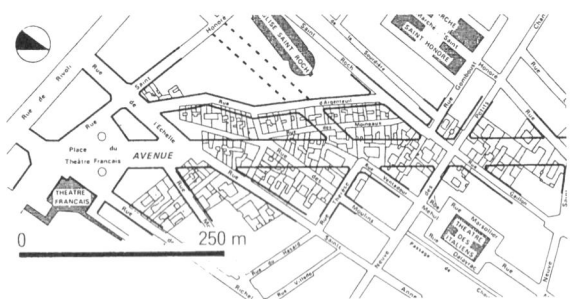

既存市街地を貫通する新しい大通り（1876年当時）

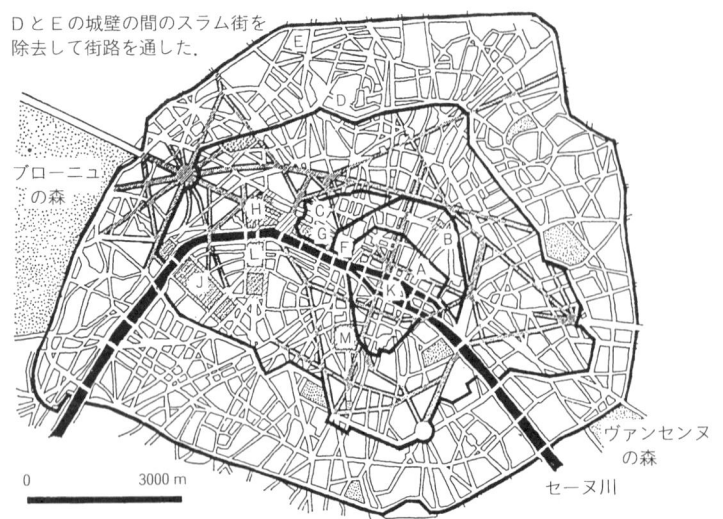

図2・11　オースマン知事のパリ大改造事業（19世紀後半）（出典：図2・3下と同じ文献より構成）

る．インドの伝統的な王都（シャージャハナバード）と英国の植民地首都（ニューデリー）の対比を図示する（図2・12）．

日本の明治時代でも，近世都市江戸を欧米に引けを取らない近代首都東京に改造する方策として，市区改正条例（1888）が公布された．事業の内容としては，皇居を中心とする大通り，東京駅前広場，日比谷公園，丸ノ内ビル街などの開発，関連する道路，橋梁，河川，鉄道などの公共施設整備に限られ，家屋（建築・住宅）や下水道整備に関する制度は後回しになった．本格的な制度化は，1919年の都市計画法・市街地建築物法を待たねばならなかった（図2・13）．

2 都市工学の誕生

首都や新しい国土ネットワークの整備のために，街路や公共建築や用水路や運河，橋梁などの基盤施設＝インフラストラクチャーを合理的かつ大量に建設する必要が生じた．中央集権的国家による膨大な社会資本投資がなされるようになり，それらの都市建設にかかわる官僚や技術者の役割が大きくなった．19世紀初め，たとえば西欧で工兵技術（military engineering）として発達していた鉄を用いた橋梁の構造計算方法が，こうした都市建設に適用されたことから都市工学（civil engineering）が誕生した．明治時代の日本ではまだ「シヴィル」という西欧概念が理解されず，中国数千年来の名称「土木」工学が用いられいまに至っている．初期の都市工学はたとえば道路・橋梁や鉄軌道や港湾や上下水道施設そのものを形態化し，材料・構法を選んで施工する技術であったが，やがて街路網・上下水道網などの都市基盤施設のネットワークを計画したり，面的な市街地造成なども担当することになった．これらを担当する官僚と諸専門家の社会的分業がすすんだ．初期の都市計画は，土木工学，衛生工学，建築学，造園学などの教育をうけた技術者によって担当されてきたが，20世紀後半にはさらに関連する社会・人文科学の領域を含む社会工学（social engineering）として発達して，今日に至っている．

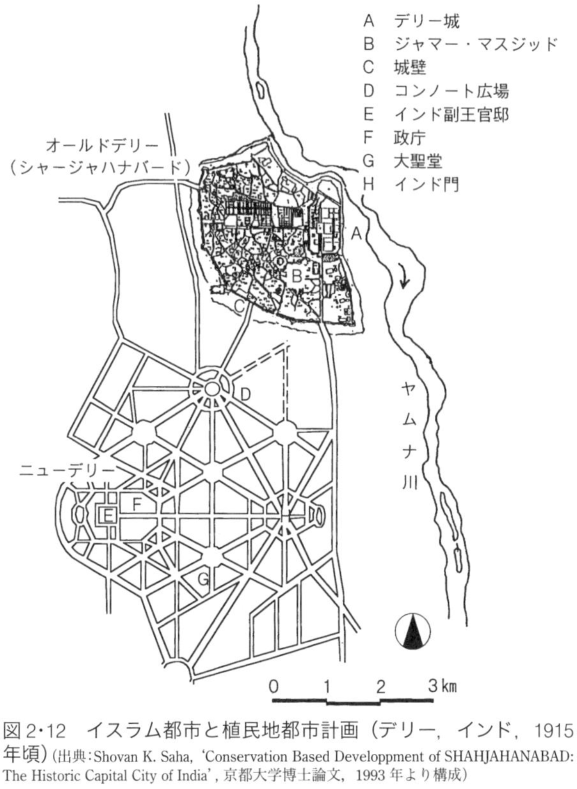

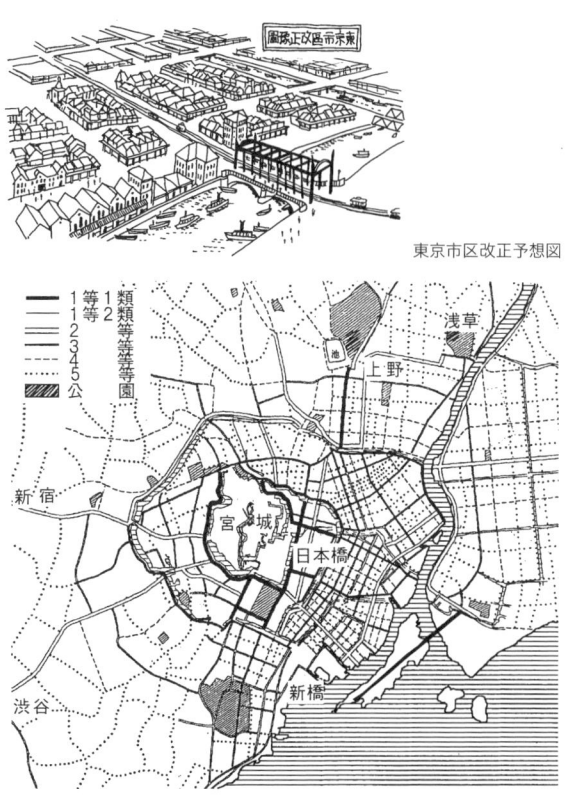

図2・12 イスラム都市と植民地都市計画（デリー，インド，1915年頃）(出典：Shovan K. Saha, 'Conservation Based Developpment of SHAHJAHANABAD: The Historic Capital City of India', 京都大学博士論文, 1993年より構成)

図2・13 東京市区改正委員会計画図，1888年（出典：『東京の都市計画百年』東京都，1989年より）

II 都市づくりの思想と空間形態

3 近代以降の都市づくり

3・1 産業革命と理想社会論の系譜

1 産業革命と工業都市問題

蒸気機関と鉄道の登場は，それまで土地の原料産出と水力エネルギーに依存していた工業をより自由な立地（foot loose）にした．世界の工業先進国となった英国では，18世紀以来，消費地や輸出先にも便利な立地に産業投資が行われ，農地の囲い込みによって排除された農民を工場労働者としてあつめる工業都市が急速に形成されるようになった．都市空間形態としてみれば，不定形の無秩序さが支配するようになった．個別産業資本による無政府的な工業活動により，大気汚染，水質汚濁，廃棄物投棄，不衛生な居住環境と悪疫の流行，人間性の疎外など深刻な社会状況が蔓延した．19世紀になると，これらは社会全体にとっても放置できない都市問題であるとの意識がふかまり，対策が求められるようになった（図3・1(A), (B)）．その状況は次のように説明できる．

① 不衛生さによる悪疫の流行は，スラムだけでなく上流階級の居住地を含む都市全体に蔓延したこと．
② 国民国家として国力を維持し世界にひろがった植民地を経営するには，剛健な労働者や兵士を養成する必要があり，健康な生活条件に留意する必要があったこと．
③ 労働者階級の社会的不満の爆発を抑えることが必要な状況があった．

そこで，都市の社会対策として，上水道・共同水栓の設置，下水路の改善，ゴミの路上投棄防止などの衛生対

図3・1(A) 煤煙にまみれた棟割り長屋街（グスターヴ・ドーレの版画，ロンドン，1872年）

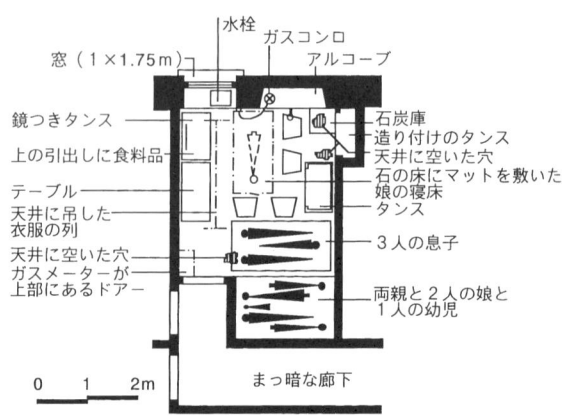

図3・1(B) 労働者家族の過密居住の記録（グラスゴーで発見された文書から）（出典：(A)(B)とも，原典不明，Leonardo Benevolo, *The History of the Cities*, MIT Press, 1980年より）

策が始まった．公衆衛生 (public health)*という政策概念は 19 世紀中頃に形成されたものである．都市問題を放置して生じる社会的マイナスを考えると，公共が積極的に取組み財政支出する方がプラスになるという功利主義的計算がそこにあった．工場労働者とその家族の過密居住と劣悪な設備の状態の改善については，第一に自治体が住宅条例を制定して棟割り住宅（一棟を背割りにして，開口が一面だけの住戸）を禁止して日照や通風の最小限を確保させたり，地下居室などを禁止したり一室当りの居住人員の上限を定めたりした．第二に，自治体がスラム地区を除去して代わりの住宅を供給できる法律も定めた．こうした住宅問題*への対処は，英国から米国，大陸の先進工業都市，さらに日本に普及してゆく建築条例やゾーニング，不良住宅地区改良，公営住宅供給などの近代的居住政策の原型となったものであった（図 3・2 (A)，(B)）．

英国を追っていた他の国の工業都市でも問題状況は同様であった．しかし，わが国の場合は，後発資本主義国として富国強兵政策を追求したために，道路，橋梁，鉄道，港湾等の産業・軍事基盤の建設が優先されてきた．しかしその中でも，大阪市や東京市（当時）では，英国と同じように家屋衛生規則を先駆的に定めたことが注目される．さらに日本の場合，大地震や大火のあとの復興都市計画でも街路網の整備が優先され，良質な家屋・住環境の整備は大部分が民間供給にまかされた．関東大震災の義援金でもって設立された同潤会は，不良住宅地区の改良と新規住宅団地の供給で先行的な役割をはたした．しかし量的には大都市の居住事情を改善するには程とおいものであった．それらの対策の本格化は 20 世紀後半をまたねばならなかった．

```
1817  理想的共同社会 (R. オーエン)
1842  イギリスの労働者階級の衛生状態 (E. チャドウィック)
1845  イギリス労働者階級の状態 (F. エンゲルス)
1848  公衆衛生法（上下水道・街路整備）
1851  シャフツベリー法（自治体が住宅提供）
1868  トレンズ法（自治体に危険住宅撤去の権限）
1875  公衆衛生法（住宅建設に環境衛生条件を義務づけ）
      クロス法（自治体にスラム地区除却の権限）
1877  建築条例の提案（建築線，街路，採光など）
1890  労働者住居法（自治体の公営住宅建設）
1898  明日の田園都市 (E. ハワード)
1909  住居・都市計画法（スプロール防止など近代都市計画）
```

1848 年の公衆衛生法では，上下水など都市施設に関連した事項が決められたが，1875 年の公衆衛生法以来，各自治体ごと建築規制 (building code) が出された．1894 年にはロンドン市建築条例が出されている．きれいな水が供給され道路幅員と敷地，住宅の開口など最低限の条件が満たされるようになった．しかし最低の制限が，最高条件として，ぎりぎりに建設されることになった．

（三宅醇『ロンドンの住宅・住宅地』私家版，1986 年より）

図 3・2 (A)　英国 19 世紀の都市政策

住宅条例による住宅

衛生的な公共水栓

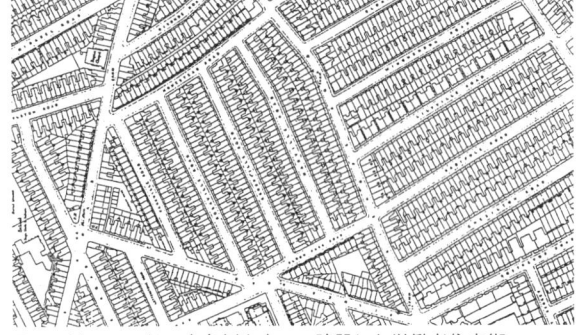
図 3・2 (B)　ロンドン市条例を守って建設した労働者住宅街（出典：(A)(B) とも，三宅醇『ロンドンの住宅・住宅地』私家版，1986 年より）

2　ユートピア社会論

産業革命は一方で，苛酷な労働と劣悪な職場，不衛生な住環境による人間性の疎外をもたらしたが，これに対して，労働者が人間的な生活を取戻せるための社会改革を提唱する人々が現われた．その初期の代表的人物のひとりは，スコットランドの紡績工場主であったロバート・オーエン（1771～1858）であった．オーエンは田園のなかに労働者のコミューン (commune, 土地を共有する自主的な共同生活体）を設置して，①農業・工業・家事労働を交替で分担して労働を多能化すること，②住人が学習や文化活動を享受できる機会をつくることを提案して，自らが経営する工場でもこれを実験した（図 3・3 (A)，(B)）．この提案は，新しい技術者や熟練労働者を必要とする新興工業資本家によって採用され，社宅や厚生福祉施設をともなった新工場村をいくつか現出させた（図 3・4）．この提案は，資本家の善意でもって労働者の救済を図るものとして，のちに登場のマルキストたちによって空想的社会主義者＝ユートピアンだとして批判されたが，人間の労働と居住の本質を追求した基本的発想には注目すべきである．

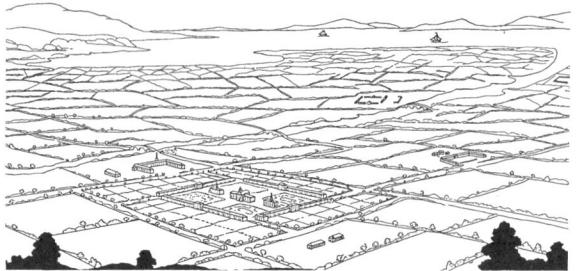

人口：1200人　面積：600 ha

図3・3 (A)　調和と協同の理想的共同社会（コミューンの提案と実践，ロバート・オーエンの構想図，1817年）

ニューラナークで創設した学校．ダンス，ゲーム，体操，カラー・イラストで子どもの性格形成を図る

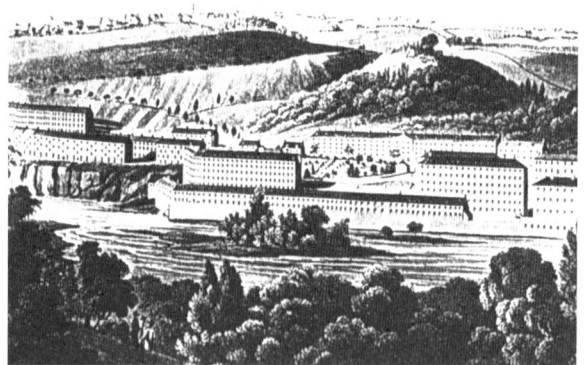

図3・3 (B)　オーエンが経営したニューラナーク州の紡績工場（動力に水車を用いていた）（出典：(A)(B)とも，Leonardo Benevolo, *The History of the Cities*, MIT Press, 1980年および Ian Tod & Michaael Wheeler, *Utopia*, Harmony Books, 1978年より構成）

3　田園都市の開発

1898年に英国の実業家エベネザー・ハワード（1850〜1928）は，「明日の田園都市（Garden Cities of Tomorrow）」の提案を発表した．当時，19世紀末のロンドンは，工業都市であるとともに世界に植民地をつらねる大英帝国の政治，金融保険，交易などの機能が集中する世界的大都市＝ワールドシティとして膨張し繁栄した．しかし同時に過密と交通混雑など過集積の弊害が深刻になっていた．これに対して，農村地帯に工場と労働者の住居をともなった自立性の高い小都市を開発すること，これらのネットワークで国土を構成すれば，大都市問題を解消して健全な地域社会が形成できるというのがハワードの主張であった（図3・5 (A), (B)）．実業家として彼は，すぐに資金をあつめ1902年にレッチワースやウェ

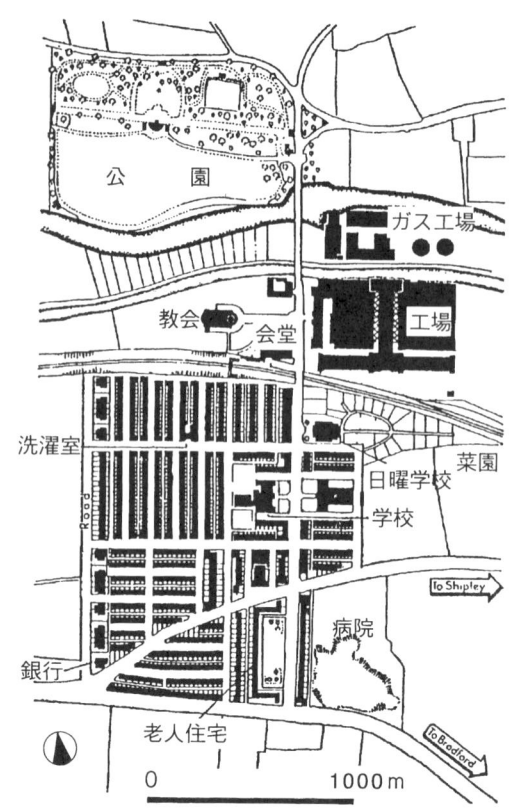

図3・4　工場主によるモデルタウン（サルティア，英国，1862年）（出典：日本都市計画学会『都市計画図集』技報堂出版，1978年より）

ルイン等の田園都市の開発に着手した（図3・6 (A), (B)）．

ハワードの提案で注目すべき事は，①都市と農村のそれぞれの良い点を融合する適性規模の田園都市を提起したこと，②土地は長期の賃貸＝利用権とし開発の利益を公社が吸収して都市整備のために還元したことである．中央広場のまわりには花壇と公共施設が配置された．工場とは緑地帯で分離された住居地区には，建築家レイモンド・アンウィン*（1863〜1940）らがデザインした緑と歩道に包まれた健康で平和な住宅地と田園風の様式をもった住宅が設計された．

ハワードが願ったようなロンドンから労働者が移住できる新天地とはならなかったが，その理想は，既存都市周辺で開発された良質の田園郊外の住宅地開発の手法となり，さらに第二次大戦後の英国さらには諸国において新都市＝ニュータウン開発の理論に適用されており，バランスのとれた国土を実現するための新産業都市や研究学園都市開発など地方振興事業の手法となっている．

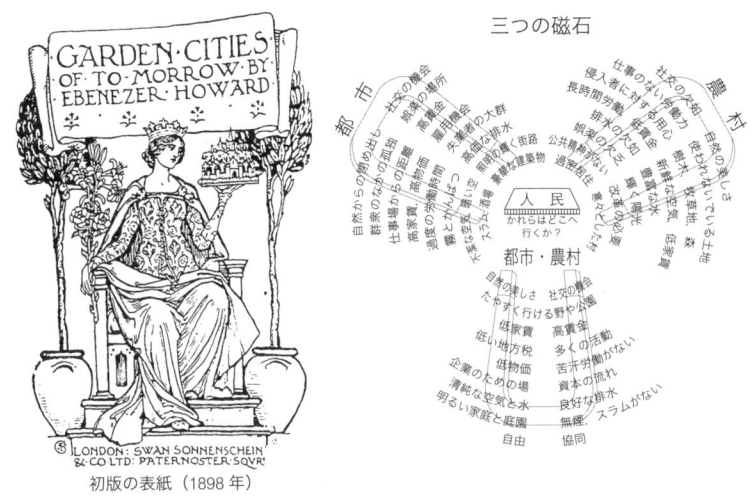

図3・5(A) ハワードの田園と都市との結合理念(20世紀初頭) (出典：(A)は E. Howard, F. Osborn 編, *Garden Cities of Tomorrow*, Faber & Faber, 1955年, (B)は Stephen V. Ward 編, *Garden City-past, present and future*, E & FN Spon, 1992年より構成)

図3・5(B) 公害・郊外都市から田園都市へ

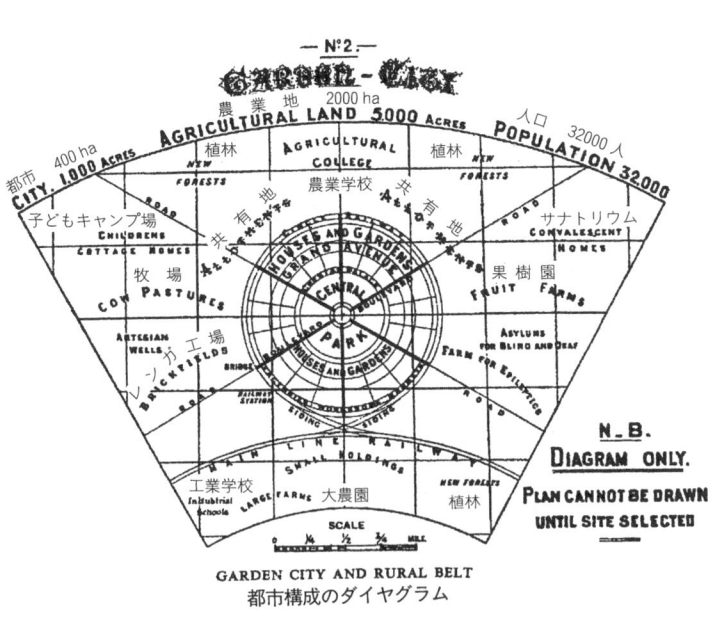
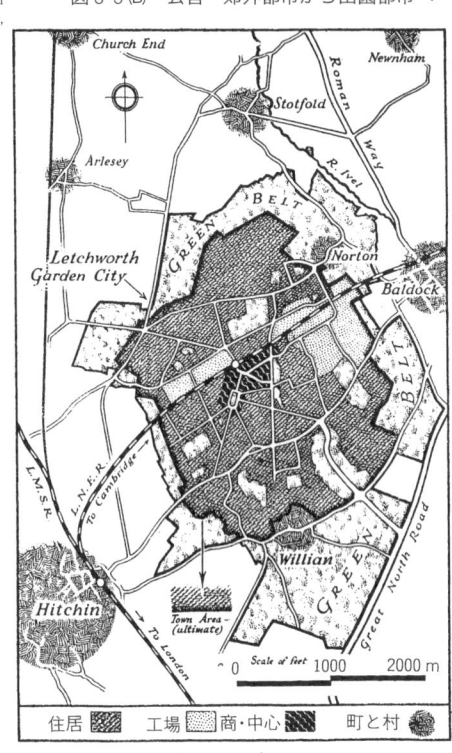

図3・6(A) 田園都市の空間形態 (出典：(A)(B)とも, 図3・5と同じ)

図3・6(B) レッチワースのプラン

3・2 近代の都市計画論

1 機能主義都市計画

　第一次世界大戦は、世界の覇権を争う近代国家間の総力戦となった。内燃機関など工学技術の発達によって戦車や航空機が登場した。そして戦後の1920年代に入ると米国ではフォードT4型を嚆矢とする自家用車の大量生産と大衆化＝モータリゼーションが本格的になった。また蒸気機関に代わる電動機によって高速電気鉄道が運行され都市圏における大量輸送が可能になった。建築工学では、鉄とコンクリートとガラスなどの工業材料を用いる高層建築体も建設可能となった。このように1920年代は都市建設における工学的実現性の夢がふくらんだ時期であった。ヨーロッパにおいて新しい工業時代が求める合理的な都市形態のモデルを先駆けて描き出したのがフランスの建築家トニー・ガルニエ（1869～1948）であった。1890年の提案「新しい工業都市」では工業地

3　近代以降の都市づくり　27

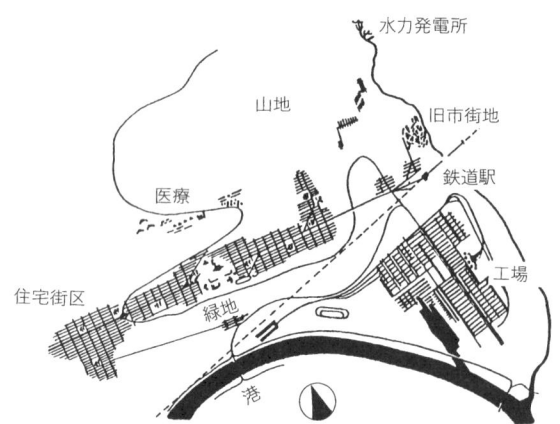

図3・7(A) トニー・ガルニエの先駆的工業都市の機能配置

土地利用の機能分離，鉄筋コンクリートの住宅団地のデザインなどを描き出して，コルビュジエたちに大きな影響をおよぼした．

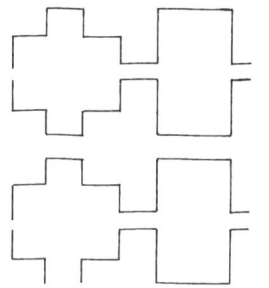

パリの歴史的市街地を否定する高層住宅のスーパーブロック

緑ゆたかな高層住宅街，後ろに超高層オフィスビル

上2点：コルビュジエの提案
左：パリの市街地

図3・7(B) 集合住宅地のデザイン （出典：(A)(B)とも，Dora Wiebenson, *Tony Garnier: The Cite Industrielle*, George Braziller, 1969年（邦訳：松本篤訳『工業都市の誕生』井上書院，1983年）より構成）

域と緑地帯で分離された住宅地の機能構成，装飾を否定する鉄筋コンクリート構造の美しさを追求する建築スタイルの生活空間像が着実にデザインされていて，次の世代のコルビュジエたちに大きな影響をおよぼした（図3・7(A), (B)）．

2 近代都市計画運動

1920年代後半に近代建築国際会議（CIAM）*のリーダーとして躍り出たフランスの建築家ル・コルビュジエ*（1887～1965）は，レンガと石の組積構造で建設された19世紀までの重苦しい建築物に代わって，鉄とコンクリートの構造体を用いた高層建築体をデザインし，ピロティ（地上階における壁のない独立柱＝pilotis）でもって地表を開放した．そして，「太陽・緑・空間」の明るくて健康的で合理的な空間像を提案したのである．彼らにとって建築とは機能であり空間であって，建築物の本体そのものではない．機能性に富み明るい健康な空間こそ

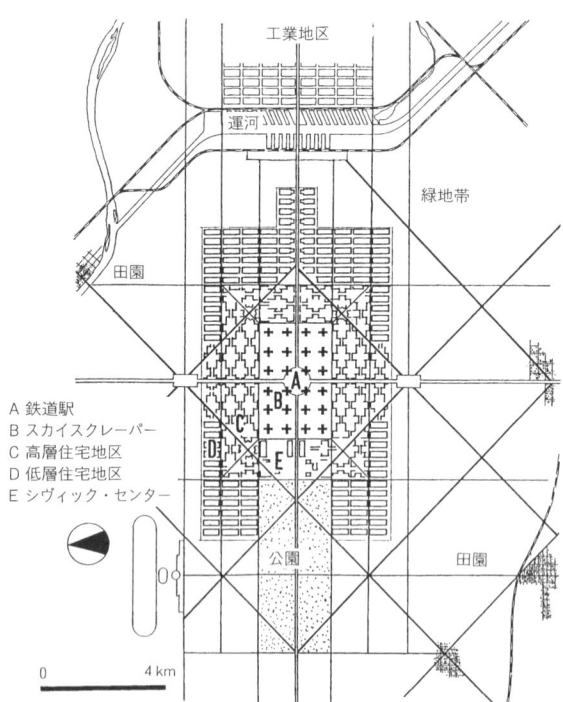

図3・8 太陽・緑・空間の機能的都市（ル・コルビュジエ『300万人の現代都市』1922年）（出典：図3・3と同じ，およびJ. Tetlow & A. Goss, *Homes, Towns and Traffic*, Faber & Faber, 1955年より構成）

都市計画の本質であり，新しい建築技術や高速交通手段が，機能的に明快に区分された地区を都市として組織する，といった革新的でかつ科学技術を信じる楽観性に満ちた提案を行った（図3・8）．職場・住居・余暇活動の空間は，それぞれ地区ごとに明快に分離され，たがいに交通網によって都市空間として組織される．このような都市計画思想はその主張からして機能主義（functionalism）と称された．

コルビュジエはまた自身，すぐれた芸術家であり，類いまれな斬新な造形力でもって彼の理論を空間形態として表出したことから，20世紀の建築・都市デザインにも基本的な影響をおよぼしたのである．中世以来の密集した町並み，様式装飾や美観等の権威を重んじるバロック的旧体制の都市を否定して，近代資本主義が求める投資効率を重視する合理主義を追求することを第一義にする創作論であったといえる．

同時にまた，コルビュジエたちの提案は，アテネ憲章*（1933年）にみるように，それまでの工場と労働者住宅とが混在し密集していた不衛生な19世紀的な居住状態を否定して，健康で明るい均質な生活空間を保障するヒューマニズムの表現でもあったと思われる．それはヨーロッパの旧い権威に対しては攻撃的で破壊的でもあった．今日，世界的な歴史的文化ストックの宝庫とされているパリですら，『明日のパリ中心部の改造構想』（1925年）にみるように全面的再開発の対象として提案されていたのである．

3・3 モダニズム都市計画の展開

1 近代住宅地デザインの発達

田園郊外スタイル

20世紀の大都市成長は，工業に加えて金融保険，商業業務，官庁業務などに働く新中産階級を増加させた．彼らのために，上流階級の邸宅でもなく労働者階級の棟割り長屋でもない新しい都市住宅のスタイルが求められた．たとえば市街地の新しい周辺に住むために，ロンドンでは前・後庭付きの連続住宅＝テラスハウスが開発された．大阪では前庭付きのモダンな要素を取り入れた良質な長屋住宅が，上海では弄堂（lilong）と称される低層高密度居住ができる都市型住宅開発が普及した．

さらに鉄道や自動車による通勤がたやすくなると，郊外*での独立住宅や集合住宅の団地開発がさかんになったが，その設計思想としては，新中産階級の欲求を満足させる田園スタイルが取入れられた．すなわち，20世紀初頭に始まった英国の田園都市とそれに続く田園郊外（garden suburb）は，建築家による新しい住宅地設計の夢を実現させた．とりわけ，レイモンド・アンウィンは緑につつまれた田園郊外住宅地の楽しさ＝住居の豊かなアメニティ像を設計してみせた（図3・9）．この影響は日

田園趣味の住宅ブロックのデザイン

図3・9 田園郊外の住宅地デザイン（ハンプステッド，レイモンド・アンウィン他設計）（出典：Raymond Unwin, *Town Planning in Practise*, Charles Scribuner's Sons, 1919年より）

図3・10 わが国の郊外住宅デザイン（千里山，1920年）（出典：三村浩史『住環境を整備する』「住環境の計画」シリーズ第5巻，彰国社，1991年より）

本にもおよび，私鉄路線が発達していた関西や東京の近郊で電鉄会社による「田園住宅地」の開発が行われた．それらには住宅地設計のすぐれた先例がある（図3・10）．

近隣住区理論

 北アメリカでは，1920年代から30年代の間，モータリゼーションにともなう際限のない郊外スプロールが蔓延した．郊外に住宅を求めた人びとは通過交通に悩まされながら孤立した生活をしていた．都市計画家クラレンス・A・ペリー（1872～1944）は，1929年に，ニューヨーク地域計画の提案のひとつとして「近隣住区（neighborhood unit）」の構想を提案した．それは，①教会と小学校とコミュニティセンターを核とする半径が徒歩で約5分の居住コミュニティ空間のまとまりを設定する，②幹線道路は，このコミュニティ空間のまとまりの外周に配置して，通過交通を遮断する，というものであった．この提案は，近代化の過程で見失われた近隣社会の連帯を，新住民の集う郊外で再生しようとしたものであった（図3・11）．この提案は，のちに小学校区を単位とする居住地計画単位と理論づけられ，戦後の各国のニュータウン計画にも大々的に適用された．

 さらに近隣住区の内部において，袋小路（cul de sac）による歩行路と車路との徹底した空間分離（歩車分離），共同緑地＝コモングリーン方式を住宅地デザインにしてみせたのがニューヨーク郊外の実験団地＝ラドバーン団地であり，その後の住宅団地デザインの基本原理となった（図3・12）．

集合住宅団地のデザイン

 太陽と緑と空間の機能主義都市計画イメージは，それまで重苦しい時代にあったヨーロッパ，そして日本の建築家・都市計画家にも大きな影響を与えた．住宅地デザインの技法は，郊外住宅地（garden suburb）の経験に近隣住区理論が付け加えられて，集合住宅団地の開発計画にも適用された．すなわち，両大戦の間においては，ドイツやオランダやオーストリアなどでは，労働者階級の

無限に広がる郊外住宅地帯（北アメリカ）

図3・11　ペリーの近隣住区の概念（1929年）（出典：C.A.ペリー，倉田和生訳『近隣住区論』鹿島出版会，1976年より）

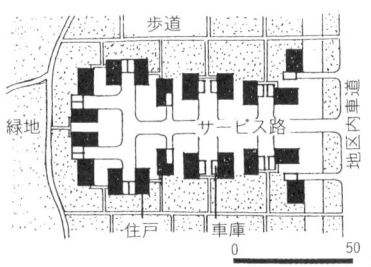
袋路部分詳細図

図3・12　ラドバーン団地（ニュージャージー，1928年）（出典：図3・10と同じ）

ための低・中層集合住宅地（Siedlung）がすぐれたデザインで設計された（図3・13）．日本でも，1923年の関東大震災後に内外から寄せられた義援金で設立した同潤会が，わが国はじめての鉄筋コンクリート造の中層集合住宅団地を実現させた．生活共同施設をそなえ，すぐれたデザインであって，日本の集合住宅団地の歴史にのこる開発事業であった（図3・14）．さらにこれらの成果は，第二次大戦後の復興期から膨張期にあった世界諸国の郊外団地やニュータウンの開発における公共的住宅団地設計の基調デザインとなった．

2 都市計画の社会システム化
国家体制と都市計画

コルビュジエたちが提案したのは近代化する都市空間の新しいイメージの表現であって，その内容を社会制度あるいは都市計画制度から詮索するにはあたらないかもしれない．にもかかわらず，このような巨大な単一の開発システムを，いったい誰が実現するのかが疑問とされる．膨大な用地と都市施設のための公共投資，統制された形態やシステムからみると国家独占資本主義時代の強力な官僚体制によるものか，あるいはロシア革命から生まれたような社会主義政権の国家計画によるものなのか，いずれにしても権力と資力の国家的集中によってのみしか成立しない代物とみえる．

20世紀初頭こそは，まさに巨大化する大都市を，計画的な社会資本投資でもって実現するという政治経済体制が確立された時代であるから，彼らの提案は体制論としてみると，すぐれた時代精神の表現であり，かつ超楽観的な洞察だったともいえよう．20世紀の都市計画の特徴は，近世的権威主義の秩序を破壊して，合理性，効率性，等質性を求める行政システムが正面に登場したことであろう．

同時に，近代化は，伝統的な村や町が培ってきたコミュニティの共同維持力を弱めてしまったので，住宅や住環境の最低水準は住宅・建築行政や都市計画行政によって維持されねばならなくなった．国家権力を支える国力を増進させるという国家の意図と，生活権の実現を要求する労働者階級の政治的力量の発展という2つのベクトルの合成力が，近代の行政システムを推進したので

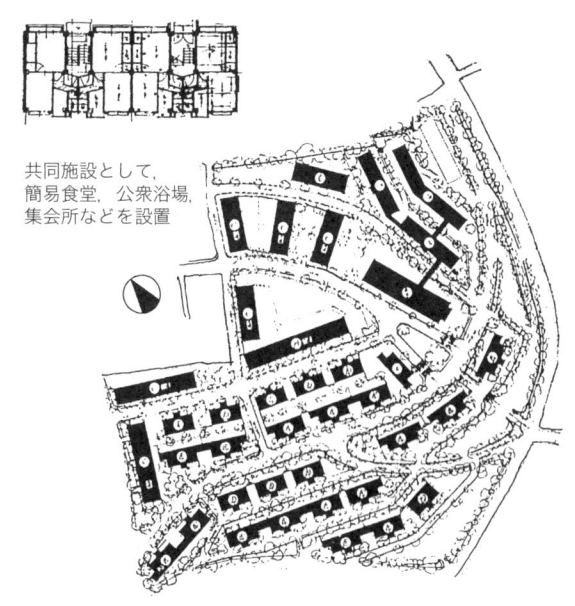

共同施設として，簡易食堂，公衆浴場，集会所などを設置

図3・14　日本の集合住宅団地（代官山，1928年）（出典：『建築雑誌』第498号，日本建築学会，1927年版より）

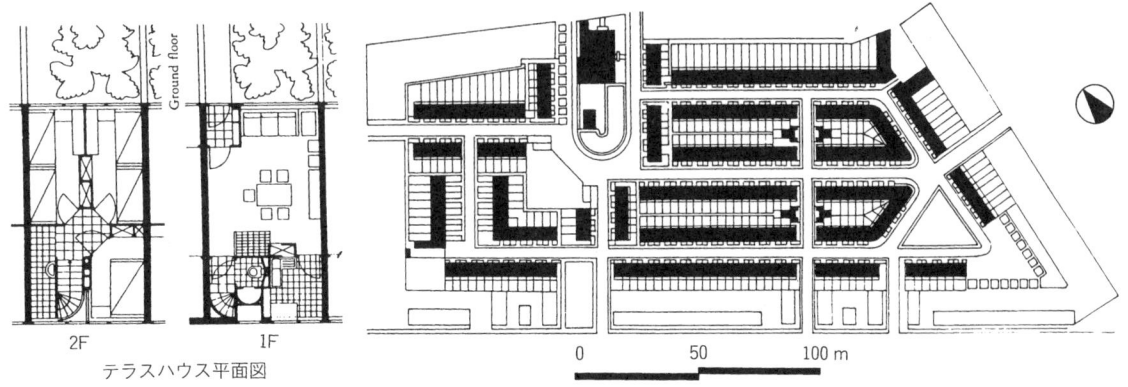

図3・13　ヨーロッパのジードルング（南アムステルダム，H. P. ベルラーへ設計，1917年）（出典：図3・3と同じ）

3　近代以降の都市づくり　31

あった．

この趨勢が本格的になったのは，第二次大戦後である．西欧でも日本でも戦争で破壊され荒廃した都市や建築を短期間に復興するには，大規模な都市改造事業，大量の公営住宅団地の建設，計画的ニュータウン開発事業などが公共主導でもってすすめられる必要があった．

都市計画の法制度化

20世紀においては，国民国家の法治主義が確立され，都市行政においても公権力による秩序ある公共投資や土地利用の計画的誘導，そのための公共の福祉を前提とする私権の制限の必要が原則として認識されるようになった．制度上では，都市計画の理念，公共の役割と権限，主要な都市施設の計画，建築物の制限，土地収用などを制度として運用するために，各国において，その基本となる都市計画法が制定された．たとえば，英国の都市農村計画法は，1909年法を先触れに1919年にはそれまで積み重ねられてきた自治体レベルの公衆衛生，住宅・建築規則，都市建設投資など，個々の分野で取組まれてきた都市施策を土地利用を基調に田園・都市計画法として総合化し，自治体行政の権限と役割を明確にしたものである．

わが国でも，市区改正条例（1888年）によって，江戸時代の城下町の道路を近代国家にふさわしい幹線道路網に改良する整備計画がたてられたが，基本的な法制としては，都市計画法（1919年）および市街地建築物法（1919年，現在の建築基準法の前身）が制定され，東京から他の大都市にも逐次適用されるようになった．1919年の都市計画法は，①道路・鉄道・官庁街その他の公共的都市施設の配置を計画すること，②住居・商業・工業・未指定地などの用途地域を定め，これに対応する市街地建築物の用途と形態を規制する権限を付与したこと，③都市計画を決定する基本的権限を国家に集中したこと，④都市計画決定された事業用地の利用制限や収用の権限を付与したことが主たる内容であった．特に都市における社会資本投資の優位性を位置付け，官僚による計画権限の行使を保証した点にねらいがあった．また，1968年法に至るまで，すべての都市計画法に基づく決定は，市町村レベルの内容の事項でも建設大臣が認可していた．1968年以降でも，自治体の関連条例は都市計画法の範囲でしか定められないといった問題があり，また独自のやり方で都市計画施設を計画しようとしても，政府の補助事業や起債に依存している上でのコントロールが強く働いてきた．

地方分権時代に向けてめざす都市・まちづくりの将来像は，自治体が議会・市民等と一体となって描くことになる．しかし議会や市民等の構想力が貧しいと官僚任せとなり，都市計画法の規程を誤りなく運用すること自体が目標化する．たとえば，地域ごとに独自の土地利用計画の絵が描かれ，それを実現するための土地利用規制の適用があるはずなのに，多くの場合，政府が定めた土地利用規制分類を用いて画一的な塗り絵ですましてきた．また，地域を無視した幹線道路が計画されて，環境問題や用地収用が後から問題になるケースに事欠かなかった．1990年代にバブル経済が破綻してから，都市計画にも，やや落ち着いて考える風潮が広がってきた．市町村自治体ごとの土地利用や交通などのマスタープラン策定，地区ごとの住民参加のまちづくり計画の策定などの取組みである．一方，経済の低成長化や公共の財源縮小化時代に入っての地方分権化の都市計画には，地域の資源をいかにやりくりして有効かつ創造的に活用して独自の都市づくりをすすめるか，そのための仕組みとして緩やかな，しかし展望のもてる変革が求められている．

3　近代から現代への都市変容

大型プロジェクトによる大都市改造

20世紀後半，世界はグローバル市場の戦略に巻き込まれつつある．金融，流通，消費，政治戦略などの動きが早く，流れが大きくなった．IT化は時・空間を越える交信を可能にしたが，それに触発された人的往来と物流および投資を飛躍的に増大させている．そうした中枢都市としてワールドシティが成長した．地場資本の中小事業所が密集してきた旧市街地域のすぐ外側に，天空を制するような超高層のオフィスやマンションの群れがそそりたち，低層部と地下空間はショッピング，アミューズ，サービス店舗のモールや文化施設を備え，人工地盤のピデストリアンデッキで結ばれて，都市高速鉄道，巨大駐車場と高速道路ジャンクションを経て，都市圏全域を空港に通じさせている．エネルギーや環境の管理も半ば自己完結させている．古い都市のなかの新都市である．ル・コルビュジエたちが構想し，米国に根づいた未来都市の姿が，究極的にこれらの大規模プロジェクト地区において実現したかにみえる（図3・15）．

モータリゼーションとショッピングセンター

いまひとつの展開は，高速道路網に依存する巨大なショッピングコンプレックスの田園立地である．1970年代に始まった物流革命は，広い駐車場を備えたスーパーマーケットに始まり，やがて，田園地帯の真ん中に専門店舗のモール，娯楽や文化スポット，銀行や医療などのサービス店舗を出現させ一大消費センターを忽然と集積させた．1990年代から地方小都市圏や農村域でのモータリゼーション*が急激に進行した．一家でクルマ2～3台を利用する世帯も普通になった時期とも重なっている．バイパス道路のはずだった国道・県道の新道の沿道は，ロードサイドショップの過剰に派手な店舗と広告であふれ，田園風景を楽しめなくなった．田園と都市の見分けがつかなくなり，ケビン・リンチが分類したような都市構造がはっきりと認識できない分散型都市圏へと変貌しつつある（「4・4 都市の空間構成計画」参照）．

IT化社会では，さらに就業や社会組織にも変化が現れつつある．たとえばテレワーク（telework）では，分散された小職場や自宅職場での就業＝SOHO（Small Office Home Office）の機会が増えるとされているから，将来の都市構造を見通すことは容易ではない．

インナーシティの衰退と再生への模索

わが国の都市は，城下町，在郷町，港町，地場産業都市などをそれぞれに近代化し拡張して20世紀の役割を果たしてきたのだが，世紀末において，都市の周辺部にあっては，旧港湾や流通倉庫，鉄道操車場，素材生産工場などの跡地サイトが転用されて大規模都市改造プロジェクトが立ち上がった．郊外から田園地区にかけてはロードサイドショップや大規模商業コンプレックスが分散立地した．その結果，既存の市街地から若い人口が郊外へと分散し，居住人口が高齢化していく．既存の商店街がシャッター通り化し，中小ビルの空き家も目立つようになった．そこで新しい来住者を迎え入れ，活気のある都市型コミュニティを再現しようということが求められているが，それを可能とする経営戦略の取り組みはまだこれからである．

現代の巨大プロジェクトは，近代の都市開発技術や経営手法のノウハウを尽くして，魅力的にかつ合理的にできているが，短い期間で着工され完成するものである．さらにグローバル時代の経営戦略に沿って立地変動する．そういう観点からすると歴史的に形成されてきた旧都市

図3・15 超高層建築とハイウェー時代へと向かうニューヨークの都市ビジョン（出典：同市地域計画，1929～31年より）

＝中心市街地には伝統的な魅力があり，市民の記憶やアイデンティティからしてもかけがえのない都市文化の遺伝子を蔵しているといった，都市づくりの価値の再発見が行われるようになった．

4 伝統を継承する都市づくり
地域に根ざす住宅地デザイン

1970年代から建築家や研究者の間では，アフリカ，アジア，北方圏などの素朴な民家集落への関心が高まった．それは民俗学的な関心というよりも，近代国際主義デザインにみられるような画一さや機械主義的合理性に限界を感じて，新しい思潮を探る旅の始まりであった．地域の自然に適応しながら形成されてきた居住の様式と町並みは風土と一体であり，土地ごとの表情が豊かである．一方，発達した都市文明をふりかえってみても，歴史的に形成された伝統的な市街地や集落があり，訪れてみる

と変化のなかにも調和した独自のたたずまいが感じられる．これらヴァナキュラー（vernacular）な空間形成原理から何を学んでデザインするかが現代の住宅地計画のひとつの課題となっている．たとえば，歴史的な町並みを残してきたパリや京都の都心地域では，伝統的な都市住宅の空間特性を継承できる新しい集合住宅や業務併用住宅の開発を誘導しようとしている（図3・16(A), (B), (C)）．

景観・風景という都市の見方

1970年代から始まった都市づくりの思考と方法で注目すべき傾向は，景観または風景として地域をみたり計画する傾向である．近代の経済市場の機能主義と効率主義が支配するようになった都市への人間的な反作用とも

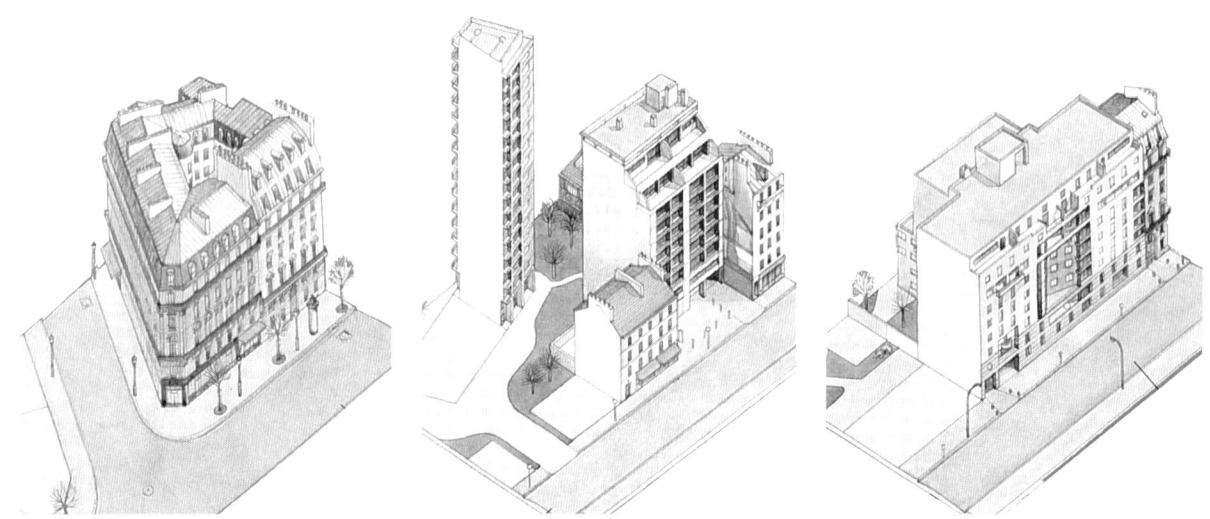

左からオースマン時代の建築壁面線規制（1860年代），街区の内側は過密のまま．居住環境の健康さ・快適さを追求した高層棟やセットバックの試み（1970年代），町並みの秩序が乱れている．快適性と町並みとの調和を図る現代都市住居の試み（1990年代）．

図3・16(A) 両側の町並みをともなう街路景観を重視するヨーロッパ伝統の建築規制（パリ）（出典：*Paris Guide*, Gallimmard, 1996年より作成）

容積率：220％前後．

図3・16(B) 京町家・町並みと調和する町家型共同住宅の提案 （出典：京都市「都心再生まちづくりプラン―職住共存地区整備ガイドプラン」1998年より）

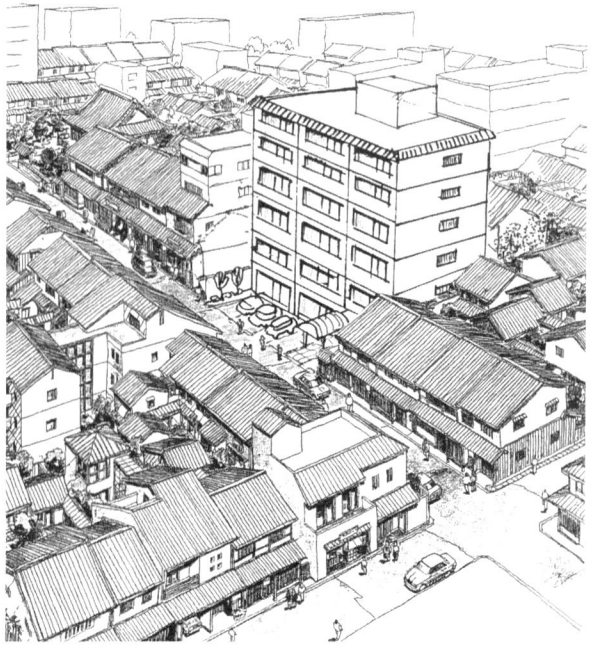

容積率：360％．斜線制限と駐車スペースのために建築壁面は後退，町並みの連続性が損なわれる．日照や通風，圧迫感など近隣への影響が大．

図3・16(C) 地区指定を行わない場合のマンション建設モデル（筆者の想定画）

いえる．

　美しい都市を維持しつくろうという試みは，これまでも名勝地の風致を保護したり，大通りの美観をデザインする都市計画の経験があったが，景観・風景論はもっと本質的な形成文脈の解読に基づこうとするものである．地域の人々が自然条件にどう対抗してきたか，それぞれの時代に過去の歴史とどう対応し新しい都市づくりをすすめてきたかの理解を求めるものである．こうした地域の解読は地理学の世界であったが，市民の都市理解の方法に，在来の記述的な歴史，統計，文学，地誌・地図などを含めて視覚的なイメージとして認識することを加えた点に特徴がある．わが国では2004年に景観法が制定されたが，これを促したパワーとしてこの十数年間で全国約500自治体が景観・風景関連の独自条例を制定してきたことが注目される．

歴史的ランドマーク・町並みへの関心

　景観・風景の見方は，都市形成の歴史的文脈の理解をともなっており，それゆえにそれらを実感できる場所，記念物，町並みなどの存在が注目されるようになった．ヨーロッパは1976年の建築遺産年を前後として，それまでは文化財に数えられていなかった街中の建築物および町並みの登録や保存を積極化した．米国や日本の都市でも，近代化のなかで見失われていた伝統的な町並みおよび近代初期遺産への市民への関心が高まり，各地で保存運動が活発化した．1975年の伝統的建造物群保存地区制度や歴史の街並み整備促進事業はこうした動きを反映したものである．しかし，重要文化財に指定されている単体とは違って，生きている町並みや地域の文化遺産を伝えるのは，保存と継承そしてその文脈を生かした創造が求められる．インナーシティの再生でも，機能性・効率性本位の都市再開発から歴史文化を生かすまちづくりへの転換が図られるようになった．ポストモダニズムの趣向というよりは本質的な課題である．

20世紀の見つめなおし

　近代の思想，科学技術，そのモダニズム芸術など，20世紀は人間社会を大きく変革した．科学技術の発達を生かして，市民の健康や生活を飛躍的に向上させる．そのために都市計画という市民社会の高度な制度を意図的に追求してきたのが20世紀だった．そこで，本書のような都市計画のテキストも先進国だった欧米の試みに始まり，その影響を受けて展開してきた日本の到達点の紹介というシナリオをたどりがちである．さらに近代都市計画では，公共行政の役割が大きく，民間や個人の都市づくりのエネルギーは制御されるべき対象であったが，民間の都市開発力が大となり，モータリゼーションによる無軌道なスプロールがすすむと，都市計画は明確な都市形態への目標を提示できないままに，道路や都市施設を求める建設ニーズに追随してきた．

　21世紀初頭の今，私たちにはあらためて20世紀の都市計画の到達点と誘発してきた諸問題を見つめなおすことが求められている．その場合，近代化をリードしてきた欧米モデルをいかに他の文化圏の各国が受け止め，独自の都市づくりをすすめてきたかにも関心をひろげて考えたいものである．

III 都市の総合基本計画

4　地域計画と都市計画マスタープラン

4・1 地域計画の基本論理

1 社会的計画の意味

　伝統的な農村集落をみると調和がとれていて美しい．里山を背景にして耕作地と水路が整い，こんもりと茂った鎮守の森があり，地形にそった細道と屋敷構えの家並みが続き，集落の中ほどの寺堂の大屋根がスカイラインを決めている．すべてがあるべき位置にあるべき形態をもっているようにおもわれる．これは都市計画図に従って建設されたものではない．何十世代もかかって防災，生産，居住，信仰，建設技術などの生活経験を重ね共同秩序を整えることで，自らの生活空間に意味と機能と美しい形態を与え，環境を自主的に管理してきた成果なのである．

　くらべて，現代社会が地域づくりにあたって「計画策定（planning）」という方法を多用する理由は次のように説明できる．第一に，産業開発や人口移動のスピードが速く，変化量も大きいので，経験を積みながら次の行動に時間をかけてフィードバックする余裕が少ない．問題が起きてからでは遅すぎるので，事前に科学的に予測して計画的に対応することが必要になった．

　第二に，社会を動かしている主体や組織が多様になり，都市空間をめぐる競合や市民の利害対立などのために無駄な投資が多くなり，土地利用や公共施設の配置が乱れ，総合的な生活環境の調和が歪曲され，それを省みない風潮がはびこっている．そのためには，都市のあるべき将来方向と目標像を明らかにして，市民や事業者や関連する組織が共有できる行動指針を整える必要がある．

　第三に，都市を実現するのは，一握りのエリート官僚でも都市プランナーでもない．市民やさまざまな団体，民間や第三セクターなどの事業者と自治体行政システムとが協働しつつ都市を運営し実現するのである．かつて著名な都市学者 L.マンフォードが指摘したように，「都市計画は草の根民主主義の学校」である．市民が，情報を共有し，対等に発言し議論し，民主的に決定するといった計画策定過程（planning process）へ積極的に参加する権利を具現化する場が重視されるようになった．

2 計画策定の論理

　多くの生物にとって，行動とは環境に対する先天的および経験的な反応として行われる．人間は，そのような経験を積み重ねつつ，かつ慣行といった日常の行動規範を育てて集団の安定を保ってきた．その背景には信仰や経験で培われた自然観や宇宙観があった．重要な局面での判断では，経験とともに，占いや予言などにたよったが，当時としては最高に科学的な未来への対処法であったのだろう．

　過去において，すぐれた軍事家，政治家，地域リーダーといわれた人々は，内外情勢と集団の意向を緻密に読取って，はっきりと行動方針を示してきた．こういった経験的・達観的予見によって判断する集団リーダーの行動決定力は，現代でもすこぶる重要である．しかし，それが通用するのはその判断が不適切であった場合に

リーダーの失脚や交代で事が解決できる範囲であろう．ところが，現代の地域開発などはあまりにも巨大なプロジェクトとして遂行されるために，いったん環境が破壊されたり市民のニーズや市場の趨勢を見誤ったりすると，リーダーの責任のみでは償えないような大問題となる．そこで，このような事態をできるだけ回避するためには，社会集団とリーダーがより的確な判断をできるように，①実態と問題を的確に調査分析し，②将来動向を予測して課題を明確化し，③適切とおもわれる対策や計画を考案し，④適用効果を事前に予測し評価するなどして，最終的な決定を支援する．

3 「地獄絵」と「極楽絵」

都市計画における予測とは，何かある問題に対処するか計画課題を達成するために行うものである．たとえば，もし大地震がおきたらどのような被害が想定されるかなど，問題の発生と進行そして深刻化などを科学的に予測する．この結果は社会に対する注意報ないしは危険予測として提示される．これを社会がどう受けとめるか，軽視される場合もあるが，その問題の重要さが理解されると，被害の発生を抑え問題の拡大を未然に防止するための対策が必要とされる．計画課題と将来目標，たとえば地震の被害をどの程度に抑えるかという目標と対策が検討される．そこから都市づくり計画が提起される．このような問題予測と計画構想の関係について，西山夘三*（1911～94）は，中世の僧侶の辻説法になぞらえている．すなわち人間の道に背けば来世はこうなるという恐ろしい「地獄絵図」を示し，正しく生きればこうなるという「極楽絵図」で救済の道を説く．現代の辻説法とは，都市社会における問題進行の科学的予測とそれを克服する総合的な将来像＝矛盾を止揚する計画提案の提示であるというわけである（図4・1）．

4 予測と計画の政策科学

集団が判断を的確にできるように，情報を収集し分析し支援するための政策科学が発達してきた．すなわち，経験的・直感的予想に加えて，社会的問題の科学的予測に基づく計画が行われるようになった（図4・2）．予測課題としては，ネガティブな問題予測だけでなく，ある政策や事業が実施されると，どのような社会経済効果をもたらすかといったポジティブな予測もある．手順の大筋は次のとおりである．

①ある社会事象が，時系列的にどう変動するのか，あるいは複数の要因の作用をどう受けるのか，既存の知識や予備調査に基づいて，近似する因果関係または相関関係モデルを作成し，予測作業を行う．
②現状と予測値とを参考にしつつ，社会が解決すべき計画課題および，より具体性が求められる場合には達成目標を設定する．
③それらを達成するために有効と思われるいくつかの代替案*を作成する．
④代替案を，それぞれ実施した場合を仮に想定して，どのような効果や影響が現れるのか，上述のモデルを用いてシミュレーションや事前評価＝アセスメントを行って，確かめ比較する．
⑤このような検討作業を反復して，最適の計画案を取出し提案する．

社会事象の予測モデルを作成する技法としては，社会調査*法，計画評価法などのテキストにくわしく学ばねばならないが，さまざまな社会事象，たとえば居住人口，土地利用，環境変動などに関する具体的なテーマを想定して考えてみると理解がすすむだろう．

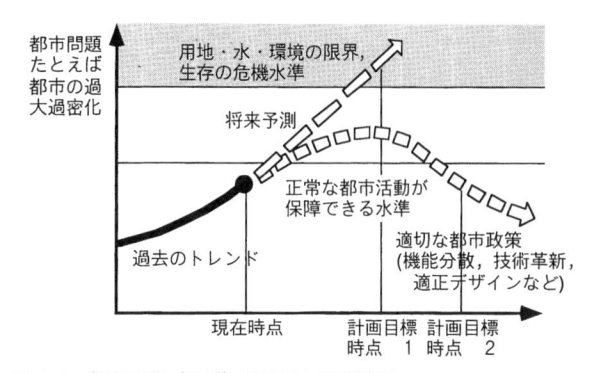

図4・1 都市問題（矛盾）の予測と予防計画

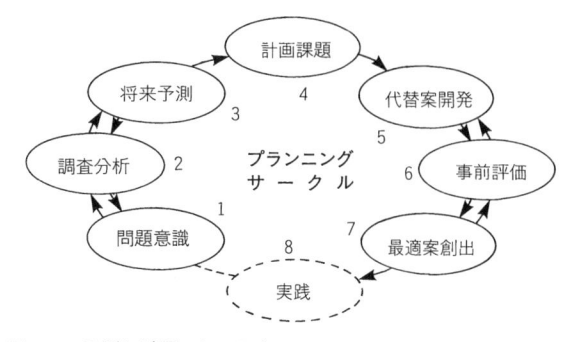

図4・2 予測と計画のシステム

実地調査

社会事象は実験室のように限られた変数だけで分析できない．実に多くの因子がかかわっている．だから，社会現象をあるままにまるごと実地調査してみることは不可欠である．現地を訪れての観察や観測，地域関係者の意識調査や意見調査を行って，多面的かつ綿密な分析考察を通じて問題の本質を把握する，これが基本となる．十分なフィールド調査なくして地域計画なしといってよい．さらに，土地利用や景観の変化，都市活動などを観察し，文章記述したり数値計測したり地図投影したりする．個人や機関の行動，態度，意見などについては面接調査(interview survey)やアンケート調査，ワークショップの開催もまたすぐれた集団学習の機会となる．

文献調査

地域の歴史・社会事象に関連する文書，地図，先行調査事例，過去の統計データ，自治体の計画書，議会記録などの文献資料を収集し分析する．地域記録収集センター＝アーカイブスや博物館も訪れてみたい．また類似の他地域での資料も参考にできる．さらに映像関係資料として絵図，写真なども収集したい．

論理モデルの作成

ある社会事象や問題が成立し変化する因果関係や相関関係にどのような要因が寄与しているかの関係を論理モデル化あるいは数量モデル化する．社会事象は無数の因子作用，つまり多変量的関係によって成り立っているが，主たる構造的関係で説明しようというのがモデルの役割である．モデルの構築性を高めれば推論は可能であり，計画シナリオのための仮説づくりに有効である．

時系列予測や要因変化にともなう予測ができるように，数学的論理性のあるモデルを組み立てる．これで統計数値を用いた計量的予測が可能になる．人口増加と宅地需要，産業成長と交通需要・水需要といったマクロフレームを設定する参考となる．量的変化が質的な変化を引き起こす臨界点を論理的に想定した上で予測することは，もっとも高次な予測作業である（図4・3）．

政策評価モデルの作成

計画課題を効果的に達成するための代替案の評価は，まず「評価の理念と基準」の設定が必要である．その上で主要な側面別に，計画案を実行した場合のプラスマイナス効果を予測する．また同時に実現のしやすさ（feasibility）の観点からの評価も必要である．

社会現象を説明できるだけの近似的な構造モデルを作成することは，かなりの試行錯誤をともなうが重要な仕事である．こうした科学的予測モデルの作成もまた，実践的経験および綿密な実態調査とデータ分析からフィードバックされるので，適用と改良を積むと有用なモデルにすることができる．予測結果がどのように妥当なものであるか，結局のところ，中間チェックと修正をおこなうなど市民や計画家が判断しなければならない．

以上を完全に科学的に説明できるようにすることは不可能である．社会的決定は，現代でも人々の思想，経験，意欲，知識，制度にしたがって常識的に，ときに革新的情熱をもって行われるのであり，科学的な方法がそれを代行するわけではない．計画策定という大局的なシナリオの論理性をたかめながら，局面ごとにこれらの計画決定の支援技法を活用することがのぞましい．

5 都市計画を支える諸科学

都市分析と都市計画の策定を支援するには，諸科学の発達と多分野的な専門家集団との共同取組みによるところが多い．

社会科学・人文科学

人口，社会集団，政治，行財政，経済所得，産業労働，社会福祉，教育，社会心理，歴史文化などの諸側面．

自然科学・工学技術

保健衛生，災害対策，交通通信，土木建築，環境管理，

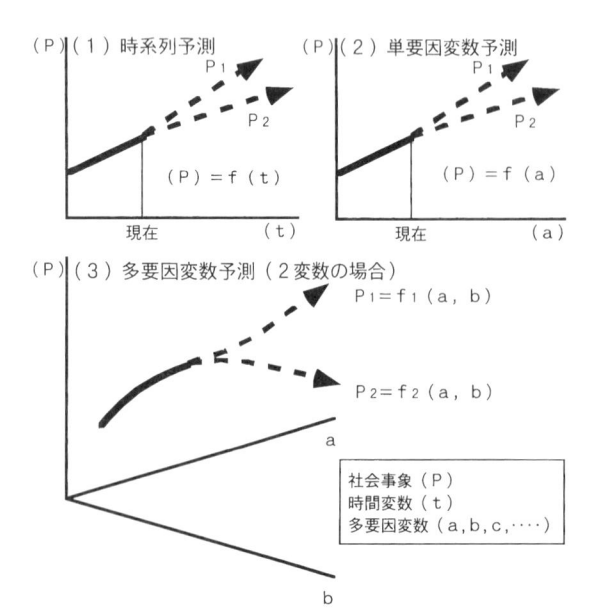

図4・3 社会事象の将来予測

(P)(1) 時系列予測　(P)=f(t)
(P)(2) 単要因変数予測　(P)=f(a)
(P)(3) 多要因変数予測（2変数の場合）　$P_1=f_1(a,b)$　$P_2=f_2(a,b)$

社会事象（P）
時間変数（t）
多要因変数（a,b,c,…）

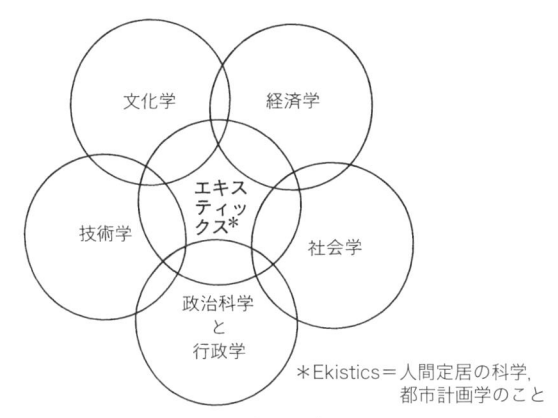

図4・4 都市計画と結合する諸科学（C.ドクシアディス*の提案，1969年）
*Ekistics＝人間定居の科学，都市計画学のこと

地理景観などの諸側面．

都市の総合政策科学

在来の個別学問分野からの貢献だけではなく，上で紹介した調査，予測，計画などに関連する諸分野の専門家が参画する多分野協同の取組みが発展している．これを結集する都市の政策科学の場として，安全，健康，環境，行政，居住，地域経済，地域福祉，コミュニティ参加といった社会システムのモデル化やソフト開発のための多様で学際的な研究領域の発達がみられる（図4・4）．

4・2 地域計画における都市計画の位置づけ

1 地域計画の圏域と行政レベル

地域計画は，ある地域の範囲（area）を対象とするが，それは単独に存在するのでなく，多重かつ多段階の行政レベルと空間スケールにわたる各種の地域計画と調整しつつすすめられる（図4・5）．

市町村総合計画および都市計画

地域総合計画（comprehensive plan）は，さまざまな分野の部門別計画をともなっている．

市町村の基本構想・基本計画*（または総合計画）は，人口，福祉，教育，文化，産業，雇用，経済，土地利用，環境，交通通信，保健環境，都市計画など，自治体行政のあらゆる部門にわたる内容をもっている．大観すると，「社会計画」「経済計画」および「物的計画（physical planning，都市空間計画あるいは単に空間計画ということも多い）」の3つの側面の集合と理解できる（図4・6，図4・7）．このなかで「都市計画」は，市町村基本計画の方針を生活空間に表現する物的計画ないしは空間計画部門を担当している．すなわち土地利用や交通や景観・環境など地域空間の構成や建築物・町並み秩序の形成について主体的な役割を果たし，各種の施設建設や開発事業にも指針を示している．その基本となるのが後述する「都市計画マスタープラン」である．行政の施策が主であるが，市民や事業者，民間や第三セクターなどが分担する活動のプログラムも含まれる．近年では，全域計画とともに，住民にとってより身近なコミュニティ・レベルの各地区別のまちづくり計画を策定することが多くなっている．

都道府県計画および広域圏計画

都道府県レベルの総合計画が主であるが，首都圏，近畿圏，東北圏といった広域にわたる調整計画が策定される地域もある．また水系計画，湾岸計画のように都道府県を越えた流域にかかわる総合計画をたてる場合もある．

全国計画

国土計画といわれるもので，わが国では全国総合開発計画が，1950年以来5次にわたって策定されてきた．国家レベルからする戦略的構想としての「国土づくり」の基本理念，人口・産業の集中や分散などの国土配置，土地利用と環境管理，主要な社会資本整備などが決められ

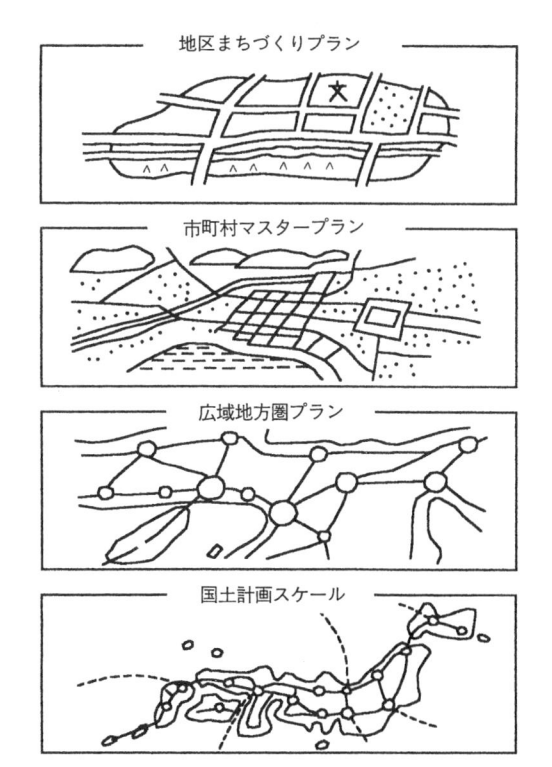

図4・5 地域計画における空間スケールのレベル

る．広域圏計画は，国と地方との中間の調整役として機能している．

任意の地域計画

市民団体や民間事業者グループなどによる提案的なまちづくり計画や行動計画（action plan）は各地で数多くかつ多様に策定されている．

地域計画の体系ではかつて「上位計画」「下位計画」という扱いがあった．市町村をベースとする都市計画にとって都道府県計画，国土計画は，中央集権の強い時代では，これが往々にして「上意計画」と位置づけられることが多かった．

2 計画策定における時間

計画とは未来に向けての行動指針である．何十年かかっても実現したいというような半永久目標型もあるが，どれくらい先の未来を想定して計画すればよいのか，目標期間の設定は求められる状況によって異なる．長期にわたる予測ほど不確定な要素が多くなるが，反面で計画的に多年にわたって努力を集中蓄積できるので大きな事業も実現できる．

超長期計画

数十年以上も先の社会経済や技術の構造的変化をともなうマクロな未来予測といったもので，実務としての具体性には乏しい．しかし当面の制約を超える柔軟な将来構想（future vision）を描く作業をしてみると新しい発想が得られることもある．

長期計画

自治体総合計画などは，ふつう15～20年先を展望しつつ10カ年間にわたる長期計画をたてる．この期間では，現行の社会経済や技術システムを前提として計画するが，途中の変動に対してはローリングシステムといって中間期に修正見直しをするのが普通である．

中・短期計画

実現性の高い地域施設の整備事業や市民行動計画などは3～5カ年間を設定する．プラン＝達成目標といってもプログラム＝達成のための工程表に近いものであるが，地域計画では一般の建設事業とはちがって，社会経済や行政の状況変化に応じて不断に柔軟な対応が求められる．

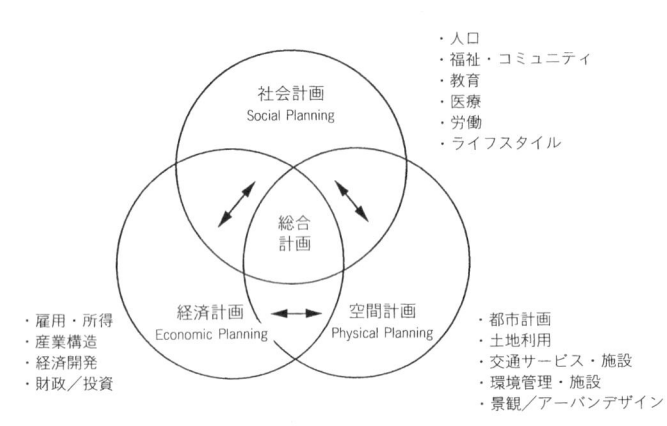

図4・6 地域総合計画と都市計画

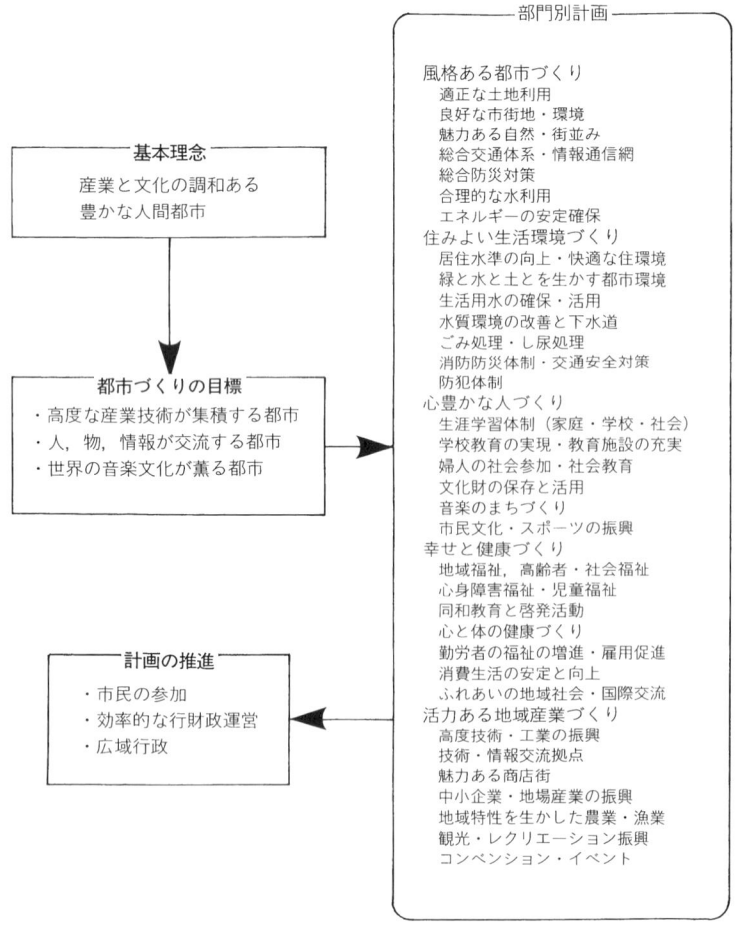

図4・7 市町村総合計画の内容例（浜松市，1992年）

3 都市計画と行政の権限

わが国では，地方自治体に都市計画を策定するよう法律で義務づけている．海外諸国では，州や市独自の制度に委ねられている場合もある．これらはすべて法定（国の法律）に基づく「法定計画」であり都道府県や市町村は国から委任された業務として都市計画を行ってきた．その目的設定，計画内容，権限の行使などは法で一律に規定されてきたきらいがある．地方分権化の進行のなかで，それぞれの住民ニーズに応え地域特性を活かす都市づくりをすすめるために，1998年に都市計画法が見直され，広域的に重要な事項をのぞいて都市計画の決定権は，都道府県から市町村自治体の権限に移されることになった．また在来の基本項目だけでなく，市町村は新たに望む内容を付け加える自由さをもつようになった．それだけに，都市計画においても，市民と自治体スタッフの力量，関連する条例（自治体の法律）の運用などの都市づくり力量がいよいよ試される時代に入った．

法律や条例に基づかない，任意の住民のまちづくりや民間やデベロッパーの事業提案もある．これらは「任意計画」である．任意計画でも，これが社会的に認定（authorize）されて法定計画の内容に組入れられることになる．近年では，デベロッパー*による開発プロジェクトが増えているので，マスタープランに照らして，これらを評価して開発を認定するという柔軟な対応も求められるようになった．

現代の民主的な法制度は，個人の生活・営業権と私有財産権を保障しており，地域・都市計画制度もこれを基本として編まれている．その上で，都市計画は個人の行為（居住・営業・土地利用・開発）に対して相当の制限を課しているが，その根拠は「公共の福祉」である．特に都市は高密であるために，環境は相互の節度と共同努力および公共施設のサービスによって維持されてきた．都市生活のもたらすより豊かな環境を享受するためには，共同秩序を維持するためにある程度の不自由さを受忍することが求められる．ここで問題となるのは社会的公平性である．すなわち，①市民・権利者が計画に参加し意見を述べる機会が保障されていること，②通常の受忍度をこえることについての公共補償が得られること，③法に基づく公正な計画決定がなされること等が前提となる．

4 都市計画への市民参加

計画とは，未来に向けての行動目標像である．もともとプラン＝planとは建てるべき建築の平面図のことである．古代都市にあっては王や皇帝が，中世都市では地域共同体が，近世城下町では領主が，権威をもって都市計画を主導した．近代社会では国民国家の政府が，国土における地域開発政策を主導し，都市計画は，国家目標にむけての社会基盤施設の整備を地方で実施する従属的手段とされがちだった．しかし現代では，世界的にみて地域自治が進展し，地方分権化による住民主体の個性ある「まちづくり*」が求められる時代となった．

都市は，それぞれが自由な要求をもって行動する複雑多数の主体があつまる場であるが，都市計画や「まちづくり」は，社会集団としての共同指針や目標像をもつことで，相互協力による相乗効果を上げることができる．また地域自治体としても，計画をもつことで権限・能力・財政を効果的に活用することができる．

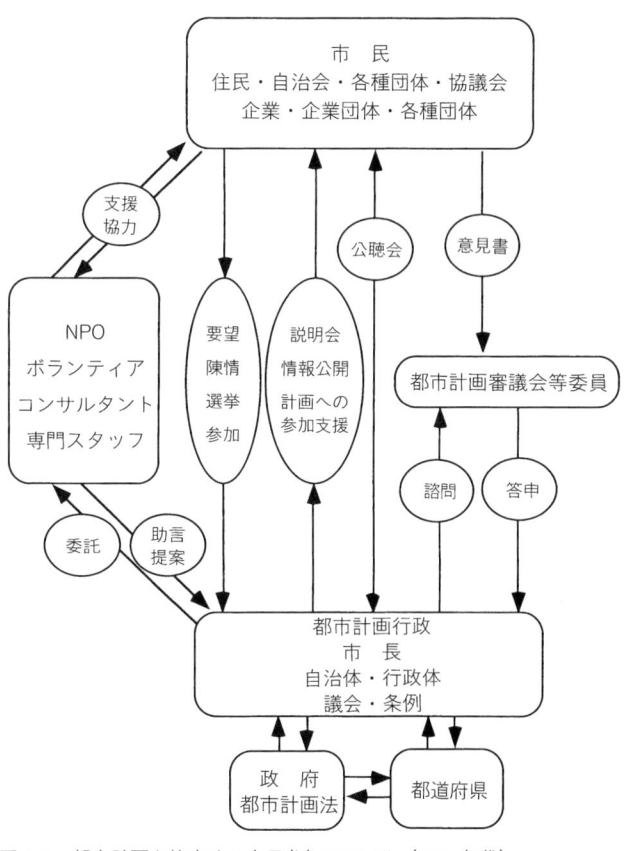

図4・8 都市計画を策定する市民参加のモデル（1990年代）

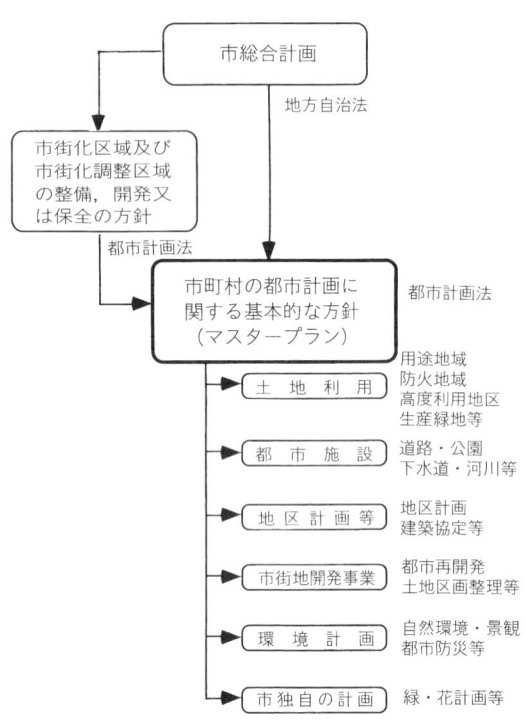

市民参加（citizen's participation）は，都市計画案についての合意＝コンセンサスを得るために実施されるが，同時にそのような調査や提案の学習と討論の機会によって，市民が「まちづくり」について学習し活動能力を発達させることが等しく重要である．行政制度の押しつけではなくて，市民と自治体が協働して，それぞれの責務を分担しつつ「まちづくり」能力を発達させる場であると考えたい．

5 計画の策定組織

都市計画の策定は市町村長が行う（市町村の圏域にまたがる事業も多いので，制度上は市町村の意向を受けて都道府県知事が決定することになっている）．都市計画審議会は首長からの諮問を受けて計画原案について審議し答申する．審議会委員は首長が任命する．議会代表および関連各界の代表者と学識経験者で構成されるケースが多いが，近年は各種の審議会において若干名を市民から公募する方式をとる傾向もある．計画原案を準備する

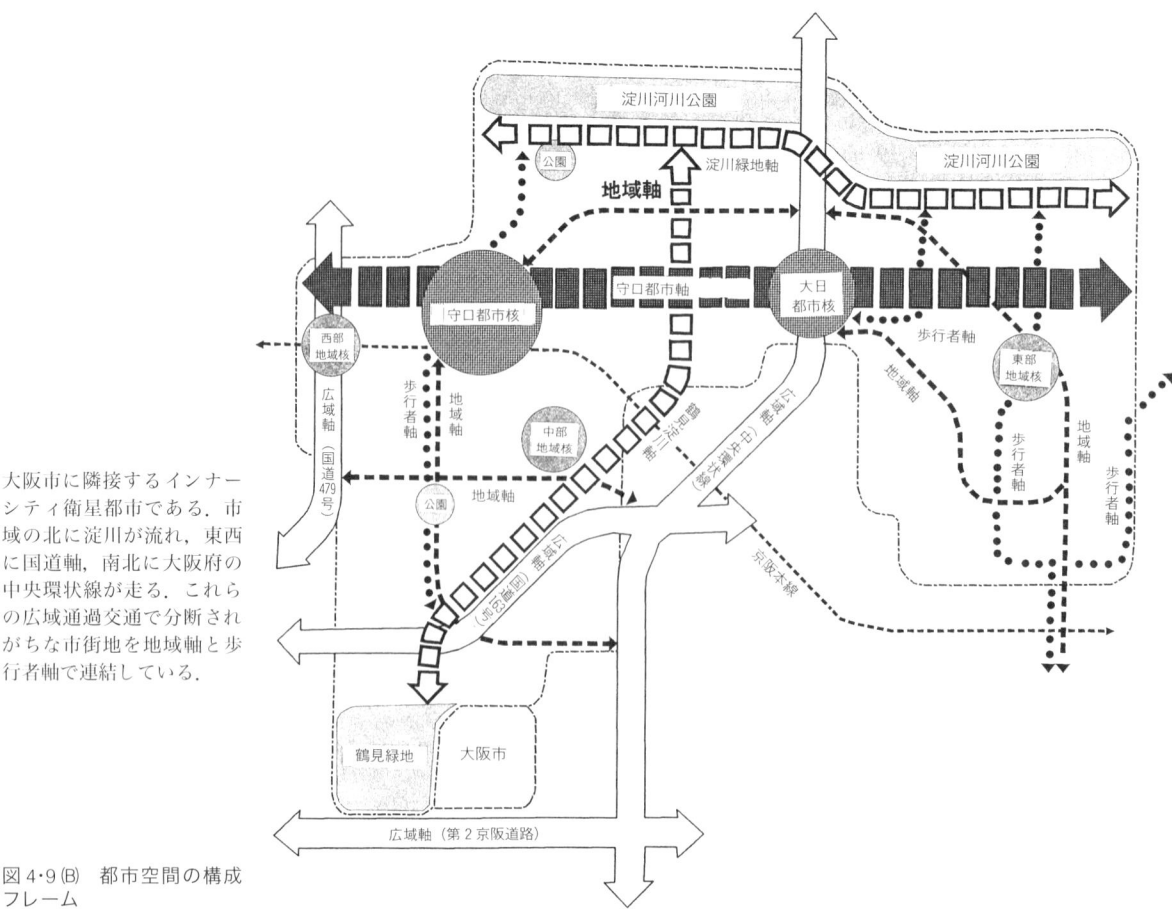

図4・9(A) 都市計画に関する基本的な方針（体系図）（出典：(A)(B)(C)とも，大阪府守口市，1995年より）

大阪市に隣接するインナーシティ衛星都市である．市域の北に淀川が流れ，東西に国道軸，南北に大阪府の中央環状線が走る．これらの広域通過交通で分断されがちな市街地を地域軸と歩行者軸で連結している．

図4・9(B) 都市空間の構成フレーム

のは行政スタッフ（行政プランナー）である．計画原案の内容について，市民は事前から情報公開，説明会・公聴会*の開催などを求めることができる．また審議会に対しては意見書を提出することができる．また，ある範囲にかかわる計画については，地権者，まちづくり協議会，まちづくりNPOも都市計画案を提案できるようになった（2002年の法改正）．

専門的職能機関であるコンサルタント*，シンクタンク，支援NPO等は，行政，民間，住民団体などからの要請を受けて，都市計画・まちづくりの助言，情報提供，調査および計画原案提示などの業務を行う（図4・8）．

4・3 都市計画マスタープラン

1 都市計画のはたらき

都市の目標像は文章でも社会統計でもいいあらわすことができるが，それだけでは十分ではない．市民にとって，都市とは日々の暮らしを営む実在の生活空間であり，その雰囲気や形態・景観イメージ，物理的な利便性として認識されるものである．それゆえ，市町村総合計画が目標とする地域の経済成長や福祉水準の向上のために，その基盤となる都市空間やインフラストラクチャーを造形し整備するなど主として物的計画部門を担当するのが都市計画の役割である．

都市計画は，自治体の基本計画に従属するものでなくて，相互に調整しあう関係を保つ．たとえば，もし土地利用や施設整備および環境容量などから見て，社会・経済面の成長プログラムが不適切である場合は修正を求めるなど，つねに都市の生活空間の適切なあり方を求めて提案するのである．

2 都市計画のマスタープラン

都市計画の仕事は，いくつかの関連する個別部門の計画の協同によって成り立っているが，これらの共通の基本方針となるよう，わが国の都市計画法は「都市計画マスタープラン*」の策定を義務づけている．その共通する

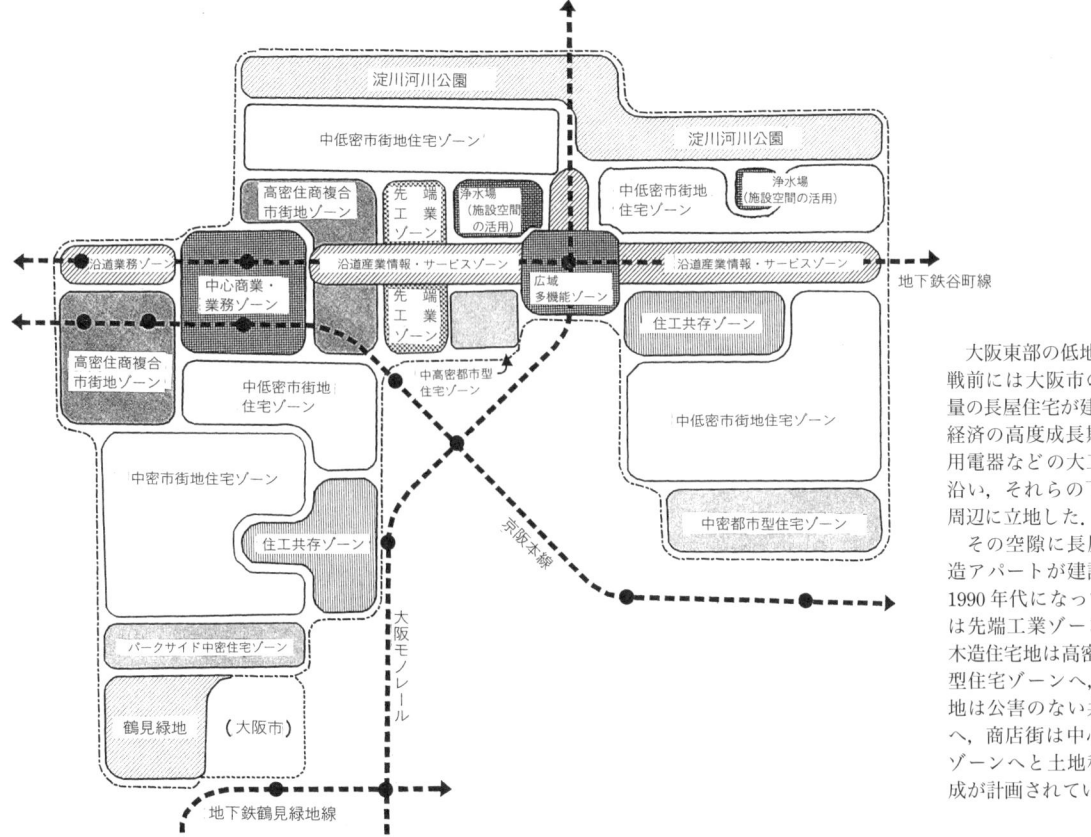

大阪東部の低地であった．戦前には大阪市の外縁に大量の長屋住宅が建設された．経済の高度成長期には家庭用電器などの大工場が国道沿い，それらの下請工場が周辺に立地した．
その空隙に長屋住宅，木造アパートが建設された．1990年代になって，工業地は先端工業ゾーンへ，過密木造住宅地は高密・中密都市型住宅ゾーンへ，住工混合地は公害のない共存ゾーンへ，商店街は中心商業業務ゾーンへと土地利用の再編成が計画されている．

図4・9(C) 土地利用の構想

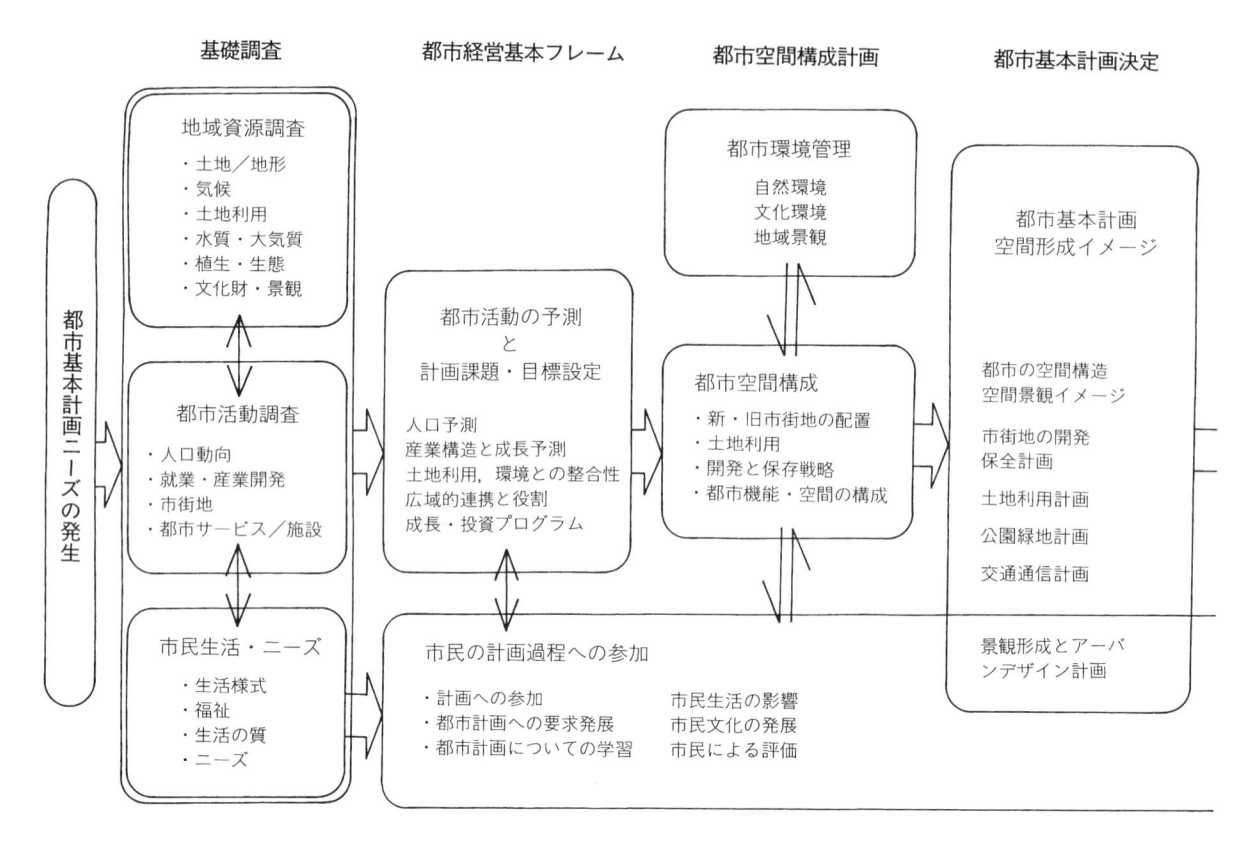

基礎調査　　　都市経営基本フレーム　　　都市空間構成計画　　　都市基本計画決定

都市基本計画ニーズの発生

地域資源調査
・土地／地形
・気候
・土地利用
・水質・大気質
・植生・生態
・文化財・景観

都市活動調査
・人口動向
・就業・産業開発
・市街地
・都市サービス／施設

市民生活・ニーズ
・生活様式
・福祉
・生活の質
・ニーズ

都市活動の予測と
計画課題・目標設定

人口予測
産業構造と成長予測
土地利用，環境との整合性
広域的連携と役割
成長・投資プログラム

市民の計画過程への参加
・計画への参加
・都市計画への要求発展
・都市計画についての学習

市民生活の影響
市民文化の発展
市民による評価

都市環境管理
自然環境
文化環境
地域景観

都市空間構成
・新・旧市街地の配置
・土地利用
・開発と保存戦略
・都市機能・空間の構成

都市基本計画
空間形成イメージ

都市の空間構造
空間景観イメージ

市街地の開発
保全計画

土地利用計画

公園緑地計画

交通通信計画

景観形成とアーバンデザイン計画

基本項目は次のとおりである．

I　市町村の都市計画に関する基本方針
　①都市の現況（人口・社会経済，産業立地，交通問題，環境と景観，地域の特性認識など）
　②都市づくりの課題（コミュニティ・都市の活性化，都市環境の回復，都市の社会的基盤の整備，地域個性の育成など）
　③都市づくりの目標（理念，目標像，将来フレームなど）

II　都市計画対象区域の設定
　都市計画区域と市街化区域および市街化調整区域の区分，それらの整備，開発または保全の方針

III　都市計画諸制度の運用
　地域地区（用途地域や建築制限のゾーニング）
　都市施設（交通施設，下水道などの脈絡施設，都市公園など）
　市街地開発（新開発および再開発，既存市街地の改善，区画整理など）
　地区計画など（風致や景観の形成地区，住環境の保全地区など）

マスタープランの内容自体は法的拘束力をともなわないが，この目標像を拠り所にして，部門計画の策定や各種の開発を規制・誘導するガイドプランの働きをする（図4・9 (A), (B), (C)）．

3　マスタープランの策定手順

市町村ごとの独自の主張があって，策定手順は一様ではないが，日本の現行制度を基調としつつ，一般的なすすめ方として説明する（図4・10）．

予備作業

〈計画区域の範囲〉

英国の都市農村計画法のように，全域を一体的に計画することが基本である．しかし，わが国の制度では都市計画と農村計画は別になっている．市町村域内で，特に都市計画行政を行う範囲を「都市計画区域」と設定する．

〈計画策定のプログラム〉

計画担当チームと事務局，専門家の支援グループ，市民参加と情報提供，説明会・公聴会開催など，策定の手順と作業期間などのあらましを決める．

準備作業

〈現況の基礎調査〉

都市圏として一体になっている範囲を含めて，基礎資

計画の運用

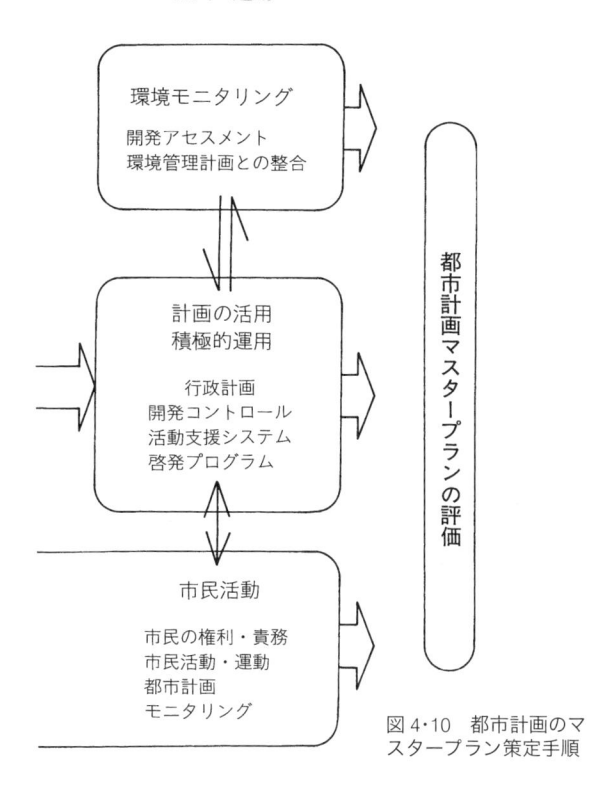

```
┌─────────────────┐
│ 環境モニタリング │
│ 開発アセスメント │──┐
│ 環境管理計画との整合 │  │
└────────┬────────┘  │
         ↕           │
┌─────────────────┐  │ ┌──────────┐
│ 計画の活用      │  │ │都        │
│ 積極的運用      │  │ │市        │
│ 行政計画        │──┼→│計 マ     │
│ 開発コントロール│  │ │画 ス     │
│ 活動支援システム│  │ │の タ     │
│ 啓発プログラム  │  │ │評 ー     │
└────────┬────────┘  │ │価 プ     │
         ↕           │ │   ラ     │
┌─────────────────┐  │ │   ン     │
│ 市民活動        │  │ │   の     │
│ 市民の権利・責務│──┘ │          │
│ 市民活動・運動  │    └──────────┘
│ 都市計画        │
│ モニタリング    │
└─────────────────┘
```

図 4·10 都市計画のマスタープラン策定手順

料を時系列動向として収集してデータベースを作成する．
①自然的側面：気候，地形・地質，水系，植生，景観，災害履歴など
②社会的側面：人口，世帯，世代構成，就業状況，生活様式，保健状態，住宅事情，教育施設，文化施設，地域形成の歴史，文化財分布，祭礼行事など
③経済的側面：産業構造，流通構造，事業所分布，就業者分布，経済運営状況など
④空間的側面：土地利用，景観，交通，市街地，都市施設，都市計画歴，生活環境，公害・開発問題履歴など

〈関連する諸計画の調査〉
①総合計画（市町村，都道府県，その他の機関によるもの）
②健康・福祉計画，経済振興計画（農林水産含む），文化振興計画など
③土地利用基本計画，交通体系計画，水系管理計画，住宅マスタープラン，景観計画，緑のマスタープラン，市街地整備計画，環境管理計画，地域防災計画など．当該地域以外に内外先進例も収集する
④部分計画（地区計画，開発・再開発計画，任意のまちづくり計画，……）

⑤その他，関連する開発プロジェクトや提案などできるだけ収集する．地域の計画課題に応じて独自項目を加える．

データ資料の収集作業はきわめて重要である．センサス，既存統計，各段階の地図・絵図，地誌，既存の計画書，調査報告書，航空写真や地理学情報などを収集し整理する．また，市民意識や特定の事柄については，独自にアンケート調査や実地調査を行う．

これらの情報は，計画にかかわるすべての人々がアクセスし利用できるように提供されることが望ましい．

本番作業

〈原案作成作業〉
①基本フレームの作成

総合計画で示されていることが多いが，人口・世帯，就業，産業，土地・水・エネルギー需要，所得などについて予測値および計画目標値を設定する．作業の進行とともに修正することもある．また，仮に延伸予測でもって人口のさらなる減少が予測されても，人口回復をめざす都市政策の計画目標値としては上向きに設定することがある．

②都市空間構成

既存の市街地とこれから開発する新市街地・ニュータウン，各種のオープンスペースの地域空間における配置を構想する．既存市街地を再整備して高度利用するか，周辺部を拡張するか，あるいは独立的なニュータウンを開発するか，それらの空間配置に対してそれらを組織する交通ネットワークでもって骨格をあたえ後述の「都市空間構成」案とする．

③土地利用計画の予備検討

(イ)オープンスペースと市街地：防災，景観，気候制御，生産緑地保全，文化財環境保全，生態系保存，景観保存などオープンスペースの役割を評価して市街化しない保存地域，開発を保留する地域，市街化を許容する市街地整備地域の範囲を描く．緑のマスタープランと連携させる．

(ロ)環境容量チェック：大気，水質，地盤・土壌・動植物の生態，地域景観など「環境管理計画」「地域景観計画」の面から影響を事前予測し評価する．もし，開発空間需要が，自治体総合計画や各部門計画で描かれた条件を著しく超過するなら，開発の総量や内容など計画フレームにフィードバックして再調整する．このやり取りで社会経

済と土地利用・インフラ整備を調整しながら，最終的に計画の基本フレームを作成する．

④都市基盤施設

交通や用水やエネルギーや廃棄物処理などのための「都市インフラストラクチャー*(特に交通施設計画)」の整備可能な能力との調整をする．現代都市は，交通・物流・通信サービスによって複雑かつ能率的に組織される．その空間基盤となるのが，軌道（鉄道），道路（街路），航路などの交通路線とそれら結節する起終点施設（駅・ターミナルなど）で構成される地域交通ネットワークである．膨大な先行投資をともなうので，開発速度との調整が必要であり，また上下水道，ガス・電力などのエネルギー，河川水系，廃棄物処理などは，市民生活の健康保健と生活環境および自然環境からみても大循環・中循環システムのなかで機能している．開発にともなう環境負荷を軽減できるようなネットワークと施設の体系が計画される．これらは都市交通計画，地域環境管理計画，地域防災計画と連携しながらすすめられる．

⑤市街地の整備

市街地とは，建築物が連坦する範囲（built up area）のことで，オープンスペースと対比される．農村では集落にあたる．住居，業務・商業，工業，複合地区，公共施設地区などの市街地ストックについて保存，改善および再開発の方針を，ニュータウンなどの新規開発については開発の方針を示し，全体として「市街地整備計画」として内容を具体化する．地域の地形・気候・歴史などの風土的特色を大切にしながら新しい開発と新旧が魅力ある都市景観をつくれるように，既存市街地，形成途上市街地，新規開発市街地を対象として，保全，改善，再開発，用途転換など，地区ごとの「整備，開発および保全の方針」案を描く．市街地は中高密に利用されるので，建築物の用途と形態，街路と町並みの空間秩序，公園や広場の配置など建築的な空間形態としてデザインされる必要がある．これらは市町村の住宅マスタープラン，地域福祉計画との整合を図る．

⑥マスタープラン原案

上記①～⑤の検討スケッチマップを重ね合わせ（overlay）してみる．相互に矛盾競合する箇所をチェックする．競合する場合の，優先性（priority）の与え方，妥協調整，代替の候補地探し，さらに創造的なプロジェクト方式による総合的な解決の可能性を探る．たとえば臨海工業地域の用途転換計画と海浜環境の復元計画が個別に検討されている場合は，海浜再生プロジェクトとして統一する．また同時に土地・空間需給量，都道府県計画との調整，公共投資の可能性などの検討を付け加える．

〈原案検討評価・評価作業〉

マスタープラン検討委員会は，市民とさまざまな団体，事業所や産業団体，専門家集団，各部門計画担当部局，関連行政機関などに原案を提示し，説明会，公聴会，ときにワークショップ*やシンポジウムなどを開催する．また計画案への質問と意見に応じ，根拠背景についての資料請求にもできるだけ応じる．必要な場合は，原案の修正補強を繰返して支持の得られる，かつ合理的である程度実現性の見込まれる最終原案をまとめあげる．また，行政内部や専門家スタッフにおいては，制度，技術，財政上の実現性評価を行う．これらの意見を集約整理し，計画原案にフィードバックして，修正案もしくは改訂案を必要なかぎり作成する．

〈計画審議決定〉

市町村は都市計画地方審議会にはかる．審議会は公聴会や市民からの意見書を参考にしながら審議した結果を首長に答申する．法制上の決定権限はわが国の場合，複数の市町村にまたがる都市計画区域をあずかる都道府県知事が決定する．

〈計画の運用〉

マスタープランは市民に周知されるとともに，自治体行政の各部門，民間，市民における役割分担，広域計画・地区詳細計画との調整が行われて，実行段階へとすすむ．また，進行状況のモニタリングと必要な時期の見直しが行われる．計画の内容は，社会の動きや政策方針に合わせて不断に微調整される必要がある．さまざまな状況の下で，目標に沿って各ステージごとに適切な行動がとれるように計画管理（planning management）が大切となる．

4・4 都市の空間構成計画

1 機能地域の種類

さまざまな都市開発プロジェクトを，既存の都市ストックとどのように組み合わせて新しい都市圏を構成すればよいか，そのような課題を検討するには，都市の機能的構成を理解する必要がある．一般の市街地は，複数の機能の土地利用が混在しており，その地域変化も不規

則なので，住・商・工・遊など地域の機能を単純に判定するのは難しいが，それらの要素の集積パターンから判別して，その地域に見合った単一もしくは複合機能を類型化して表現することができる（表4・1）．

2 都市圏の機能的構成

もっとも判りやすいモデルは「中心地域」「周辺地域」および「郊外地域」という蛇の目傘のような三重の同心円状の都市構造の説明である．資本主義経済のもとでの都市の本質は集積の利益にあり，それ故に企業が立地を争って競争し，もっとも土地を高度に利用できる企業，それだけの地価負担力のあるものが中心地域を占めるというのはわかりやすい論理である．しかし，実際には，地形や歴史的に形成されてきた市街地ストックの存在もあって，必ずしもきれいな同心円にならないので扇状のセクターで説明されることもある（図4・11）．

大都市圏が発達すると，低層高密の商店街や問屋街が駆逐されて業務中枢機能が集積する．周辺の町工場街など中小企業と住宅の混合地域も，工場が廃業したり移転したあとが中高層マンション街にかわり，また，近郊農村が新興住宅地帯になる．郊外住宅地ははるか通勤限界までスプロールする．やがて，外周部や郊外部に副都心集積が成立するようになり多核型都市圏へと発展するというのが一般的な機能変化モデルである．さらに近年は産業構造の変化により，かつての工業地帯の多くが跡地になり再利用プロジェクトが検討されるなど，都市空間はたえず伸縮しつつ新陳代謝を続けている．

3 職・住・遊・学の機能配置

住居を中心に日常生活圏の内に，職場・ショッピング・学校・レクリエーションの場所が程よく配置されているのは居住者にとって便利で移動の負担が少ない．しかし「Ⅱ 都市づくりの思想と空間形態」でのべたように，近代の大都市は業務中枢地，商業流通地，大学研究所，工業生産地，住居地，戸外休養緑地など，まとまって専用地域化している．この方が能率的であり相互干渉や環境侵害も少なくて済む．しかし，近年の動向として，職・住・遊・学などの機能複合地域の良さがふたたび見なおされている．都心のオフィス街などは夜間や休日にはゴーストタウンになる．そこで，ビルの低層階は市民が休日でも利用するショッピングや文化レクリエーション施設として活用する．また上層階にはマンションなどの住居棟も併存させる．また一方で，中小事業所と住居とが共存できる中低層地域を維持するなど，コンパクトな複合地域の再評価が始まっている（図4・12（A），（B））．

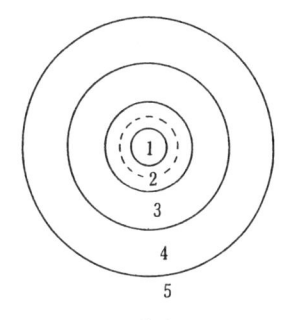

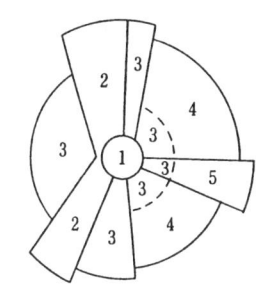

1. 中心業務地区	1. 中心業務地区
2. 遷移地区	2. 卸売・軽工業地区
3. 労働者階級住宅地区	3. 低級住宅地区
4. 中産階級住宅地区	4. 中級住宅地区
5. 郊外通勤者地区	5. 高級住宅地区

バーゼスの同心円構造（1925年） ホイトの扇形構造（1938年）
自由に成長する20世紀米国の大都市社会の動態を説明しようとしたシカゴ大学都市社会学者による空間モデル．同心円説を批判したのが扇形（セクター）説．

図4・11 都市構造のモデル化

表4・1 市街地・集落地域機能の類型化の例

	住居系	商業流通系	工業系	業務系	文化系	緑地系	その他
専用地域	低層住宅地	大規模店舗集積地区	大規模工業コンビナート 専用港湾地区	中心オフィス集積地区	自然保存地区 都市公園地区 生産緑地地区		基盤施設地区
	中層住宅地	都心商店街	産業団地	工業地区	公館地区 シヴィックゾーン スポーツ施設地区		
混合地域		住宅小規模店舗	住工混合地域・町工場街	中小商業業務混合地区			
複合地域	農・住混合集落 住・商複合集落地	商業・遊興複合地	テクノパーク	商・業務立体複合地区	芸能文化地区 大学・学園地区 文化レジャー地区	市民広場 農業公園地区	バイオパーク
農村地域	農業集落		新しいタイプの都市空間地区の出現		アグリパーク地区	農林漁業地区	

（1990年代はじめに作成）

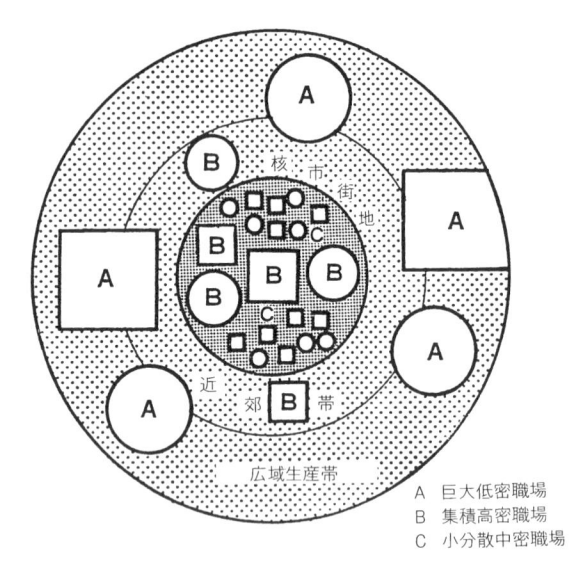

図4・12(A) 都市における職場と住宅の配置 (出典：西山夘三監修『21世紀の設計』勁草書房, 1972年より)

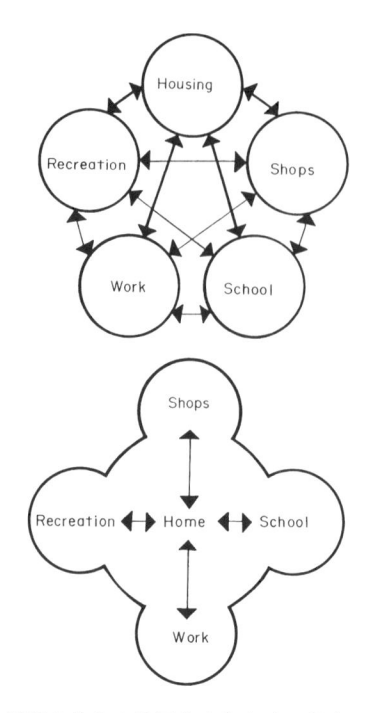

職場タイプ	事例	性質
A	空港，大型港湾，コンビナート，大型工業地域，農林漁場，大型流通基地，トラックターミナルなど	単位規模が大であり，かつ，就業人口・利用人口密度は低い．公害災害のおそれがあるとか専用化しなければ生産効率を上げられないなど
B	オフィス街，卸売地区，中工場地区，大学，消費センター，観光基地，官庁地区など	単位規模は小さいが，集積している．就業人口利用人口密度は高い．公害災害のおそれは少ない
C	小事務所やアトリエ，小工場，コミュニティ施設など	単位規模が小さく，分散している．就業人口は中密で地域に密着している．公害災害のおそれは少ない

A 巨大低密職場
B 集積高密職場
C 小分散中密職場

図4・12(B) 機能分化から住居を中心とする統合へ (出典：Tanjhe, Vlaemineh & Berghoef, *Livinig Cities*, Pergamon, 1984年より)

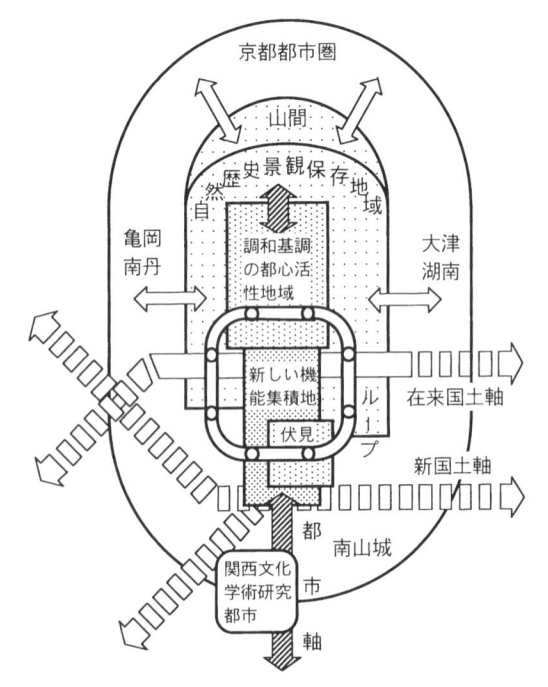

図4・13 歴史的市街地の保全と新しい都市機能の集積ゾーン (出典：新京都基本計画，1994年より，伏見地区については筆者補筆)

4 新しい空間需要の配分

既存の都市構造に対して，新市街地の開発や既存市街地の再開発プロジェクトの立案においても，それらが全体としての都市圏の骨格と機能配置とをいかに連携するものであるかを位置づける必要がある．

①既存市街地のストック

現存する都市空間は，歴史の各段階で開発され蓄積が重なって形成されてきたので，その変容の過程を理解しておきたい．歴史的に形成されてきた町並みは文化的遺産でもあり，かつ現代に生きる生活空間でもある．その文化・景観の特色を継承できるような保存的整備を検討することがのぞまれる（図4・13）．

②既存市街地および途上市街地の動向

用途，密度，形態の変化の様相を把握する．飽和状態に至るまでにどれくらいの開発余裕・時間があるかを検討する．

③新規の空間開発案の検討

a．既存市街地の内での小刻みな充填（infillment）や更

新（renewal）
b. 既存市街地のまとまった用途転換・再開発（redevelopment）
c. 周辺途上市街地の小刻みなミニ開発のスプロール（sprawl）
d. 郊外地域におけるまとまった新都市開発（new town development）

それぞれがどれだけ空間供給を分担するか検討する．

5　都市の骨格と体形

それぞれの機能地域（ゾーン）が示されるだけではとりとめがない．そこで生物体になぞらえて形態学（morphology）として理解するとわかりやすい．地域機能を器官とみてこれらが血管系・神経系・消化器系などの脈絡系で組織化されていると考える．そして骨格（framework）とは，これらに形態的構成を与えるものである．一般には，主要な大通り＝幹線街路の構成が都市の骨格を決めてきた．おもな路線が集中するところが中心（urban center）となり，路線に沿って伸びる都市軸（urban axis）となり，機能地域と一体となって都市形態を構成してきた．

しかしながら，モータリゼーション時代に入ってからは，大都市郊外から近年では地方都市や農村部における低密度居住地域が面的にひろがり，その一方で，既存の都心機能の空洞化が進行している．都市圏が拡散するとともに郊外部に新たな都市機能が分散立地する．このように現代都市の構造は，軟体動物のように，交通や情報・供給処理などのサービスネットワークで組織されていても，はっきりした骨格を見せなくなっている．都市の形態とは何か，人々は都市空間の構成をいかに認識して生活しているのか定型化のむずかしい状況である．

6　空間利用の密度とコンパクトシティ

都市圏の将来構成を構想するにあたって，密度の概念は重要である．仮に，人口50万人の地方中核都市の市街地を考えると，平均人口密度が50人/ha なら面積は10000ha，10km四方の圏域となるが，100人/ha なら5000ha，半径7km四方のコンパクトシティが実現する．

北米の郊外開発にみられるような拡散型都市では，土地の利用密度は低く自動車交通への依存度が大きくなる．一方，西欧や日本の歴史都市にみられるような中規模のコンパクトシティ*は，過密化のおそれがあるが，程よい集住形態，集約化された公共交通等によって利便効率と居住性とを共存させ，かつ農地や緑地をより広く保全できる利点がある（図4・14(A), (B)）．1990年代から持続可能な地域づくりへの関心の高まりがあって，西欧，豪州，

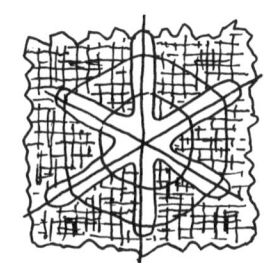

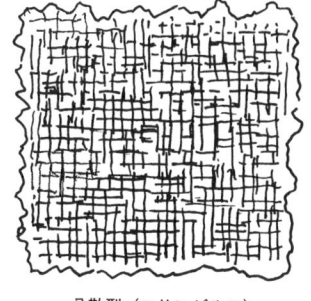

図4・14(A)　コンパクトシティと分散型都市（出典：Kevin Lynch, *A Theory of Good City Form*, The MIT Press, 1970年より模写）

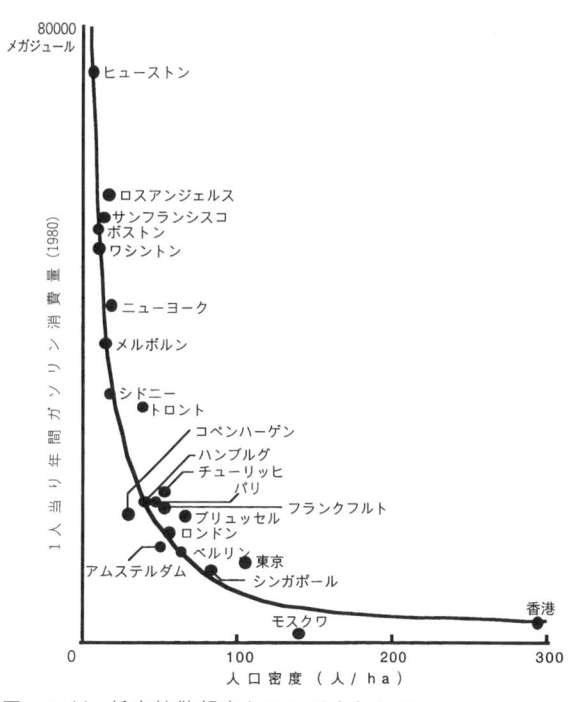

図4・14(B)　低密拡散都市とコンパクトシティ（出典：P. Newman, J.Kenworthy, *Cities and Automobile Dependence*, Avebury Technical, 1989年より）

北米でも，テレワークや職住近接の利点を取り入れ，長距離通勤にともなう交通時間・ガソリン消費量を減らすために改めてコンパクトシティ論議がおこっている．イタリア中世都市や田園都市などに範をとった理想都市論の再現を見るようである（表4・2）．

表4・2 欧米におけるコンパクトシティ化9つの原則 （出典：海道清信『コンパクトシティ-持続可能な社会の都市像を求めて-』学芸出版社，2001年より）

1 高い居住密度・就業密度	（質の高い環境デザイン）
2 複合的な土地利用の生活圏	（用途純化と対比される）
3 自動車に過依存しない交通	（徒歩・自転車・公共交通の利便）
4 多様な居住者と多様な空間	（都市社会の多様さと安定性）
5 個性的な地域空間	（歴史文化の継承と場所の感覚）
6 明確な境界性	（市街地と田園地との区分・空間のわかりやすさ）
7 社会的な公平さ	（住宅・就業，移動のユニバーサルデザイン）
8 日常生活上の自足性	（近隣生活機能の充足と移動の容易さ）
9 地域運営の自律性	（交流と参加によるコミュニティ自治）

4・5 開発プロジェクトと都市計画

1 激化する都市間競争と活性化投資

地域の経済・産業の活力（vitality）を維持し，衰微したものを再活性化（revitalization）する政策を実行する上で，開発プロジェクトの役割はとても大きい．従来から，産業誘致のための社会資本の整備，すなわち，産業用地・用水の提供，道路や港湾などの交通施設の整備は，地域振興計画を促進する基礎手段であった．現代では，そのような産業基盤施設の整備にとどまらず，既存都市の再活性化・再開発，開発途上地域の整備やニュータウン開発，学園開発，レジャー開発など，数多くの都市開発プロジェクトによって，都市の発展がすすめられている．そして，全国・世界的な移動・流通・情報通信ネットワークの発達によって，地域の産業も都市活動も激しい競争にさらされている．

2 デベロッパーの系譜

社会やそれぞれの集団が，もっとも重要とおもわれる課題に対して，知識，技術，労働，資金，資源を優先的かつ計画的に集中する事業が「プロジェクト（project）」である．この定義にしたがって歴史をさかのぼると，集団の盛衰にかかわる闘争や領土の獲得，農地の開発と農業経営，治山治水，城塞都市（日本では城下町）建設，通商ルート開発などもまた当時の重要プロジェクトだったとおもわれる．近世が成熟するにつれて，商人資本の蓄積が大きくなり，その投資先を求めて，いまでいうデベロッパー*が登場した．すなわち土地開発や輸送ルート開設を企画し，藩から開発権の認可を得て事業化する富裕な商人が登場した．彼らは，低湿地の水利改良や浅瀬を埋立て広大な新田や掘割りのある市街地を開拓した．あるいは，京の富豪であった角倉了以（1554〜1614）のように日本最大の内陸港湾であった伏見から京の中心部へと高瀬川運河を開削するなど，水運系の交通投資を軸とする地域開発の先覚者もあらわれた．

3 土地・都市を開発する産業

近代大都市の増大する宅地需要に対して，まず近郷の地主と都市商人とが結合して周辺部での大量の賃貸住宅建設や土地区画整理による投機的な宅地供給でもってこれに応えた（図4・15）．さらに関西や関東の郊外住宅地の開発では，私鉄会社が沿線開発事業で先導的な役割を

耕地整理と長屋建住宅建設
（大阪市，阿倍野区）

図4・15 土地会社による長屋建住宅開発（1930年頃）（出典：寺内信『大阪の長屋』INAX，1992年より）

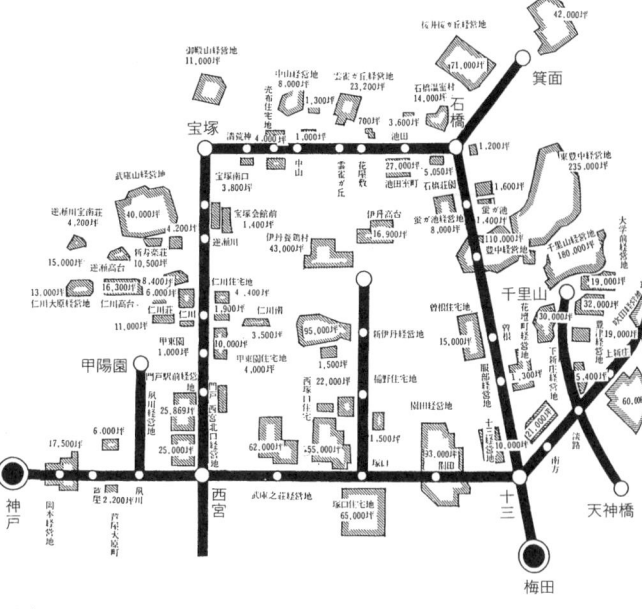

図4・16　私鉄による沿線住宅経営（阪急電鉄，1920〜30年代）

果たしてきた（図4・16）．一方，産業資本は自ら利用する大規模な商業業務地や工業地帯を開発してきたが，この経験から，さらに土地建物に投資して賃貸料収入や分譲による差益収入を目的とする大規模な不動産開発産業を発達させてきた．都市の急成長期や投機的バブル経済にあっては，地価の値上がりによる利潤＝キャピタルゲインが追求されてきた．これら民間デベロッパーには，鉄道系，建設系，商社系，金融系などの資本が参入した．さらに都市・住宅整備公団（現，都市再生機構）や自治体の開発系公社なども参画してきた．

4　開発事業の経営

民間および公的デベロッパーは，地域開発*を基本業務とする．それが目標とするのは，単なる不動産開発ではなく，その地域が，商業業務地として繁栄するか，住宅地として人気を博するかによって事業の成否が決まるからである．在来からの鉄道系，建設系，商社系，金融系，不動産系に加えて小売り販売系，業務サービス系，ホテル系，レジャー産業系，社会福祉系，ハウジング系などからの参画も目立っていて，都市の「空間開発」と「都市経営」を一体化する，より総合的な開発事業体へとさらなる発展を見せている．これら開発事業が現代的な意味で「プロジェクト」と称されるのは，未来志向で，社会ニーズや市場の分析に基づき，一定の期間内に実現

可能で，かつ投資効果の潜在力が大きい地域を対象とする，組織的で意欲的な行動計画であるためである（図4・17）．

不動産の値上がりは，開発が本来めざすところの波及効果であるにすぎない．産業・経済の振興，所得と雇用の向上，財政収入の増加，都市魅力の高まり，居住と福祉の向上などが，地域を開発して得られる総合的な価値なのである（表4・3）．

5　開発プロジェクトと都市計画

都市計画の業務のひとつは，これら開発プロジェクトの内容が市町村総合計画が目標としている将来像に照らして，その実現に貢献するように誘導することである．

①都市計画との整合性

マスタープラン・土地利用計画が示している将来像・開発整備の方針と照合して調整する．土地開発許可権限や建築コントロール制度を適用する．

②環境・景観アメニティの増進

環境基本計画に基づく影響事前評価を行ったり，景観マスタープランに基づくアーバンデザインが求められる．

③インセンティブ付与

プロジェクトの内容が都市政策に照らして寄与度が高いと評価される場合は，用途地域の変更や容積率などの規制緩和といった利益誘導策＝インセンティブ*を与え

表4·3 都市開発プロジェクトの例(近畿圏内について,1985～95年,バブル経済期の提案)

交通体系整備と関連施設	国際空港,海峡大橋,新幹線,高速道路,高速鉄道網,物流ターミナル,連絡橋
文化・学術	文化学術研究都市,サイエンスシティ,国際会議場,学園都市,芸術文化センター,歴史公園都市,アート・ヴィレッジ,総合図書館,人権・海洋・産業などの博物館,テーマパーク
リゾート・公園	マリンタウン,海浜コミュニティ,レクリエーション地,高原保養地,歴史街道,森林公園,野外交流の里,スポーツアイランド,全天候型ドーム球場,健康の森
教育・福祉	こどもの城,海の自然学校,環境教育拠点(エコプラザ),ヨットハーバー,長寿の里,福祉推進拠点,生活学習館,女性センター
業務・研究開発	テクノポリス,リサーチパーク,テクノポート,中核工業団地,トータルファッションセンター,貿易センター,ニューメディアコミュニティ,ハイビジョンコミュニティ,テレトピア,インテリジェントシティ
都市開発整備	都市再開発,土地区画整理,都市拠点整備,地下空間開発,新副都心,海上都市,リサイクル団地,防災活動拠点,コミュニティ住環境整備,住宅団地総合再生,商店街活性化,歴史的町並み保存,大規模史蹟の復元
農林・漁業	総合農地開発,園芸団地,畜産基地,農業公園,木材コンビナート,マリノベーション,栽培漁業センター,広域営農団地,林道
海岸・港湾・河川	ベイエリア総合整備,ポートルネッサンス,港湾地区再開発,ふるさとの川,放水路・多目的遊水池,水辺公園,スーパー堤防,ダムの総合開発,都市河川改修,高度浄化施設

る.たとえば,人口減少が著しい都心部再開発の場合などでは,住宅マスタープランに基づいて,居住人口(夜間人口)を回復するために,開発延床面積の一定比率を住宅用途にして供給するという,いわゆる住宅附置義務を課すかわりに建築容積率の割増しを与えるとか,あるいは公開空地と引替えにビルの高さ・容積制限が緩和されるなどと誘導策が試みられている.

④費用負担

道路や上下水道,公園などの都市公共施設等の基盤整備は,すべてを公共負担にするのではなく,その相当割合を開発者の負担にして開発利益の社会化を図ることが一般方式である.そのために,デベロッパーと都市計画行政との交渉が行われる.この場合,その判断は任意のものではなく,あらかじめ策定されている開発指導基準等が参考とされる.

新都心業務センター　　中層集合住宅街区

幕張・新都心開発プロジェクト
事業者:千葉県企業庁
基幹インフラ整備:JR,道路公団
建築施設:民間企業,公・民開発事業体
1973～　海浜埋立て事業
1985　　基本計画策定,業務地区建設開始
1989　　メッセをオープン
1990　　住宅地区建設開始
2000　　事業完了予定

就業人口　15万人,居住人口　2.6万人
用地面積　552ha(業務商業24%,住宅8%
　　　　　海浜公園,街路など公共施設68%)

図4·17　最近の大規模プロジェクト(幕張・新都心開発,1973～2000年)

III　都市の総合基本計画

5　土地利用計画

5・1 土地利用の考え方

1　母なる大地

　土地（land）は，母なる大地（民族によっては父なる大地）というように，太陽光，大気，水とともに地球上において，すべての生命を生み育てる根源的存在である．そして，土地の存在は，その位置，地形，地質，気候などの自然的条件，交易市場，交通立地などの社会経済的条件，歴史文化的な蓄積などの条件を具備している．人々が土地に働きかけてさまざまな産物やサービスを産み出し，居住や営業の場などの利用価値を顕在化させる．地代や地価といった交換価格は，基本的には土地利用（land use）によって評価されるものである．

　土地利用計画の目的は，多様で互いに競合しあいつつ変化する土地利用へのニーズを調整して，適切な配置と配分を行い，多面的な価値を実現するように資源保全と利用の方針を示すことである．

2　土地利用のための基本条件

地域環境との共生

　個人が所有する一片の土地も地域環境の一部であり，近隣に迷惑をかけたり環境に悪影響をおよぼしたり，荒廃させたまま放置するような利用は許されない．さらに進んでは，環境の魅力を豊かにし，都市を活性化するのに寄与することが求められる．

開発利益の社会的還元

　1990年前後，バブル経済の時代には土地は1m^{2}当りの価格がいくら上昇するかといった不動産投機＝金融ギャンブルの対象と化した．地価が高騰し，不動産価格の面ばかりが注目された．これが通常の土地利用に基づく経営を破綻させ，都市の空洞化をさらにすすめた．このような問題への対処は，都市計画行政のみでは困難であるが，均衡のとれた土地利用の目標像を示すことで，税制や金融などを含む土地政策*との連携を図る必要がある．

　土地利用価値*の増加は，個別努力と地域社会のまちづくりの共同努力，そして公共投資による都市施設整備が合成された結果であるので，土地の所有者および利用者には，地域の環境管理，活性化，社会基盤整備などへの自発的な寄与や負担支出および不動産にかかわる税金などを通じて，自らが享受する利益の一部を社会に還元し，地域発展に寄与することが求められる．

持続的開発

　土地は基礎的な資源であり，かつ都市と農村の存在は歴史的な文化の蓄積であるから，ある世代や時代だけの成り行きで土地利用の潜在力を消耗させて廃墟や不毛地にすることは許されない．よりよい利用状態を保ちながら未来に相続すべき資産である．

5・2 土地利用計画に呼応する都市計画

1　競合・排除・純化・保全の論理

　古典的な都市計画にあっては，街路や公共建築や公園

などのフォーマルな都市施設の配置とそれによって形成される都市美観を追求していた．生活環境については，公衆衛生や建築条例による対策があったが，無秩序な市街地の拡大を防げなかった．この反省から，20世紀後半になってからの都市計画は，土地利用計画（land use plan）という総合的な検討ボードおよび表現パネルを用いるようになった点に大きな特徴がみられる（図5・1(A), (B)）．

市街地スプロール対策

既存市街地から小単位の宅地開発が溢れだし（spill over），周辺の農地を蚕食しつつ無秩序にひろがるといった市街地スプロール現象（urban sprawl）に対して，市街地とオープンスペースとの区分を明確にしようとした（たとえば英国の1919年法や日本の1968年法）．これには優良農地を保護するという農業サイドからの必要もあった．

市街地内での環境侵害の排除

近代になって煤煙や騒音振動や悪臭など居住環境を不快にする事業所が増加したことから苦情や紛争が多発した．そこで地域指定を行って環境侵害（nuisance）のおそれのある用途の事業所の立地を排除することになった．たとえば，19世紀後半すでに大気汚染を理由に，サンフランシスコ市内で石炭ボイラーを用いる洗濯店を排除するゾーニングが，大阪市内でも市街地内で煙突のある工

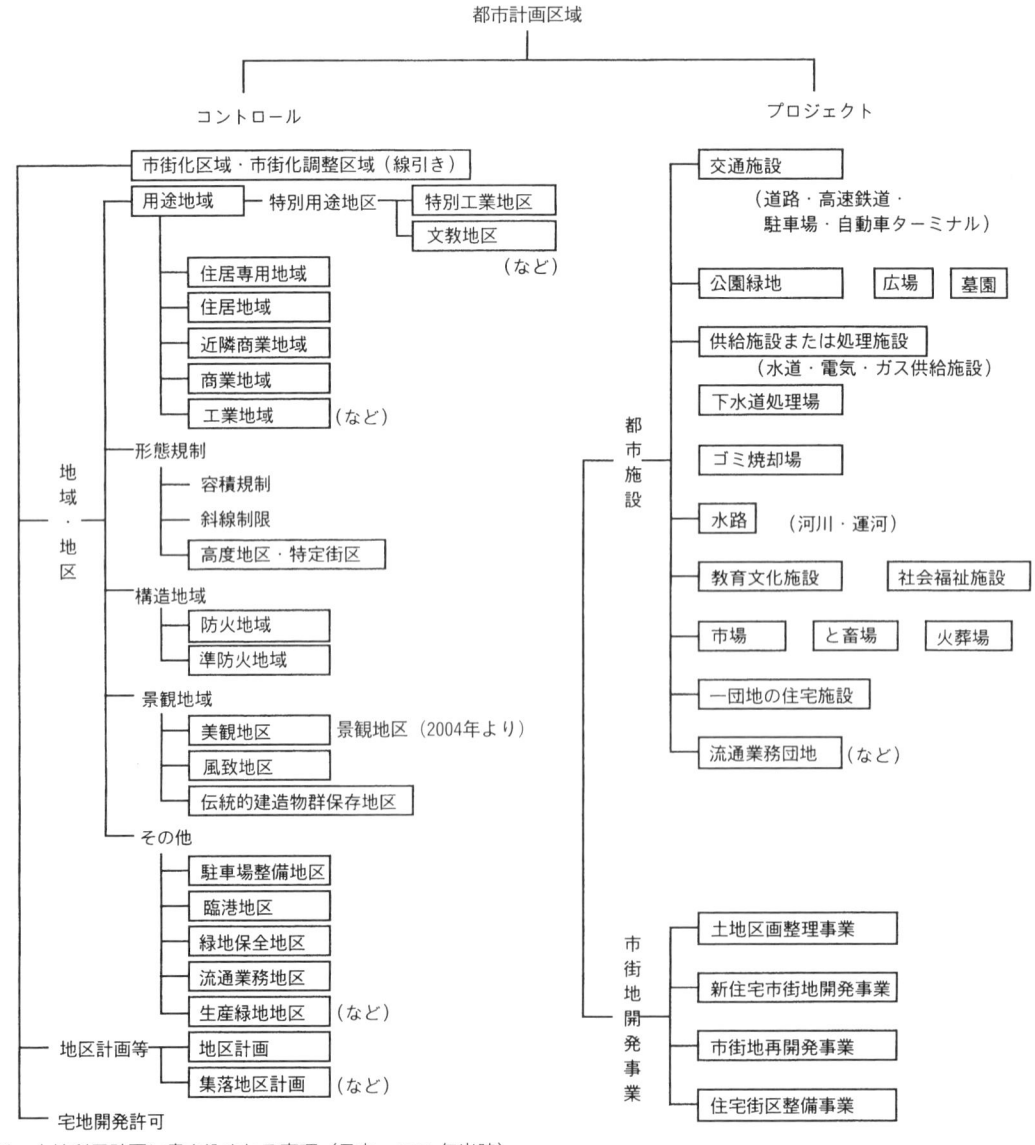

図5・1(A) 土地利用計画に書き込まれる事項（日本，1991年当時）

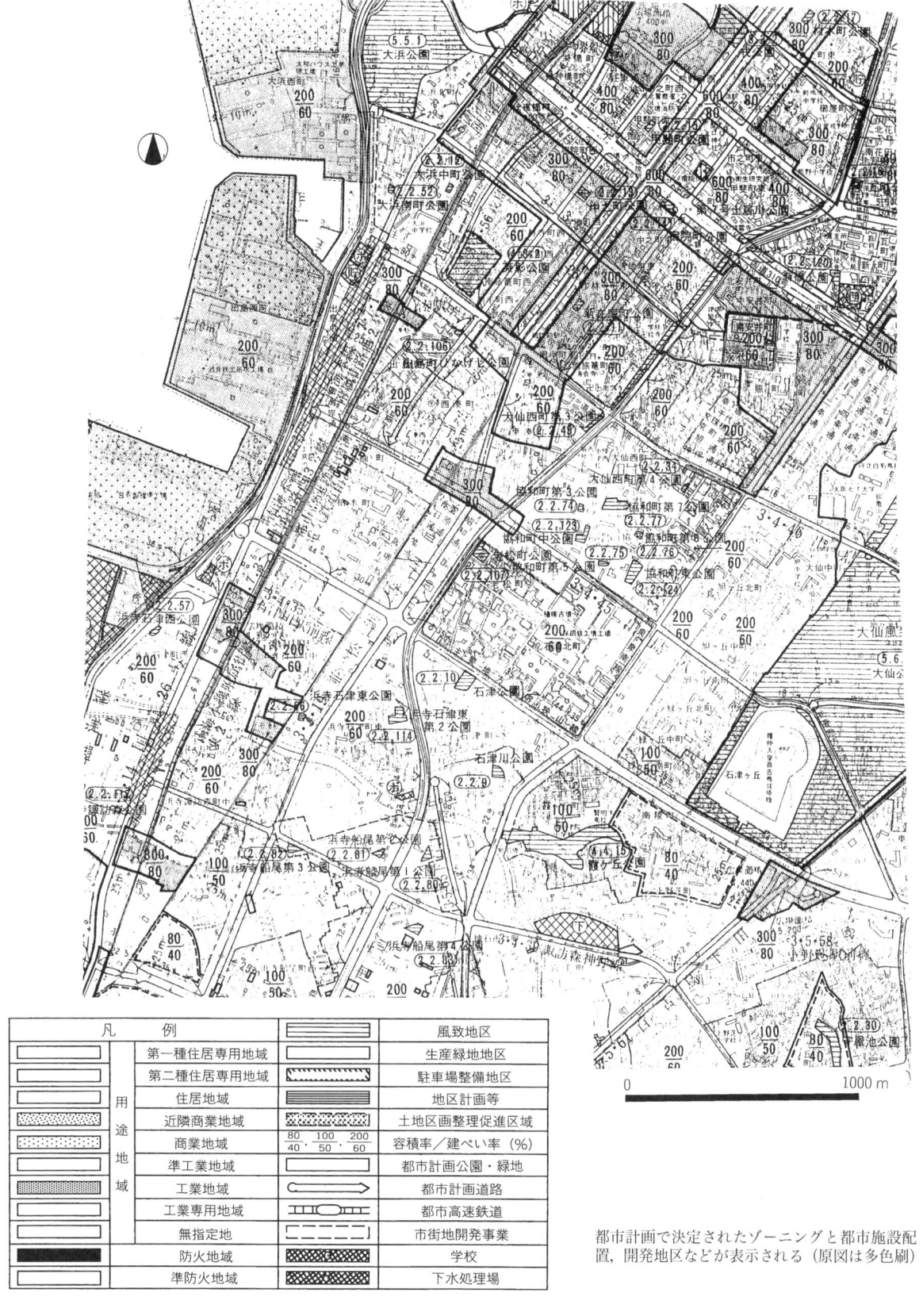

凡 例			
	第一種住居専用地域		風致地区
	第二種住居専用地域		生産緑地地区
用	住居地域		駐車場整備地区
途	近隣商業地域		地区計画等
地	商業地域		土地区画整理促進区域
域	準工業地域	80 100 200 / 40 50 60	容積率／建ぺい率（％）
	工業地域		都市計画公園・緑地
	工業専用地域		都市計画道路
	無指定地		都市高速鉄道
	防火地域		市街地開発事業
	準防火地域		学校
			下水処理場

都市計画で決定されたゾーニングと都市施設配置，開発地区などが表示される（原図は多色刷）

図5・1(B)　都市計画図（堺市（部分），1991年当時）

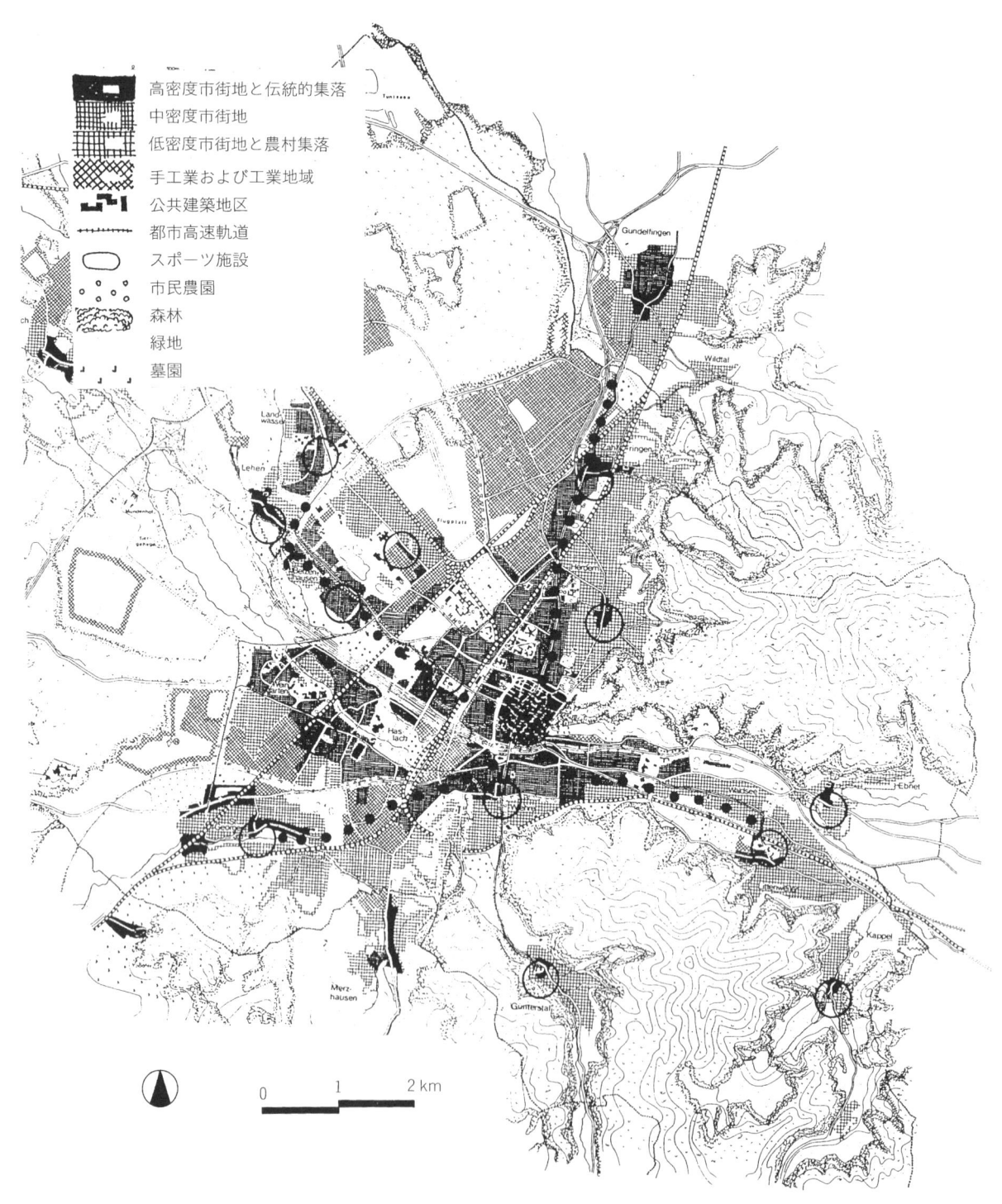

土地利用計画で記述されている事項
〈市街地地域区分〉住居系地域，混合・商業系地域，工業地域，特別地域
〈公共・公益施設用地〉行政施設，学校・病院，劇場・集会施設，青少年・成人施設，郵便局，消防署，博物館
〈供給・処理施設用地〉汚水処理施設，上水道施設，ごみ処理場，貯水場・ポンプ場，ガス工場・変電所，放送局，交通施設
〈オープンスペース〉農地・新規開拓地，市民農園，森林地，緑地，公園，スポーツ施設，キャンプ場・水浴場・射撃場・馬場
〈河川・湖沼〉水面保護地域，遊水池
〈交通施設〉幹線交通用地，駅前駐車場，鉄道用地，バスセンター，路面電車
〈保護ゾーン〉景域保護地域，自然保護地域，水源保護ゾーン

図5・2　土地利用計画で記述されている事項（フライブルグ市，ドイツ，1987年）(提供：阿部成治)

場を禁止する条例が定められた．

住宅地環境の保全

良好な住環境の邸宅地域では，敷地や住戸の最小限規模を設けて，狭小住宅や集合住宅が進入しないようにした．たとえば，20世紀前半の米国における郊外コミュニティの協定や宅地分割制限条例など，これらには低所得層や有色人種を排除するという差別的な背景もあった．

専用地域化

近代機能主義が主張したように，住居地域と職場地域を分離し，さらには商業業務施設や大型工場地区など産業が集積する利益を効率的に追求できる専用地域化が進んだ．

都市施設とのアンバランス

第二次大戦後，都市の交通量やエネルギー・用水需要などの急増に対して都市サービスや都市施設の供給が追い付かなくなった．そこで集積地域におけるビルの容積率制限や工場の立地規制を行って需要を抑え，混雑やサービス不足を緩和しようとした．

2 土地利用・開発をコントロールする

地域範囲を指定する

一般の法制とちがって土地利用のあり方を都市計画でコントロールしようとすると，各種の制限や許容のルールがおよぶ範囲を都市計画図（town planning map）に明示しておかねばならない．たとえば，現行のわが国の都市計画図には，①都市計画区域，②市街化区域および市街化調整区域，③地域地区，④都市施設，⑤市街地開発事業等の範囲や位置などが示されている．これらの地域指定も広義には制限や許容のルールを通じての土地利用計画図といえる．ドイツでは，地表面利用計画＝Ｆプラン*といっているが，全般にきめ細かく，特に農地を含むオープンスペース系の区分がていねいである（図5・2）．

線引き

わが国の場合においては，まず第一に都市計画行政の対象範囲を都市計画区域と定める．次に，その内部で，①既成市街地および今後優先的に市街化する区域と，②市街化を抑制し農地または保存緑地として維持する区域とに区分し，原則として後者の市街化を認めない．すなわち「市街化区域」と「市街化調整区域」とに「線引き」することにしている（図5・3(A),(B)，表5・1(A),(B)）．しかし，市街化調整区域でも，線引き時点にあった世帯や事業所の増築，あるいは飛び地でもまとまりのある計画的造成は準市街化区域として開発が許可されるので，その是非は実地に即して検討する必要がある．

地域地区制

地域制＝ゾーニング（zoning）とは，ある地域の範囲を指定して，そのなかでの問題となる行為を用途とする建築行為を排除し，逆に好ましいか支障のない用途の建築行為のみを許容することで，目標とする土地利用の状態を維持し実現するための手法である．範囲の指定は都市計画の法制にしたがって行う．すなわち，実践上はいくつかの類型的な土地利用区分を設定している．基本的

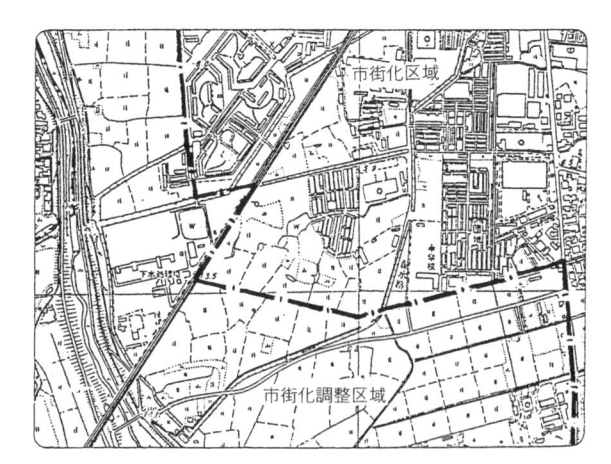

図5・3(A) 線引きの実際（1960年代）

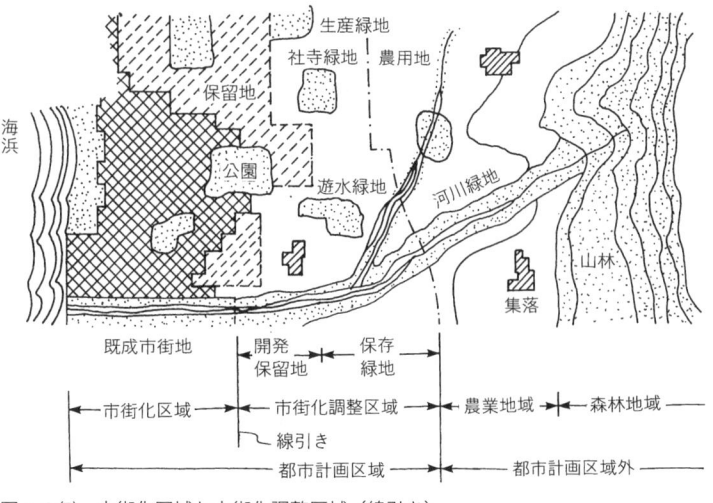

図5・3(B) 市街化区域と市街化調整区域（線引き）

な類型としては，住居・商業・工業および緑地の4区分が用いられている．ただし日本や米国の地域制では，緑地系を公園緑地とし，都市計画施設として扱っている（表5・2）．住居・商業・工業などの①用途地域は，さらに必要に応じて中区分され，並行して②形態，③防火構造，④景観の諸条件が加えられる仕組みになっている．用途地域の基本的な区分でも対応できない局地的な対応としては特別地区の指定をきめ細かく行う．あわせて地域地区制と称している（「11・3　地域地区制と建築物の用途コントロール」参照）．

絵画と塗り絵

地域の生活空間はそれぞれの自然条件への対応と歴史的な形成により特色ある環境を有しており，住民ニーズも多様である．そういう意味で，地域とは土地というカンバスに住民が綿密に描き込んだ絵画にたとえられる．これに比べて地域地区制は，構図の輪郭と大まかな色彩を指示する塗り絵に相当する．塗り絵はわかりやすく，社会的な手段としては使いやすいので，用途地域の指定でもって土地利用計画としている市町村が大多数である．

しかしながらこれでは不十分なので，近年では，環境や景観を含めた地域独自の将来目標像を都市計画マスタープラン，さらには土地利用マスタープラン，緑のマスタープランなどを策定し，次いで，これらを指針として地域地区などのゾーニング制度や地区計画制度などを組み合わせて，きめ細かく運用する方向にある．

5・3 土地利用マスタープラン

地域にとって，土地とは集団が定住する村落や都市の位置，空間のひろがりや環境と理解される．そこで気候，地形・地質，土壌，植生，水文状態など自然条件を読み取って，かつ住宅・職場・公園緑地・交通などの様式と用地・空間需要など社会のニーズと考え合わせ，土地資源の配分・配置を行う．そのことで都市空間としての多元的な価値を実現する指針とするのが土地利用計画のはたらきである．

1 市町村土地利用マスタープラン

わが国の場合，このような都市農村を一体とする計画体系は，一部の先進自治体の土地利用条例だけだったが，2000年から市町村土地利用マスタープラン（基本計画）が策定されることになった．これは1974年の国土利用

表5・1(A)　市街地スプロールの問題点

	市街地整備側	農地保全側
排水問題	下水道未整備 廃水たれ流し 排水トラブル	用水路ゴミ詰まり 用水汚濁 用水汚染作物障害
道路問題	狭隘行止まり 集散路の不足 私道トラブル	農道の損傷 道路からのゴミ
敷地問題	過小宅地建て詰まり 日照・プライバシー 駐車場不足	日照阻害発育障害 風通し悪化 立入り踏み倒し
地区環境	街路網の未整備 公園遊び場不足 景観の窒息	農地の細分化 遊休地増加 畜産農薬トラブル

（出典：1970年代の調査から）

表5・1(B)　市街化調整区域と市街化区域との線引きの基準

市街化区域
1) すでに成熟している既成市街地
2) 10年以内に既成市街地になると推測できる途上市街地
3) 50haをこえる計画的団地開発地

市街化調整区域
1) 防災・水源・自然保全・景観・農地維持からみて開発しない区域
2) 市街化を抑制するが，将来において計画的開発を条件に開発を認める区域

表5・2　地域制の区分例

日本（1994年改正法）	米国（ニューヨーク，1987年）
低層住居専用地域　　（1種）	一戸建邸宅　　　　　　（R1）
〃　　　　　　　　　（2種）	一戸建中住宅タイプ　　（R2）
	一戸建・タウンハウス　（R3）
	タウンハウス　　　　　（R4）
中高層住居専用地域　（1種）	中密度アパート　　　　（R5）
〃　　　　　　　　　（2種）	中高密度アパート　　　（R6）
	高密度アパート　　（R7〜9）
住居地域　　　　　　（1種）	超高密度アパート　　　（R10）
〃　　　　　　　　　（2種）	
〃　　　　　　　　　（準）	
近隣商業地域	住居地向け小売り店舗　（C1）
	地区センター型店舗　　（C2）
	レジャー港地区　　　　（C3）
	周辺商業地区　　　　　（C4）
商業地域	中心商店街地区　　　　（C5）
	高層ビル業務地区　　　（C6）
	遊園地（C7）　沿道商業（C8）
準工業地域	都市型軽工業地区　　　（M1）
工業地域	軽・重工業地区　　　　（M2）
工業専用地域	重工業地区　　　　　　（M3）

注：米国のゾーニング区分は，自治体ごとに異なる．これは大都市の例．

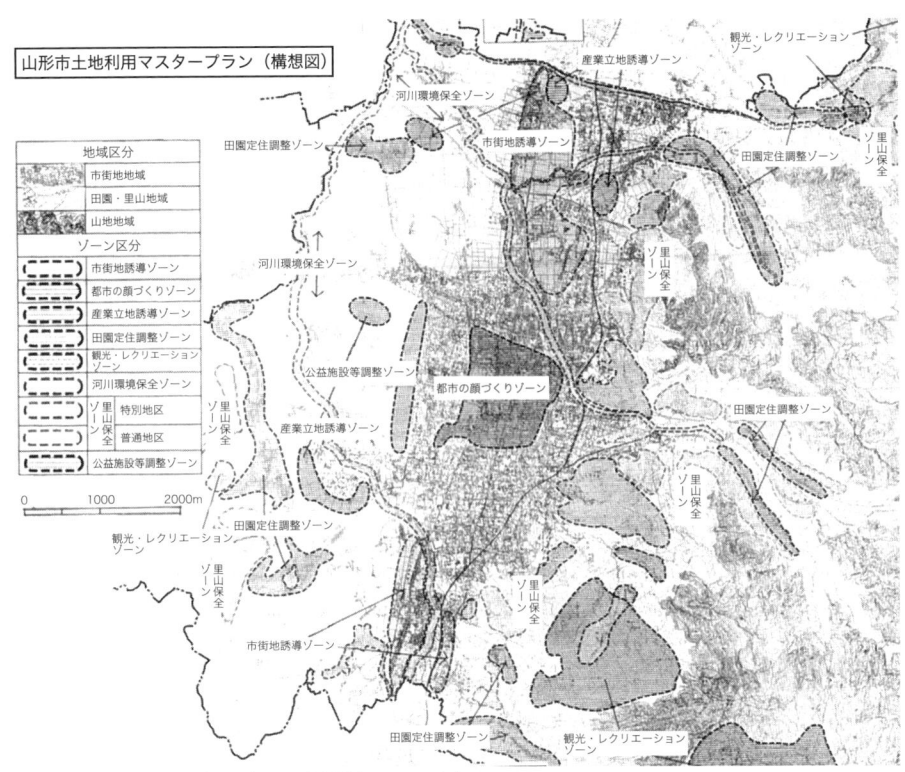

図5·4 土地利用マスタープラン（山形市，2001年）

```
山形市土地利用マスタープラン（構想図）

地域区分
 市街地地域
 田園・里山地域
 山地地域

ゾーン区分
 市街地誘導ゾーン
 都市の顔づくりゾーン
 産業立地誘導ゾーン
 田園定住調整ゾーン
 観光・レクリエーションゾーン
 河川環境保全ゾーン
 里山保全 特別地区
 里山保全 普通地区
 公益施設等調整ゾーン
```

5つの計画課題：
① 農用地の維持保全（市街地と田園の景観，地下水涵養，洪水調節，気温緩和，環境調節／虫食い転用の防止，市街地発展需要との調整）
② 里山林の維持保全（防災保全，自然生態保全，自然に親しむ機会提供，地域景観保全，木材生産機能／虫食い転用の防止，適切な維持・保全および活用のためのルールづくり）
③ 既成市街地の有効利用と効率的市街地形成（低・未利用宅地，新規宅地・産業用地の需要／既成宅地の有効利用，効率的な市街地形成）
④ 中心市街地の活性化・魅力化（空洞化の進行，歴史文化を継承する顔，都市型産業の場／魅力化と生活環境整備）
⑤ 集落地区の活性化・魅力化（人口流出・高齢化，地域社会の不安定化／農業との調整，隣接区域での定住者受け入れの居住環境整備）

計画法を改正したもので，それまでの都市・農業・森林・自然といった画一的な区分ではなく，都市部における市街地の拡散や中山間地域の耕作放棄への対策，里山の保全，景観形成など市町村における土地調整の方針となるもので独自の工夫・区分を設けることができるようになった．ここに掲載する山形市の例では，全市域を対象として，5つの計画課題をたてて，整備，調整，利用，保全など土地利用のアクションゾーンが構想されている（図5·4）．

2　土地利用の基礎調査

土地利用とひとくちでいっても，防災，環境保護，市街地機能，農業生産などの目的によって着目する点が異なる．その記述と表現の方法としては，自然，社会，産業が土地に刻みこんだ文化的景観として，その成立と特徴を地理学の手法にまなんで丁寧に記述する．土地利用の分類は，地域の特徴や調査の目的に合わせて行う．

一般的に入手できる土地利用図，利用条件図が便利である．市街地については建築物用途指定図や住宅地図がある．利用測定の単位としては，建築物・敷地別，町丁字区域，あるいはメッシュ単位などがもちいられる．緑のマスタープランのための基礎調査と重なるものが多い．

以下，〈a.～k.〉の判断範囲は相互に重なる場合もあるがそのまま記述する．

オープンスペース系土地利用

① 特に保護すべきオープンスペース
  a. 重要自然保護地帯（原生林，生物種保護地帯，水源林など）
  b. 重要地域景観保存地帯（歴史的風土特別保存地域，名勝史蹟地，地形的ランドマークなど）

② 保全を優先すべきオープンスペース
  c. 防災保安地帯（防災林，防風・防潮林，水源涵養地，公害防止緩衝緑地，急傾斜地，氾濫原など）
  d. 優良生産緑地（農耕地，漁場，里山・林産地，保安林など）
  e. 地域緑地（都市公園，社寺林，文化財環境地，ビオトープ地，樹林地，水辺地，戸外レクリエーション地，景観ランドマークなど）

③ 開発を保留すべきオープンスペース
  f. 開発保留地（将来の市街化予備地，開発計画未確定地など）
  g. 環境を修復すべき地域（工場跡地，鉱石・石炭採

掘地，廃棄物処分場，土壌汚染地，地盤沈下地，災害危険地など）

市街地系土地利用

h. 現況を維持すべき地域（良好な状態を維持している住居地，集落地，商業地，工業地，公共施設地など）

i. 現況を改善すべき地域（環境の改善を必要としている市街地，過密，公害激甚，インフラ不足，アメニティ低下がみられる地域）．

プロジェクト系土地利用

j. 公共施設を整備する地域（道路，軌道・駅，港湾，供給処理施設，教育・福祉・文化施設を整備する地域など）

k. 開発プロジェクト計画地（大規模跡地の用途転換，市街地再開発，ニュータウン開発，空港・港湾開発，リゾート開発，農業開発など）

3 土地利用マスタープランの作成

現在の市町村の多くは，緑のマスタープラン，景観マスタープラン，住宅マスタープラン，都市計画マスタープラン，総合的交通計画などを並行させて策定しているので，土地利用マスタープランもこれらとの調整・連携を図ることが不可欠である．前項の〈a.～k.〉の調査データマップを重ね合わせて（overlaying），優先度の高いものから決めていく（図5・5）．相互に競合矛盾する場合は，より次元を上げて共存や複合の利用方式を考案する必要がある．

① オープンスペースの保存：地域環境・自然的景観の保全や生産緑地を維持するためには，オープンスペースにできるだけ優先性（priority）をあたえる．

② 市街化保留地域：当面開発が必要でないか，あるいは開発条件が整わない範囲は保留地域とする．

③ 既存市街地の保存・整備：基本的に現状維持と改善を行う．特に集約的な改造を必要とする地域は，再整備プロジェクト予定地域を重ねる．

④ 市街化途上土地の整備：将来の地域機能を見定めて市街化（built up）整備する．

⑤ 既存および計画されている公共・公益施設：その位置・用地を明示する．

⑥ 各種開発プロジェクト地：内容が定まっていない段階では，範囲のみを示して，現況維持または保留地に設定しておく．

⑦ 相互矛盾の調整：オープンスペースを優先するが，都市政策上から市街化やプロジェクト開発が必要と判断されるときは環境代償措置など総合プロジェクト化して共生を求める．

⑧ 空間需要のチェック：空間に対する実需要や開発投資力を考え合わせた計量的なチェックをたえずフォローさせて，計画案にフィードバックさせる．

⑨ 土地利用マスタープランの表現：説明文，統計データおよび計画図で表現する．

4 土地利用マスタープランを実現する手段

土地利用計画それ自体には法的な拘束性はないが，これを指針と示し，関連するさまざまな手法を誘導することに意義がある．

地域地区制度

市街化区域内については，敷地の土地利

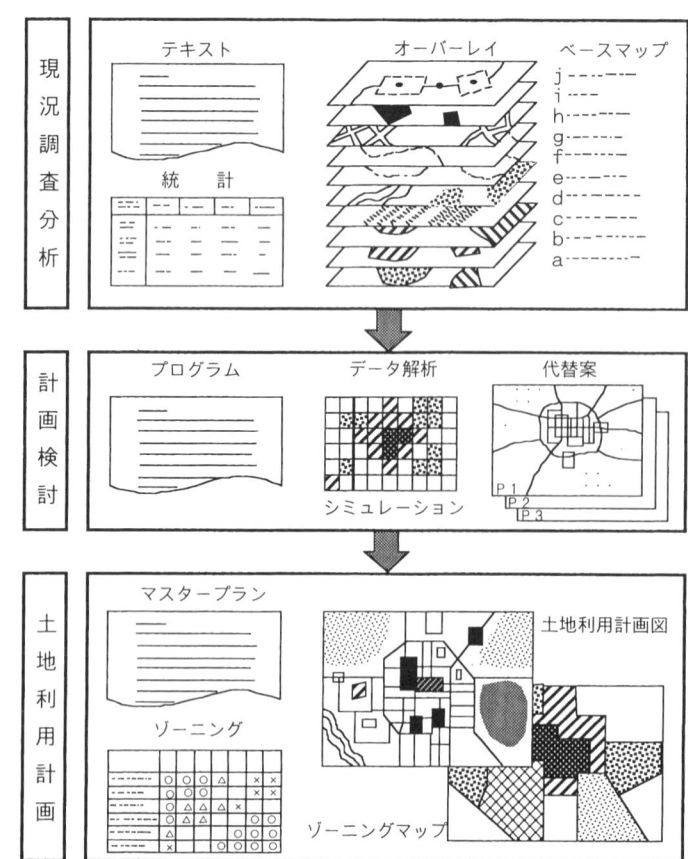

図5・5 土地利用計画の策定手順

用の目的＝用途とその密度形態を地域別に指定して，土地利用行為（建築基準法では建築行為）を制限する．土地利用の強度（intensity）の制御因子としては，建蔽率，容積率，高さや建築線制限などの諸技法を用いている（「11章　建築行為・開発行為の社会的コントロール」参照）．

宅地開発指導

住宅地では，1戸当りの宅地面積の最低基準を設定することで，過密な市街化を抑制する．宅地区画条例（land subdivision code）が発達してきた北米では，郊外住宅地の1戸当り宅地面積やエーカー当り住戸数を市町村条例で規定してきたところが多い．これらは用途地域区分と組み合わせて運用されている．わが国でも，1970年以降に市町村宅地開発指導要綱でもって最小限宅地面積を規定している事例もある（「11章　建築行為・開発行為の社会的コントロール」参照）．

開発プロジェクトの誘導

さまざまな開発プロジェクトの内容が，マスタープランの指針に合致し寄与するかどうかを評価して，効果のある場合には，規制緩和（deregulation）＊や容積のボーナス追加などの誘導動機づけ＝インセンティブ（incentive）を付与する．

地域環境アセスメント

近年めざましい展開をみせている地域環境管理の考え方では，都市気温の上昇，水循環の枯渇・汚染，生物・生態系の退化，アメニティの欠如を克服するためにオープンスペースの保存と回復が基本テーマとなり，一定規模以上の開発行為は環境影響事前評価（environment assessment）をクリアすることが求められる．

III　都市の総合基本計画

6　公園緑地の計画

6・1
人間と緑地

1　環境基本計画からのメッセージ

　人工的環境で暮らす都市民であっても自然環境の体系のなかで暮らしていることに変わりはない．まず，太陽の恵みがあり気候があり，大気と水の循環があり，多様な土地で，多種の生物とともに共生する関係にある．生態学＝エコロジー（ecology）とは生命系の環境を理解するキーワードになっている．

　人間の開発力が小さかった段階では自然は自らを維持してきたが，最近のように開発力が巨大化すると自然生態系は破壊され，それが跳ね返って，人間の健康と安全さらには生存をおびやかすまでに至っている．産業化による公害と自然破壊が極限化していた先進国では，1970年頃から「エコロジー運動」が高まった．複雑な生命系の持続的な共生環境をシステムと理解して，そのなかで多様な種の生存や生活を位置づけ，人間としての行動規範を探ってゆこうというのが，その考え方である．今日ではこのような環境破壊の問題は，先進国から途上国，さらに地球規模にまでおよんでいる．

　1994年に環境庁が策定した「環境基本計画」は，次のような5本柱の取組みを提案している．
①環境への負荷が少ない循環基調の経済社会システム
②自然と人間との共生
③公平な役割分担の下でのすべての主体の参加
④環境保全にかかわる共通施策の推進
⑤国際的な取組み

　とりわけ，②については，原生的な自然地の保護，すぐれた自然地の保全，森林・農地・水辺地等の維持形成，公園緑地や公共・民間施設用地の緑化による自然的環境の整備などが，ゾーン別に次のように提案されている（抄録により原文とは表現が若干異なる）．

山地自然地域

　国土全体の生態系からすると骨格的な部分を形成している．原生自然保護や自然体験・研究の場として厳正な保存・復元・修復のもとで利用する．農林漁業や社会資本整備でも生物の生息・成育環境の保全を優先する．

里地自然地域

　里山と農地の農村，いわゆる中山間地域農村で，日本の「ふるさと景観」を成す地域である．雑木林，水田・畑地，池や河川など，生物との共存を図りながら生産活動や自然との触れあい活動をすすめる．

平地自然地域

　近郊農村や市街地区域である．小規模でも森林・農地・水辺地があり，集落や市街地の内部にも雑木林や屋敷林があり，また公共・民間の施設における緑地が小刻みに多数分布しているので，これらの保全と緑化をすすめる．

沿岸自然地域

　日本列島を取巻く沿岸のすぐれた海中・海岸・干潟の自然生態を保護するとともに，海浜，港湾，漁港の整備においても水辺自然環境の保全に十分に配慮する．

　この環境基本計画の趣意にそって，都市計画はどのような役割を分担するべきか，ひと通りのマトリックスを

つくってみた（表6・1）．これからみると，土地利用，都市と農村の関係，公園緑地・自然地を保全するという取組みが，どの辺りで役割を果たすべきかが推察できる．

エコポリス*＝環境保全型都市は，環境計画の考え方を全面的に都市計画に組入れようとする提案であるが，そこで公園緑地は，人間生態系と自然生態系とが交わる主要な場と位置づけられる．

2 オープンスペースの概念

自然生態系の環境を維持する土地利用としては，森林，樹林地，水面，耕作地などの開放された地表面の存在が大きい．環境基本計画の発想のおもしろいところは，自然生態からの国土像を，都市機能本位の国土像との対比で描いたことである．

地域の空間は，おおまかに「建蔽地＝市街地（built up area）」と「非市街地（non-built up area）」つまりオープンスペース（open space，「空地」であって「空き地」で

表6・1　環境基本計画と都市計画の論点マトリックス（著者作成）

地域計画系／環境基本計画系	大気	気候	水	土壌	エネルギー	資源	エコロジー	リスク管理
都市構造とマスタープラン								
規模と密度，集積と拡散	・	◯	◯	・	◯	・	・	◎
土地利用	◯	◎	◯	◎	◯	◯	◎	◯
都市と農村	◎	◎	◎	◎	◯	◎	◎	◯
大・中・小循環システム	◯	◎	◎	◯	◯	◯	◯	◯
新市交通システム								
都市構造	◯	◯	・	・	◯	◯	・	◯
交通システム	◯	◯	・	・	◎	◎	・	◯
モータリゼーション対策	◎	◯	・	・	◎	◎	・	・
コミュニケーション代替	◯	・	・	・	◎	◯	・	・
都市循環施設								
水循環系システム	◯	◎	◎	◎	◯	◎	◎	◎
物質循環システム	・	・	◯	◯	・	◎	◯	◯
エネルギー循環システム	◯	◯	◯	◯	◎	◎	◯	◯
公園緑地系								
公園緑地大系	◎	◎	◯	◎	・	・	◎	◎
ビオトープ保全管理	・	◯	◯	◯	・	◯	◎	◯
自然緑地土地利用計画	◯	◯	◎	◎	・	◎	◎	◯
建築・市街地								
ミクロ環境ユニット	◯	◯	◯	◯	◯	◯	◯	◯
環境共生建築・市街地	◎	◯	◯	◯	◎	◎	◎	・
適正技術低負荷市街地	・	◯	◯	◯	◎	◎	◯	・
長寿命建造物ストック	◯	・	・	・	◎	◎	・	◯
建設資源とリサイクル	◯	・	・	◯	◎	◎	・	◯
景観・アメニティ								
環境の知覚化	◯	◯	◎	◯	◯	◯	◎	◯
環境と居住性の統合	◎	◎	◎	◎	・	◯	◎	◎
開発プロジェクト制御								
予防的アセスメント	◯	・	◯	◯	◯	◯	◯	◯
環境形成インセンティブ	◎	◯	◯	◯	◯	◯	◯	◯
地域づくり支援								
ライフスタイル	・	◯	◎	◯	◯	◯	◯	◯
環境学習・教育	◯	◯	◯	◯	◯	◯	◯	◯
地域社会による環境管理	・	・	◯	◯	◯	◯	◯	◯
自治体行政サービス	◎	◯	◯	◯	◯	◯	◯	◯
社会的インセンティブ	◎	◯	◎	◯	◯	◯	◯	◯

凡例：◎ ←→ ◯ ←→ ・　　役割の可能性
　　　大　（役割）　小　　1）それぞれの課題項目で何ができるか
　　　　　　　　　　　　　2）中期・長期／ミクロ・マクロの効果
　　　　　　　　　　　　　3）対策の軽さと重さ，速効性・遅効性

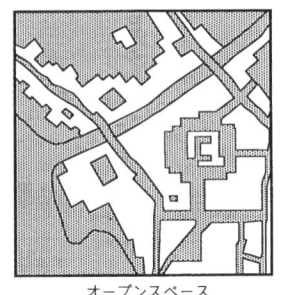

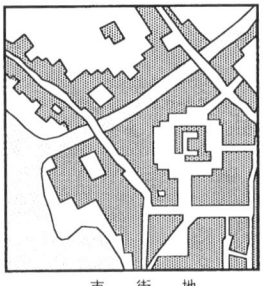

オープンスペース　　　　　　　　市　街　地
図(figure)と地(ground)が入れかわるゲシュタルト心理学のパターン

図6・1　オープンスペースからみる都市空間

はない)とに区分される．都市空間におけるネガとポジ，「地」と「図」を逆転させてオープンスペースとして認識してみよう（図6・1）．城壁で都市の内と外がはっきり分けられてきた大陸とちがって，市街地が田園地帯に無秩序にスプロールしてきたわが国などでは，この区分は理解がむずかしい．むしろ「オープンスペースとは天空を頂ける地表の一部にして……」（関口鍈太郎*）という定義が単純明快である．都市計画では公開空地といった使い方があるほかは，一般には「緑地」が使われる．

3　緑地空間のはたらき

自然環境は，大気や水の流れや土壌などを含んでいるが，人間がいちばん身近に接するのは，草，樹木，林，森などの緑の環境である．緑地のはたらきは，次のように説明できる．

① 景観形成　　　　④ 災害防止
② 自然環境の保全　⑤ 戸外レクリエーション
③ 都市気候の緩和　⑥ 生産緑地

緑ゆたかな景観

美しさや安らぎや生命感を与えてくれる．樹木が表現する季節感もすぐれている．農村や田園の風景イメージも生産緑地*や里山景観から想起されるものである．緑地は，それ自体が地域の景観を構成する要素であり，かつ市街地や建築施設を縁取る環境リングとして役立っている．建築の透視図でも樹木を描き込むと風景になることが実感できる．また，庭園や史蹟および文化財環境などをひきたてる背景要素＝借景となる．

自然環境の保全

樹木があると，その下に肥沃な表土をつくり生物系を養っていくという大きな役割がある．樹木と表土のあるところは昆虫や鳥や小動物などの棲息や飛来・往来の場でもある．また，樹木・森林は水源の涵養，土壌の浸食の防止，大気の浄化などの機能がある．

都市気候の緩和

大気の浄化作用，騒音緩和，防塵機能などがあるとされる．実際の減衰効果とともに視覚的効果も大きい．大気汚染公害をさけるために発生源を都市の風下に配置する工夫があったが，現在でも都市空間における大気の流通を良くして汚染物質を拡散し，あるいは谷や川沿いの涼しい風の廊下をさえぎらないようにして市街地内における夏の暑気を緩和する効果が再考されている．また冬の季節風を遮る防風林も重要な機能である．これらは緑地系統の計画でも基本的に留意すべきことである．

日本列島は湿潤なモンスーン気候帯のなかでも植物生産力の旺盛な地域にあるので，緑地があるのが当然といった状況である．しかし乾燥地帯（arid zone）では，都市の生活空間を乾燥風や熱風からまもり，水と緑のやすらぎのオアシスを建設することこそ都市計画の第一要件であり，泉水花園のパラダイス・イメージもこのあたりの発祥かとおもわれる．

都市のコンクリート・アスファルトは蓄熱し輻射熱を放散するので夏の夜を暑くする．交通や冷房機器からの排熱を加えると，さらに都市空間の気温が上昇する．コンクリートで固められた都心と緑の多い郊外地とでは，夏期の夜間の気温差は2〜3℃に達する．都心を中心として等温線の島ができることをヒートアイランド（heat island）現象という．緑地は，表土と緑と水分によって微気候（micro climate）をやわらげる．

災害の防止

地表に降った水の流出係数を低くし土地の保水機能を高める．また，急斜面の崩壊危険地帯の表土を安定させ，季節風から市街地をまもる防風・防潮など保安林としての機能を果たしている．さらに，市街地の内部では緑地および公共施設のオープンスペースを災害時の避難路・避難地として指定している．

戸外レクリエーション

森林，水面と水辺，自然地，園地などが用いられる．公園のように戸外レクリエーション*のための専用空間がある一方で，行楽空間のように多目的な地域空間として併用される場合が多い．この場合は，公衆の通行権や立入権の保障，環境管理の取組みによって公開緑地として利用が実現される．

生産緑地

耕作地や採草放牧地などの環境保全上のすぐれた機能が見直されている．都市圏に限っていうと，近郊農地は都市民が消費する軟弱野菜のかなりの部分をいまでも生産している．また近年は市民農園*として利用されることも多くなっている．市街地と農地があるまとまりをもって混在することは，住環境にとってもプラスに評価される．

4 ビオトープ（生物生息地）の保存・復元・創出

自然との共生を図るには自然環境を保全する．そのために緑地を大切にしようという連想シナリオは相関度が高いが，さらに具体的に野生の生物が棲み繁殖できる生息場所（シェルター）や採餌など移動しやすい回廊（コリドー）を，どのように設定するかが新しい課題になっている．そのキーコンセプトとなっているのが「ビオトープ（biotope）*」である．すなわち，目安となる野生の小生物（昆虫類，爬虫類，両生類，鳥類，哺乳類など）が生息するのに要するひとまとまりの小面積の同質空間を対応させてビオトープとする．ここでは，まず，この分野での先達であるドイツのビオトープリスト（表6・2）およびその現状分析と各々のビオトープを向上し連結する計画の例（図6・2）を紹介する．これらの組み合わせで，地域の生態系（エコトープ）を保存し創出しようとする発想である．このモデル案の特徴は，さまざまな土地利用の境界領域，つまり「縁＝ふち」の複雑化や多様さが，目標とする生物種の生息環境として重視していることである．ドイツでは，都市計画に先立ってビオトープの分布を調査して，地域計画への反映を試みている．そのような場合，さまざまな開発事業にあたっても，ビオトープの調査と保護が求められ，もし消滅がさけられないときは代償措置，代わりの環境を創出することが義務づけられる．生物系の種が豊富でかつ生命力が旺盛な日本で，このようなビオトープ計画をどのように設定すればよいのか，まだ発展途上の課題があるが，各地で実験的取組みがすすんでいる．ここでは兵庫県が県立自然博物館と協力して試みた「ビオトーププラン」「淡路ビオトープ地図」から取出した地域分類と計画ゾーニング類型を紹介する（表6・3）．ドイツの例にくらべると，個々のビオトープ要素よりは，よりまとまりのある中規模の同質的な地域を設定して，取組みの目標像をゾーニング

表6・2 ビオトープ台帳のための類型リスト（ノルトラインヴェストファーレン州，1992年）

森　　林	落葉樹林（ブナ，オーク，ハンノキ，シラカバ，ヤナギ，ポプラ）その他の落葉広葉樹（土着・外来種）針葉樹林（トウヒ，マツ）その他の針葉樹林　トネリコ林
小さな雑木林	田園のなかにある雑木林，藪・しげみ，壁状の生け垣・低い生け垣，岸辺の雑木林，並木または木のグループ，刈りこんだ並木，街路樹
湿地・沼地	高湿地，水たまり湿地になる所，遊水湿地，泥炭採掘地，小さなスゲ原・アシ原，大きなスゲ原・アシ原
ハイデ＝荒原	乾燥ハイデ・湿地ハイデ，珪酸質乾燥草原
草　原（芝）	石灰質乾燥および半乾燥草原，重金属質草原，かたい芝の草原
放牧牧草地	肥沃な牧草地，肥沃な牧場，湿地牧草地，湿地牧場，やせた土質の牧草地，やせた土質の牧場（乾燥），牧草地の休閑地・放置地，塩分の高い草地
地表水面	湖，海，池・沼，小さな静水面，ハイデの池，湿地の水たまり，沈殿層，淀み，貯水池，掘削水面，人口水路，下水灌漑農地，泉・湧水地，滝，急流，小川，堀，河川，運河
岩石ビオトープ	岩壁，自然岩礁，積み上げ丸太，積み上げガレキ，採石場，崩れやすい岩石地，洞窟，坑道
その他の人工ビオトープ	畑，休耕畑，鉄道線路，ダム，防潮堤，ボタ山，盛土，道路または鉄道の切通し，庭園，果樹園，果樹林のある牧草地，ぶどう畑，公園，墓地，建築物，石造りの構築物，トンネル，荒地，森林皆伐地

（提供：神吉紀世子）

とネットワークで示している．

6・2 公園緑地計画の方法

1 地域に存在する緑地資源

都市化が進行し自然緑地や生産緑地が減少すると，これらを計画的に保存したり，「公園緑地」という形で公共が造成整備したりすることで，保存を働きかけることが必要になる．そこで，個々単独の公園や緑地の整備だけではなく，地域が保有している緑地資源（open space resources）をトータルに評価して，それらを緑道でつなげて整備する構想が現れた．これが，公園緑地システム（open space system）の発想である．

早いところでは，19世紀末の北アメリカの広域計画で，河川敷やまわりの森林，都市内の大通りや公園などを系統的に配置しようとする構想が提起された．また，両大戦間におけるドイツのルールの炭鉱地帯では，露天掘りで荒廃した採炭跡地の緑化回復をはじめとする地域の緑

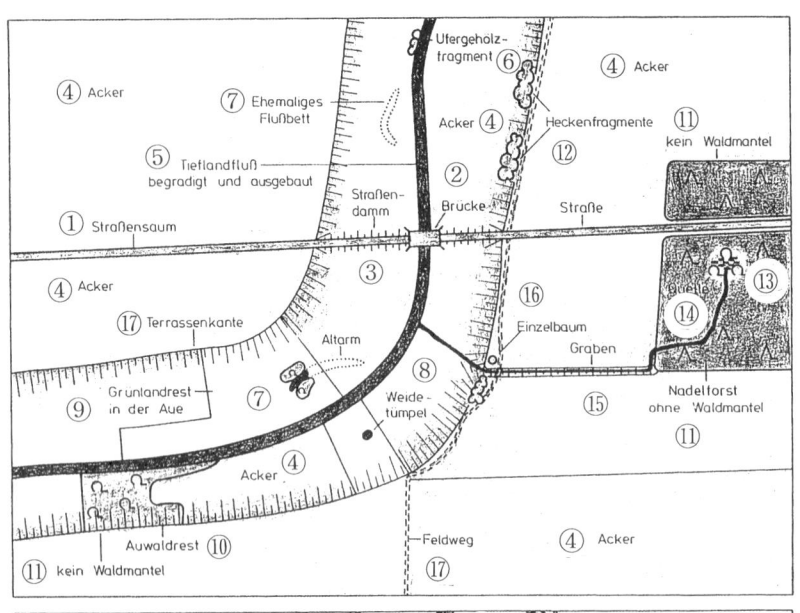

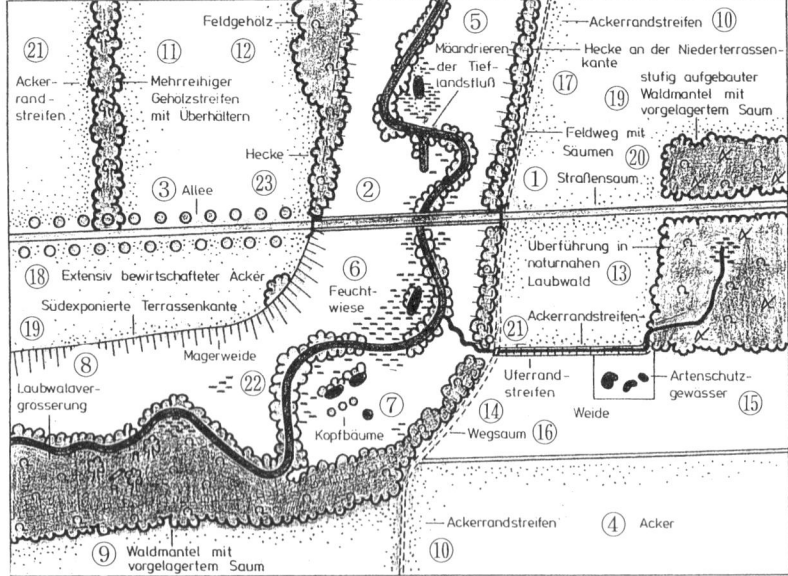

〈上：現状分析図〉
① 道路
② 橋
③ 道路敷の盛土
④ 畑
⑤ 直線的に改修された川床
⑥ 川岸の散在植物
⑦ 旧川床
⑧ 牧草地の水たまり
⑨ 河川敷の緑地
⑩ 川岸の残存樹木
⑪ 外縁植生の欠如
⑫ 点在する低木（潅木）
⑬ 泉
⑭ 排水溝
⑮ 畔道
⑯ 独立樹木
⑰ 段丘の端

〈下：モデル計画図〉
① 道路の縁取り
② 盛土から橋へ
③ 並木道づくり
④ 畑
⑤ 蛇行する河川への改修
⑥ 湿地
⑦ 刈込み樹木
⑧ 広葉樹林の拡張
⑨ 樹木による縁取り
⑩ 畑の縁取り
⑪ 保存木のある樹林
⑫ 低木を密集させる
⑬ 広葉樹林への転換
⑭ 川岸の縁取り
⑮ 生態系保護のための水場
⑯ 農道の縁取り
⑰ 連続した低木による縁どり
⑱ 手入れの行き届いた畑
⑲ 南下がりの段丘の緑
⑳ 縁どりのあるあぜ道
㉑ 畑の端（縁取り）
㉒ 細い牧草
㉓ 低木（潅木）

図6・2 ドイツにおけるビオトープ（保護したい生物生息地）の現状分析とビオトープの連結計画のモデル事例（出典：ノルトラインヴェストファーレン景域計画自治体連合資料，1989年より，日本語訳：阿部成治）

表6・3 生物生息環境＝ビオトープの類型と保全・創出のためのゾーニング案

ビオトープの類型		
森のビオトープ	主として樹林に覆われており日本の古来からの生態系の保全・再生を基本に，全域的にはビオトープとしての保全・創出を図る地域	自然林 人工林
里のビオトープ	集落地を中心に里山林・田畑などに囲まれており，従来からの環境を保全しつつ様々な工夫により"人と生き物との共生""農村型生態系の再生"をめざす地域	里山 水田 畑，果樹園 牧草地 集落地
まちのビオトープ	市街地（おおむね市街化区域）で，拠点づくりやネットワーク化によって人と生き物との共生や触れあいを図る地域	郊外住宅地域，商店オフィス，工場・倉庫，公園，ゴルフ場，高速・一般道路，緑地ビオトープ
水辺のビオトープ	保全目標とする生物の種がみられる湖，池沼，湿地，海辺などの地域	河川，農業水路，ため池，湿地，海岸

保全・創造修復のためのゾーニング	
保 全 地 域	自然公園特別地域，自然林 環境目標とする生物の種の生息地域
準保全地区	自然公園普通地域，公有地
緑地ビオトープ 保全・創出地域	すべての公園，ゴルフ場
水辺ビオトープ 保全・創出地域	環境目標とする生物の種の生息地域 湖，池沼，湿地，海岸等
ネットワーク	環境目標とする生物の種が生息するか水辺ビオ保全・創出地域の上流域にある河川・水路
準ネットワーク	ネットワーク以外の水辺
都市修復地域	すべての工場・倉庫地域
裸地修復地域	上砂・石礫採集跡地，埋立地等，すべての裸地

（出典：兵庫県ビオトーププラン，淡路ビオトープ地図，1995年より）

地系統を計画した．わが国の都市計画でも，公園だけでなく緑地資源を含めた「公園緑地計画」が策定されてきている．

2 緑の資源マップづくり

すでに公園として安定している緑地空間，なお保存対策を必要とする緑地，失われているが復元すべき緑地，新たに創出できそうな緑地候補など，潜在的資源も含めて調査し，評価リストとマップを作成する．以下では，そのような資源の例を，生活空間の段階構成別に並べてみた．

国土レベル

まず，壮大な海岸線，深山峡谷，島嶼地帯などを擁する国立・国定および都道府県公園といった，自然公園法によって特別地域に指定され保護の対象となる傑出した景勝地が挙げられる．次に，それぞれの地域には住民が見慣れた地形の山や川，海浜，農地や林野などの景観がある．都市計画はそのようなローカルな自然環境の保全を大切にしなくてはならない．

都市圏レベル

自然樹林地，水田・畑地・果樹園・牧草地・農業公園・里山・林業地などの生産緑地，池沼・河川敷・遊水地・海浜などの水辺緑地が挙げられる．さらにスポーツ公園，野外遊園地，競馬場，ゴルフ場，緑のゆたかな墓園なども緑地資源に含まれる．

都市レベル

都市総合公園・地区公園・運動公園・並木通りなどがある．また，それぞれの都市には，城跡公園，社寺境内地・墓園，史蹟地，四季の名所・行楽地など歴史的に形成されてきた場所があり，これらもすぐれた緑地資源である．さらには，動・植物園，シビックセンター，大学，各種の公共・民間の大規模な都市施設などの構内も緑地資源として評価の対象とできる（表6・4）．

表6・4 都市公園等の種類

種類		種別	内容
基幹公園	住区基幹公園	街区公園	主として街区に居住する者の利用に供することを目的とする公園．誘致距離250m，0.25haを標準
		近隣公園	主として近隣に居住する者の利用に供することを目的とする公園．誘致距離500m，2haを標準
		地区公園	主として徒歩圏域内に居住する者の利用に供することを目的とする公園．4haを標準，都市計画区域外の地域の生活環境の向上を図ることを目的とする公園（特定地区公園）
	都市基幹公園	総合公園	都市住民全般の休息，遊戯，運動等総合的な利用に供することを目的とする公園．10～50haを標準
		運動公園	都市住民全般の主として運動の用に供することを目的とする公園．15～75haを標準
特殊公園			風致公園，動植物公園，歴史公園等特殊な公園で，その目的に則し配置する
大規模公園		広域公園	主として一の市町村の区域を超える広域のレクリエーション需要を充足することを目的とする公園．50ha以上を標準
		レクリエーション都市	総合的な都市計画に基づき，自然環境の良好な地域を主体に大規模な都市公園を核として各種のレクリエーション施設が配置される一団の地域．全体1,000ha．うち都市計画公園500haを標準
緩衝緑地			大気の汚染，騒音，振動，悪臭等の公害の防止，緩和を図ることを目的とする緑地
都市緑地			主として都市の自然的環境の保全および改善並びに都市景観の向上を図るために設けられる緑地．0.1ha以上を標準
緑道			近隣区内または近隣住区相互を連絡するように設けられる植樹帯および歩行者路または自転車路を主体とする緑地．幅員10～20mを標準
国の設置に係る都市公園			一の都府県の区域を超えるような広域的な利用に供することを目的として国が設置するもの，おおむね300ha以上を標準（イ号），国家的な記念事業等として設置するもの（ロ号）

（出典：建設省『日本の都市』平成6年度版より）

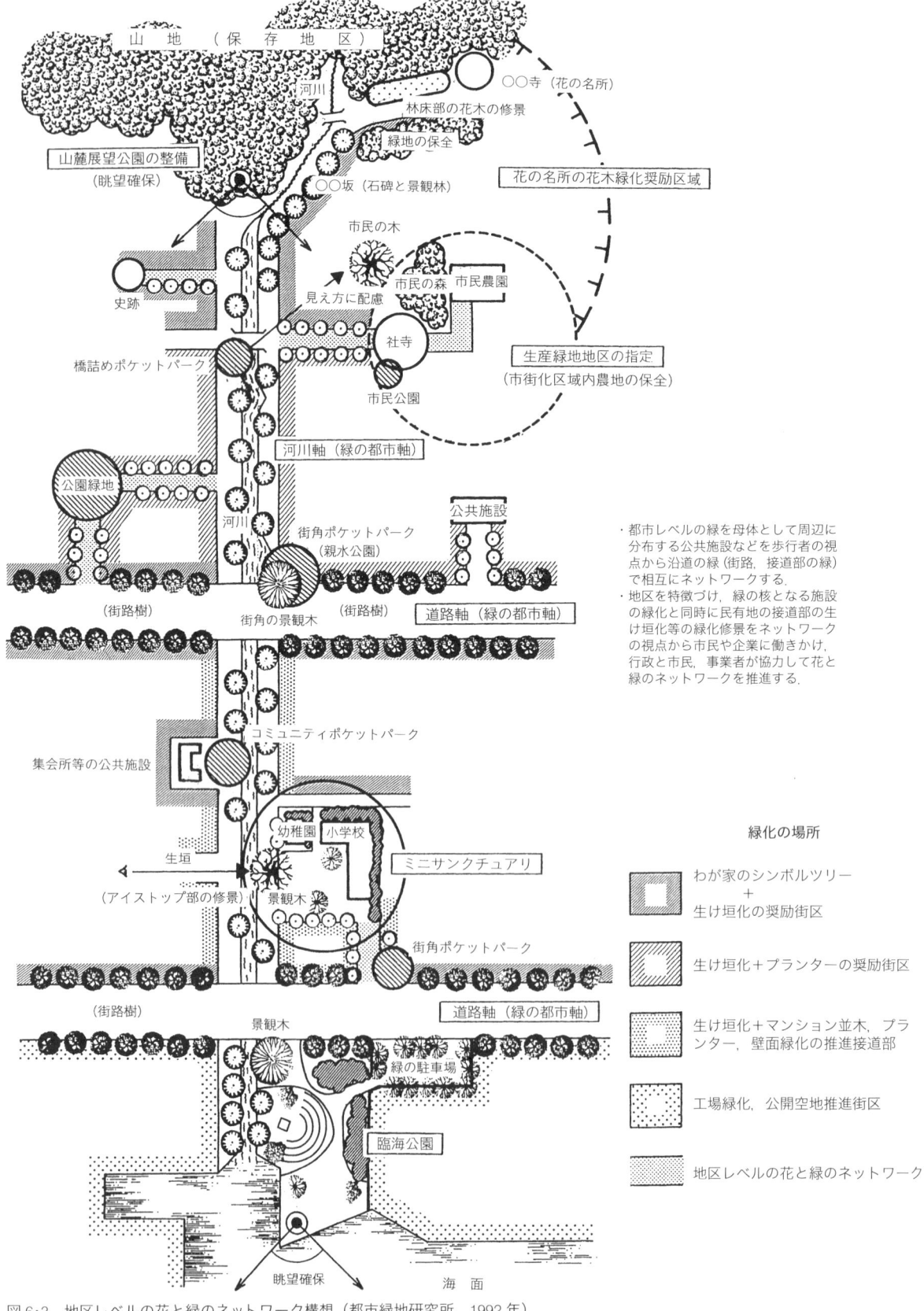

図 6・3 地区レベルの花と緑のネットワーク構想（都市緑地研究所，1992 年）

近隣レベル

　身近な生活空間では，近隣公園，小中高校キャンパス，街区公園（もとの名称は児童公園，高齢化社会になって変更された）があり，近所の社寺，鎮守の森，農業水路や小川沿いの緑道，市民農園，町中の街路樹などがある．さらに，邸宅地，農村集落などの生け垣や庭木の続く町並み，オープンスペースのゆたかな住宅団地等も面的な緑地資源としての価値が大きい．

3　緑のマスタープラン

　緑地資源は，地域のなかのさまざまな段階において分布する．それらをできるだけ大切に保全し系統的に整備することが，地域における公園緑地システムのはたらきである．地域の地形，気候，歴史的風土の形成，現代の開発ニーズは一様でない．環境管理計画や景観計画，土地利用計画と調整しながら，それぞれの都市圏ごとに独自の条件を活かして公園緑地システムを設計することが望まれる（図6・3）．わが国の制度としては，都市緑地保全法（1994年，2001年改正）によって，市町村が「緑のマスタープラン（緑地の保全および緑化の推進に関する基本計画）」を定めるようになった．その内容は地域により違いがあるが，市民や企業の積極的な参加を含む包括的な行動プログラムといえる（表6・5，図6・4）．

4　都市公園の計画
緑道ネットワーク

　市民にとって，公園およびまとまった緑地は，単独で立地するよりも並木道や緑道や河川沿いの道で連結されている方がアクセスしやすい．緑地が，点から線さらに面的な網に構成されることで，歩行者や自転車の利用が促進される．また街路や交通機関からみても緑地を横切る

表6・5　緑のマスタープランの構成例（金沢市）

〈基本方針〉
「緑の生命線」をまもり，いかす（保全と活用）
　　"地形が生み出す緑"（日本海，河北潟，河川，河岸段丘斜面・台地・丘陵地）
　　"歴史が伝える緑"（城跡公園，庭園，社寺林，屋敷林，用水網など）
緑あふれる都市をつくる（緑の創出）
　　都市公園の整備充実（街区・近隣・地区公園，総合公園，スポーツ公園など）
　　緑の交通軸の整備（幹線道路網の緑化，緑歩道・自転車道の整備など）
　　市街地における緑の環境づくり（公共・民間施設空間の緑化，壁面・屋上緑化）
緑の輪をひろげる（ネットワーク）
　　「森の都」にふさわしい緑と水のネットワーク
　　日本海沿いの保安林・海浜軸・河川軸公園の整備
　　潟水辺空間の保全とビオトープづくり
　　歴史を伝える町並み地区・用水網の保全
　　保存樹木・樹林の指定
　　田園地帯の水と緑，田園景観の保全（生涯学習，体験学習の場，遊休農地活用）
緑と親しみ，伝える（緑化運動の推進）
　　市民・企業・行政の一体的な協力体制
　　市民参加のしくみづくり（人材養成，交流活動など）
　　緑化運動の推進（緑を育て美しくする会，森の都緑化協会，緑化行事など）
　　情報提供，調査研究（体験学習，シンポジウムなど）

〈計画目標　1996〜2015年〉
　・緑地の確保比率：市街化区域に対する比率　　26.5%→30%以上
　・都市公園等の施設緑地：市民1人当り面積　　14.6㎡/人→20㎡/人

（出典：金沢市資料1998年より要約）

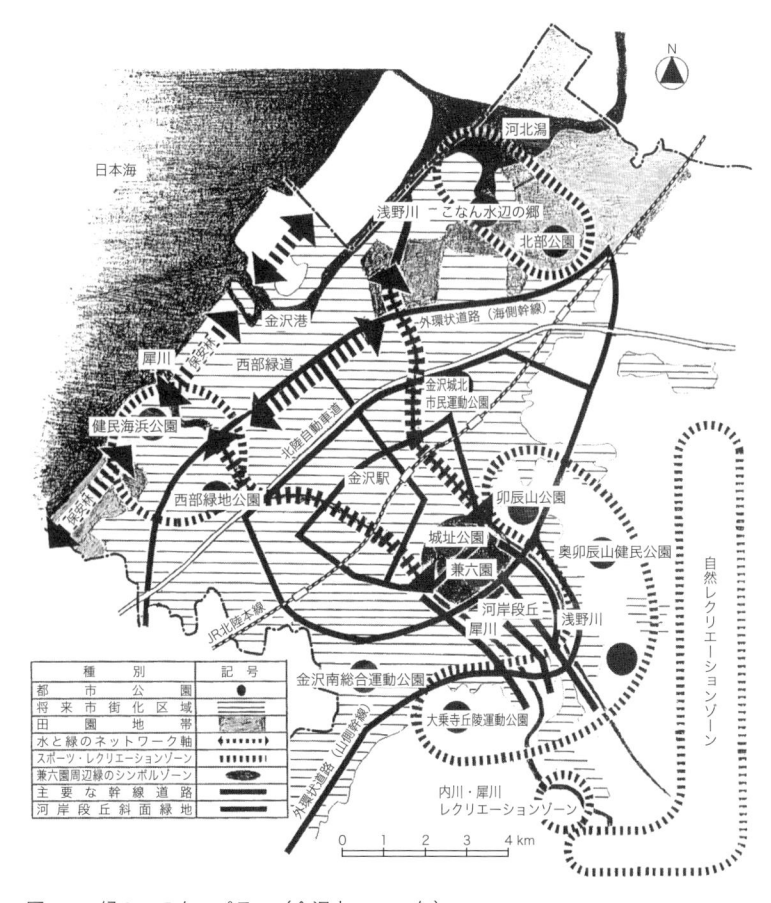

図6・4　緑のマスタープラン（金沢市，1998年）（モノクロ図化は筆者）

機会に，緑地の存在を目にすることができる．人間だけでなく，周囲の山や田園地帯に棲む野鳥もこのような緑の廊下や緑の島づたいに町中に飛来するといわれている．

コミュニティ広場

都市公園として市民の戸外レクリエーションや集まりのための広場を確保するというのはもっとも確実な手段である．建設省（当時）による都市公園設置基準は図6・5のように示されている．すなわち街区公園と近隣公園では住民が利用しやすい距離＝誘致距離をそれぞれ250m，500mに設定することが好ましいとしている．この場合もアクセス途上で交通の危険があるような場合は弾力的に計画しなければならない．また近隣公園と小学校などのコミュニティ施設と隣接して配置すると，日常利用だけでなく，災害時の避難や救援の拠点となって有効である．

シンボル広場

都市のシンボルとなる中心総合公園の起源には，王侯貴族の庭園が近代になって市民に開放されたもの，日本の城下町都市の場合では，まず城廓，藩主の邸宅・庭園などが，明治期以降になって庶民に開放されたものが多い．次に博覧会会場からの転用，さらに軍用地や工場移転跡地なども公園に転換されてきた．ニュータウンなどの大規模開発では計画的に都市公園システムを実現している．

公園のデザイン

わが国の近代では，洋風庭園の装飾形式を重んじるデザイン発想が，伝統的な景観や庭園技法と切り離されたかたちで導入された．街区公園では3種の遊具（ブランコ，すべり台，砂場）を配置する紋切り形が多かった．しかし，近年では，新しい都市公園のデザインの工夫が行われている．河川や文化財環境あるいは市民センターなどとのアンサンブル，地域の自然生態や景観との調和，子ども・児童の行動心理に基づく造形デザイン，さらに高齢化社会への対応など，その公園が配置される地形や場所の文脈解読，利用者である市民が参加してデザインし，自主管理を行うワークショップなどの計画手法の発達がこれを支えている（図6・6）．

5 ゾーニングによる緑地の保全

保全すべき緑地については，地域指定＝ゾーニングに

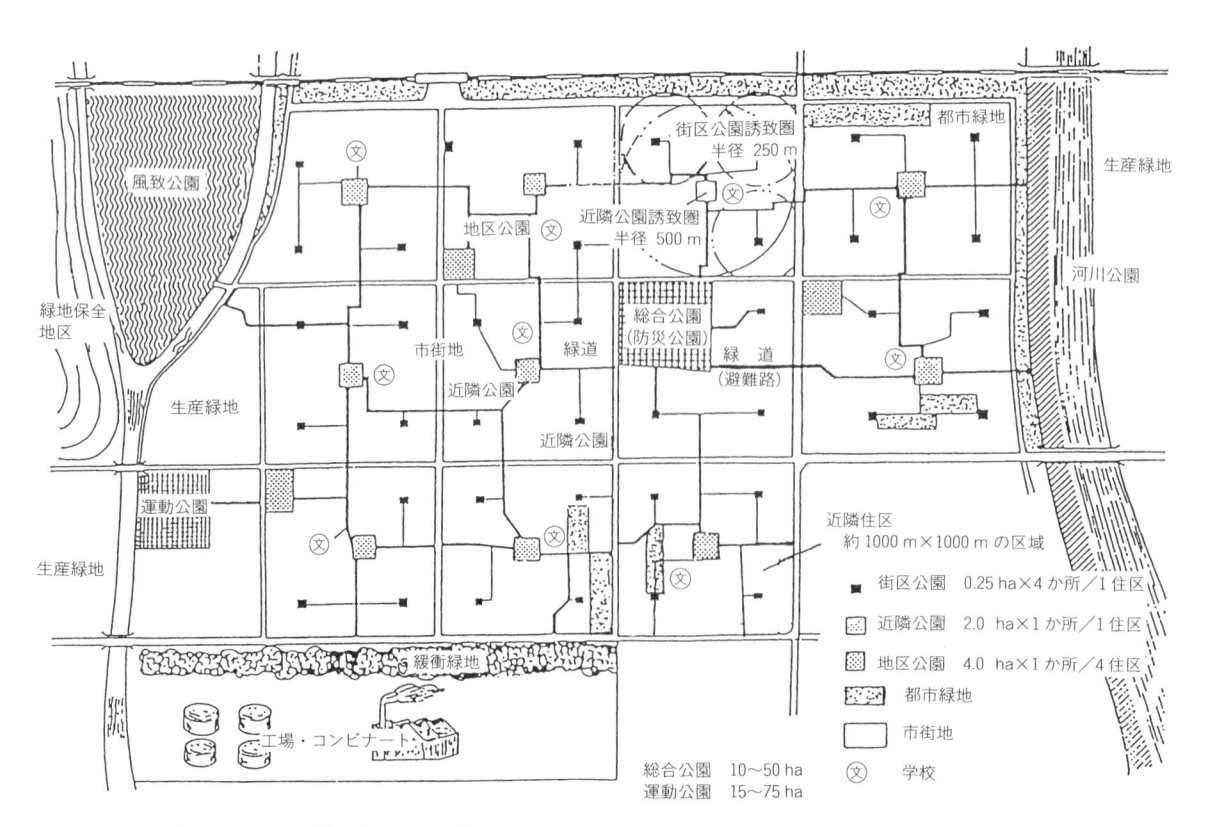

図6・5　都市公園等の配置モデル（建設省，1996年）

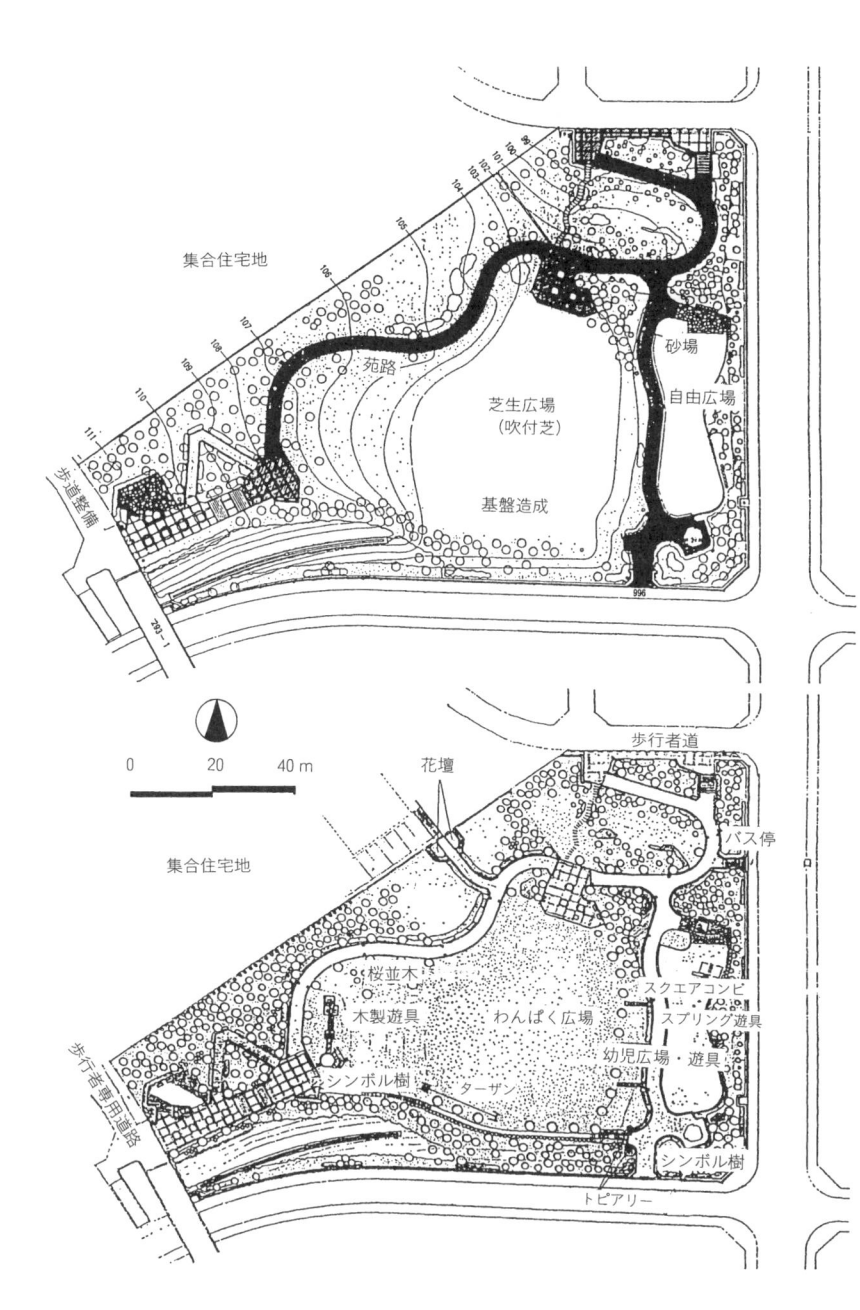

図6・6 児童公園の設計事例（出典：とちのき公園／多摩ニュータウン，住宅・都市整備公団，大石武朗・大野暢久『公園緑地』1993年1月号より）

上：入居時の第一段階整備（1984年）
居住者参加の公園計画（1987～89年）
基盤造成，苑路，芝生広場，最小限の遊具（砂場）
アンケート，3つの代替案，住民参画，実行委員会

下：5年後の第二段階整備（1989年～）
自主的な管理運営
わんぱく広場，シンボル樹，木製遊具，幼児広場・遊具
桜並木，花壇，歩道整備

より，さまざまな開発行為や現状変更の行為を規制する．
①市街化してはいけない区域の線引き．
②建築線を後退させて生け垣などの緑化を義務づける風致地区や建築協定地区，緑化協定地区など．
③樹林や緑地や水面を保護する地域（歴史的風土保存地域や国立・国定公園の特別地域指定など）．土地の形状や環境状態の変更の規制，厳しい場合は草木の伐採等も許可制になる．水面の埋立てまたは干拓，鉱物土石類の採集，廃棄物の投棄など，緑地を乱すような行為は，許可制または届出制の形で行っている．

6 樹木・樹林の保存と登録

すぐれた樹木・樹林の多くは，社寺の境内林や集落の結界シンボルあるいは屋敷林などとしてコミュニティや各家で大切にされてきたものである．さまざまな理由によって，これらが失われる傾向にある．たとえ私的所有物であっても，成熟した樹木・樹林は半ば地域アメニティ共有財であるという見地から，保存すべき樹木・樹林のリストを作成し，所有者に働きかけて登録に同意してもらい，現状変更の場合は事前に協議できるようにする．さらに維持費や固定資産税などへの助成を行う場合もある（表6・6）．

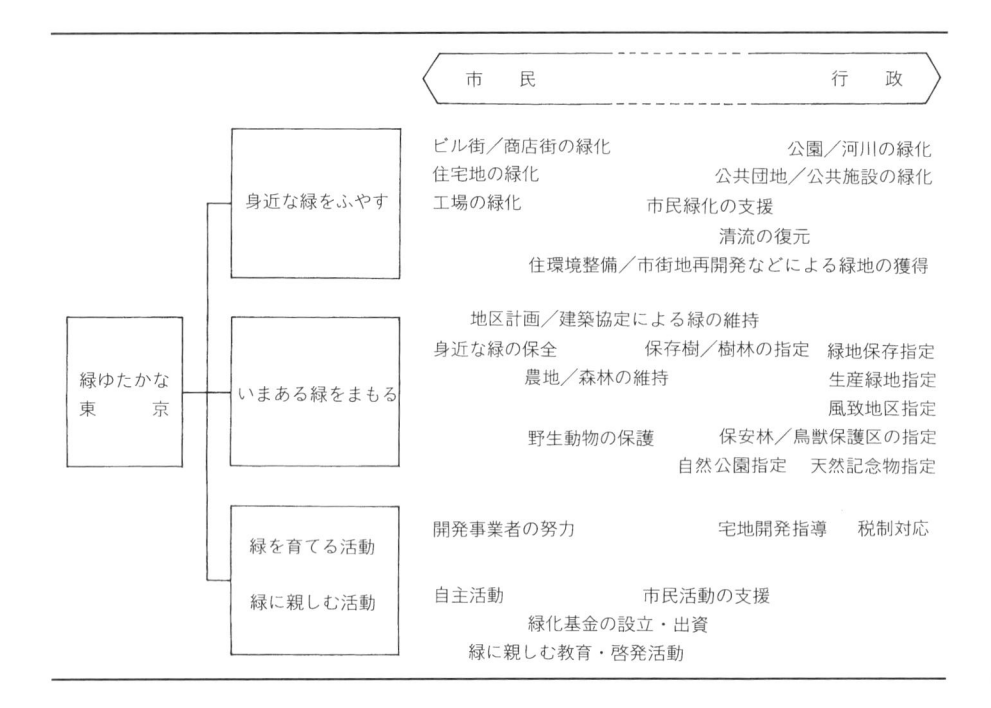

		市　民	行　政
緑ゆたかな東京	身近な緑をふやす	ビル街／商店街の緑化 住宅地の緑化 工場の緑化	公園／河川の緑化 公共団地／公共施設の緑化 市民緑化の支援 清流の復元 住環境整備／市街地再開発などによる緑地の獲得
	いまある緑をまもる	地区計画／建築協定による緑の維持 身近な緑の保全　　保存樹／樹林の指定　　緑地保存指定 農地／森林の維持　　　　　　　　　　　生産緑地指定 　　　　　　　　　　　　　　　　　　　風致地区指定 野生動物の保護　　保安林／鳥獣保護区の指定 　　　　　　　　自然公園指定　　天然記念物指定	
	緑を育てる活動 緑に親しむ活動	開発事業者の努力　　　　宅地開発指導　　税制対応 自主活動　　　　市民活動の支援 　　　　緑化基金の設立・出資 　　　緑に親しむ教育・啓発活動	

表6・6　都市緑化をすすめる方策（出典：東京都緑の倍増計画，1984年より）

7　開発プロジェクトにおける誘導

　河川改修，道路整備，都市施設建設などの公共事業および土地区画整理や各種団地造成あるいは都市再開発などの市街地整備事業など，あらゆる開発プロジェクトを通じて，公園緑地空間の造成を要請し実現できるように開発誘導を行う．

8　緑化を推進する

　住宅敷地や学校・事業所などの敷地も緑化する．たとえば，ブロック塀をやめてまわりを生け垣にする．公開空地に植樹する，道路や水路沿いを緑道にするなどである．これらは市民や事業者の自発的な努力によるところが大きい．公共はこれを支援し啓発するための情報提供，技術，資財，制度などを整える．

（記）本章の構成企画は，中山徹博士（奈良女子大学助教授，1996年当時）との協同作業である．

7　都市交通および脈絡系施設の計画

7・1
都市発展と都市交通計画のはたらき

　現代社会は，かつてなく交通と通信の複雑なネットワークによって組織されている．オフィスや工場や商店など事業所が広い範囲でつながり，かつ日常生活においても住居と職場・学校，福祉，文化，買物などの機能が分化し分散している．それでも多様でかつ便利な経済活動や日常生活が営めるのは，交通（人の移動と物流）および通信サービスの整ったネットワークを利用できるからである．しかし，それらの交通ニーズを満たすために現代社会は生活時間でも費用負担でも多大な努力を傾けねばならず，かつ環境影響や資源・エネルギーの面で新たな問題を生じさせている．都市計画では，土地利用と交通システムを一体的に組み立てて，効率的で満足度の高い交通サービスの実現を図らねばならない．

1　都市交通の考え方
移動のたやすさ

　地域交通を考える原点は，人々の移動（mobility）をたやすくすることにある．人自体は，すぐれた自律的移動体であり，行き先や経路を自ら選択し自力で動き，危険を回避し，かつ快適な移動環境を選ぶこともできる．さまざまな乗り物や交通手段は，人の移動能力を補助し拡大するものである．一方，モノは自力では動かないから，行き先や経路情報を与え，動力をつけて運搬する必要がある．これらが輸送システムである．現代の物流は，多種膨大な集配・輸送システムで支えられている．

輸送サービスの供給

　社会的分業の発達は，移動と運搬を補助または代行する業務，たとえば，タクシー，バスや鉄道やトラック便などの運輸事業者による輸送サービスの供給を拡大してきた．

交通基盤施設の整備

　個々の移動体が集散して交通流（traffic）となる．その流路となるのが都市交通施設である．歩道，自転車道，車道，軌道系（鉄道やモノレールなどの新交通システム）などの路線ネットワークである．それらの交通の結節点（node）には，交通ターミナル，駅舎，バスストップ，駐車場，駐輪場などが配置される（図7・1）．

7・2
交通サービス需要の把握

　都市交通計画を策定するには，まず人やモノの交通・輸送ニーズを把握する必要がある．

1　移動ニーズの基本的理解

　都市では，ふつう自家用車＝クルマ利用やバス，鉄道などの利用も含めて複数の交通手段の選択が可能である．移動者＝需要サイドからみて，その選択に影響する要因は次のように考えられる．

目的地への所要時間

　都市交通では，近距離移動が多いので交通手段の速度を上げるよりも目的地に到達するまでの全所要時間の方

が大切となる．乗車時間だけでなく起点から乗降地点までのアクセス時間（たとえば停留所までの距離），待ち時間（サービス頻度の逆数）などの総和である．これらが期待される所要時間への要求を満たさねばならない．道路や駐車場の渋滞混雑がなければ，クルマは便利な交通手段といえる．

利用の容易さと安全さ

移動能力には個人差がある．すべての交通手段は，高齢者，障害のある人，子ども，妊婦すべての人々にとってできるだけ容易にかつ安全に利用できる移動環境でなければならない．交通バリアフリー法*（2001年）は乗物・駅舎などの施設整備に条件を課している．これには，施設の物理的状態の改善だけでは解決できないので，事業スタッフ，市民，移動介助者等の協働を求めねばならない課題である．さらに，乗換え等の容易さとわかりやすさが求められる．ふつう，移動は複数の交通手段を連鎖して利用するから，結節点の設計，情報案内は重要である．

次に，移動プロセスすべてにわたる安全性（ドライバーなどは加害責任のリスクを含めて）の確保が求め

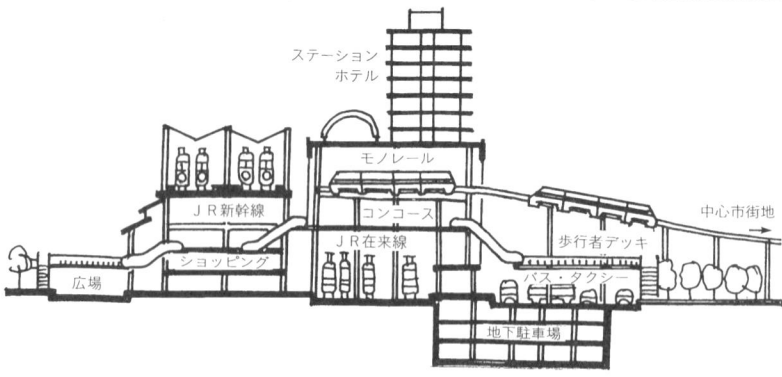

都市交通ターミナル（北九州市）(出典：日本モノレール協会『モノレール』No.86, 1996年より)

復活された路面電車の停留所．手前は車いす乗降装置（ポートランド市）

接近情報パネルをそなえたバスストップ（東京都）

図7・1　交通結節点の計画

られる．

交通環境の快適さ

過密でなくゆとりのある快適さが求められる．鉄道では座席数＋吊り革数に対する乗客数をもって乗車効率200％などと混雑率を表示している．輸送力の増強やピークカットによって乗車の快適性は改善される．乗り物の条件だけでなく停留所，駅舎，街路など交通空間全体の環境を快適に整えることが求められる．また車窓から沿線・沿道の都市景観を知覚できることも交通環境の条件に含まれるだろう．

時間的確実性

都市活動では，小刻みな日程が前提とされるので，混雑や天候などの影響を被りにくい確実な運行サービスが期待される．特に自動車・街路系における交通渋滞は，都市の集積利益を不利益に転化させるものである．一面で，時間的遅れの問題は，心理的な側面をもっており，交通に関する情報サービスが状況判断をたすけて，遅れのいらだちを緩和することができる．

交通に要する費用

バスや鉄道等の公共交通*サービスではすべての人々が日常的に利用するにあたってその運賃の支払いが可能な（affordable）範囲で交通サービスが供給されるべきである．クルマ利用者はガソリン代や道路利用料金だけでなくて，償却や管理費用を含めて計算する必要がある．モータリゼーション社会になると，クルマを保有しない人々の移動が制約される問題は米国はじめ各国でしばしば取り上げられている．

2 交通事情の調査

交通サービス需要に対して輸送サービスの供給を対応させる．個人の移動の区間，時間帯，希望費用などを都市圏の内⇔外や内⇔内の交通需要として束ねて把握する．需要を予測するには，基本的なデータが必要で，さまざまな調査方法が工夫されている．

実数計測

道路通行量あるいは鉄道・バス等の交通機関の利用人数を集計分析して，どの路線にどれだけの交通量が流れているかを把握する．交通量は，一日の時間帯や週日や季節など時間ごとに変化する．交通の計測は目的に合わせて日程を選んで行う．

移動主体へのアンケート調査

たとえばOD（起点 Origin と終点 Destination）調査では，車の運転者に対して移動行動を聞くのであるが，現場で，あるいはアンケートを配布して依頼する場合もある．それらの回答を集計すると，都市のなかで車輌の流れの大要がわかる．

個人の交通記録をたずねる方法としてパーソントリップ（person trip）調査がある．たとえば秋など安定した季節で，業務が平常に行われているような週日に「あなたはどんなトリップをしましたか」と無作為抽出した数千人に記入を依頼する．1日の間でどのような目的をもってどんな交通手段を選択して移動したか．たとえば，朝に自宅から歩いてバスに乗って，郊外の駅まで行って電車に乗って職場に着く．ここまでの通勤移動を1トリップという．さらにその人が，業務で他社へ行くのが1トリップ，帰社するのが1トリップである．そして会社から帰宅する．帰宅の途中で他に立寄るのでなければ1トリップにする．在宅者や通勤者がそれぞれ毎日何トリップぐらい動いているかがわかる（図7·2）．なお，交通手段別に区分して集計することもある．

また，物流輸送については貨物運送会社を調べるとか，

パーソントリップ調査の交通目的
① 出勤（勤務先へ）
② 登校（学校へ）
③ 帰宅
④ 帰社・帰校
⑤ 食事・家事・医療・日常買い物
⑥ けいこ事・塾など
⑦ 娯楽・日常的でない買い物
⑧ 社交・送迎・PTAの会合
⑨ 観光・レクリエーション
⑩～⑱ 業務（会議・販売・作業・送迎・視察・視診など）

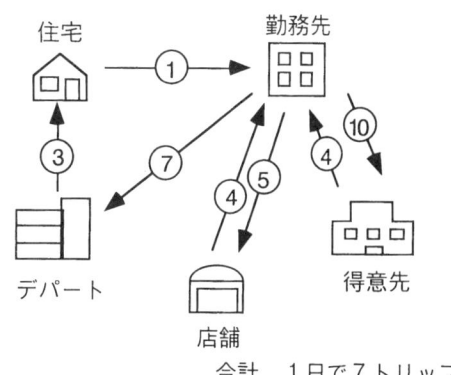

図7·2 パーソントリップの模式図

各企業でどれだけのものを運搬しているかをアンケートで調べるがその調査は容易ではない．

時間的変動への対処

交通現象は時間的変動があるため計測は非常に難しい．1日の時間帯や平日と休日・祝祭日や季節，さらに商慣行や年中行事，観光シーズン等によって変動するので，目的に応じて適切な時間帯を選んで調査する必要がある．輸送力を整備し経営する立場からみると，ピーク時間帯に合わせて整備することは不効率であるから，ラッシュ時の乗車効率を高く設定したり，時差通勤を奨めたり，時間帯別の交通料金制などのピークカット策を試みている（図7・3）．

7・3 都市計画と総合的交通体系

1 交通手段の発達と都市の空間構成

原初的な交通手段は，まず人力や畜力などの筋力（muscle power）に依存した．船舶と水路と車輪と舗道の発明が輸送技術を飛躍的に発達させた．産業革命以前の工業は，石炭や鉱石などの原料と水力源の近くに立地していたが，蒸気エンジンによる鉄道の登場は，製品の需要地に近くて豊富な労働力や関連産業があつまる工業都市を発達させた．市内交通は馬車に依存していたが，その交通混雑（traffic congestion）はすでに都市集中の利点を相殺する程であった（図7・4）．都市拡大の初期においては路面電車*が，新郊外開発と大都市構造の形成では，専用軌道をもつ高速鉄道*網の輸送力が効果的になった．1920年代後半に広まった近代都市計画の機能主義理論では，職場と住宅とレクリエーション地とを分離しても交通網でつなげば都市生活を組織化できると提案したが，実際問題，現在の都市構造は中・高速大量輸送のできる交通手段を用いることによって組織化され，交通条件の変化に従属して軟体動物のように変容するようになった．都市圏の発達と交通は密接につながっている．都市の成長とともに交通への需要が高まっていく面と，交通手段の発達が都市の拡張を際限なくするという相互作用がみられる（図7・5）．モータリゼーションに依存する北米都市に始まった郊外への拡散と中心市街地の空洞化は，いまや世界的な社会現象となって歴史的な都市構造を崩壊させようとしている．

2 情報通信は交通量を減らすか

情報通信手段は物理的距離を越える能力をもっているので，適切な情報を得ることで無駄な移動や物流を減らすことができる．反面で，広汎かつ多様な情報に接することで，直接的な交流や商品流通を求める移動や輸送の頻度がかえって高まることが考えられる．たとえば小売りチェーン店の在庫管理の情報化によって小刻みな配送サービス回数がかえって増加する．一方，自宅か郊外駅前に分散された職場（satellite office）があれば，毎日，都心にある本社に通勤しなくても就業できる（テレワーク，telework）．しかし一方で，会社とはアソシエーションであり，働く人々相互の臨場性やスキンシップは通信では代替できない面である．情報通信によって個別のニーズが多様化し分散傾向になり，郊外から都心への毎朝のラッシュアワー通勤のような画一的大量交通ではない，起終点も時間帯も自由分散的な移動ニーズになるこ

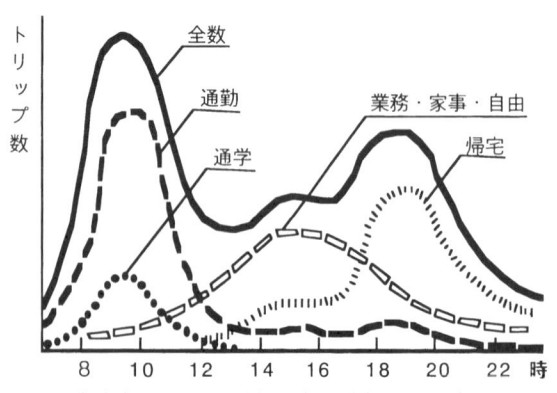

図7・3 都市交通量の時間別変動（地方中核都市の例）

図7・4 都市交通のマヒ（ニューヨーク市，1883年）(出典：Library of Congress より)

<近世> <19世紀後半> <20世紀前半>

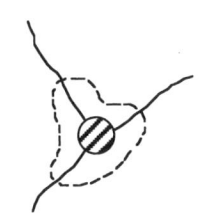

徒歩圏都市
(安定した形, 半径5～10km)

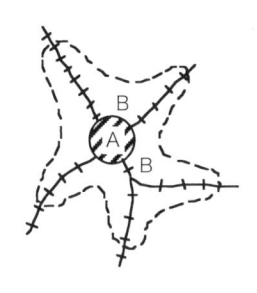

路面電車都市
(軌道沿いに市街地拡張,
半径10～25km)

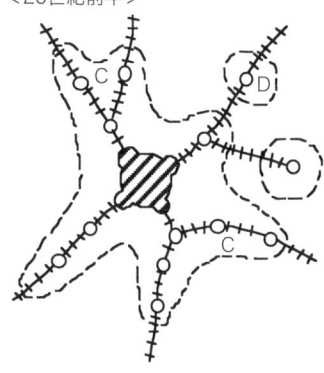

郊外電車都市
(電鉄の沿線開発と都心ターミナルの形成,
半径15～30km)

<20世紀中・後半> <21世紀へ>

A 中心地
B 縁辺部
C 郊外部
D ニュータウン
E 広域核都市
F 遠隔スプロール
G 居住地単位
H コンパクトタウン

自動車・高速道路都市
(道路による面的スプロール, 郊外センター立地,
鉄道の後退, 半径20～40km)

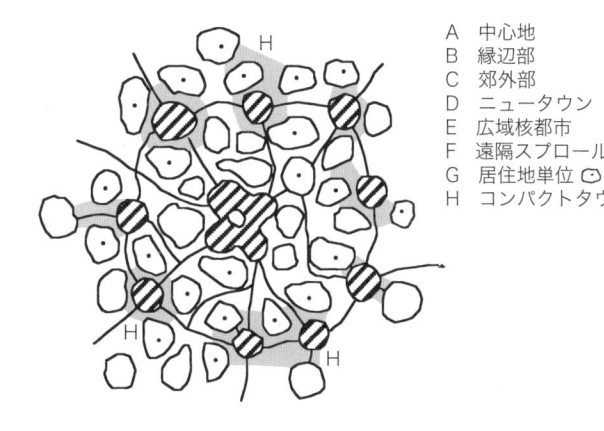

多核的単位都市群への試み
(スプロールからコンパクトタウンへ)

図7・5 交通手段の発達と都市圏の変容

とが考えられる．単純論理では，情報通信とクルマが最適と判断しがちだが，コンパクトシティのようにクルマに依存しなくても公共交通手段を上手に組織し活用すれば可能になるという選択を検討しなくてはならない．

3 交通手段の評価と総合的交通システム

公共交通システムを優先させ，自動車をいかに飼い慣らすかは現代の都市交通政策の基本課題である．予測される交通需要を前提として輸送力を増強させるのではなく，都市生活と環境の質的目標を反映することが求められる．混雑と不快さの軽減，利用の容易さ，環境負荷の軽減などを考え合わせた計画目標を定めるべきである．

交通手段の評価

交通手段とは，道路・駐車施設や軌道・駅舎などの基盤施設＝インフラストラクチャー（infrastructure）および乗物（vehicle）運行経営システムで構成される．初期投資が大きいが，いったん形成された施設ストックは長期にわたって利用される．既存の都市交通システムを強化改善しつつ，新しい路線を開発し，両者を連携する総合的な都市交通体系を計画する．そのためには，さまざまな輸送手段の性能を都市計画からみて評価する必要がある．

輸送力密度

都市の交通需要に応えるには大量の輸送力が必要であ

る．クルマのみでは，ラッシュアワー（rush hour）の通勤交通をさばく道路を大都市のなかで確保することはほとんど不可能である．交通のために配分できる空間量には限界がある．そこで，1レーン（lane，幅員3.0〜3.5m）/1時間当りの輸送能力を比べてみると，高速鉄道の軌道システムの輸送能力がすぐれていることは明白である（図7・6）．さらに中間の交通手段としてバスシステムが効率的である．また路面電車の改良型であるLRT（Light Rail Transit）や新交通システムなど高機能の中軽量都市交通システムが登場して選択肢が豊かになりつつある．

大都市が自動車交通に依存することは，道路および駐車スペースの確保からみても不可能である．ロサンゼルス市では，1930年代の石油資本の攻撃で鉄道会社が破産し自動車交通だけの都市となった．1960年頃の図によると都市中心部は面積の3分の2が道路と駐車スペースで占められていたが，近年は公共交通機関の再整備を図っている（図7・7）．

さらに石油産業，自動車産業，建設産業はクルマがなくては生活できない郊外を開発し，米国的生活様式を普及させた．政府の公共投資も高速道路整備を優先して，この傾向を推進させた．

交通投資の経営負担

高速鉄道システムは効率的な大量輸送機関であるが，初期の建設投資額が甚大となる．基盤整備コストを，道路と同じように公共財源が分担することで建設を促すことができる．低密度に広がる地方中小都市では交通需要を集約することが容易でなく，また途上国などでは基盤ストックが乏しい上に財政的に困難な場合が多い．このような場合は，バスや乗合いタクシーなどの効率的なネットワーク運用に頼ることになる．

環境への負荷量

産業公害が減少する一方で自動車を発生源とする環境影響が増大している．まず第一に，都市の大気汚染についてみると，エネルギー消費と地球温暖化に関連する二酸化炭素で，自動車からの単位排出量は鉄道の10倍である．健康への被害が大きい自動車からの二酸化窒素と浮遊粒子状物質（SPM）は，低公害車の普及や交通抑制の取組みがすすんでいる（図7・8(A), (B)）．

第二に，交通にともなう騒音・振動公害がある．騒音・振動は伝播する物理的距離が短いが，街路が狭く家屋と接していることから，生活侵害の訴えは非常に多い．また被害の範囲も沿道に及ぶ．環境基準を達成できない地域では，大型車制限，夜間の乗入れ時間規制，外側環状線迂回などの交通規制を行う必要が生じることもある．防音壁や遮断地帯の設置とともに，幹線道路沿道の土地利用における居住系施設の立地制限など一体的な対策が提案されている．鉄道系でも，民家が隣接して立地していることが多いので，騒音振動対策としての車両・基盤の改良（地下化を含む），防音壁設置，速度制限などが試みられている（表7・1, p.80）．

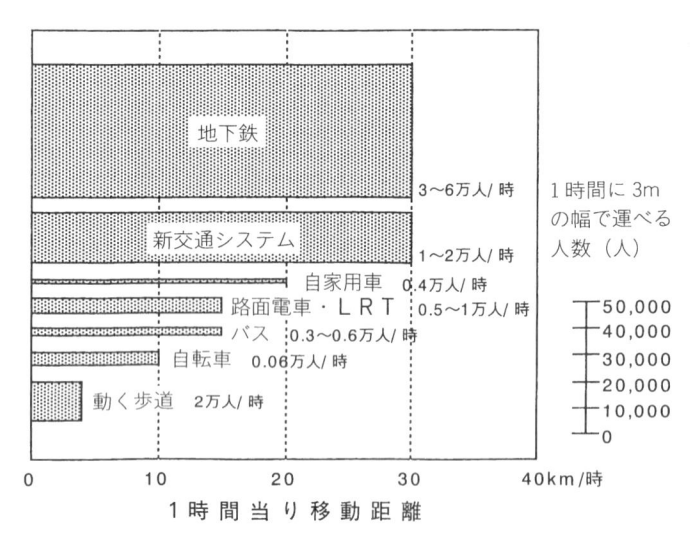

図7・6 輸送手段別1時間当り旅客輸送力（出典：運輸白書，1994年等を参考に作成）

図7・7 都心地区の面積の3分の2が高速道路，街路，駐車場，ガソリンスタンド等の自動車関連スペースで占められている（ロサンゼルス市，1960年代）

都市景観

路面電車やバスは，都市空間における動くオブジェ＝モビールとなり，歩行者・乗客ともに都市景観の一部となり，かつ，乗客も風景をたのしむ．一方，巨大な高架道路などは，都市の人間的スケールを脅かし都市景観を圧迫変形しがちであるので，その路線の位置と形状は慎重に検討されねばならない．

交通災害の防止

交通災害のなかで，自動車走行にともなう事故（車上・路上）をいかに減少させるかは重要問題である．道路交通事故の死者数は 1995 年の 12600 人から 2003 年には 8800 人（30 日以内の死亡）へと減少したが，これでも阪神・淡路大震災の死亡者 6700 人以上である．負傷者数は 1995 年の 92 万人から 2003 年の 118 万人へと増加している．このなかで 65 歳以上の高齢者の事故遭遇率が他の年齢層の 5～10 倍に達している．これらは交通安全対策全般として取組まれているが，都市交通空間の設計，交通手段の選択そして，市街地設計から何ができるかあらゆる工夫をこらすべき課題である（安全街区については「IV 市街地の整備と居住地設計」参照）．

都市交通計画の新たな局面

変化の兆しは，20 世紀の後半，1970 年あたりから都市がモータリゼーションの弊害を放置できなくなった時期に始まった．英国では自動車を都市内でどう飼い慣らすか政府の調査報告が発表された．欧米では商業モールや安全居住街区の試みが始まった．西ドイツ（当時）ではさらに大規模店舗の郊外立地を都市計画の権限で規制し，路面電車と高速鉄道を中心市街地に導入し魅力的で集客力のあるモールを整えた．

1980 年前後からはさらに次のような新しい局面が加わった．

(1) 自動車公害問題が慢性化した．
(2) 都市機能の郊外化と都心の空洞化，新しい住宅立地だけでなく商業，ビジネスまでが郊外拠点に移り，市民が誇りにしてきた中心市街地の衰退・空洞化が深刻になった．
(3) 公共交通サービスの減退．モータリゼーションとの競合にさらされて鉄道・バスなどの公共交通機関が経営難におちいりサービスが減退した．
(4) 交通移動権の保障，ノーマライゼーションの社会参加を実現するために，移動すること＝mobility の権利を社会が保障する．そのためにクルマにのれない交通弱者をつくらないまちづくりが求められるようになった．

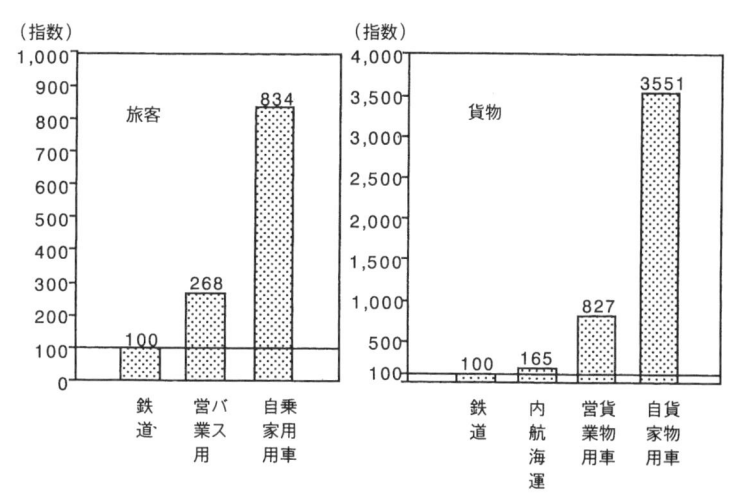

自家用車は，旅客では鉄道の約 8 倍，貨物では鉄道の約 36 倍，内航海運の約 22 倍となっている．
注 (1) 運輸省資料等による．
(2) 旅客は人キロベース，貨物はトンキロベースである．

図 7・8(A) 輸送機関別単位輸送量当りの CO_2 の排出量（鉄道＝100）

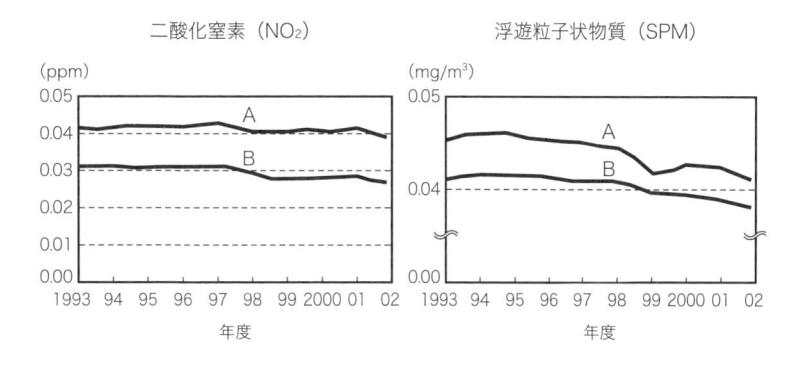

NO_2：大気汚染の主な原因物質で酸性雨の原因でもある．

SPM：大気中に浮遊する粒子．粒径 $10\mu m$ 以下のもの．健康被害が強く懸念されている．

左右とも，図の上限値は，環境基準に該当する．A は幹線街路周辺など，排気ガス公害の影響の大きいゾーン（自動車排出ガス測定局），B はその他のゾーン（一般環境大気測定局）．

図 7・8(B) 大気汚染物質の概況（年平均濃度）（資料：東京都）

表7·1 自動車交通に起因する公害を減少させるさまざまな対策案

発生原単位の逓減	自動車の低公害化（排出ガス・騒音の規制基準強化，車両の整備点検，運行の適性化） 低公害車の普及，ディーゼル車の排出ガス規制，ガソリン税・通行税などの対策
交通手段の転換	物流対策（物流システム見直し，貨物輸送の効率化・共同配送，商業習慣見直し，鉄道輸送の利用促進） 人流対策（鉄道・バス・モノレール・新交通システム輸送力の強化，公共交通サービスの向上，バス乗降場の改善，自転車道・駐輪場整備，自動車の都心乗入れ規制，パークアンドライド，コミュニティバス）
交通流のコントロール	交通渋滞対策（幹線道路・交差点の改良，立体交差） 交通管制対策（道路交通情報，交通管制システム，バス・路面電車専用レーン・優先信号システム） 交通規制（速度，時間帯，大型車乗入れ，レーン，路上駐車） ロードプライシング等の経済的コントロール
沿道環境の対策	沿道の住宅立地制限，建物防音工事，遮音壁・植樹帯，地下・半地下化，交通規制，代替ルート
都市構造の対策	低負荷のコンパクトシティ化，都市機能の適性配置，職住近接・複合都市開発，物流ターミナル整備

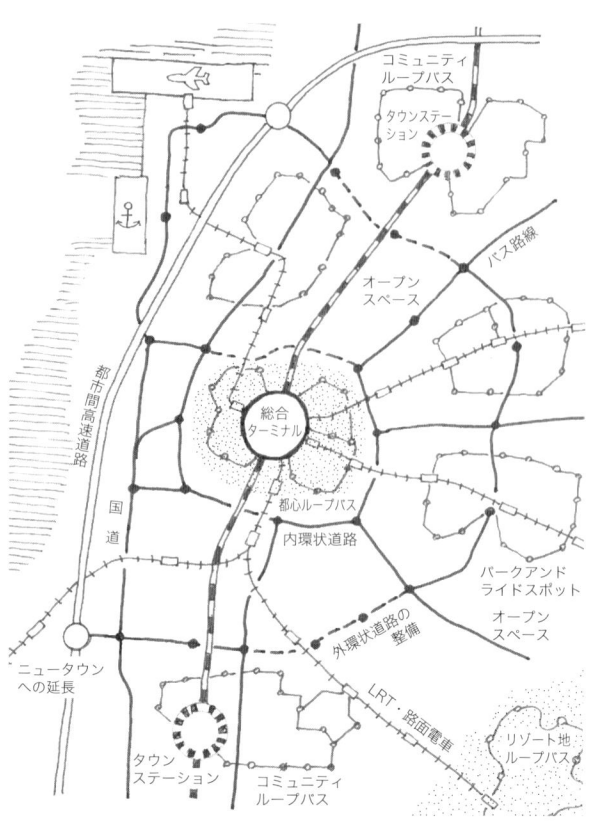

図7·9　LRTとコミュニティバスを組み合わせた地方都市の交通体系モデル

4　都市交通政策とマスタープラン

わが国の場合をみると，街路や駅広場などの交通施設整備は建設省，鉄道やバスの経営指導と認可は運輸省（いずれも当時），道路交通の規制は警察庁が基本的な権限をにぎり，自治体にはそれらを総合的に政策化し運営する権限にも能力にも乏しかった．たとえば上述のような課題に対して，市民が求めている交通サービスと都市環境はどんなものか，既存の都市空間や施設のストックを活かして都市の活性化やアメニティの回復をどう図るか，快適で便利な公共交通を健全経営するには，どのような財政的な支援が必要か，その財源はどうするかなど，真正面からの検討が遅れていた．1990年代から自治体政策としての都市交通マスタープランを策定する試みがすすんでいる．

現状の解析と目標設定そして適切な実践策の提案というが，現代の都市交通問題はあまりに多岐にわたり未知数の多い多元多次方程式を解くようなものである．各都市が工夫し交流しあっている発展途上段階にある．モデル式による交通制御シミュレーションだけでなく，実地にコミュニティバスやタウンモビリティなど市民参加の実験を試みる都市も増えてきた．

交通サービスのネットワーク化と施設のシステム化

都市交通計画の働きとは，都市計画マスタープランや空間構成プランとやりとりしながら，①都市内外の交通需要に対応する便利で効率の高い交通サービスの供給手段を企画し，②交通流を円滑にさばける交通空間・基盤施設を適切に構成すること，③環境負荷をできるだけ抑制できるよう，土地利用や地域環境管理との適切な総合性を追求することである．

都市の内部における交通は，市内の任意の地点間でも容易に到達できるように，局地的（local）で小刻みな需要に対応して小回りがきく輸送手段ネットワークの整備が必要である．自家用車とタクシーは高速走行から局地アクセスまで連続的にできる．公共交通の場合は，都市鉄道（urban transit）やバス・路面電車・自転車・歩道など交通手段を乗り継がねばならないので，交通ターミナル，鉄道駅舎，バスストップ，タクシーベイ，駐車場，駐輪場などの結節施設を整備して，多段階の交通ネット

ワークシステムに組織する．またこれらを都市システムとして運用するには，異なった路線間や段階間の相互乗入れ，共通運賃システムの連携サービスが有効である．自動車交通の場合は，市内高速道路，幹線・準幹線街路，アクセス街路などの段階構成を調節する街路ネットワークと共に，大小の駐車場，公共交通との連携のための複合旅客ターミナル，貨物流通ターミナルやデポジットを系統的に計画する必要がある．

都市の規模形態と基幹交通手段

輸送力，空間の効率利用，混雑の緩和，運行の安定性，環境負荷の少なさなどを考えると，鉄道系，広い意味では新交通システムを含む軌道系で構成されることが望ましい．大都市では，高速鉄道ネットワークを基幹として，バス，路面電車，タクシーで補完し，平日の通勤や業務などでのマイカー利用を抑制する．中小都市では，一部専用軌道や専用レーン化された路面電車やバス路線ネットワークでも対応できる（図7・9）．低密度な居住地域では需要発生に面的に対応できるデマンドバスサービスが対応できる．近年のわが国の農村地域では，家族成人1人1台といったふうにマイカーが基幹交通になっている．こういった場合でも，マイカーを利用できない場合の交通条件をデマンドバスや送迎バスで補完している．

公共交通の優先性を確保

北米の都市圏のように，いったん低密度で広い範囲に拡散してしまった地域では，軌道や路線の沿線地帯で公共交通需要を再び集約することは困難となる．交通が結節する都心が成立しなくなり，拡散した広域道路ネットワーク沿道の任意の地点に，ロードサイドショッピング・ベルトおよび巨大な駐車場を有する大規模商業・業務集積地区が立地する．もはやマイカーなしでは生存できない生活圏である．

これに対して西欧では，コンパクトな都市構造を維持しようとする努力がみられる．たとえば，ドイツでは郊外に拡散する商業業務地区を抑制して，既存の都心区の再開発に積極的である．高速鉄道・路面電車の地下乗入れ，歩行者専用地区の拡大で既存の都心地区の再活性化をすすめている．また自動車ガソリン税を日本のように道路財源だけに投入するのではなく，軌道系の公共交通システムの基盤整備や運用コストの支援にも振り向けている．わが国の大都市の場合，モータリゼーションの到来が北米より遅く，また私有鉄道の発達もあって軌道系の効率的な交通ネットワークとコンパクトな生活圏が維持されてきたのが特徴であるが，近年発展途上にある地方都市圏では北米のような広域分散型定住になる傾向がみられ，公共交通は経営が苦しくなり，サービス低下と運賃値上げの結果としての客離れの悪循環に陥っている．今後の人口減少等も考えると，長距離通勤や低密分散のないコンパクトシティ化が追求されるべきであろう．

コミュニティバス

在来のバス路線網は駅前から放射線状に伸びるパターンであったが，コミュニティバスとは都市内部のサービス空白ゾーンの複数のスポットをこまめに回るループ路線である．1998年に武蔵野市が「ムーバス」を開始したのに続いて，各地で続々と実験・工夫されるようになった．バスストップ間隔も200m程度で，小型バスを使用し，居住地内の街路にも乗り入れる．駅，市役所，商店街，病院，福祉センターなどを回り，運賃も100円程度であって高齢者にとっても利用しやすい．

7・4 道路網・街路空間の計画

道路は通行機能だけでなく沿道でのアクセス機能と発着機能をもつ．都市計画では市街地内の道路を街路という．街路は土地を区画して街区を整える．街路は街区と一体となって，都市の大通，中通，小路の景観をつくりだす．かつて条坊制の格子状街路で区画された平安京の貴族の邸宅は塀と門で囲まれていた．これが近世の商工民の居住区になると通りが賑わいの商業空間となり街路の両側を合わせたコミュニティが発展した．また，パリのシャンゼリジェ通りや札幌の大通公園のように，市民と観光客に親しまれ都市のシンボルになる大通りもある．このように都市計画では，道路を通過交通路としてとらえるのではなくて，沿道の土地利用や建築の配置，人々の生活活動を含めた街路空間（street-space）として設計する必要がある．街路空間はまた災害時の延焼防止や群衆の避難路のためにも備えられるべきものである．

1 街路の種類と段階構成

広域的な通過機能と局地的な沿道機能の分担比率からみて，街路の種類を現代の日本の都市に即して分類してみる（表7・2(A), (B)）．

また，このような街路の種類に対応する街路空間の断

面についても，いくつかのイメージ図をしめす（図7・10 (A), (B)）．車の通行容量だけを考えると，広い幅員の街路は車線（lane）数が多いが，公園街路（boulevard）などでは遊歩道や緑地帯が車道よりも広くなる．また，河川水路と平行している場合，路面電車がある場合，高架の自動車専用道がある場合，などは断面設計に工夫が必要である．街路はかならず他の街路と交差するので，交差点や辻ひろばの設計も大切である．安全な横断道，都市景観としては街角建築などのデザインには工夫が必要である．なお，広域道路に局地細街路を直接に接続するような設計は避けるべきで，かならず中間段階の街路を介するべきであろう．

2 街路網パターン

幹線街路は都市空間の大回廊になるので，場所のわかりやすさ（legibility）が求められる．また，地下鉄や路面軌道を含むので，線状，格子状，放射・環状，シンプルなパターンが採用される．これに対して，住区レベルより局地的な街路網は，地形や景観の特徴を生かし通過交通の排除を考えて自由なネットワークを設計することができる．

3 バイパスの論理

自動車交通量の増加に応じて交通の便利さを維持しようとすると，①既存街路を拡幅する，②バイパス道路を追加する，③都市機能を郊外に分散する，といった代替案のうちバイパス道路がもっとも手っとりばやい．ところがバイパス道路が完成すると沿道に商業施設や流通施設などが立地して市街化するので，さらに次のバイパス道路が求められることになる．これでは，通過交通路はできても系統的な都市街路網はいつまでたっても形成されない．市街地内の街路網に広域的通過道路を混じらせないような地区規模にわたる街区・街路設計と交通規制が基本となる（図7・11 (A), (B)）．

4 街路における交通規制

新しい街路空間を設計する場合や既存街路の環境改善を行うには，街路空間の使い方，特に自動車交通規制を想定する．交通を円滑にし，かつ地域を安全で快適にするための車両通行に関する規制の内容としては，a. 速度規制，b. 走行方向規制，c. 駐車規制，d. 乗入れ時間制限，e. 大型車両の乗入れ制限などの組み合わせがある．f. 交通信号・安全標識など設置，g. 横断歩道の設置，h. 障害物・安全柵の設置，i. 車線減少等の街路断面変更などがあり，これらを一体的に運用しなければならない．こうした場合，道路建設，交通警察，安全管理などの行政の縦割りが問題となっている．たとえば事故が多発してから対応するのではなく，日常的に街路や交差点の道路構造，安全施設，交通規制を一体的に計画し管理する体制が必要である．自治体を基調とする都市計画の立場はこれらの協力による総合化を図ることにある．都市空間を限りある資源と見立てて，そのなかでの空間

	通過機能	沿道機能	
A	都市高速道路		〈幅員〉 15-25 m
B	バイパス道路		20-30 m
C		公園大通り	50-100 m
D		都市幹線街路	25-30 m
E		準幹線街路	15-25 m
F		住区集散街路	15-20 m
a		商店街通り	10-20 m
b		自転車道	6-8 m
c		細街路	6-8 m
d		緑道散歩路	4-8 m
e		路地	4-6 m
結節機能：	交差点広場　辻ひろば　モール広場　路地広場		
	インターチェンジ　ターミナル　駐車場・駐輪場　バス停　自転車置場		

表7・2 (A) 街路の種類と系統の例

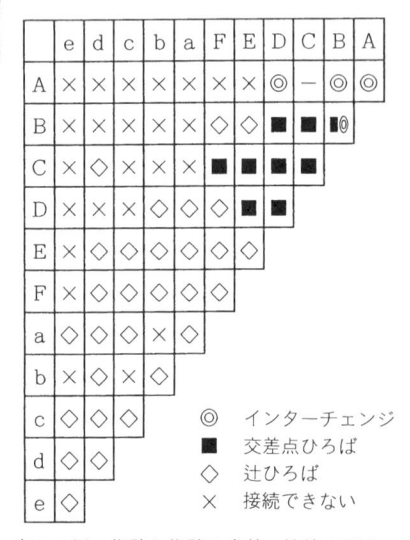

	e	d	c	b	a	F	E	D	C	B	A
A	×	×	×	×	×	×	×	◎	−	◎	◎
B	×	×	×	×	×	×	■	■	■	◎	
C	×	◇	×	×	×	■	■	■	■		
D	×	◇	×	×	×	■	■				
E	×	◇	×	×	×	■					
F	×	◇	×	×	×						
a	◇	◇	×	×							
b	◇	◇	×								
c	◇	◇									
d	◇										
e											

◎ インターチェンジ
■ 交差点ひろば
◇ 辻ひろば
× 接続できない

表7・2 (B) 街路と街路の交差・接続の可否

の人間的な有効利用，交通の制御を一体化するヨーロッパ都市の試みを紹介する（図7・12）．市民，都市・都市計画・環境・交通・警察などの一体的な協力の成果である．

二酸化窒素および浮遊粒子状物質について，環境基準と要請の制度が設けられているが，幹線道路の沿道では，交通流の集中度，地形，沿道断面などによって排出ガスが澱み，激甚地帯では大気汚染認定患者にみるように生命・健康・生活侵害などの道路公害を発生させている．

騒音・振動については騒音規制法（1968年，2000年改正）により地域の土地利用（住居・非住居，福祉施設の集合度）街路の車線数（片側1車線・2車線以上），時間帯（昼間・夜間）に応じて許容される環境基準が設定されている．基準を超える状態に対して市町村長は交通規制を都道府県（警察）に要請できることになっている．

現代社会はモータリゼーション＝人々の移動や運搬の個別能力の獲得，によって大きな利便を入手した．並行してエネルギー・物質・資金の浪費，環境影響などのパンドラの箱を開けてしまったわけで，これをいかに飼いならせるかに腐心している．抜本的な解決はともかく，さまざまな個別努力の集成によってトータルなマイナス影響を減らそうと自動車公害防止計画が策定されている．

都市計画は，効率的な道路・街路網の形成をめざしてきたが，その結果として生じる交通流とその環境影響，見定めのつかない道路建設要求，市民の安全で便利な移動要求に適切な解決を与えてきたとはいいがたい．いまあるものと新設の交通空間を生かしつつ，適切な交通流の再配分を計画しようという交通需要マネジメント＝TDMが登場してきた背景がここにある．

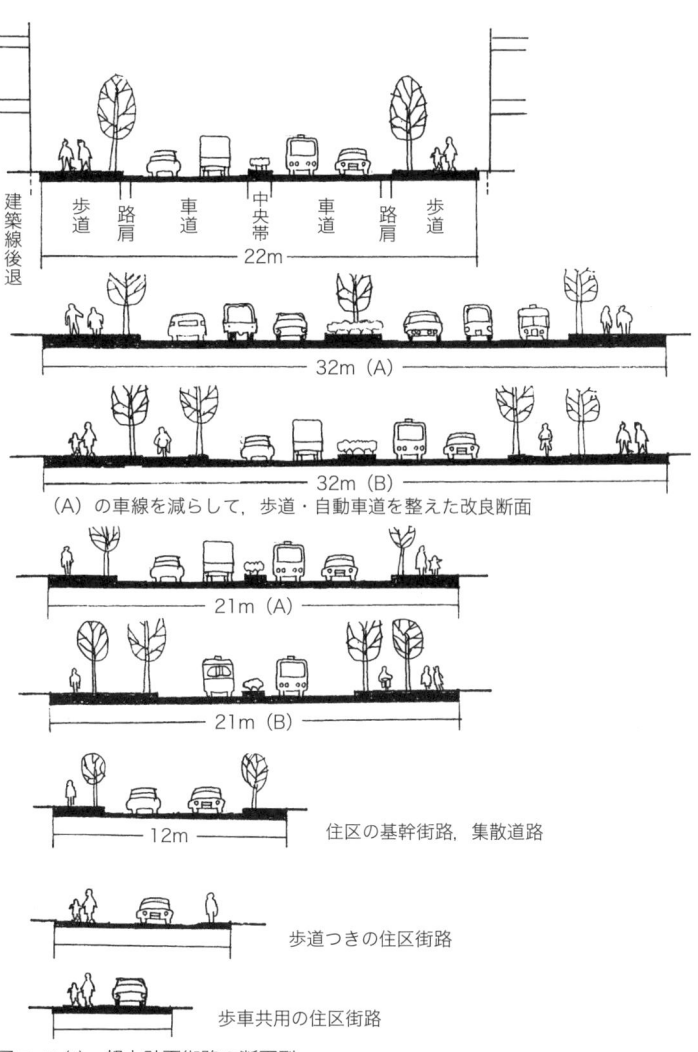

図7・10(A) 都市計画街路の断面型

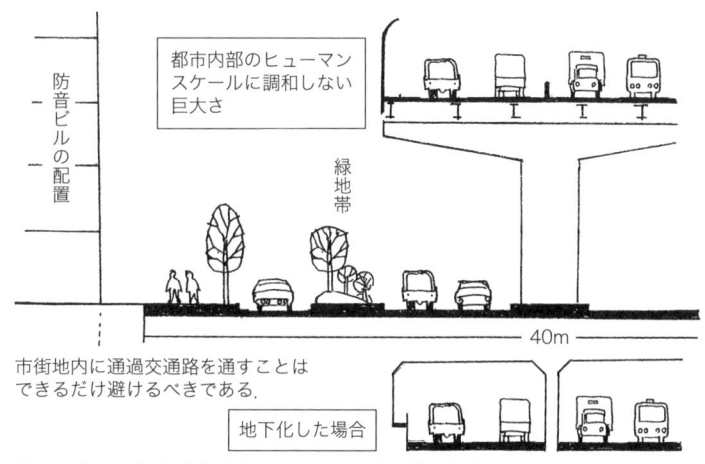

図7・10(B) 高架高速道路をともなう通過交通路型街路

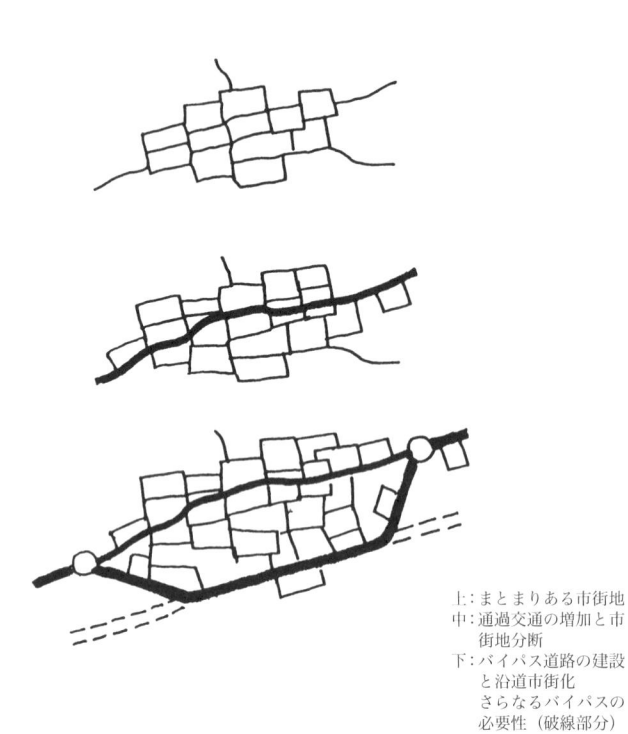

上:まとまりある市街地
中:通過交通の増加と市街地分断
下:バイパス道路の建設と沿道市街化 さらなるバイパスの必要性(破線部分)

(a) バイパス道路の建設（日本の例）

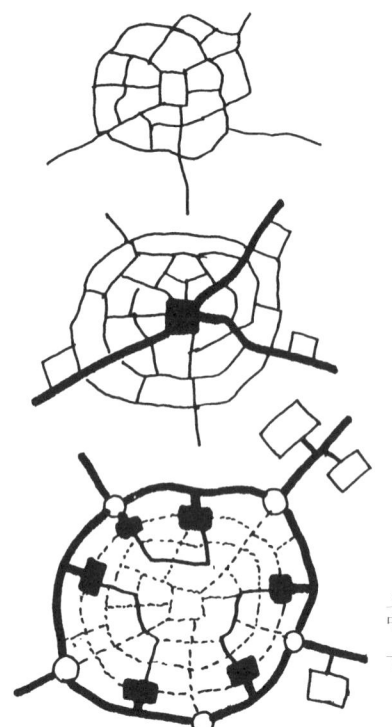

上:伝統的なタウン
中:通過交通の増加と中心広場の駐車場化
下:環状道路と駐車場，交通細胞街区化と歩行者ゾーン（点線部分）

(b) 環状道路の建設（西欧の歴史都市によく見られる例）

図 7・11 (A)　伝統的な市街地における自動車交通への対応

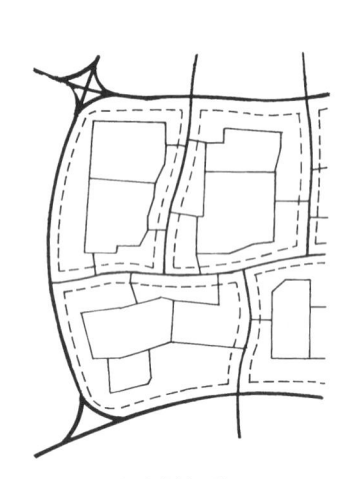

―― 都市幹線街路
―― 地区集散街路
―― 局地集散街路
--- 居住環境区境界

自動車化時代への都市空間の対応について検討した政府委員会の報告 "Cars in Town"．居住地区への通過交通を排除して住環境を守る街路パターン．

(a) 居住環境区の提案（ブキャナン報告，英国 1963 年）

△　都市幹線街路
---　地下搬出入道路
▨　歩行者天国
CP　立体駐車ビル

中心市街地の空洞化，不動産価格の下落に対して，建築家ヴィクター・グリューエン（1903〜80）が現代のアゴラ "Our Heart of City" のショッピングセンターを再開発によって再生させようと描いた，歩車完全分離の街区プラン．

(b) 都心スーパーブロックの提案（フォートワース，米国 1960 年代）

図 7・11 (B)　安全環境街区の原理

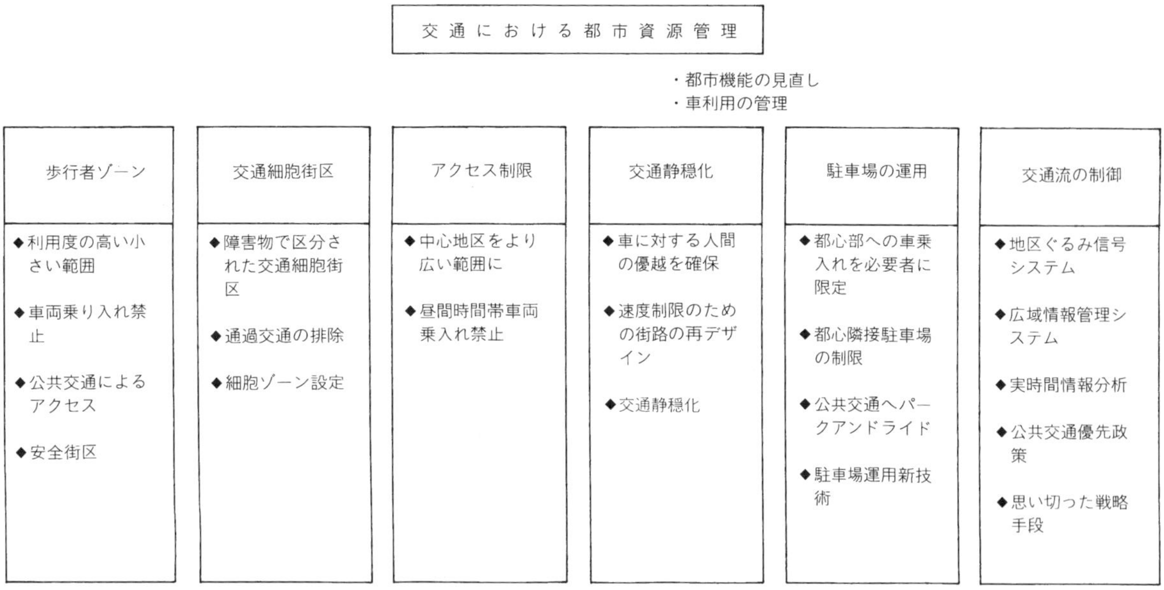

交通における都市資源管理

・都市機能の見直し
・車利用の管理

歩行者ゾーン	交通細胞街区	アクセス制限	交通静穏化	駐車場の運用	交通流の制御
◆利用度の高い小さい範囲 ◆車両乗り入れ禁止 ◆公共交通によるアクセス ◆安全街区	◆障害物で区分された交通細胞街区 ◆通過交通の排除 ◆細胞ゾーン設定	◆中心地区をより広い範囲に ◆昼間時間帯車両乗入れ禁止	◆車に対する人間の優越を確保 ◆速度制限のための街路の再デザイン ◆交通静穏化	◆都心部への車乗入れを必要者に限定 ◆都心隣接駐車場の制限 ◆公共交通へパークアンドライド ◆駐車場運用新技術	◆地区ぐるみ信号システム ◆広域情報管理システム ◆実時間情報分析 ◆公共交通優先政策 ◆思い切った戦略手段

図7・12 ヨーロッパにおける交通問題に対処する都市資源の管理 (出典：Pierre Laconte, *Transportation network in urban Europe*, Ekistics 352, 1992年1/2月号より)

7・5 都市循環系施設の計画

1 市脈絡系施設システム

水やエネルギーとさまざまな物質による自然の大循環の一環として都市も生きている．素朴な居住様式では，ある地域のなかで供給・消費・処理・再生・廃棄が自然の生産力や浄化力に頼って営まれてきた．しかしながら，現代の都市活動は膨大な物資・エネルギー・用水を消費し廃棄するので，そこからの環境負荷は，もはや地域の自然の自浄能力をはるかに越えている．自然環境そのものの持続が危うくなっている．そこで，都市を設備化して供給と処理の循環をきびしくコントロールする必要がいっそう大きくなっている．

交通施設と並んで，都市の器官，動脈・静脈系，神経系として機能するこれら脈絡循環系施設は重要な都市基盤施設＝インフラストラクチャーである．

　a. 上水道網，上水供給施設
　b. 下水道網，下水処理施設
　c. 都市排水路，河川，遊水池(地下浸透・伏流水)など
　d. 電力・ガス・温冷媒体供給網，供給プラント
　e. ゴミ・廃棄物回収システム，処理・再生プラント
　f. 情報・通信ネットワーク，中継局
　g. その他

水循環系（a／b／c）

上水道・下水道，供給および処理施設が設置されるが，これらの施設も地域の河川，水路，池沼，地下水などを含む水系管理のなかで位置付けられる．近年，下水道の普及にともなって河川表流水の枯渇といった現象が生じている．そこで中水道や河川還元など処理水の都市環境への再循環も試みられている．

エネルギー循環系（d）

電力，ガスあるいは熱媒体の供給ラインが基本である．近年は建築物単位あるいは地区ごとのエネルギー供給と余熱回収再利用設備といった局地循環も開始されており，省エネルギーと大気中への排熱放散を減らす努力がはらわれている．

物質循環系（e）

家庭ごみおよび産業廃棄物について，省資源，減量，分別収集，リサイクルなどによって最終処分量を最小限にすることが追求されている．

都市計画として問題になることが多いのは，ゴミ処理施設，最終処理場の適切な配置である．いわゆる迷惑施設として地元から忌避されることが少なくないが，環境アセスメントの要件や環境基準を満たすだけでなく，地域のアメニティ環境との一体的な整備が試みられている．

通信ネットワーク系（f）

通信システム系は有線・無線ともいよいよ重要な都市の神経系インフラストラクチャーとなっている．

2 ライフラインの安定性

さまざまな事故や都市災害のために水や電力や通信ネットワークが破壊されると、救出から避難、立ち上がりから復興まで支障が生じて被害がさらに拡大する。そこでこれらのネットワークを生命線＝ライフライン（life line）として、構造物の強度を高めるとともに、系統の一端が壊れても全体として籠の目のように機能を補完し維持される仕組みの設計が行われる。さらに、貯水槽、燃料タンク、発電機などの耐震化や分散配置のように、ネットワークが分断されても、最小限生存できるよう、地区ごとの整備も検討されている。

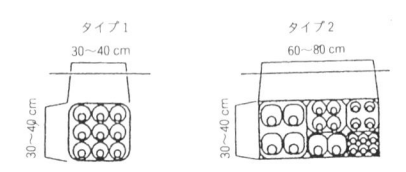

地下埋設物と共同溝

電力線および電信線は、これまで道路端の電柱・架空線として設置されてきた。これらが街路空間の景観を煩雑にしてきたが、電線地中化がすすむと、沿道の建築物のデザインやスカイラインがすっきりみえるようになる。かつ強風や地震による電柱の倒壊や電線の垂れ下がり事故などを防止して、ライフラインとしての安定性が確保できると期待されている。

地下空間における混乱と路面の掘り返し工事を避けて、維持管理を合理化する上で、また、ライフラインとしての耐震性をあげるために、水道管、下水道管、ガス管、高圧電力線などの地下埋設管やケーブルを系統的に集約配置する共同溝および電信線や電力線をまとめた電線共同溝の整備が奨励されているが、建設コストからして、その実施は一部にとどまっている（図7・13）。

(A) 電線共同溝（キャブシステム、キャブはケーブルの意味）

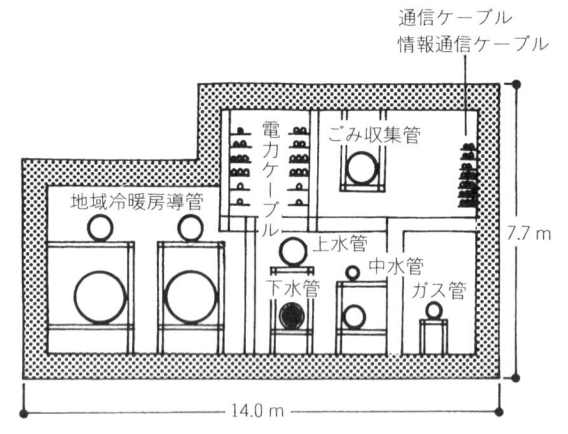

(B) 大規模な共同溝（出典：(A)(B)とも、東京都資料、1995年より）

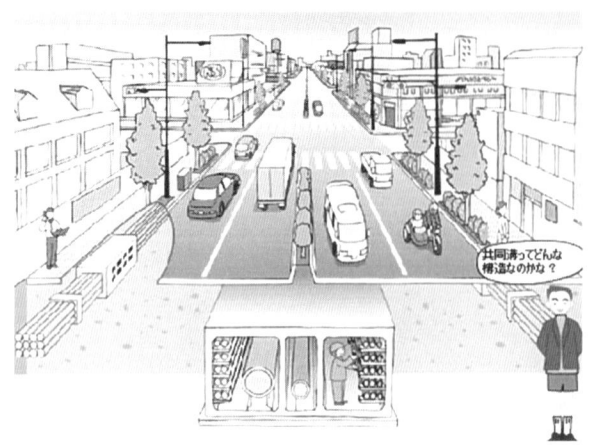

(C) 共同溝のある街路断面（出典：岡山国道事務所、2004年（http://www.okakoku-mlit.go.jp/root/cont02/index.htm）より）

図7・13　都市における地下埋設物

8 景観基本計画とアーバンデザイン

Ⅲ 都市の総合基本計画

8・1
景観と風景の考え方

1 アメニティにおける景観

人間は地域環境の美しさを享受する．風景として楽しむこともそのひとつである．ただ眺めるだけではなくて，自らが住んでいる都市の環境を守り，育て，創っていくことに誇りと喜びを感じられる状態，これがアメニティ（amenity）*の考え方である．アメニティは，健康の考え方にちかいところがある．世界保健機構（WHO）によると，健康とは，病気でないことではなく，日々心身が良く保たれ生きることに喜びが感じられる状態と定義されている（1999年版による）．

アメニティを満たすのは，いろいろな環境要素の集まりである．たとえば，静かである，空気が澄んでいる，緑が豊か，住戸にゆとりがあるなどの条件は，すべてアメニティを評価する要素であるが，それらの測定数値をあつめるだけでは，地域環境のトータルな認識ができない．この点，景観という見方は，主として視覚を通じて環境が生活空間として体現されている姿を直観的かつ総合的に知覚するのにすぐれている．もういちど健康診断にたとえてみると，医師による「問診」に相当する．経験を積んだ医師なら，患者の目の輝き，血色，話し方，表情と動作などを観察して，ストレスがたまっていないか，日常生活で生き生きしているかなど直観的に健康状況をイメージすることができる．これと部門別の検査データとを照らしあわせて総合診断ができるわけである．

2 景観・風景論の考え方

都市をあらためて「景観として眺める」のは，市民の生活文化と都市活動の元気さを視覚的に認識しようという，きわめて現代的な事象である．近代の都会文明がもたらした環境破壊と生活空間の画一化への反作用として，自然景観や歴史的環境などへの関心が高まった．さらに生活の質を重視する現代では，地域自体が文化的存在であり，その表出の姿として都市景観や農村景観のあり方が広く論じられるようになった．

近年，サウンドスケープ（soundscape）という用語が登場した．騒音や雑音を減らして，静謐さや会話や音楽が楽しめるような都市の音風景をデザインすることをめざしている．都市のイメージは，聴覚，臭覚，触覚，味覚を通じてでも感じ取れるが，何よりも情報伝達力からみて圧倒的にすぐれているのは視覚（visual perception）である．視覚伝達には形象や色彩や材質感などの具体性があり，情報量が飛び抜けて豊富である．視覚をベースとすることで，パターン判別やイメージ形成が容易となり，即座にかつ丸ごと状況を知覚することができる．景観をテーマにすると市民論議がよくはずむのはこのためである．

「景観」と「風景」とは一般にあまり区別されないで用いられている．日本の都市計画で「景観」という用語が広まったのは1980年代以降だった．都市美や風致地区は前からあった．一般に地域の眺めには「景色」が，風趣に富む景色には「風景」が用いられてきた．

地理学的景観

　主体・客体の二元論でいえば，眺める主体（人，住民，訪問者）と眺められる客体（地域の自然・農村・都市の景観の状態）で説明できようが，それらは相互に影響しあう関係にある．西欧の近代では，景観とは，まずもって「地理学的景観」であった．植民地などの「新世界」の驚異を含めて地域の特性を解読するために，土地の上に展開されてきた人間の営みを地形，地質，気候，植生，定住，産業，交通，環境といった諸側面で科学的に調査し地理学的な類型として説明が行われた．地理学でいう景観もしくは景域*，ドイツ語の「ラントシャフト（Landschaft）」，英語では「ランドスケープ（landscape）」の訳である．景観とはまずもって地理学的に認識される地域の形象である．

風景学的景観

　人間は視界に入る景観の形態や色彩や質感などを視覚イメージとして知覚し，これを自らの生活体験や記憶，思想と知識，趣向などに照らして認識する．これが「風景的な景観（scenery，時空的に連続する場面はsequence）」の認識である．風景はまた季節や気象と時刻による変化や，人々の生活景，祭りの情景などの印象をともなっている．同じ対象でも人により景観の見方がちがい，そのひとの関心や感受性のあり方で風景イメージとしての認識の内容にかなりの個人差が生じる．

　景色，景勝，光景，景観など「景」は人の眺める光と陰を，風趣，風光，風景など「風」は人の趣向と呼応する関係をあらわしている．地域を眺めるといっても森羅万象の全実在ではなくて，関心のあるもの，心情的に通じるものを中心に見て（観て）いる．美しい景観，風景を楽しむなどというと，主体の方の関心，教養，動機からして見たいものを見る，発見するといった面がより強くなる．その下地には，宇宙観，歴史，文芸，旅行案内などからくる場所性や情緒性のコードが織り込まれているといえよう（図8・1）．

風景観の形成から景観づくりへの反映

　景観をどう見るかは，個々の主体だけでなく，すぐれて社会集団が共有するイメージ形成の問題である．民族や地域が求めてきた宗教的なシンボル性，詩歌や絵画が醸し出してきた風景への憧憬，科学的理解による価値の発見，観光客を魅了する演出などによって，その地域に人々が期待する景観のあり方，こう眺めてみたいという見方＝風景観が成り立つ．地域のアイデンティティが求められ，風景にも「らしさ」が期待される．個人の景観イメージ形成もこの風景観から大きな影響をうける．たとえば，京都やフィレンツェは，千年の古都であり，地形と眺望，季節の変化と行事，町並みなどが歴史的に形成されており，全国や世界の人たちが「京都らしさ」や「フィレンツェらしい」景観イメージの存続を期待している．景観を破壊や混乱から保護すること，雑多さのなかに埋もれている特質を目立たせること，その上で現代の創造を行うといった取組みを促すのはこうした市民が共有できる都市のイメージ＝風景観の醸成である．

　「地域における良好な景観の目標像について合意形成を図る」（景観法）のプロセスは容易なことではない．景観のあり方は，個人や集団の風景の楽しみを規定するものでなくてより多くの発見の可能性を保障するために，共通となる基本環境を整えておこうとする取組みであると理解したい．地理学的景観は自然科学を含めて客観的な特質を示し，風景的景観は，人文科学的な意味のコードを示し，あわせて共通の景観思想・風景観ともいえる合意形成の下地を編んでいるといえる．風景観のふかまりは，都市景観を育むエネルギーとなるという相互関係こそが重要といえよう．

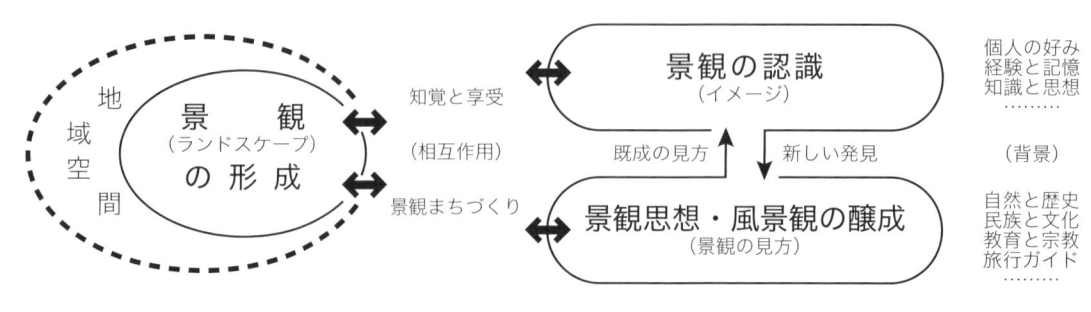

図8・1　景観をはぐくむ風景観の形成

3 社会的文化遺産

都市の景観は，それをつくり享受する人々がはぐくんできた歴史的事象である．一朝一夕に形成されるものではない．現代世代だけの考えでもって改変したり滅失させたりすることは，未来世代がその魅力を発見する可能性を奪うことにもなりかねない．といっても，生活様式や産業技術の変化に対応するには，都市ストックの改変や更新は避けられない．過去において都市の歴史は変革と破壊の歴史でもあった．現代では，保存か開発かという二者択一論議をこえて，すぐれた景観文化を相続し，その特性を継承しつつ，現代の創作をすすめるという，いわば保全的開発という新しい方策を求める必要がある．さらに，どのような景観を未来世代に贈るかを意識することも求められている．都市景観は社会的文化資産（social cultural assets）とされる所以である．

8・2 景観にかかわる行政制度の経過

1 景観づくりの都市計画

景観づくりは，美しい国土，農村，都市を志向している．ここで，美しさとは，一概に定義できるものでなく，時代の思潮によって，社会階層によって，また人々の趣向によって差異があるが，近代の都市計画が，いかなる都市・農村の美しさを求めてきたかをまずもって概観しておく．

都市美観の形成

近世から近代国家へ，政治権力の中心としての首都，経済の中心としての商業都市にはその権威と富の力を表現する空間が求められた．そのモデルとなったのはパリであり，宮殿とさまざまな公共建築物，中心広場や公園，河畔と橋梁などが美的にデザインされた．とくに公的な行事やパレードのためにも，ヴィスタ（vista，視線軸に沿った眺め）のきく大通りは重要であった．これをパリの改造で一気に実現したオースマンの計画は，19 世紀から 20 世紀の世界の都市計画に大きな影響を及ぼし，近代市民の心意気とエネルギーを発揚するシヴィック空間の形成につながった．わが国でも 1919 年の都市計画法で，「美観地区」の制度が始まり，皇居前や大阪の御堂筋のようにヨーロッパに比する大通りが計画され，沿道のビルの軒先や壁面ラインなどが規制・誘導されることになった．

風致景観の保全

自然の景勝地，公園，水辺，緑の多い低層住宅地などの風趣ある環境を保全するために，同じく 1919 年の都市計画法で「風致地区」制度が設けられ各地で適用され効果をあげてきた．土地の形質変更，木竹の伐採，建築物について高さ，建蔽率，外壁面の後退，屋根等の形態や材料，色彩などがコントロールされる．

居住地景観の保全

人々の住居や仕事場である集落や町並みはまずもって住環境の質が問われるが，アメニティ概念に見るように居住地景観の美しさも含まれている．その質を維持継承するために 1950 年の建築基準法に「建築協定」の制度が設けられていた．その後の「緑化協定」さらに都市計画法の「地区計画」などが加わった．これらは地区住民主体のコミュニティルールであるが，協定の内容は公的に認定される．

歴史的文化財環境の保存

都市景観は，テーマパーク建設とは違って，歴史的な過程を通じて形成されてきたものである．歴史的な建造物，風景の場所などを保存活用することは，都市景観の成熟と文化資産の豊かさを表すものである．都市計画は上記の制度でもって文化財環境の保全に寄与しているが，1975 年には，全国的な歴史的町並み保存運動の勢いを反映して「伝統的建造物群保存地区」制度が文化財保護対象に加えられ，かつ都市計画として決定することで両者の連携を図っている．

田園景観の保全

農村集落*（農山漁村）の美しい景観は，地域住民のアメニティであると同時に，都市民にとって郷愁であり自然環境・農林漁業に接する機会である．田園景観を旅することは観光の大きな目的のひとつになっている．しかし，近年は道路整備とモータリゼーションの普及にともなって，農村の都市化や開発スプロールがすすんで，都市縁辺と農村との区別も判然としなくなった．英国の都市・田園計画法あるいは都市民からする田園保護運動，ドイツの美しい村づくり運動などは先達であるが，わが国でも農村景観計画の取組みが始まっている．

アーバンデザイン

景観は生き物であって変化する．どのような目標イメージをもって形成するか，より積極的な表現の工夫が必要となる．その演出をするのがアーバンデザイン

（urban design）である．歴史的環境の保存の場合でも，また再開発や新開発の場合でも，総合イメージをもって，プロジェクトの空間構成，街路や橋などの公共施設デザイン，店舗や広告や標識デザインを調和させてまとまりある空間形態のデザイン演出が図られるようになった．

2 景観・風景に関する自治体条例

2004年に制定された「景観法」（後述）は，景観に関する初の総合的法律で，「良好な景観の形成を，国政の重要課題」と位置づけている．この法律は，国がいきなり定めたものではなく，多くの地域における取組み，特に景観に関する条例制定（1985年に100条例だったものが2003年には524条例に急増）の勢いを反映したものである．景観法案の策定に当たって国が行った自治体アンケートからあきらかになった，それらの条例のおもな規定内容を，図8・2に示す．①基本計画，②地区指定とガイドライン，③大規模建造物のコントロール，④保存すべき建造物・樹木指定，⑤審議会・市民組織認定，⑥活動の支援と啓発等が内容であると見て取れる．

また，景観計画を実現するために次のような行政手段が試みられてきている．

i 土地利用計画との整合：都市計画で定めている整備方針から極端に逸脱する開発・建築行為をきびしく規制する，通常の用途地域制に加えて，美観地区，風致地区，伝統的建造物群保存地区などを積極的に適用し，さらに独自の景観条例や屋外広告物規制条例などの活用を図る．

ii デザインポリシー：景観ゾーン，景観軸，景観スポット整備のイメージ提示，ガイドラインなど具体的な景観像を提示し地域住民の合意形成を図る．

iii 市民が情報にたやすくアクセスできて，景観に関心を高められるように情報提供や学習体験の機会を設ける．また，開発・建築行為にあたってのデザイン相談・指導と必要な規制を行う．

iv 町並みや公園，共同施設の計画などでは，共通のイメージづくりのために，デザインゲームやワークショップを試みる．

v 景観審議会や市民会議，モニター制度，すぐれた景観づくりの取組みを支援する基金や表彰制度，庁内連絡制度などを積極的に活用する．

3 景観法の仕組みと特徴点

景観法は都市・農村の区分を越えて景観計画区域を設けるようにしている（図8・3）．

景観計画の区域

計画の基本理念：良好な景観は現在および将来の国民

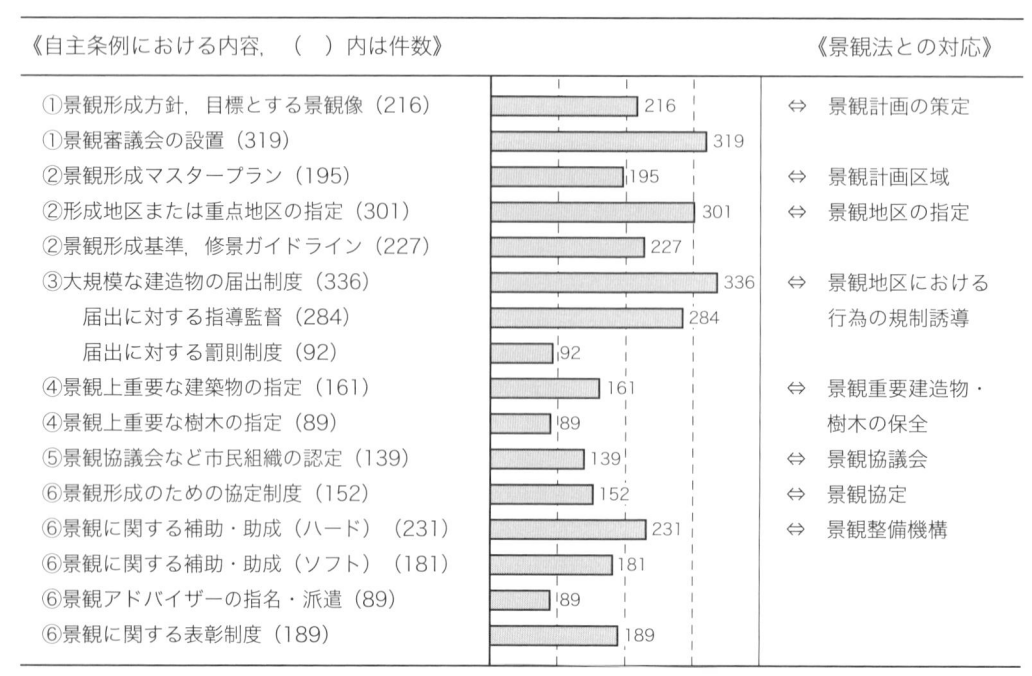

《自主条例における内容，（ ）内は件数》	件数	《景観法との対応》
①景観形成方針，目標とする景観像（216）	216	⇔ 景観計画の策定
①景観審議会の設置（319）	319	
②景観形成マスタープラン（195）	195	⇔ 景観計画区域
②形成地区または重点地区の指定（301）	301	⇔ 景観地区の指定
②景観形成基準，修景ガイドライン（227）	227	
③大規模な建造物の届出制度（336）	336	⇔ 景観地区における行為の規制誘導
届出に対する指導監督（284）	284	
届出に対する罰則制度（92）	92	
④景観上重要な建築物の指定（161）	161	⇔ 景観重要建造物・樹木の保全
④景観上重要な樹木の指定（89）	89	
⑤景観協議会など市民組織の認定（139）	139	⇔ 景観協議会
⑥景観形成のための協定制度（152）	152	⇔ 景観協定
⑥景観に関する補助・助成（ハード）（231）	231	⇔ 景観整備機構
⑥景観に関する補助・助成（ソフト）（181）	181	
⑥景観アドバイザーの指名・派遣（89）	89	
⑥景観に関する表彰制度（189）	189	

図8・2 市町村における景観条例と景観法との対応（出典：国土交通省「地方公共団体へのアンケート調査」2004年3月より作成）

がその恩沢を享受できる共通の資産／地域の自然，歴史，文化と生活・経済活動および土地利用と調和して形成されると認識／地域固有の特性と住民意向をふまえて地域の個性と特性を伸張させることに寄与／地域の活性化，観光，交流の促進にも寄与するよう，地方公共団体，事業者および住民が責務を担って一体的に取組む／現にある良好な景観を保全するとともに新たに創出／景観行政団体として，市町村が主体となる．

景観計画の区域：主体となるのは景観行政団体（基本的に市町村，自治体の自発性）／自主条例と補完整合させて運用／景観計画の区域は，都市計画区域に限ることなく都市計画区域外・農村地域も対象化／「良好な景観」の形成方針は市町村の創意に依拠／行為（屋外広告物を含む）の制限・保存物件の指定の方針を明示／重要な公共施設・農業地域の整備に関する方針（これまでは公共的事業であることから対象になっていなかった）などを明示.

景観地区

景観地区の定義：より積極的に形成と誘導を図りたい対象を「景観地区」と指定／これまでの都市計画法の美観地区はこちらに移行／単なる届出，指導，誘導でなく都市計画法，建築基準法への適合義務と是正命令，違反に対する罰則が成立など許可権限の強化.

景観協議会による調整

景観行政団体（市町村，景観の広がりによっては複数も）と公共施設管理者（道路，港湾等，関連の公的団体や事業者，地域住民が参加する協議会を組織／ただし合意事項については参画主体に尊重義務.

景観協定の支援システム

身近なまちづくりについて，ソフトまで含めた住民間協定／建築協定，緑化協定と並行適用可.

以上のように，今回の景観法は，自治体の条例の趨勢

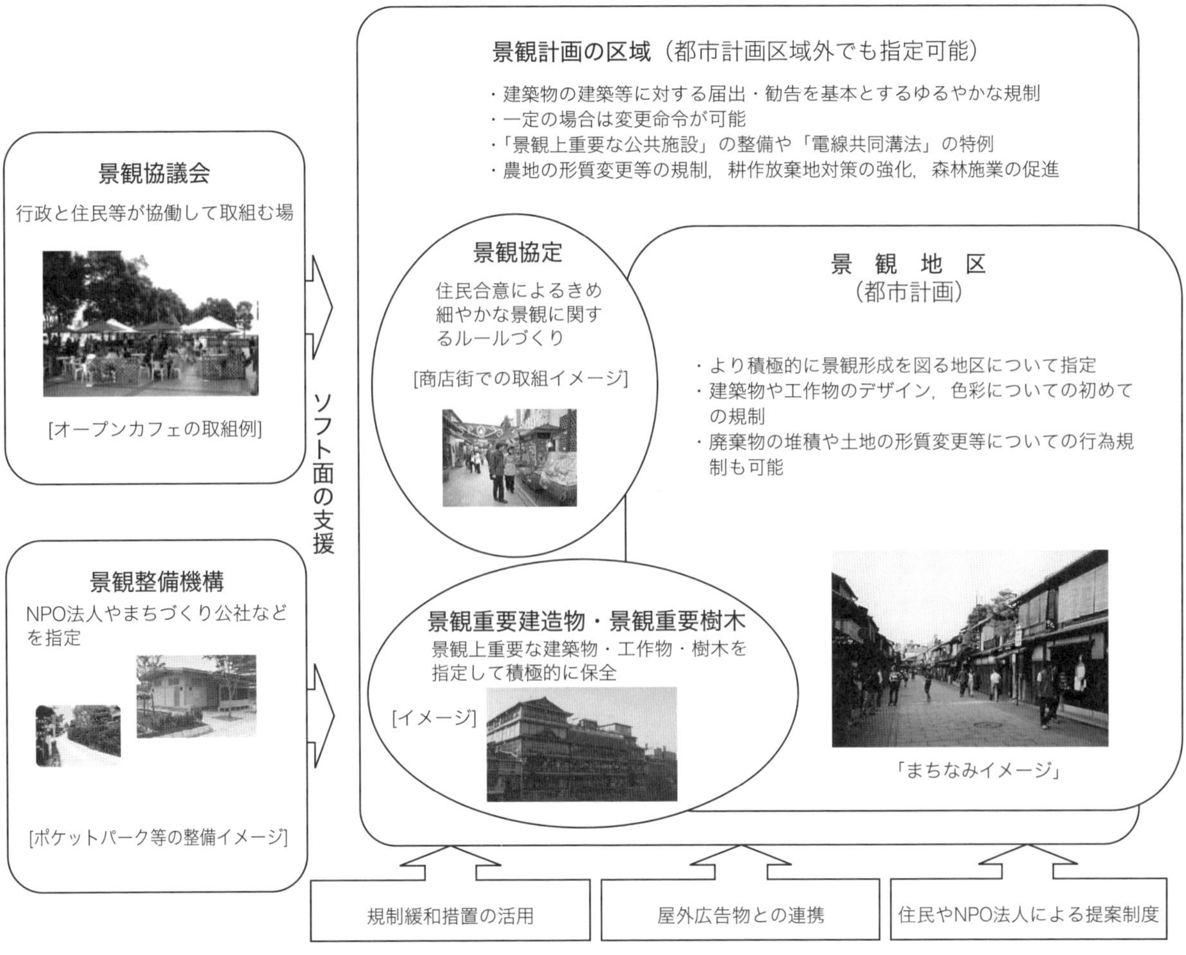

図8・3 景観法の仕組み（出典：国土交通省，2004年（http://www.mlit.go.jp/crd/city/plan/townscape/keikan/pdf/sanpou-shiryou.pdf）より）

を反映させて，基本ルールとして整理し，権限も強めた汎用性の高いツールであると評価できる．

「良好な景観」といっても，その具体的な目標イメージを描くのはそれぞれの地域である．実現性の検討を含めて，自治体の土地利用基本計画，緑のマスタープラン，都市マスタープランなどとの，また自然公園法や農業振興法，文化財保護法などの地域指定とも整合を図るという高次な能力が求められるものである．

8・3 地域景観の空間構成を理解する

1 視野空間のひろがり

名所を描いた絵はがきの構図では特定の視点と視野が選ばれている．しかし都市空間のなかでは，視点は移動し，それにともなって視野も連続的に変化する．道路に沿って動き，高台から眺望し，船上からも遠望する．

景観＝眺めというときに，焦点をどこにあつめて眺めるのか．遠近法以降の絵画にみるように視野のなかには，近景，中景および遠景がある．近景をみれば中・遠景は背景になる．遠景をみれば焦点がないパノラマになる．景観を眺める焦点は一定ではない．結局，景観はより広がりのなかの立体空間としてとらえられる必要が生じる．そこで，西山夘三*は，大景観・中景観・小景観という3段階の空間スケールで調査するのがわかりやすいと提案している．同じような区分として，「地域景観（landscape）」，「都市景観（townscape）」および「通り景観（streetscape）」としている事例もある．ここでは，ひとつの事例研究として，京都の景観について解読をこころみよう（図8・4(A), (B)）．

京都は世界的な歴史的都市であり，かつ第二次世界大戦の被災をまぬがれた．いろいろな文化財や年中行事や由緒でもって意味づけられた場所の景観は京都市民の誇りでもあり，かつ世界の人びともそれを保存してほしいと期待する．同時に，京都はライブな都市であり，現代を創造し続けている．そこで伝統の継承と現代的創造をいかにすすめるか，そのあり方が課題となっている．

大景観

頼山陽（1780～1832）が「山紫水明」と讃えたように，地形から見て，京都は内陸盆地型都市である．京都や小京都（津山，高山，津和野など）といわれる都市の地形は，周囲を山で囲まれた盆地であって，真ん中に清流が流れている．盆地のなかに住むということは，いつもまわりの山並みを眺めて暮らすことである．夏の夜空を焦がす五山の送り火は信仰に基づく盆地景観の壮大なページェントである．ことに東山のふもとは，高台になっていてスタジアム状空間として街中を眺めるに眺望がよく，かつ名勝や文化財が多く分布している．河川は盆地の軸線として連続する眺望を与え，風の流れの廊下ともなる．鴨川の夕涼みはこのような情景を演出している．

中景観

大小の通りの景観や老舗もまじる都心の卸問屋地域，社寺があつまる山麓の文化財地域，大学かいわい地域，西陣や伏見のような伝統産業地域，南部の平坦農村・住宅地並存地域といったそれぞれの生活風景をともなった地域ごとの町並みのまとまりがモザイクになって都市の景観構成を多様にしている．これらのまとまりのある景観ゾーンごとに町並みの伝統的な景観秩序と対峙させつつ，保存や創作の方法が編み出されつつある（追補1→p.101）．

小景観

京都の市内の街路は概して狭く，家屋は通りに直接接しているものが多い．そのことから建築の詳細，たとえば木格子や虫籠窓，玄関のデザイン，小さな庭園，商品の飾り棚や居職といわれる職人の仕事風景，地蔵や大日如来を祀った町内の祠などが眺められる．また，人の暮らしの様子や気配も感じられる通りや町内ごとの小スケールの景観をもっている．また各時代の記憶を伝える史蹟や記念物のかいわい環境もスポット景観として大事な要素である．

ある視点に立つと，これらは近景・中景・遠景として眺められるが，都市景観の場合，視点も視野も連続的に移動するので，それは立体的な視界を構成する．京都では，東山は遠景であり，町並みも庭園もこれを借景としている．町並みが低層建築物で構成されていたときは，市内から小から中，中から大景観を同時に眺められたが，高層建築物で視野が遮られるようになった．重要な眺めの立体角を設けて保護する必要がありそうだ．

2 地域景観のデータベースの作成

景観計画の策定にあたっては，すでに収集している都市計画基礎データに加えて，地理学的な地域景観および風景論的な地域景観などに関する資料をさらに探索して

データベースとする必要がある．収集されたデータは，関係するすべての主体の学習と検討マテリアルとして公開提供されるべきである．

景観を特徴づける要素（景観資源）

地域の景観の成り立ちを構造的に分析してその特性（さしたる特徴のない景観もまた特性である）をとり出す．地域に即して調査内容を独自に工夫する．ここでは，一般例として次に3つの側面別に取出す要素項目を示す．

①**自然的要素**：景観の土台は地形（topography）である．これらは，見晴らし＝眺望，スカイライン，地域のまとまり感，水辺の形態などを規定する．わが国の地域の自然的要素は，自然的ならびに人為的に変容してきているが，できるだけ原景観にさかのぼって資料をあつめておく．

a. 山地，丘陵地，台地，低地，島嶼などの基本地形特性

b. 稜線・斜面・崖・坂，渓谷，水系・湧水，干潟・渚などの微地形特性

②**歴史的要素**：人びとが居住，生産，防衛・防災，信仰などの生活を通じて，土地に刻み付けてきた歴史的な表出の形をマップに記述する．

c. 埋蔵文化財・地上の史蹟

d. 社寺・宮殿・城廓・庭園などの文化財（信仰対象でもあることが多い）

e. 市街地・集落の町並み，建造物遺産*・産業遺産（農林漁業を含む）

f. 河川路，運河，橋梁，水門，ダム，港湾・耕地などの土木遺産

g. 祭り・行事など地域の景観特性を活かしたハレの演出の場所，四季行楽の名所・景勝地

h. 文芸・芸能・美術などを通じて由緒づけられている場所・情景

i. ①と②を合成した地域景観歴史の記述とレイヤーマップの作成

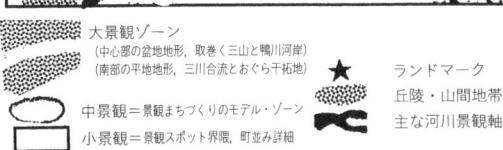

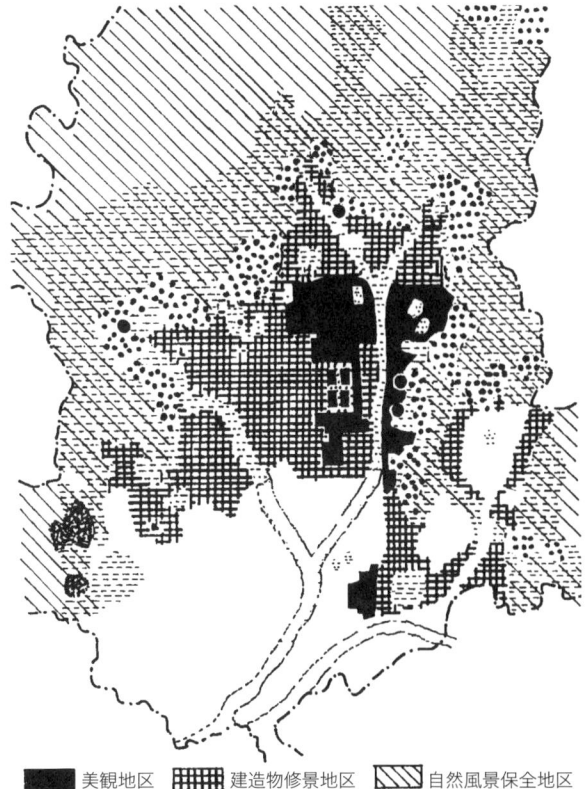

図8・4(A) 大・中・小景観の空間構成（京都市域について，1996年）

図8・4(B) 京都市の景観整備制度・条例に基づく地区指定の状況

盆地を取り巻く三山の緑地の保全，山麓と川畔の風致保全市街地の美観保全の対応が読みとれる．

市町村史では政治・経済・社会・人物史が多く登場するが地理学的景観史の記述は少ない．古地図，地域風景を描いた絵図，古い写真などは有力な景観履歴を立ち上げる貴重な資料になる．調査者がそれらを参考にして現地に立って想起してみる．

③現代の生活文化的要素：近・現代の都市活動が景観として表出しているものを記述する．

j. 住宅地，商業地，工業地，複合地，大学キャンパスなどの地域の界わい特性・町並み
k. シビックセンター，繁華街・商店街・駅ターミナル・市民広場等の賑わいと人の流れ，雰囲気（夕・夜景とも）
l. 交通沿道・沿線の景観，ロードサイドの景観，大規模施設（商業やレジャー施設）の立地と景観状況
m. 超高層タワー，海峡ブリッジ，大型モニュメントなどの現代のランドマークの立地と景観の変容状況
n. ②-i で認識したような過去の地域景観が，調査時点においていかに継承，変容あるいは，消滅しているかの追跡調査（失われた景観＝ lost landscape の記録，その喪失経過と理由，跡地の現況など，欧米では執拗に追跡している例がよく報告されている）
o. 近・現代における自然環境や歴史的環境の保存運動とその結果，景観にかかわる地域づくりの政策や住民運動が求めてきた方向を記録
p. 近・現代における文芸・芸能，美術，映像，観光案内などに見る地域特性の萌芽的表現についても収録

特性の解析

歴史地理学の方法を援用して，文章記述，一覧リストおよびレイヤー＝成層マップを作成する．地誌，絵図，各種地図，文芸や観光案内，タウンウォッチング*の記録なども参照する．3つの側面別に拾いだされた景観要素は，大・中・小景観の範囲をもってマップ上に記載する．また類似の諸都市についての取組みも照会する．これらの資料を見やすいデータにして市民，関係者が共有できるように提供する．

8・4 景観形成計画を策定する

1 目的・テーマ・方針

小都市や集落ではひとつのエリア設定の場合があろうが，都市全体とそれを構成する各地域ごとの2段階設定が好ましい．

基本テーマと行動指針

基本テーマとは，いうなれば「地域づくりの讃歌」であって，美しい景観とそれを育んできた人々を讃え，地域住民と自治体の意思，役割等を表明している例が多い．

まず前提となる景観の定義については「景観は直接視覚に映る水・緑等の自然や，建築物・工作物等を主体として，これらに働きかける人間の営みを含めたものである」（東京都都市景観マスタープラン，1994年），「都市を構成する海，山，川などの自然や道路，公園，建築物などの人工的につくられたものの眺めにとどまらず，さまざまな都市活動や市民生活を反映した都市の雰囲気，文化的香り，歴史性，親しみなど目に見えないものを含む幅広いもの」（名古屋市都市景観基本計画，1987年）と含蓄のある定義がなされている．そして，景観の特性解析にのっとり，テーマを簡潔に表現する．「個性と風格をそなえた美しい「亜熱帯庭園都市のまちづくり」は，市民のみならずこの地域を訪れる人々にとっても共感の

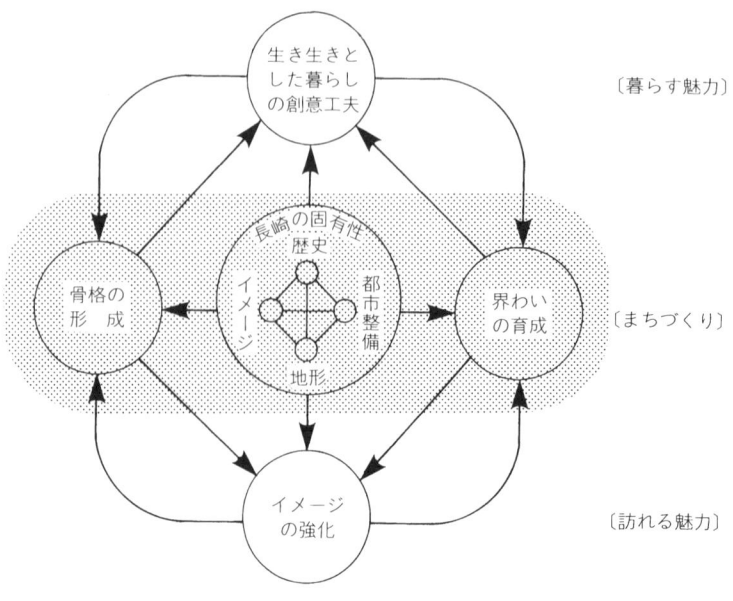

図8・5 都市魅力を強化する取組み（長崎市，1992年）

得られるテーマである．(那覇市，1992年)．「都市魅力の固有性＝重層的な歴史・急峻な地形・独自の都市整備・ユニークな地域イメージを高める」(長崎市，1992年)(図8・5)，「3つの目標＝自然をとりもどす・歴史と文化を伝える・多様な魅力を発展させる」(東京都，1994年)，あるいは「まちの目標像＝生活環境の豊かさを感じるまち・歴史・市民文化の高さを感じるまち・時代に対応した創造性を感じるまち」(金沢市，1988年)などである．

さらに，行動指針としては「①（先人から）受け継いだ歴史と自然を生かし，金沢らしい都市景観を形成する，②地域の個性を生かし，快適で潤いのある，活力と魅力に溢れた都市景観を形成する，③市民一人ひとりが支え，創り出す，市民文化としての都市景観を形成する」(金沢市，同上)などが参考にできよう．

以上を次のようにまとめておく．

① 人びとが景観から風景を発見し思い描いていく可能性を，将来世代も含めてできるだけ豊かにすることが目標となる．
② そのために地域の景観の特性と人々が抱いている風景観を調査して，市民や全国や世界の人々が，そこに期待する景観，また将来世代に継承できる景観づくりの構想をたてる．
③ これを指針として，市民・事業者および行政が，あらゆる場面で，景観の保全，育成および創造を実践できるような制度を整える．

2　景観計画のための空間構成

① 景観ゾーニング：地形の特徴を基本にゾーニングする．たとえば，東京都では，共通的な景観特性やまとまりを強めるために，川の手／都心・副都心／臨海／新山の手／武蔵野／多摩中央／林間／海洋の8景観ゾーンを設定している．堺市では，臨海ゾーンから農業・自然ゾーンまでの6区分を設けている（図8・6 (A), (B)）．

景観計画のポリシー（東京都，1994年）

景観形成の3つの目標
● 自然をとりもどす
● 歴史と文化を伝える
● 多様な魅力を発展させる

↓

景観形成基本方針
● 景観ゾーンの基本方針
● 景観基本軸の基本方針
● 景観拠点の基本方針

→

目標達成のための10の指針
1 大地の構造を重視する
2 川を景観の主軸にする
3 海につながる景観をつくる
4 生態系に配慮する
5 歴史や文化を継承する
6 くらしの中の産業景観を生かす
7 個性豊かな街並みを育てる
8 快適な交通軸をつくる
9 調和のとれた住宅地景観を育てる
10 景観を阻害する要因を取除く

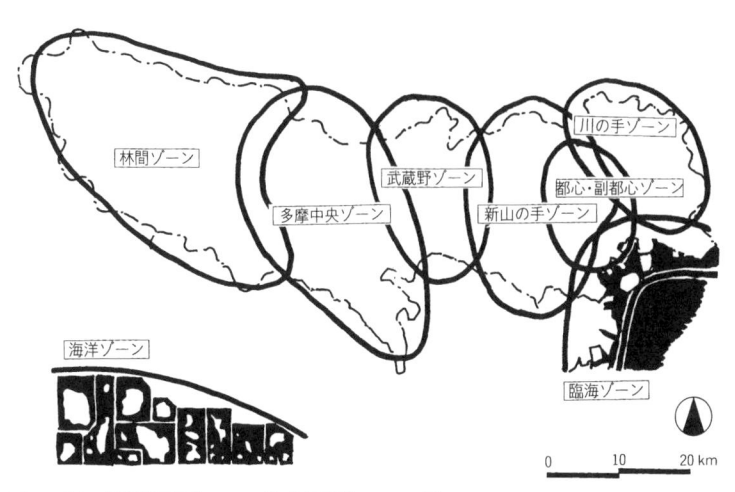

図8・6(A)　景観地域ゾーニング（東京都，1994年）

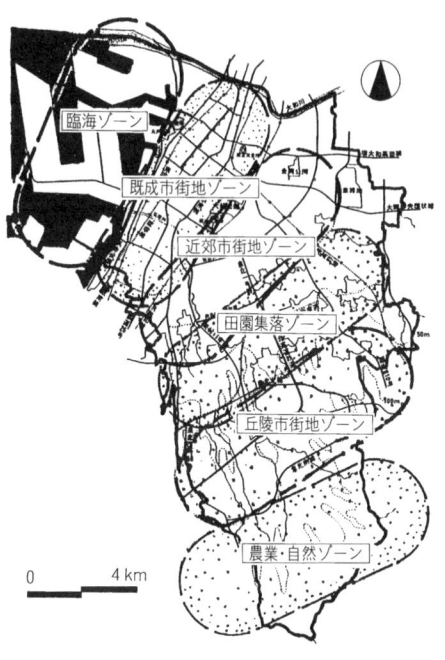

図8・6(B)　景観地域ゾーニング（堺市，1992年）

那覇市では，同一地形を共有している空間ごとにふさわしい景観イメージがあるとして，地形を基盤とし，土地利用，建築形態・用途を加味する景観区を設定している．

② 景観基本軸：河川，崖線，稜線，幹線道路やシンボル性のある道路や軌道などの交通路の軸状の空間は，都市景観の主要な骨組みであり，輪郭を明瞭にし同時に都市の座標軸として都市構造をわかりやすくするものとして景観軸を設定している（前出，東京都）．那覇では景観ゾーンとゾーンとを結ぶ線的要素で，都市景観の骨格となっている河川，道路，旧街道等を景観基本軸として将来像を示している（図 8・7 (A), (B)）．

③ 景観重点スポット：点的存在であるが，歴史的建造物，社寺，公共施設・シンボル地区，商店街，大型工作物，超高層建築地区・都市再開発地区など都市景観に大きな意味をあたえるランドマークとそのかいわいについては特別の工夫が必要になる．

3 都市空間の構成を解読する

現代の都市空間は，複雑かつ不定形に拡散しつつある

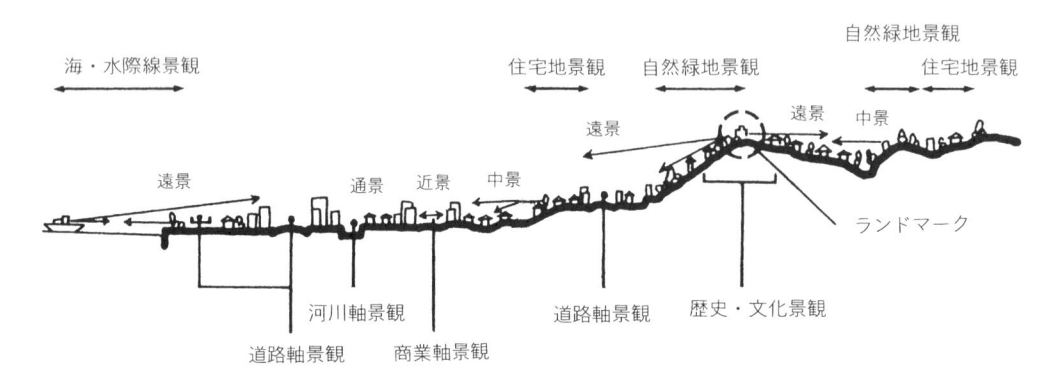

図 8・7 (A)　景観をみるさまざまなヴィスタライン（那覇市，1992 年）

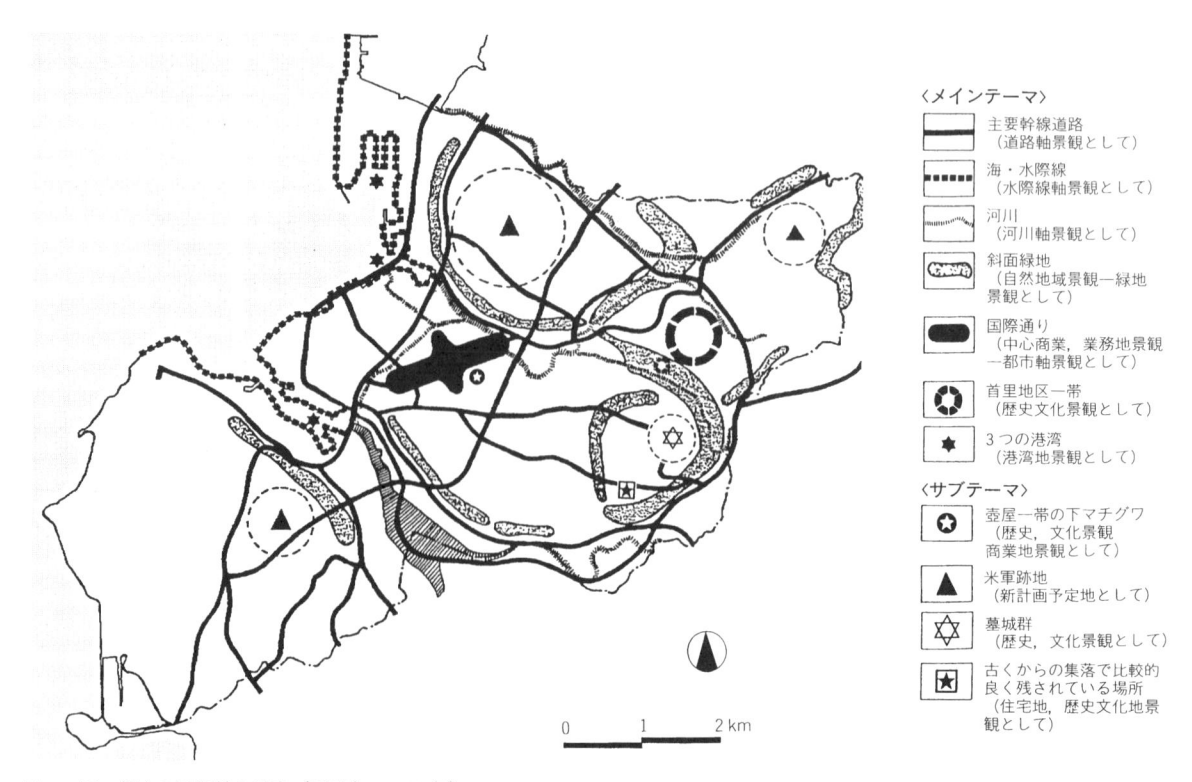

図 8・7 (B)　都市の景観軸の設定（那覇市，1992 年）

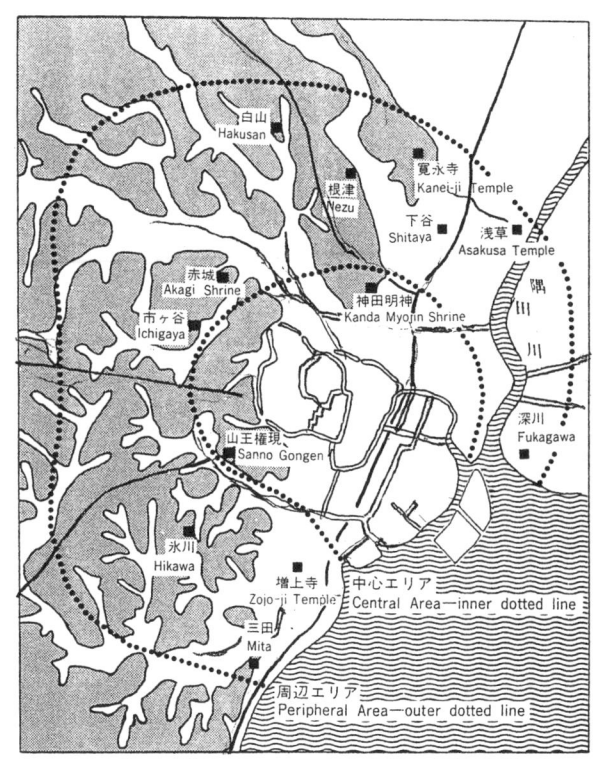

水のまち＝下町と台地のまち＝山の手，入り組む水路・谷間・坂のまち，見晴らしのある神社の立地などに着眼して，江戸から近代東京そして現代まで，古地図，絵図，フィールド調査により分析し，それぞれの地域のもつ場所性＝その場所にこめられた濃い意味を読み取るという，都市の歴史地理学的な理解の方法を示した．

図8・8(A) 江戸の地形をたどって東京の都市景観を解読する (出典：陣内秀信『東京の空間人類学』1985年より．本図は一部合成)

東洋のヴェネツィアといえる東京の水辺における都市形成史のスケッチマップ例（画：薮野健）．

図8・8(B) 隅田川畔のフィールド調査 (出典：陣内秀信編『東京—エスニック伝説』Process Architecture，1987年より)

ので，かつての城下町のように統一された空間秩序を解読することは難しい．頼りになるのは都市圏を構成しているそれぞれに，まとまりのある特性をもった地域ごとに分析し，それらの集合体として全体を把握することである．この点でよく引用されるのは，都市空間の景観的なイメージのしやすさ＝imageability，視覚的な意味判読のしやすさ＝legibirityという見方を，米国における都市サーベイから理論化したケビン・リンチ（1918～1984，『都市のイメージ』(1960年)の著者）である．彼は解読のコードとして，パス(道路)，エッジ(縁)，ノード(集中点)，ディストリクト(まとまりのある地域)ランドマーク(景観における目印)の組合わせで，都市空間・景観の構成を記号で説明できるとした．都市を空間イメージで解読しようとしたパイオニアである．また，わが国では，陣内秀信（1947～．都市形成史）らの研究グループは，東京の浜，運河，河川にいたる水辺空間，平場＝下町から坂・谷間を経て台地＝山の手へと，地形をたどって都市の変遷を探索することで，江戸から東京，現代にいたるそれぞれの地域が保ってきた場所性を解読した．表層的なイメージ把握でなく，景観の深層にいたる歴史地理学的な文脈解読のあり方を示している（『東京の空間人類学』(1985年)，『江戸東京のみかた調べかた』(1988年) など）（図8・8(A)，(B))．

4 景観形成に関する行為のコントロール

地域景観づくりとは視覚性・形態性の強いテーマ領域であるが，あまりに具体的な絵像やフォートモンタージュで表現することはイメージを固定化するおそれがある．実地調査と意見交換を重ねて，地域住民のイメージの多様な広がりと目標イメージへの収束を図るべきだろう．対象地域だけでなく参考にできる内外の地域のイメージデータで，間接的に表現することもできる．

すでに各地の景観・風景に関する条例は「良好な景観」を保存，修景，創作するための指導，誘導そして規制などのコントロール手段を備えている．景観法でもこの経験が活かされよう．こうしたコントロール手段＝行政的手法は，バロック都市計画のように具体的な形態デザインを強要するものではない．2つの作用があって，第一は目標イメージのありようを外回りから暗示的にガイドすること，第二に，目標イメージの実現を「いちじるしく阻害する」行為を規制抑止することである．こうした手法は，放置しておけば景観を変質させ，破壊し，その

価値を失わせるような現状変更行為，地域の秩序を無視する開発行為に対してブレーキを掛け，よりよい共同創作に参加するようにガイドするという無数の困難な取組みから案出されたものである．地域におけるコントロール手段のメニューを検討するにあたっても，景観価値を損じる問題行為を十分に把握してかかる必要がある．

パターン・ランゲージから学ぶ

コントロールの手法としてひとつの手がかりを与えてくれるのは，クリストファー・アレグザンダー（1936～．ウイーン生まれの米国の建築設計・都市デザイン学者）の著作『タイムレス・ウェイ・オブ・ビルディング』（1979年）と『パターン・ランゲージ』（1977年）である．まず，人間的に親しみのもてる建築的空間は，一挙に一時期に建造されるものでなく，時間を限定しない流れのなかで過去の成果と対話しながら修景的でかつ創作する，その過程の積み上げで地域環境は形成されるとする．次いで，その場合の空間構成については，人間環境心理学的なアプローチでもって，生活空間デザインの「形態・空間構成の語彙と文法」をユニークに提起している．注目されるのは構成要素間の結合に，いわば前置詞・節や接続詞・節に相当するような空間言語を用いて調和ある文章を作成しようという提案である．

この発想を，現実の都市景観問題に当てはめてみよう．

形態の断絶と連節

たとえば低層で小スケールの歴史的な建造物文化財環境に隣接してスケールアウトな大規模な施設を建てる．中間には緩衝部分がない．城下町都市のシンボルである城郭に近接させて高層の「カッスル・ビュー・ホテル」を建設する．市内河川の広い水辺パノラマをさえぎるように高層長大な「リバーサイド・マンション」を建設する．歴史的町並みや寺院とその境内地，庭園の背後に高層建築物でもって中景・遠景を遮るなど，これらには中間に高さや形態を規制する緩衝ベルトを配する必要がある（図8・9(A)，(B)，追補2→p.101）．アレグザンダーは，崖ではない階段状カスケードとして高さをゆるやかに変化させる空間言語を示している．

もっと小さなスケールでは，街路と敷地と建築物の関係，境界線いっぱい建築壁面を立ち上げると，公的領域と私的領域の間に余裕がなく圧迫感が強まる．セミパブリック・セミプライベートの中間領域，たとえば建築線の後退の重要さも説明できる（図8・10）．

要素間の質的な断絶

たとえば，歴史的な町並み様式を維持している街区内に，その形態，材質，色彩をまったく異にした商業建築物が1棟でも出現すると通りの雰囲気が一変する．そこ

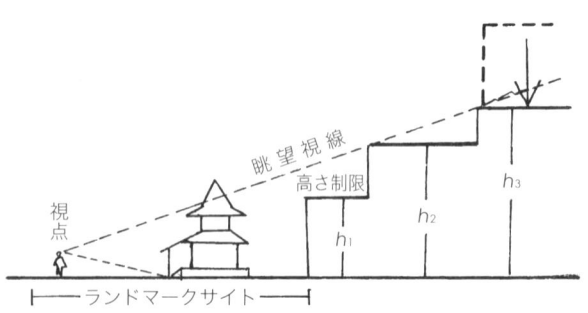

図8・9(A) セント・ポール大聖堂と高層建築物（出典：*Save the City—A Conservation Study of the City of London*, Civic Trust, 1976年より）
都市を象徴するランドマークを重要なヴィスタポイントから眺められるように，ロンドンでは角度と高さの規制を行うようになった（2002年）．

ランドマークの背景を保護するカスケード状の高さ規制

図8・9(B) 宇治平等院鳳凰堂の背後に建設されたマンション
カスケード状の高さ規制が求められる．

で問われるのは，町並みを構成する空間秩序の文脈への対応である．伝統的建造物群保存地区では，歴史的な様式を保存継承するという文脈方針があり，その様式が形成されてきた表現技法が明示されている．普通の市街地では，ある特性が育っている町並みであっても，それに無知であったり，自らの都合でわざと無視することになりがちである．空間構成の文脈を全否定するか，継承的な創作とするか，そうした景観文脈のガイドラインがあれば，歴史的な時間のつながりを考えることができる．

都市空間のまとまり単位と連節の関係

現代都市空間は，あたかもロードサイドタウンのように切れ目なくスプロールしていて空間として理解ができなくなっている．先述のようにケビン・リンチは，解読の手がかりとして，あるまとまった特性をもった地域（ディストリクト）とその縁（エッジ）による読み方を示したが，都市景観デザインの重要なヒントがこの縁空間に潜在している．アレクサンダーの空間言語の文法を適用しても，地域と地域との境界の縁こそ都市景観デザインの重要な接線空間であることが理解できる．たとえば，広い通過幹線道路の両側，鉄道線路の両側＝よく駅表と駅裏と区分される，商業地が住居地と変化する中間ゾーン，ランドマーク文化財と隣接環境，市街地とオープンスペースの境界，市街地と河川敷や海浜や港湾の関係，平坦部分から丘陵台地・山麓への取り掛かりの斜面緑地ベルト，などである．こうした空間の特性が変化する縁をディスクリクト縁辺と見るのではなくて，2つの領域を関係づける中間領域として注意深くデザインすることが重要となる．これらのゾーンは，多くの場合，公共が管理し，公共が営造する施設であることが多い．景観法では，公共事業・公共施設の景観形成への役割も重視している．

平面方向だけでなく，垂直方向でも都市空間は天空とどう付きあうかという課題があり，中間領域にスカイラインがある．伝統的な市街地では，神とつながる宗教施設の尖塔や市民のシンボル塔がスカイラインの頂点となって天空と対話してきた．現代都市では個々の投資家がスカイスクレーパー＝摩天楼（天空を削るの意味）を林立させる．ふつうの市街地では，勾配屋根がフラットルーフとなり，屋上はエレベータータワー，空調機器，屋上広告物など雑多な物置き場と化してスカイラインを乱雑にしている．屋根・屋上は都市と天空との重要な中間領域として景観計画に組み入れることが望まれる．

真鶴町の「美の条例」

景観の美しさの判断は，客観・公平を前提とする行政にはなじみにくいとされてきたが，地域住民と行政が，実地に調査と提案，実践とフィードバックを行いつつ，合意できる内容を充実させていく，こうした方式の「美の条例」を制定したのが神奈川県真鶴町である．ここでは，高さ，形態，色彩などの一般的なコントロール手段とともに，その土地の場所性，周りの町並み環境へのなじみや貢献を評価するというアレクサンダーの理論が取り入れられている（五十嵐敬喜他『美の条例―いきづく町をつくる』学芸出版社，1996年）．こうした景観構成のデザイン原理に学びつつ，地域景観の特性や動向を景観形成の文脈として読み解くこと，そのうえで，協議調整できる手法を発展させることが求められる．

この点で，景観法では，良好な地域景観は社会文化的資産とみて，その維持発展のための権限を確立することを可能にしたものといえる．

5 アーバンデザイン

デザインとは創作意図を形態として表現することである．アーバンデザインは，景観形成計画の目標像を実現する具体的なアクションである．ある具体的な地域・地区，たとえば商店街，メインストリート，住宅地区，ランドマーク環境などでの修景や特性を演出する場合が多い（図8・11）．さらに新規の団地開発や商業コンプレックス，テーマパーク開発でも行われる．地域・地区の景観は時間のなかで成熟していくものだが，アーバンデザインはそうした過程を理解した上で，中期的な視点から

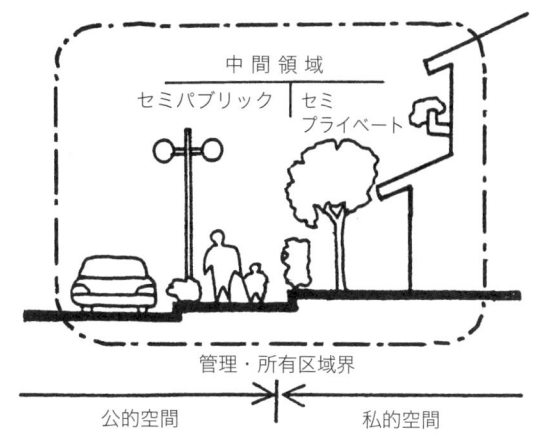

図8・10 景観における公・私の中間領域

の都市空間の演出を行うものである．形態的なものだけでなく，住人，働く人，通行人などの生活風景の舞台装置と考えられる．

デザイン手法は多様であるが要点だけ整理してみると，
① 戸外を街路，建築物，ストリートファニチャー*，天空で構成されるエクステリア空間と発想する．街路は通過交通路でなく歩行者優先のフロアーである．建築物はエクステリア空間を惹き立てるルームと構成する．天空，アーケードなどの天井，屋根などが刻むスカイライン，照明なども基本要素となる．
② 視覚的コミュニケーション，要素相互間に人間的な視覚関係を導入する．パターンランゲージが示唆しているように，建築物と街路の間の圧迫感をやわらげる中間スペース（壁面後退）という接続詞を配する．無造作な壁やブロック塀などとちがって，工夫された窓，玄関，植栽・草花，商店は街路に対して表情を与える．ローカルな寺社，祠，樹木，碑といった小さな聖域を大切にする．さらに，場所によっては，祭りやイベント，市民のプレゼンテーションのためのオープン劇場やギャラリーにも活用されるように設営することも考えられる．
③ 地域・地区景観の雰囲気をいちじるしく阻害する要素はできるだけ排除する．場違いな（場所性のコンテクストを無視する）大きさと色彩の広告物や工作物，天空をさえぎる電柱・電線も問題である．これらの視覚的雑音を排除した場合の二次効果は，その背後にあった建築物のファサードや屋上の雑物がむき出しになり，改善の動機をつくることである．
④ 街路や河川や公園・広場，都市施設などの公共事業では，地域の景観への影響の大きさと景観デザインの先導的役割を自覚することが大切である．多くの自治体で，都市計画ごとに景観計画担当が，景観のマスター

■河川の景観づくり－安里川（泊高橋付近）現況

・両側の道路を一方通行とし，歩道を創出，緑化する．
・部分的には川床近くまで歩道を寄せて親水性を図る．
・親しみのある橋のデザイン化を図る．

■修景後－河川の親水性を高め川岸を緑化

■公共建物周辺の景観づくり－久茂地小学校現況

・ブロックべいを撤去，石垣をつくり，イタビカズラ，ブーゲンビリアなどで覆う．
・入口付近を広くとり，道路側の広場（スポット）としてとり込む．
・沿道を緑化する．

■修景後－へいを親しみのある素材にかえ緑化

■街区道路の景観づくり－壺川付近現況

・ブロックべいの緑化，生垣石垣の奨励．
・車の一方通行化による歩道の確保．
・親しみやすい舗装材と歩道緑化．
・高木で緑陰をつくり，かん木花木などで表情をつくる．

■修景後－歩行者優先による歩道確保と緑の潤いを創出

図 8・11　修景イメージデザインの例（那覇市，1992 年）

プランとデザイン指針を提起し，建設・開発などそれぞれの関連事業部局は，外部の専門家を交えながら景観デザイン会議などを開催するなど，公共施設デザインの質の向上を図っていることに期待できる．
⑤しかし，地域景観一般の場合，いくつもの時代を重ねて歴史的に形成されており，さまざまな意図をもった多数の主体の自主的な営みを包含するので，景観計画を策定してデザインイメージやデザインコード（基準）を示して各事業主体に働きかけ誘導するという間接的な方式をとる．特に中景観レベルにおいては，公的・私的両空間の中間にある建築物の外観，前庭，塀・擁壁，樹木や広告物，歩道など境界領域の修景デザインを大切にする必要がある．

追補1
市街地景観の整備のための景観地区類型区分（京都市）

2004年の景観法に合わせて京都市では2007年に「新景観政策」を策定した．この中で地区の特性を踏まえた12の基本類型を設定し，実践をつうじて建築デザイン基準等に反映させていくことを方針としている．

追補2
眺望景観や借景の保存・創出（京都市）

2007年の京都市「新景観政策」では，新たに眺めや借景について8つの類型を設定して「眺望景観保全地帯」を指定し，標高規制ラインをともなう眺望空間保全区域をはじめ，それぞれに建物高さ，形態，意匠，色彩，屋根等について規制の内容を定める近景デザイン保全区域，遠景デザイン保全地域を設けている．

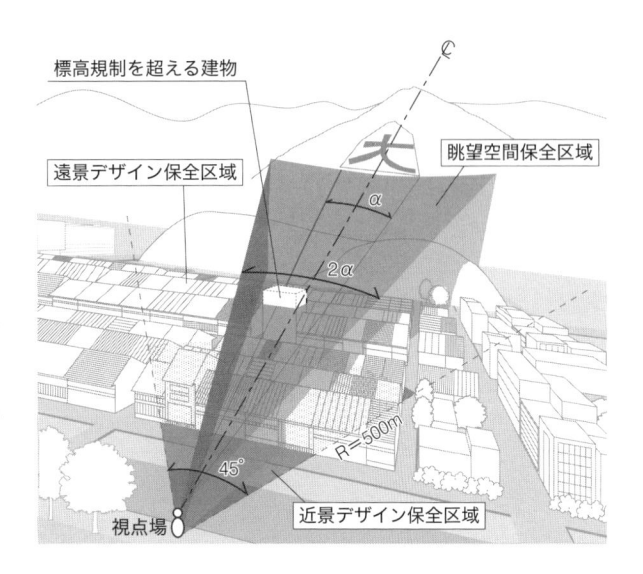

〈美観地区〉－良好な景観の保全・再生・創出－

①山ろく型	山すそ緑豊かな自然と調和する低層の町並み
②山並み背景型	背景の山並みの緑と調和する屋根形状に配慮した町並み
③岸辺型	水辺の空間と調和した町並みによる趣のある岸辺景観
④旧市街地型	歴史的市街地内において生活の中から生み出された趣のある町並み
⑤歴史遺産型	世界遺産や伝統的建物による趣のある町並み
⑥沿道型	趣のある沿道ならびに中高層建物群による構成美をもつ町並み

〈美観形成地区〉－新たに良好な市街地景観の創出－

⑦市街地型	既存市街地で良好な町並み景観の創出をはかる地区
⑧沿道型	良好な沿道の景観の創出をはかる地区

〈建造物修景地区〉－景観・風致地区以外の市街地景観の形成と向上－

⑨山ろく型建物修景	山すそ自然に調和する町並み形成
⑩山並み背景型修景	背景の緑と調和する市街地景観形成
⑪岸辺型修景	水辺の空間と調和する岸辺景観形成
⑫町並み型修景	地域特性を生かす町並み景観の形成

〈眺望景観保全区域〉

①境内の眺め	社寺境内とその背景にある自然空間等とが一体となっている景観
②通りの眺め	幹線街路や歴史的町並みで，通りの先にある山地や歴史的建物等が一体となっている景観
③水辺の眺め	河川や水路の風情ある水辺空間と周囲の建物等が一体となっている景観
④庭園からの眺め	遠くの山々を借景として取り入れた庭園と背景の自然とが一体となった景観
⑤山並みの眺め	鴨川や桂川の河川敷から三方の山並みを眺められるなど河川と山並みと市街地が一体となった景観
⑥「しるし」への眺め	五山送り火や象徴的な建造物等のランドマークを一定視点場から眺める，市街地も一体となった景観
⑦見晴らしの眺め	河川に架かる橋梁や河川沿いの道等から眺める遠くの山並みと市街地が一体となった景観
⑧見下ろしの眺め	三方の山々から町並みを見下ろす盆地系としての市街地の町並み・屋並みの景観

（出典：京都市都市景観部景観政策課『京都の景観』2009年より）

IV 市街地の整備と居住地設計

9 コミュニティと居住地計画

9・1 現代のコミュニティ

あるまとまりのある地域に居住し,その地域社会の構成員となって環境の管理や子育て・教育,福祉の増進などで協同し,日常の人間関係を築いている連帯組織を居住地コミュニティという.もともと,コミュニティ (community) とは,社会学の概念として定義されたもので,相互扶助で自立性が高いかつての農村集落のような生活共同体をモデルとしていた.その純粋型のひとつは,19世後半に R. オーエンが提案した自立性の高い生活共同体 (commune) としての理想村などにもみることができる(「3章　近代以降の都市づくり」参照).しかし,社会のさらなる近代化とともに,人々は,伝統的なコミュニティの範囲を越えて,広域的・全国的に組織される多様な職場で働くようになり,また数多くの機関や組織のメンバーとなった.教育,交友,消費,娯楽,医療などの活動範囲はコミュニティから都市圏全体へと広がった.

職場の立地にあわせて労働力が移り住んだ.社会的分業が進み,地域の環境を管理したり,次世代を教育したり,福祉を維持する仕事も住民の協同作業から次第に自治体行政サービスおよびさまざまな社会的サービスに頼れるようになった.とくに都市地域では,人々は自らの居住地コミュニティを支える義務から解放されて,個々人が選択する職業に専念して生産性を上げられるようになったのである.全体として伝統的なコミュニティの機能は退化し,いまや人々は,企業家やサラリーマンとなり,かつ社会的サービスの消費者となることで地縁的な束縛から自由になることも可能かと思われた.しかし,都市はホテルではなく,住民は自らの生活運営システムを他人まかせにはできない.

都市化が進行するにつれて,かえって現代的な意味での居住地コミュニティを創出しようとする新しい機運がいろんな局面で高まってきている.それらをわが国の場合についてみよう.

① 1960年代に大量建設された郊外住宅団地では,保育所・集会所・子供の遊び場などの設置,バスサービスの向上など,来住した住民が団結して団地生活条件の確保を自治体に求めて実現してきた.

② 1970年に入ると,既成市街地内では,工場公害や道路公害,幼児や高齢者の交通事故,高層ビルの乱立による日照権侵害の多発などに対して,住民は生活環境を守る運動を組織して成果を挙げてきた.これらは,日照権など環境に関する自治体の多様な条例や開発指導要綱などのまちづくり行政にも反映されてきた.

③ 地域に立地基盤のある商店街や地場産業地域などでは,魅力ある商店街づくり＝コミュニティマート整備事業や地場産業振興事業等の産地づくりに自治体行政の支援を得つつ積極的に取組んできた.

④ 1980年代に入ると,地域環境のアメニティを高め,個性ある文化を見直そうという活動が高まってきた.地域の歴史や自然への関心を深め,学習やタウンウォッチングによって魅力を発見し,町並みの保全や創造,

自然保護，祭礼など年中行事，まちづくりイベント・フェスティバルなどのコミュニティ活動が楽しまれるようになった．

⑤ 1990年代以降はまた，本格的な高齢化社会・長寿時代に入り，ノーマライゼーションの実現に向け，制度化された介護サービスに加えて，日常生活の場における触合いやボランティア活動など，地域福祉へのニーズが高まってきた．また災害時の救助や支援における助け合いの必要性，さらに2000年代には子どもや高齢者を狙った犯罪が多発の傾向にあって，日常生活の場における防犯環境づくり*のためのコミュニケーションやケアのネットワークの大切さが，あらためて認識されている（表9・1，図9・1）．

このように，現代人は，実に多くの集団・組織に属し，広域ネットワークにつながる一方で，日常生活の場である居住地づくりにも参加して，自己の役割を確認しつつ共に楽しむという機会を創出させつつある．それは，生活共同体における義務というより居住地づくりへの自発的参画と協働という新しい地域コミュニティの姿である．

なお，コミュニティの構成員は，居住世帯だけとは限らない．伝統的な地場産業地域や商店街などでは，職場機能は居住機能とほとんど一体であった．さらに現代で

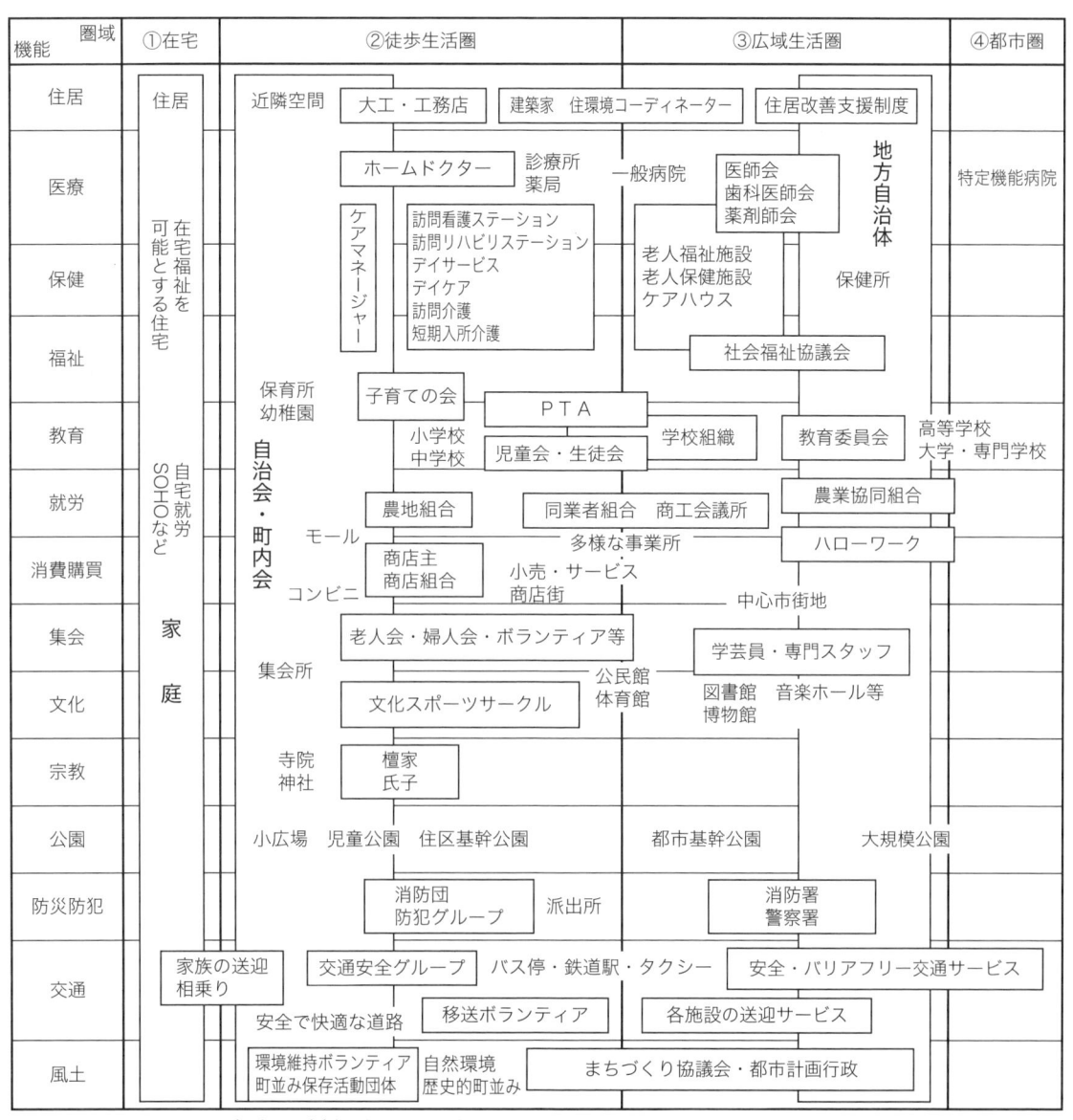

機能＼圏域	①在宅	②徒歩生活圏	③広域生活圏	④都市圏
住居	住居／在宅福祉を可能とする住宅	近隣空間／大工・工務店	建築家 住環境コーディネーター	住居改善支援制度／地方自治体
医療		ホームドクター／診療所 薬局	一般病院／医師会 歯科医師会 薬剤師会	特定機能病院
保健		ケアマネージャー／訪問看護ステーション 訪問リハビリステーション デイサービス デイケア 訪問介護 短期入所介護	老人福祉施設 老人保健施設 ケアハウス／保健所	
福祉			社会福祉協議会	
教育		保育所 幼稚園／子育ての会／小学校 中学校 児童会・生徒会／PTA	学校組織／教育委員会	高等学校 大学・専門学校
就労	自宅就労 SOHOなど	農地組合／自治会・町内会／モール	同業者組合 商工会議所／多様な事業所	農業協同組合／ハローワーク
消費購買		コンビニ／商店主 商店組合	小売・サービス 商店街	中心市街地
集会	家庭	集会所／老人会・婦人会・ボランティア等	学芸員・専門スタッフ／公民館 体育館	
文化		文化スポーツサークル	図書館 音楽ホール等 博物館	
宗教		寺院 神社／檀家 氏子		
公園		小広場 児童公園 住区基幹公園	都市基幹公園	大規模公園
防災防犯		消防団 防犯グループ／派出所	消防署 警察署	
交通	家族の送迎 相乗り	交通安全グループ／バス停・鉄道駅・タクシー／安全で快適な道路／移送ボランティア	各施設の送迎サービス	安全・バリアフリー交通サービス
風土		環境維持ボランティア 町並み保存活動団体／自然環境 歴史的町並み	まちづくり協議会・都市計画行政	

図9・1　地域福祉力をささえる生活圏と支援のネットワーク（出典：三村浩史，馬場昌子，津波洋「小都市・農村における地域福祉力の形成」日本学術振興会科学研究費助成研究報告書，2000年より）

はオフィス，大学やデパートなどの大規模事業所も，地域社会との関係を重視して，準構成員として参加協力し，就業者もその立地する地域のまちづくり活動に参加する事例が多くなっている．これは，事業所の社会的評価においても，地域社会への寄与と住民との交流が大切な要素になってきているためである．

9・2 居住地の変動と持続

1 Living Cities

『人が居住する都市』（オランダの都市計画家グループの著作，1970年）は逆説的ないい方であるが，現代の都市の多くは居住に適さなくなり，人口を郊外に放出し続けていることの問題を突いている．

大都市の場合，交通サービスの発達した中心地区には金融・保険，商社などの業務中枢機能が集積する．そのことで地価が高騰し，住空間は不動産市場での競争に耐えられなくなる．土地の評価額も上昇して一般の居住世帯では相続税が払えない．さらにビル化と自動車交通で居住環境が悪化して，人口が都市の外部へ押し出される．新規の住宅ほど外側の郊外地帯で開発供給され，長距離・長時間の通勤現象が発生する．都心のオフィス街は，夜間や休日にはゴーストタウンとなり，郊外の住宅街はベッドタウン（dormitory town）となり，両方とも「人が居住できない都市」になってきた．

わが国の都市の多くでも，中心地区の人口が減少するドーナツ化現象あるいは空洞化現象が進行している．モータリゼーションは，住居だけでなく商業機能や業務機能の郊外地帯や田園地帯への立地をさらに進めている．また，都市内に多く立地してきた同業者町や商店街などの中小企業と自営層世帯が，産業構造の変化の下で転廃業や移転することが多くなり，中心地区の空洞化にさらに拍車をかけている．

2 インナーシティ空洞化の問題点

都心の業務商業専用地域と郊外の住宅専用地域，これらが高速交通手段で結ばれるという，「3章 近代以降の都市づくり」で述べた機能主義都市計画家が描いた提案

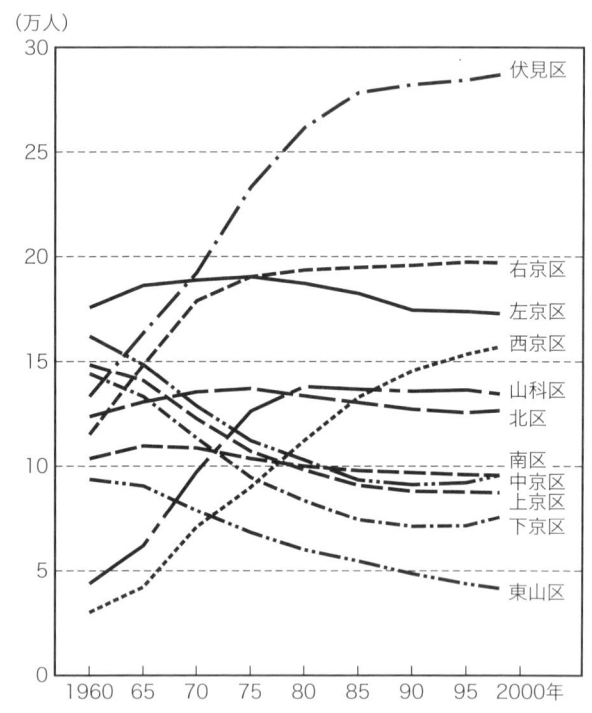

図9・2(A) 都心区の人口減少と周辺区分散（京都市）（出典：京都市推計人口データより）

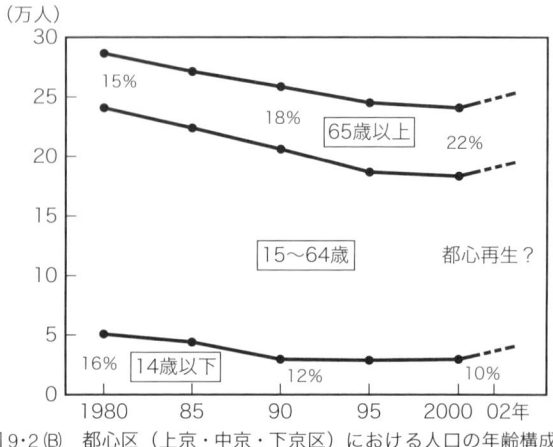

図9・2(B) 都心区（上京・中京・下京区）における人口の年齢構成の変化（京都市）（出典：京都市資料による）

表9・1 居住地コミュニティのはたらき例

防犯・防火	防犯活動，青少年不良化防止，暴力追放 福祉マップづくり，防火・防災訓練
交通安全	交通安全点検，シルバー交通教室
児童福祉	子供会活動，学童保育，PTA
高齢者福祉	ひとりくらし会食，配食，福祉の集い
文化体育	地域の歴史ウォッチング，セミナー 学区体育会，文化フェスティバル
保健・衛生	健康教室，ゴミ対策，公害発生源対策 生活道路・側溝の掃除，河川公園の清掃
交流・交換	バザー，リサイクル市，共同購入
まちづくり	緑化，集会所，あそび場，建築協定
総務	町内会自治会の運営，専門部会，小集会 会誌発行，連絡総務，ボランティアの会
伝統行事	氏子檀家の集まり，祭事，クリスマス等

（1990年：筆者作成）

がまさに実現したわけだが，一方で次のような問題点が生じている．

都市活力の減退

都会的なにぎわいや雑多さは，人々が居住していることから生まれる．また，居住人口が消費する物財やサービスに対する支出は，市内の商店街やローカルショップを存在させ活気づける．このような活力の減退は，自治体にとっても税収に影響する．

コミュニティの過疎化

一般居住者世帯および中小事業所とその自営層世帯たちによって培われてきた地域社会＝コミュニティの活動が，若年人口の流出，残存人口の高齢化によって担い手不足になっている（図9・2(A), (B)）．児童，生徒の減少は小・中学校の活気を失わせる．日常のささえ，緊急時の救援，祭りなど年中行事の運営が困難になるなど，山村コミュニティの過疎化と並んでインナーシティの過疎化が進行している．

生活施設ストックの遊休化

小・中学校を中心とするコミュニティ生活施設が，人口減少により，廃校統合や閉鎖に追い込まれている．また，1980年代のバブル経済期の不動産投機とその破綻は，地上げされたまま放置されている多くの遊休地を残している．インナーシティへの人口の回復策は，これら遊休施設・遊休土地の再利用と都市の活性化につながるものである．

郊外のベッドタウン化

一方，郊外では人口増にともなう生活施設の不足と膨大な新規投資が行われてきた．通勤の時間的距離はきわめて長くなり，毎日往復で3時間を超えることも異常ではなくなっている．生活時間・エネルギー・交通費の消耗があり，かつ共働きの世帯では子育てができないか，主婦が就業できない状態が生じている．

職住共存の居住コミュニティを回復するには，郊外地域にも職場を配置するとともに，一方では，インナーシティの居住条件を再整備して快適な住宅を供給することが有効である（図9・3）．これまでは産業集積と不動産投機によって市民の居住要求が蹂躙される都市政策の時代が続いてきた．しかし近年，このようなインナーシティの空洞化の深刻な体験を通じて，都市における居住人口の維持と回復のための政策の大切さが次第に理解されるようになった．

1980年代の後半から，インナーシティを含めて，多様

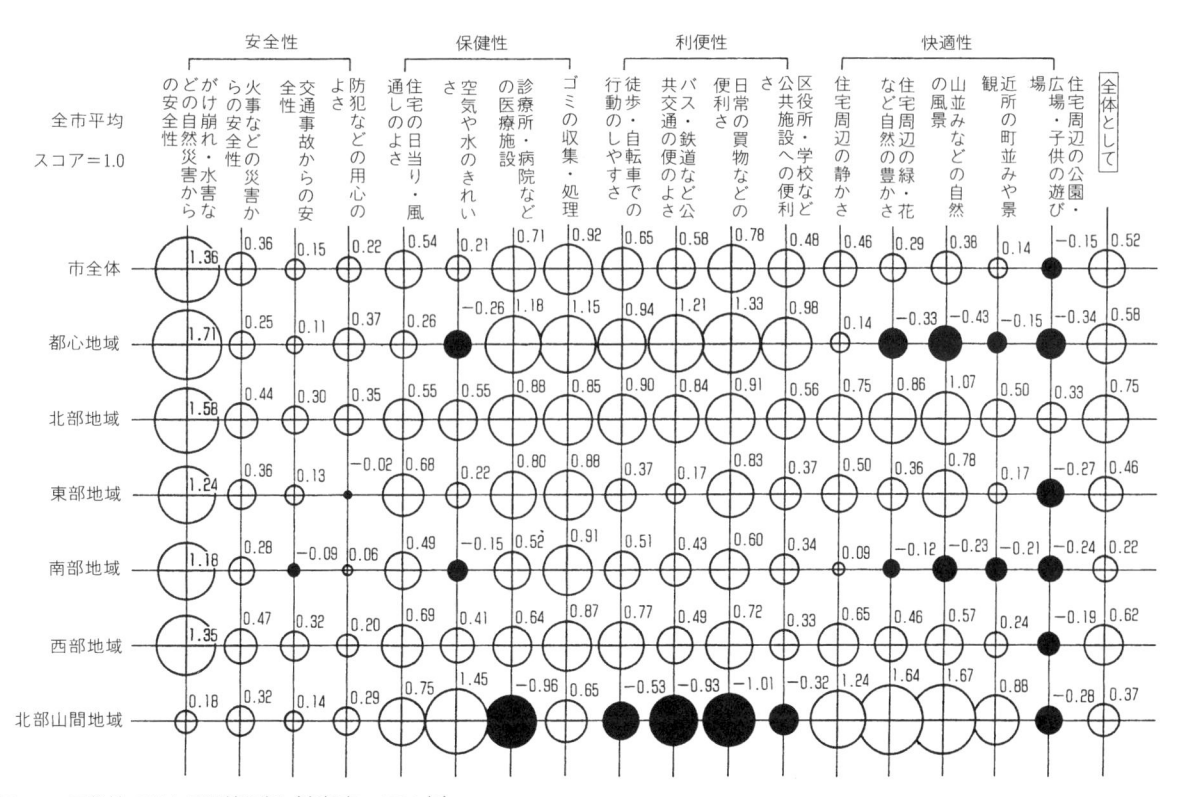

全市平均 スコア=1.0	安全性			保健性				利便性				快適性				全体として
	のどがけ崩れ・水害などの自然災害からの安全性	火事の災害からの安全性	交通事故からの安全性	防犯などの用心のよさ	住宅の日当り・風通しのよさ	空気や水のきれいさ	診療所・病院などの医療施設	ゴミの収集・処理	徒歩での行動のしやすさ	バス・鉄道・公共交通の便のよさ	日常の買物などの便利さ	区役所・学校など公共施設への便利	住宅周辺の静かさ	住宅周辺の緑・花など自然の豊かさ	山並みなどの自然の風景	近所の町並みや景観	住宅周辺の公園・広場・子供の遊び場	
市全体	1.36	0.36	0.15	0.22	0.54	0.21	0.71	0.92	0.65	0.58	0.78	0.48	0.46	0.29	0.38	0.14	−0.15	0.52
都心地域	1.71	0.25	0.11	0.37	0.26	−0.26	1.18	1.15	0.94	1.21	1.33	0.98	0.14	−0.33	−0.43	−0.15	−0.34	0.58
北部地域	1.58	0.44	0.30	0.35	0.55	0.55	0.88	0.85	0.90	0.84	0.91	0.56	0.75	0.86	1.07	0.50	0.33	0.75
東部地域	1.24	0.36	0.13	−0.02	0.68	0.22	0.80	0.88	0.37	0.17	0.83	0.37	0.50	0.36	0.78	0.17	−0.27	0.46
南部地域	1.18	0.28	−0.09	0.06	0.49	−0.15	0.52	0.91	0.51	0.43	0.60	0.34	0.09	−0.12	−0.23	−0.21	−0.24	0.22
西部地域	1.35	0.47	0.32	0.20	0.69	0.41	0.64	0.87	0.77	0.49	0.72	0.33	0.65	0.46	0.57	0.24	−0.19	0.62
北部山間地域	0.18	0.32	0.14	0.29	0.75	1.45	−0.96	0.65	−0.53	−0.93	−1.01	−0.32	1.24	1.64	1.67	0.86	−0.28	0.37

図9・3 居住地で異なる環境評価（京都市，1991年）

都心に住宅がなぜ必要なのか．バランスのとれた都心が継続的に発展していくには，定住人口とそのための住環境が必要である．

●都心に人が住むことはメリットがある

混合用途市街地の長所	スラム化の防止
住居・商業・業務の混在している地区は活気があって，暮らしやすい	定住人口が郊外へ転出すると，都心の住環境が悪化し，スラム化する

防犯・防災上の長所	緊急時の安全保障
夜間・休日にも住む人がいれば，まちの安全性が高い	緊急事態に対応する要員の住宅は都心に必要である

●都市基盤投資・運営の効率化を確保する

都心再生が新規投資より優位	既存公共施設の活用
郊外に住宅地を新開発するより，現在の都心で住環境の充実を図る方が効率的	定住人口の減少で，都心の学校等公共施設が遊休化している．人口を回復し，これらを活用する

●長時間通勤の弊害を解消する

家庭・地域でのコミュニケーションを確保	金融・情報拠点としての機能を確保
遠距離・長時間通勤が，家庭や地域でのコミュニケーションを阻害している	海外との密接な連携が必要な職種では，都心に住宅が必要である

既婚女性の社会参加を促進する	通勤費の歪みを是正する
家庭と両立できる環境づくりのため，都心に居住環境を確保する	長時間通勤の一因ともなっている通勤費の非課税を見直すべきではないか

●都心住民の生活を守る

住み続けることを保証する	近居隣居を実現する
現在の都心に住む人たちの生活と居住環境を守る	都心に高齢者だけが残らないよう，家族・親類などが近くに住めるように

適正な人口を維持する	
コミュニティを維持し，都心の過疎化を防止するため一定水準の人口を確保する	

図9・4 魅力ある都心居住を求めて （出典：千代田区国際シンポジウム報告書，1994年より作成）

な居住地の持続的な発展を図ることが，大都市の自治体都市政策の基本的な柱のひとつとなっている（図9・4）．そして，具体的な施策展開にあたっては，①住宅政策，②社会福祉政策および③都市計画政策の総合的な連携の必要が生じている．

3 住分けと住替え＝居住地の変動

人口回復策をたてるには，まず都市を多様な居住地コミュニティの集合体としてとらえ，その相互の人口移動の原因を探る必要がある．

住分け

居住地人口やその社会的性格を類型化分析して，それぞれの特性を生かし，かつ都市全体の発展する居住ニーズに対応できる，まちづくりを進めようという試みはさまざまな段階を踏んでいる．すでに，「4・4 都市の空間構成計画」で述べたように，1920年代の北米の社会生態学派の都市構造論では，工業労働者住宅地，郊外中間層住宅地など社会階層別の居住地別住分け（segregation，生態学では「棲分け」）の傾向を明らかにしている．北米では，その後，移民による多民族社会化と有色人種差別問題がからんで，それぞれのコミュニティによる排他的な住分けと排除的な土地利用のゾーニング規制がさらに進行したと分析されている．

日本では，城下町の身分階級別の上からの住分けという下地に，近代の官僚階層や上級中間階層の住む山の手サイドの屋敷町と，商工業民と工業や流通労働者が住む下町といった居住地分化が行われ，これらが経済の高度成長期には，山の手の延長としての郊外住宅地地帯，下町の延長としてインナーシティ縁辺の低質密集住宅街となって拡大した．

人口移動と居住地の変動

1960～70年代，経済の高度成長期に都市労働力として流入した若者は結婚して，多数が急造粗悪な木造賃貸アパート地帯に住みついた．住戸は狭小過密で，洗濯機は玄関わきに出され路地には洗濯物がはためいていた．当時のまちには貧しいけれど活気があった．高度成長期には収入も伸びたので，人々はやがて公営・公団住宅に移り，さらに建売り住宅を購入したり住宅金融公庫の融資を受けてニュータウンで独立住宅を建てるなど，「上がり双六」よろしくライフステージごとに住替えながら，自らの居住水準を向上させてきたのだった（図9・5）．このような説明は，居住地の性格が，住宅の形式，規模，家賃または入手価格，立地位置などの要素の組合せとしての住宅の型で規定されるという前提に基づいてきた．

それから30～40年，木造賃貸アパート地帯では，高齢者の比率が高まり，かつて若者世帯が溢れていたような活気がない．老朽家屋の空き家と駐車場が目立つ．地家主も世代交代期になっていて，新しい賃貸住宅への転換もはじまっている．一方，ニュータウンの独立住宅街区でも，子どもたちが巣立ったあと（empty nest）には

親世代が残っている．子ども世代が戻って住宅を建替えて多世代居住になるファミリーもあれば，相続税の支払いに苦しんで売却し，宅地が細分割されて売出される事例もある．あるいはインナーシティの事業所の跡地が集合住宅に転用されたり，近年ではIT時代に対応できなくなった中小ビルを住居系に用途転換（conversion）するなどして，職住共存・近接エリアに変身する傾向がある．先に示した図9・2(A)では，京都市の都心区人口が，1995年から減少が下げ止まりになり，90年代の後半から微増に転じている．不動産バブルのあと地価が下がり，都心部で供給される高・中層マンションが購入しやすくなったこと，過疎化した小・中学校の統廃合後の新しい教育環境が整ったためである．高齢者にとっても郊外より住みやすいことから新規の流入人口が急増しつつあり，他方では在来市街地における人口減少が続いている．この差し引きの微増がこのグラフの最近の傾向に現れている．21世紀においては少子・高齢化社会で，全体としての地域人口は減少すると予測されている．高齢者世帯，就労女性世帯，単身世帯，海外からの移民世帯の増加，IT時代を反映するテレワーク（telework）の就業などのすう勢を考え合わせてみると，21世紀の日本の居住地はつねにライブな状態にあり，人口・世帯も住宅ストックの構成もなお複雑に変動する時代が続きそうだ．

所得階層に人種やマイノリティグループの要素が加わって複雑に住分けと住替えが進行してきた米国の都市では，所得が上昇する居住者世帯はよりよい住宅を求めて地区外に転出し，それより低所得の階層が転入してくる下層移行の動きを濾過現象（filtration）と説明している．反対に，沈滞していた地区になんらかの動機で不動産投資が行われて，住宅ストックの近代化や新規マンションの建設が活発になり，より高い所得の階層が来住し，家賃が上昇して低所得世帯が排除されるといった上層移行の動きは上流化現象＝ジェントリフィケーション（gentrification）と説明されている（図9・6）．

郊外スプロール住宅地でも過疎化がすすみ一部は放棄（abandonment）されることや，また過疎の山村に自然・農業志向の若者が入植するというような多様な変動が予測される．

居住地の動的安定

人口と住宅ストックの変動とは，社会・経済現象であって，これを計画的に安定させることは容易ではない．しかし居住地には，人々とコミュニティが培ってきたすぐれた人間的連帯があり，生活文化の蓄積があるので，これらを継承しながら新しい人口を迎え入れて，多世代・諸階層が共住できる均衡のとれた地域社会の構成を維持することが望まれる．地区外への住替え移動だけに着目するのではなくて，高齢化にいたるまでずっと住続けている世帯，さらに自営層世帯など世代から世代へと住継いでいる世帯が，コミュニティに安定性をもたらしてしていることにも注目しなくてはならない．

住宅・住環境のストックとフローのバランスについて

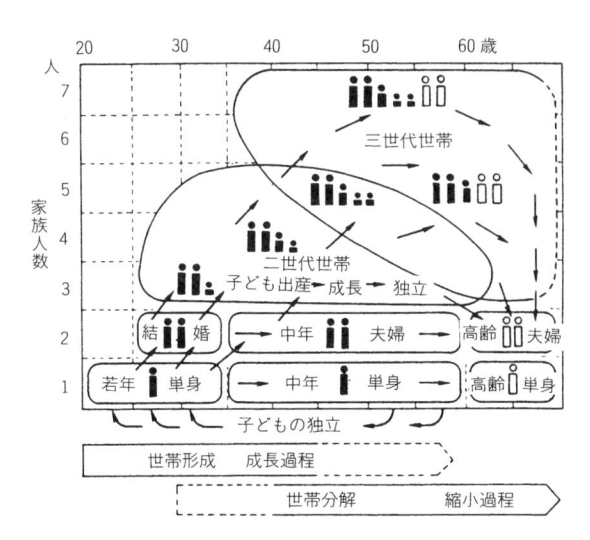

図9・5 家族構成のライフステージ（出典：三宅醇の原画より作成）

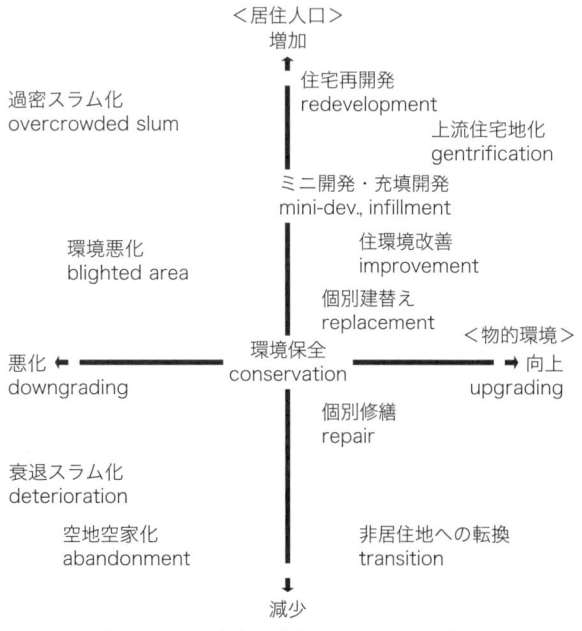

図9・6 居住地の衰退，保全，改善および再開発の模式

は，増改築やリフォーム改善が可能なストックを増やし，これらを維持保全しながら不良ストックの更新や新規のフローを受入れて新旧ストックが共存する，地区形成過程の時間の厚みを感じさせる市街地を維持してゆくことが望ましいといえる（図9・7(A), (B)).

9・3 居住地整備のためのプログラム

1 市街地の住環境を向上させる戦略

自然的条件，歴史的条件，環境的条件やコミュニティ構成など，さまざまな居住地の性格に応じてアメニティを向上させ，コミュニティのダイナミックな安定をはかるには，それぞれの市街地の開発と成熟の状況および問題点に応じられる，きめの細かい住環境整備プログラムを計画する必要がある．

新規開発の質の確保

まず，新規開発（new development）については，個人およびホームビルダーやデベロッパーが良質な開発・建設を行うように誘導し支援する行政が必要となる．危険な宅地造成地，狭小な区画割り，粗悪で過密な建築物，共用空間が貧しい団地でも，いったん実現すると何十年間も供用される．初期開発の水準が低いと，居住過程を通じての改善投資も効果が上がらない．また，住替えの結果として低所得階層が集まる濾過現象が生じて自力建替え更新がいっそう難しくなる．

既存ストックの環境保全

既存の居住地環境の良さを維持（maintenance）する．宅地の細分化や異質な土地利用の発生，緑の喪失などを防ぐためには，住民が協同して建築協定や緑化協定などで定めたコミュニティの共同秩序をまもって，住環境を保全（conservation）する不断の努力が必要となる．

既存ストックの改善と部分的更新

地域住民の住環境に対するニーズは，細街路や子供の遊び場の整備，安全な交通規制，下水や排水の整備，震災時に危険なブロック塀の生け垣化など，さまざまである．これら小規模な事業を組合せて総合的改善事業（comprehensive improvement）を実行する．この場合，道路の拡幅や老朽粗悪な住宅の更新のために部分的な立

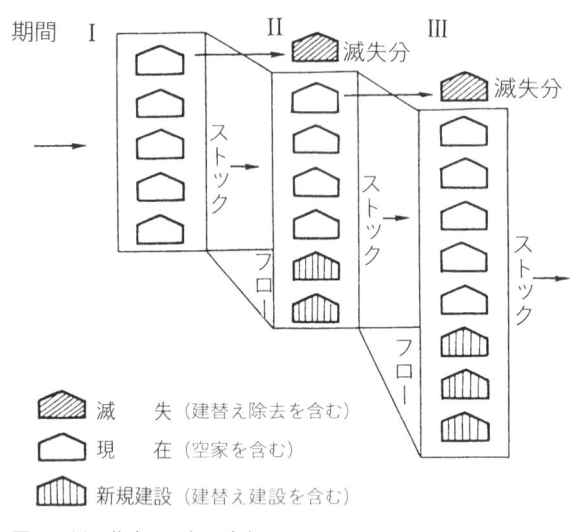

図9・7(A) 住宅のストックとフロー

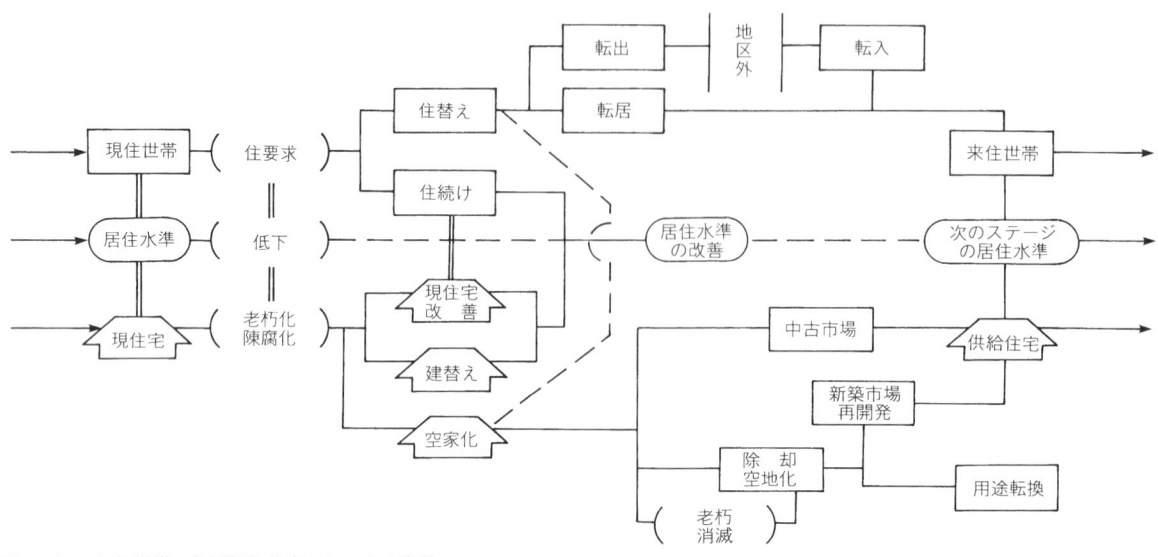

図9・7(B) 居住世帯の住選択と住宅ストックの変動

退きと更新を行うスポット再開発をともなう場合もある．さらに地域の特性をいかした広場や商店街モールづくり，地元ニーズを反映する集会・スポーツ・福祉などのコミュニティ施設づくり型事業もこの範疇に含まれるだろう．

全面的な更新事業

街路や街区および建築物が低質であり災害時に大きな危険が予測されるような地区においては，幹線街路や防災広場にもなる公園を整備する必要がある．また接道条件が不良で，住宅の質が低く老朽化していても，個別自力では更新できない．そのような地区では，立退きと家屋の除却を行い，街路・街区・敷地・建築集合形態を一体的に更新（replace）する再開発（redevelopment）方式を導入する（図9・8(A), (B)）．この場合，従前の居住者・コミュニティの人間関係・社会活動を損なわないで，できるだけ持続させる取組みがのぞましい．

2 住宅政策からのアプローチ

居住地づくりに対応する住宅政策

わが国近代の住宅政策は住宅供給と低質居住地改善という2つの源流をもっている（表9・2）．

第一の流れは，住宅の大量供給政策である．急激な都市化は多くの住宅難世帯・住宅困窮世帯を生じさせた．住宅難を解決するためには，さまざまな社会階層の人々の需要にたいして，それぞれに入居可能な住宅が供給されるべきであるという住宅需給市場*の政策論理であった．たとえば，関東大震災（1923年9月）への義援金を基金にして発足した同潤会*は，大都市で増加しつつあったサラリーマンなど新中間層を対象に計画的住宅団地を開発供給する先駆的事業を行った．この事業を受け継いで，第二次大戦中になると，産業労働者（とくに軍需産業労働者）向けに政府出資の住宅営団（1941年設立，1955年に日本住宅公団へと発展し，住宅・都市整備公団を経て，現在は都市再生機構）による標準住宅の大量供給が行われた．これらの経験が，第二次大戦後の公営住宅団地や住宅公団団地の新開発政策や計画技法につながったのである．こうした政策理論を主導した当時住宅営団技師だった西山夘三*の科学的研究とハウジング体系の構想は，今日でも注目される成果である．また戦後の持ち家政策としては，住宅金融公庫の住宅融資が大きな役割を担ってきた．これら一連の政策の目標は大量需要にたいする大量供給であり，人々は次々と新しい住宅に住替えることで居住水準を向上できたのである．

第二の流れは，地区改良の政策である．すなわち，同じく関東大震災後にはじまった大都市におけるスラム地区，不良住宅地区改良法に基づく事業である．公的資金による公営住宅を供給して，低所得・生活困窮階層が入居できる事業がスタートした．これが戦後1960年代に

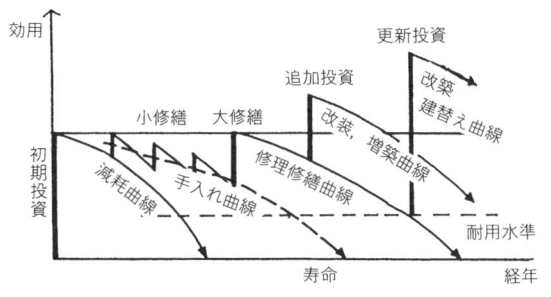

図9・8(A)　住宅・建築物ストックの減耗と投資の基本モデル

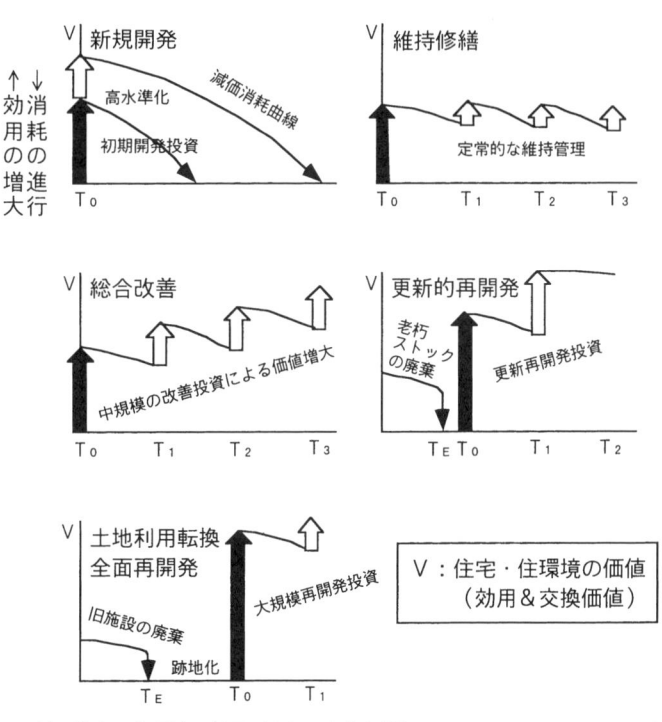

図9・8(B)　住宅・住環境の効用（または交換価値）でみるストックの運用と更新

は大都市以外の問題地区も対象とする住宅地区改良事業制度へと発展した．この制度はまた，被差別の解消と人権の確立をめざす同和対策事業にも適用されて大きな成果をあげてきた．しかし，この住宅地区改良事業制度はスラム住宅の除去と公営賃貸住宅の供給という限定され た手法であるので，同和対策においても後に，持ち家を供給したり集落ぐるみの住環境整備を行えるように，より自由度が高く地方都市や農村にも適用しやすい小集落地区改良事業が付け加えられた．

つまり，第一の流れは，住宅に困る人や需要者に供給

表9・2　わが国の住宅および住環境政策の系譜

時代区分	社会状況	住宅	低質居住地	都市計画
近世 （～1867年）	身分階級別の居住地形成	下層民の裏長屋住宅	被差別集落の固定化	武士階級中心の城下町都市計画
I 近代化の時代 （1868～1935年）	工業化・都市化のはじまり 富国強兵政策，工業労働者住宅街・半失業・失業者の細民街 関東大震災（1923年） 大都市の成長と中間層の増加	建物保護法 （借地権・1909年） 借地・借家権保護法 （1921年） 同潤会（公的住宅供給体）による住宅建設（1924年）	はじめての細民調査（1911年） 大阪市営住宅事業（1919年） 水平社宣言（被差別部落の解放運動・1922年） 全国不良住宅地区調査（1924年） 不良住宅地区改良法（スラム改良法・1927年） 社会救護法（1932年）	東京市区改正条例（帝都都市計画・1888年） 家屋建築物規制令規市街地建築物法（1919年） 都市計画法（土地区画整理を含む・1919年） 郊外の地主や電鉄資本による開発・土地区画整理の拡大
II 第二次大戦中 （1936～1945年）	国家総動員法と国民生活の窮乏 民間住民供給のストップ 戦災による住宅の大量減失	地代家賃の国家統制（1939年） 住民営団（産業労働者のための公的住宅供給・1941年）		
III 復興および経済成長の時代 （1946～1970年）	都市における全体的住宅不足 非住宅・スクォッター居住者の発生 経済成長と都市化の急速な進展に伴う住宅不足の深刻化 木賃アパートなど狭小住宅，低質居住地のスプロール 公害，災害問題地区の多発	応急公共住宅の供給（1945～1946年） 公営住宅（政府補助金つき中間層向け）の供給（1951年） 公団住宅（政府融資つき中間層向け）の供給（1955年） 公庫融資，民家借家（1927年法の改訂・1960年）	住宅地区改良法（1927年法の改訂・1960年） 同和対策特別措置法（被差別者部落に対する総合対策事業・1969年）	復興特別都市計画 建築基準法（1919年法の全面改訂・1950年） 土地区画整理法（1919年法の改訂・1954年） 都市計画法（1919年法の全面改訂・1968年） 都市開発法（1969年）
IV 近年 （1971年～）	大都市成長の停滞 インナーシティの衰退 ミニ開発，工場跡地等の小規模開発 住環境悪化地区のひろがり ・被戦災住宅の老朽化 ・戦後低質住宅の荒廃化 ・住工混在やゼロメートル地帯など公害，問題居住地の拡大 阪神・淡路大震災（1995年）	民間マンション供給の増加 初期公営住宅の老朽化等 住宅マスタープラン（1990年代～）	住環境整備モデル事業（修復的事業）の開始（1978年） 木造賃貸住宅地区総合整備事業（1982年） 密集住宅市街地整備促進事業（1997年） 災害復旧住宅支援の動き	市町村による開発指導要綱のひろがり（ミニ開発対策・1967年） 地区計画の制度化（1981年） 都市計画法改正，市町村マスタープラン制度，用途細分化（1992年） 地方分権化にともなう都市計画法の改正（2000年）

（出典：三村浩史「コミュニティレベルの住環境整備」1982年，『都市開発政策と土地区画整理』名古屋市，建設省『日本の住宅と事業』日本住宅協会，1992年等から）

するという，いわば属人型対策であるのに対して，第二の流れは，問題地区の改善対策という属地型対策であるといえる．さらにすすめては，居住地の性格に合わせた住環境整備との対応へと発展してきたといえる．

住環境整備の政策

1970年代における状況として，居住地の住環境問題は，不良住宅地区の除却と公営住宅の建設といったスラム再開発型の限定されたメニューでは対応できないほど多様かつ広汎になった．たとえば当時，筆者も参加して大阪府域で調査した事例からは，①町工場と住居とが混在する混合地区，②広い範囲に分布する戦後の木造賃貸アパート密集地区，③老朽化がすすむ戦前長屋住宅地区，④工場や道路による大気汚染や騒音などの公害激甚地区，⑤高潮や崖崩れなどの災害危険地帯などの広汎な存在が

(1) 都心居住回復ゾーン	人口減少が著しい都心区で，住機能を維持するとともに，住宅付置政策の展開等による商業・業務系用途と住宅との複合化により住宅供給を図る．	(5) 住宅団地再生ゾーン	比較的大規模な公的住宅団地の建替え等を促進する．
(2) 土地利用転換誘導ゾーン	低・未利用地，工場等今後の土地利用転換が見込まれる地域で再開発地区計画，特定住宅市街地総合整備促進事業等の活用により，土地利用転換を住宅供給に向けて誘導する．	(6) 農住型市街地形成ゾーン	道路，下水道，公園等の基盤整備を促進しつつ住宅地の供給，緑地空間として貴重な農地の保全を図りながら良好な農住型市街地の形成を図る．
(3) 住宅供給型再開発促進ゾーン	市街地再開発事業，優良再開発建築物整備促進事業，都市防災不燃化促進事業等の再開発等の促進により住宅供給を図る．	(7) 新市街地形成ゾーン	新住宅市街地開発事業，土地区画整理事業などの活用により，計画的に大規模な新市街地の形成を促進する．
(4) 住環境整備ゾーン	木造賃貸住宅地区，住工混在地区等，住環境整備を促進する．	(8) 住環境保全ゾーン	地区計画等により良好な住環境を計画的に保全する．
		(9) 住環境維持向上ゾーン	一般的な住宅地が形成されている地域で，個別更新を適切に誘導し，住環境の維持・向上を図る．

図9・9(A)　住宅市街地整備ゾーンの9つの類型（東京都住宅マスタープラン，1994年）

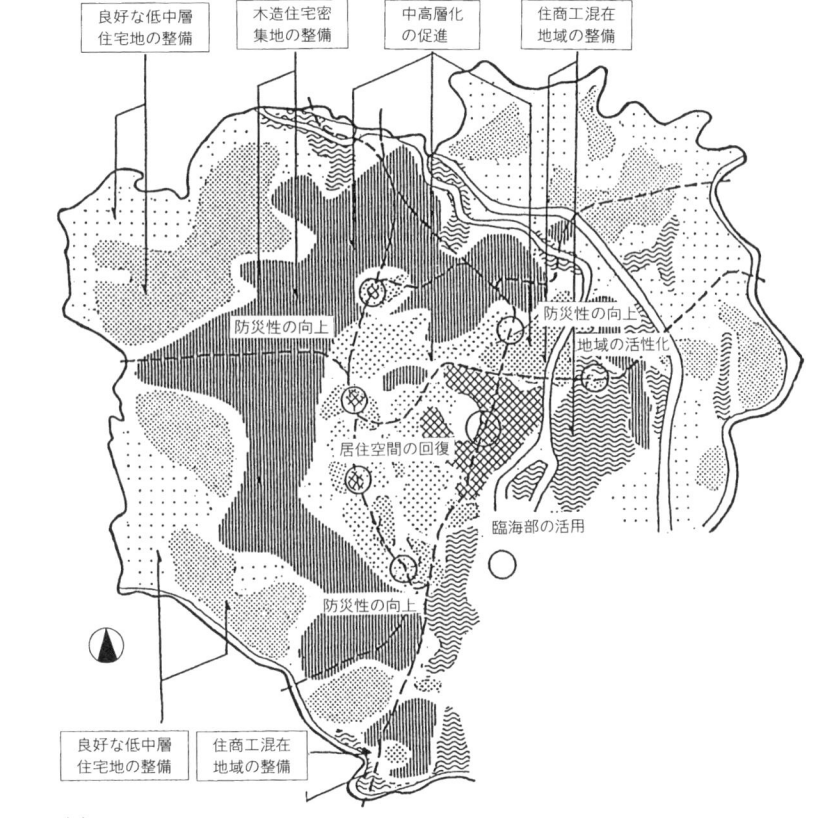

図9・9(B)　市街地の整備方針（東京都，1990年）

指摘された（日本建築学会近畿支部「大阪府下における不良住宅地区の現状」，1975年）．たしかに問題地区ではあるが，その問題の様相は，生活の基礎条件そのものを正常に維持するのが困難なスラム (slum) 地区の場合とは異なる．居住環境は荒廃 (blighted) していても，居住者は必ずしも公営賃貸住宅への入居を望んでいるわけではない．そこで，街路や広場の改良や局所的な建替えなどと住民の自主的努力でそれなりの効果を上げられ，全面改良ほどコストがかからない，かつ住み慣れたコミュニティが持続できるといった改善プログラム型の住環境整備事業が普及するようになった．

住環境整備は，既存のコミュニティと住宅や市街地の存在を大切にして，地域の特性を損わないで，改善や部分更新を進めようという，ストック基調の整備手法で汎用性が高い．住民は住みながら時間をかけて調査や話合い，整備計画の検討や事業過程のフォローができる．住宅供給サイドからみても，不特定多数の住宅需要を相手に大量供給するのではなく，地域のニーズにきめ細かく対応できる．市町村の主要な地区ごとに，このような住環境整備の計画ができると，地域に根ざしたきめの細かい住宅政策を検討することができる．

図9·9は，大地震想定の防災まちづくりを居住地タイプ別にゾーニングした例である．

表9·3 住宅政策のテーマ（京都市住宅審議会，1996年）

【基本テーマ】

『多世代都市居住のまちづくりの展開』

【サブテーマ】

① 安心・安全のすまいづくり
　市民が安心して住むことができるよう，京都の良さを生かしつつ，災害に強く，高齢者や障害のある市民にもやさしい良質で安全なすまいづくりを進める．
② 快適・福祉のすまいづくり
　長寿時代に対応して，市民誰もが「住みたいところで適切な住宅が確保できる」ようなすまいづくりを進める．
③ 継続・創造のすまい・まちづくり
　地域ごとの特性を生かした住環境整備により，魅力あるすまい・まちづくりを進める．
④ 協力・連携のすまい・まちづくり
　市民・事業者・行政の役割分担を明らかにしつつ，パートナーシップに基づく協力・連携によるすまい・まちづくりを進める．

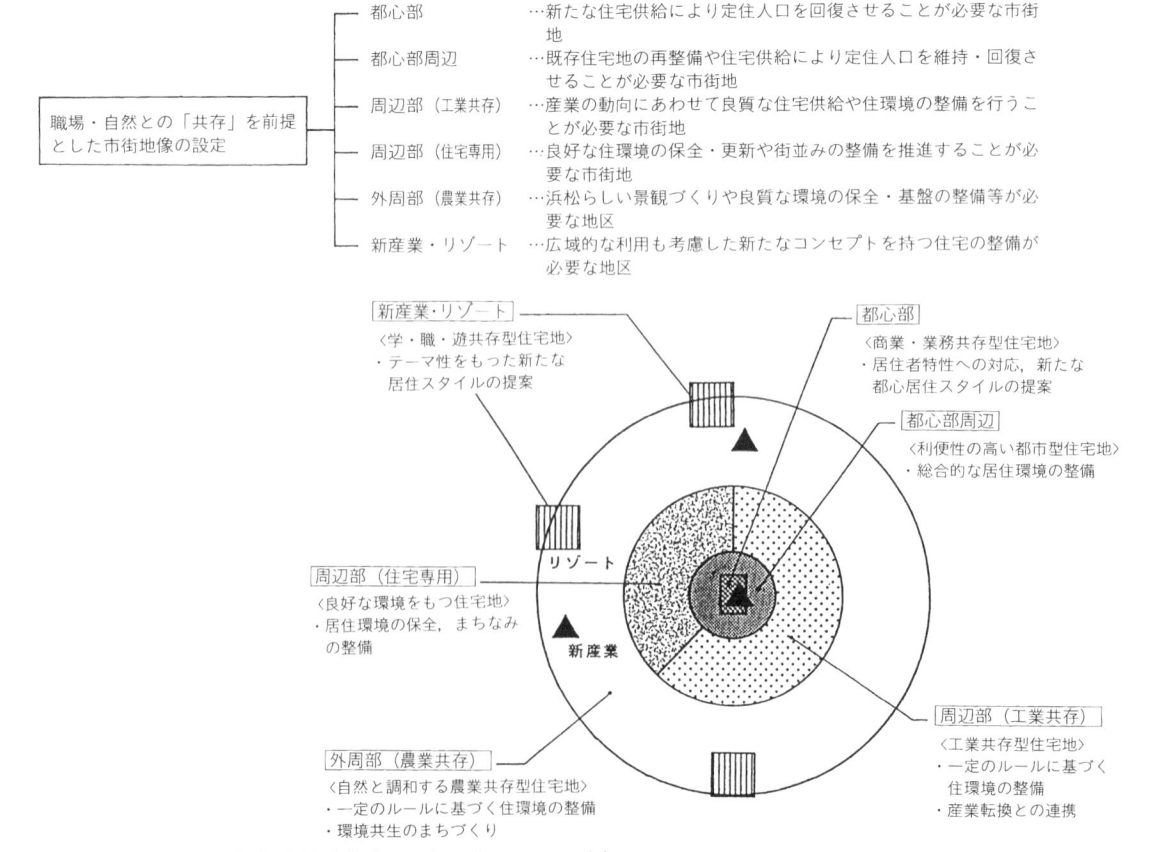

職場・自然との「共存」を前提とした市街地像の設定
- 都心部 …新たな住宅供給により定住人口を回復させることが必要な市街地
- 都心部周辺 …既存住宅地の再整備や住宅供給により定住人口を維持・回復させることが必要な市街地
- 周辺部（工業共存） …産業の動向にあわせて良質な住宅供給や住環境の整備を行うことが必要な市街地
- 周辺部（住宅専用） …良好な住環境の保全・更新や街並みの整備を推進することが必要な市街地
- 外周部（農業共存） …浜松らしい景観づくりや良質な環境の保全・基盤の整備等が必要な地区
- 新産業・リゾート …広域的な利用も考慮した新たなコンセプトを持つ住宅の整備が必要な地区

新産業・リゾート
〈学・職・遊共存型住宅地〉
・テーマ性をもった新たな居住スタイルの提案

都心部
〈商業・業務共存型住宅地〉
・居住者特性への対応，新たな都心居住スタイルの提案

都心部周辺
〈利便性の高い都市型住宅地〉
・総合的な居住環境の整備

周辺部（住宅専用）
〈良好な環境をもつ住宅地〉
・居住環境の保全，まちなみの整備

外周部（農業共存）
〈自然と調和する農業共存型住宅地〉
・一定のルールに基づく住環境の整備
・環境共生のまちづくり

周辺部（工業共存）
〈工業共存型住宅地〉
・一定のルールに基づく住環境の整備
・産業転換との連携

図9·10　住宅市街地の目標像（浜松市住宅マスタープラン，1996年）

3　住宅マスタープランの役割

　地域において多様化しつつある居住地づくりのそれぞれのニーズに対応するために，1980年代後半から市町村自治体による独自の住宅マスタープランを策定する試みがはじまった．在来からの，①住宅難世帯＝最低居住水準未満世帯を解消するための公的低家賃住宅供給という目標とともに，新たに，②社会福祉政策と連携する，高齢者や障害者の在宅福祉を可能にする住戸改善，ケアサービス付き住宅の建設，公営住宅団地へのデイケアセンター併設など（表9・3），③居住地コミュニティの維持と活性化のために人口定住施策として若いファミリー世代でも都市居住できるような家賃助成，伸び伸びと子育てができる住環境や保育所の整備，④地域の風土や伝統的な住居の長所を活かす，⑤住宅・住環境整備における市民（居住者，土地権利），開発・建設事業者，行政の協力連携体制づくりなど，が新しい住宅政策の柱である．

　住宅マスタープランを描く過程で，都市は多くの多彩な居住地の集合として構成されていることが明らかになった．住宅・市街地の改善ニーズに対応する居住地・市街地整備の基本方針を描きだしている計画例もある．商業や都市型工業などとの共存，農業や自然との共存を図る居住地整備の方向も追及されている（図9・10）．

4　住宅政策から居住政策へ

　20世紀後半において進めてきた住宅政策は，いま大きく転換しつつある．そのベクトルは住宅政策から居住政策への大転換である．現代は地域福祉，その基盤となる居住福祉の時代であって，現状の住宅を改善しつつ住み続けるか，ケアサービス付きの協同住宅を求めるかなど，多様なニーズに対応する時代である．低家賃の公営住宅を大量供給すればよいとしてきた時代から，広範な中・低所得層が共に住めるコミュニティを目標にして，低所得層，ことに高齢者世帯の住宅選択を可能にするような（affordable）家賃補助や介助補助といった居住福祉政策への移行が課題である．

　この課題はまた居住地コミュニティ政策とも連なっている．住居は安定した地域における住民生活の社会的基盤である．阪神大震災以降の災害復興においても，住宅は個人資産であり公的支援の対象にはできないとしてきた従来の国の考え方に対して，地域における居住の継続を可能にするための社会的資産だという自治体からの意見が強まり，支援制度に着手されたことがその方向を示している．

IV 市街地の整備と居住地設計

10 市街地の開発・再開発と整備計画

10・1
空間的基盤としての市街地

住みよい居住地・都市の条件として，コミュニティの社会・文化的な連帯やサービスの利便性さらに健康的で安全な住環境などがあるが，それらを物的（physical）な基盤としてささえているのが市街地である．

1 市街地の物的構成

主として次の3つの構成要素より成る．①都市基盤施設，②街区と画地，③建築物群である．

都市基盤施設

その基本となるのは道路であり，市街地の内部では街路（street）である．街路の第一機能は，人や車両を発着させ通行させること，第二に，街路の地上・地下空間を，電力・ガス，通信ケーブル，上下水道，排水路などの給排ネットワークのために提供することである．居住地系の基盤施設としては，この他に公園緑地，河川・水路，その他の公共施設を含める．

街区と画地

街路によって街区（block）が区分される．近世では，町割りと呼ばれていたものである．街区をさらに個々の利用目的のために細区分したものが画地（lot）である．街区の大きさや形態は，個々に用いられる画地の規模や形状（間口と奥行）を考えて設計される．歴史的な町割りと，現代の郊外住宅地の町割りとをくらべてみるのもおもしろい（図10・1 (A), (B), (C)）．たとえば，京都の都心部の伝統的な町割り・区画では，間口が6〜10mにくらべて，奥行は60mもあって「鰻の寝床」と呼ばれてきた．また四方町（通り）であるために，敷地の大きさ，方位はさまざまである．これに対して，郊外の一戸建住宅地では日照条件や商品性を考えて東西方向に長い均質な街区をなしているところが多い．一方，業務商業地や工業地では，大規模施設のために大きな街区を設計する．

建築物のための画地は，宅地あるいは建築敷地というが，それらはすべて街路に接すること（接道）で人や車の発着アクセスを可能にする必要がある．

建築物の連坦

市街地の内部における建築物はすべて，敷地と密接な関係にある．住居系であると，一戸建（大・中・小）か，連棟建（長屋，タウンハウスなど）か，中高層の集合住宅かなど，市街地の計画的な設計にあたっては，あらかじめ，住宅の形式と規模を設定した上で，それに見合う街区・画地の形状を設計するのが手順である（図10・2）．しかし，一般市街地のように，宅地が自由に区分されるような場合，狭小な敷地に過大な建築物を配置すると，隣地や周囲に悪影響をおよぼし，これらが連坦（水平方向にひろがるさま）すると建て詰まり・過密化現象が生じ，住環境の水準はいちじるしく低下する．また，街路空間は，両側の宅地・建築物の採光・通風・プライバシーと眺めなどを調節する働きをもっているので，街路の幅員と建築の位置や高さとの関係を考えて設計しなくてはならない．

いったん開発された市街地は，その街区パターンのま

まで，長期間にわたって使用される．一方，建築物や個々の画地区分は，数十年かそれより短い周期で変化するので，次の「11 章 建築行為・開発行為の社会的コントロール」で述べるように，街路・街区・画地・建築物群の間に，たえず適切なバランスを保てるような市街地環境の管理と開発のコントロールを続ける業務が必要となる．

2 市街地の町並みと空間の共同秩序

建築物群が一体となって連坦する市街地の空間構成が「町並み（urban space composition）」である．個々の建築デザインはちがっていても，リズムのある町並みには，街路・街区・画地・建築物による空間構成に，ある共同秩序（communal order）がみられる．このような共同秩序には，たとえば，歴史都市にみる伝統的な町並みがある（図 10・3 (A), (B)）．城下町では，武家の塀と門の屋敷構えの町並み，商家や職人の工房が集積し間口を競って連坦する町並みがあり，農村では農家や漁家があつまる集落の町並みなどがみられる．いずれもその様式が形成

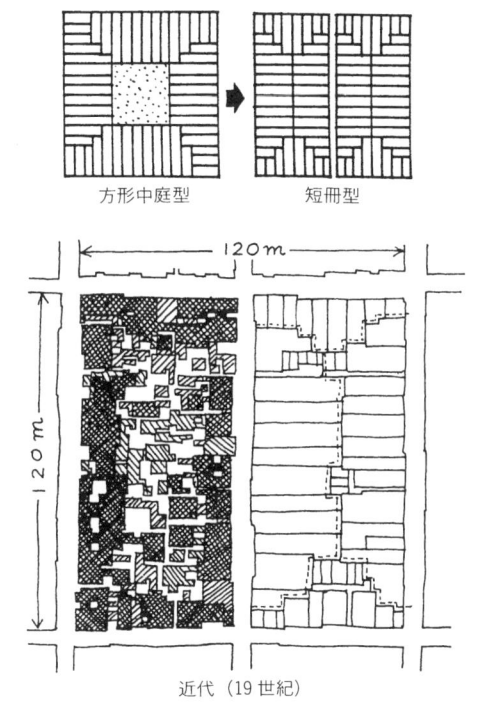

図 10・1 (A) 京都の町割り （出典：上：藤井治『町割りのデザイン』1981 年，下：西山夘三『日本のすまい』1975 年より作成）

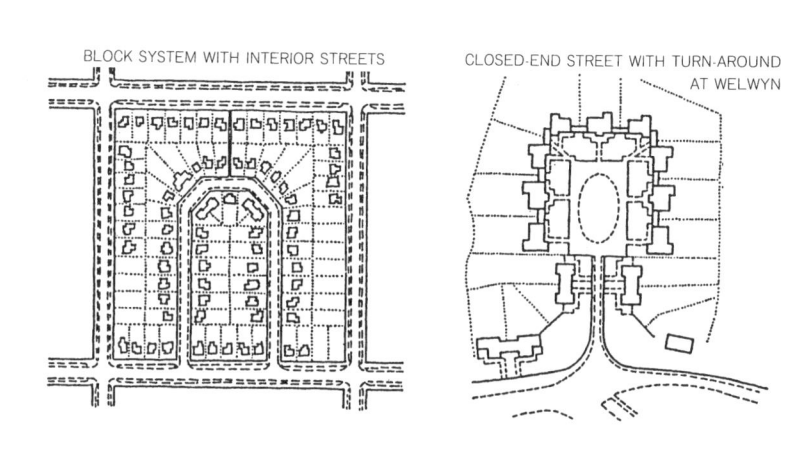

図 10・1 (B) 住宅地の街区設計の例 （出典：トーマス・アダムス『住宅地の設計』1934 年より）

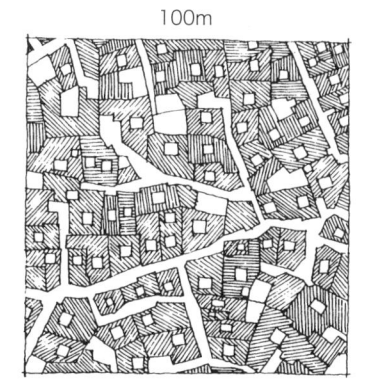

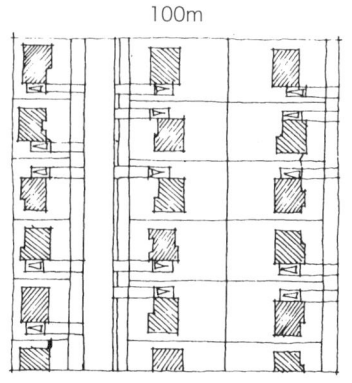

図 10・1 (C) 中東と北米の町割り（左：バグダット旧市街地，右：北米の郊外住宅地） （出典：N. ショウナワー，三村浩史訳『世界のすまい 6000 年』彰国社，1985 年より）

10 市街地の開発・再開発と整備計画

された時代の社会制度，生産と居住の営み，公共空間と私的空間の関係づけ，人々の美意識，当時の建築技術などが反映されている．

同様に，近代都市の町並みにおいても，公衆衛生や安全や利便機能から最低限の条件を求める建築法規などの規制に誘導される町並み，郊外住宅地や公共住宅などでの一団地として設計される町並み，あるいは，商店街整備や都市再開発などの商業地区のアーバンデザインに誘導される町並みなどがある．町並みには，それぞれ個性があり地域の歴史・生活・都市づくりの技術が集約的に表現されており，人々の暮らしや活動の様相と一体となって町並み景観（townscape）をつくっている．

10・2 市街地を開発する仕組み

1 開発の手順

山林や田畑や水面などの土地・空間に投資して，市街地や集落を造成する事業を市街地開発事業（または宅地開発事業*）という．対象となるのは未市街化のオープンスペースだけではない．既成市街地の高度利用や工場跡地の利用転換など，再開発する場合も含まれる．市街地を開発する手順は，およそ次のとおりである．

開発の可能性の予備検討

その土地・空間の市街地化がどのように可能か，土地

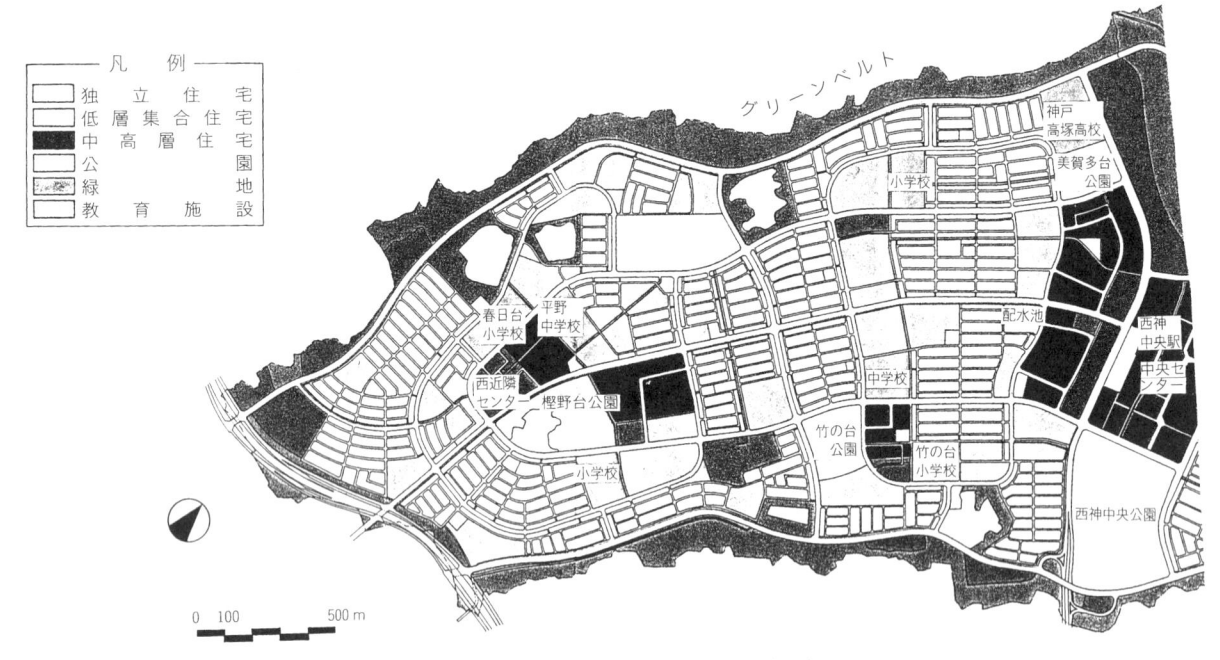

図 10・2 ニュータウン開発にみる計画的街区設計（西神ニュータウン，神戸市，1980 年代）

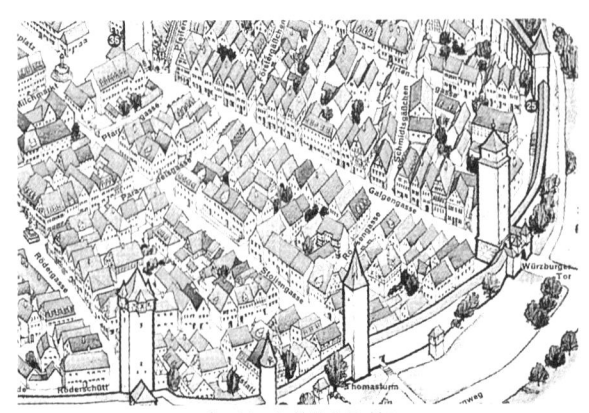

図 10・3 (A) ローテンブルグの伝統的な町並み （出典：観光案内図より）

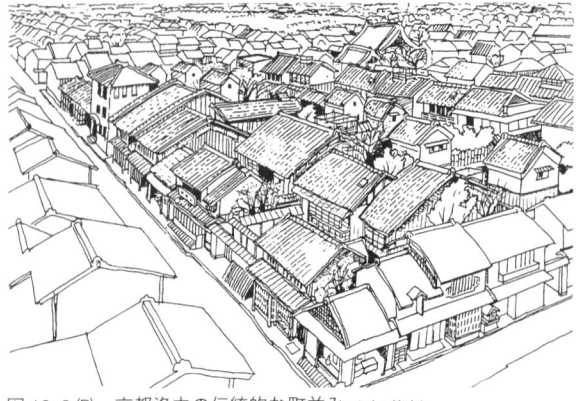

図 10・3 (B) 京都洛中の伝統的な町並み （画：筆者）

利用と環境の状態，地域の歴史や災害の履歴，各種の環境保全・土地利用・開発規制の指定状況，道路・用水・交通サービスなどの整備状況を調査して大要をつかむ．

開発権の取得

開発用地を取得するのが一般であるが，それは必ずしも全面買収とは限らない．いわゆる地上権方式といった借地の場合や，地権者と開発者による共同方式や信託方式などがある．もっともシンプルなのは自己所有地を開発する場合である．

開発計画の承認

開発の範囲と面積，土地利用，想定人口・戸数，用排水，道路など都市基盤施設の整備と開発者負担，地域社会への影響などを含む計画案を作成し提示して，市町村自治体，コミュニティの承認を取付ける必要がある．その後に，都市計画法に基づく開発許可，土地区画整理事業の認可などを得る必要がある．また大規模な開発では，環境影響事前評価＝環境アセスメントを行って承認されることが前段階に求められる場合がある．

宅地造成工事

都市基盤施設と街区とを一体的に造成する．斜面地での開発が多くなるわが国では，豪雨や強震による宅地崩壊を防止するために，宅地造成等規制法・条例・指導要綱などで，盛り土と擁壁の高さ・強度，排水路と遊水池整備などに条件がつけられている．

画地の利用権の設定

区分された画地の権利を分譲するか，あるいは地上権＝利用権を設定して，建築物を配置できるようにする．

建築協定・地区計画など

一団地の環境を維持するために，画地の規模・形状，建築物のデザインなどについてのルールを当初から定める方が好ましい（「13章　地区計画などミクロの都市計画」を参照）．

2　市街地開発の規模と負担

開発を規模でみると，せいぜい数画地までの小規模なミニ開発から数十ha以上におよぶニュータウンなどの大規模な団地開発まである．前者は，所要の資金量も少なく開発期間も短い．後者は投資額が大きく長期にわたる事業となる．

小規模個別開発とミニ開発

数百m^2程度の個別開発ならびに1000m^2以下，十数戸程度の建売り住宅団地などの新規「ミニ開発」がある．アクセス用の細街路を私道で造成し，ときにプレイロットなどを設ける以外に都市基盤施設の費用をほとんど負担しない，イージーライディング（半分ただ乗り）開発ともいえる．こうした個別バラバラの開発が連坦すると，都市基盤施設が貧弱なスプロール（sprawl）状の密集市街地ができてしまう．なお小規模開発には，既成市街地内の空き地や跡地を利用して小団地建設を行う充填型開発（in-fillment development）が増加する傾向にある．老朽化した木造住宅を更新するなど，旧市街の活性化に寄与する反面で，3階建戸建てや中高層マンションなどの過密化をまねいている場合もある．

中規模開発・土地区画整理事業など

数haから数十haにおよぶ中規模の計画的開発になると，幹線（準幹線）街路・地区集配街路，街区公園，その他の共同施設の用地を確保し，自治体都市計画と協力して一体的に整備する必要がある．自治体の財政力によっては，それらの整備費用を開発事業者が一部負担することもある．すこしまとまった地区の計画的開発においても，複数，ときに多数の地権者が存在する場合に，街路や公園や水路，その他，開発規模に応じた共同施設を整備するための地権者負担システムとして発達し普及したのが土地区画整理事業である．

大規模開発・ニュータウン開発

数十haから時に数百haにおよぶ開発は，いわば小さな都市を開発するのに等しい．たとえば幹線街路を含む街路システム，近隣公園・緑地を含むオープンスペース・システムまで必要となる．また開発によって人口が急増する場合は，小・中学校，福祉施設その他の各種公共・公益施設を新設するための用地提供ないしは施設経営も求められる．したがって，大規模開発においては，都市基盤施設を整備するための共同用地と整備の費用負担が非常に大きくなる（図10・4）．そこで，市街地開発を企画する場合に，これらの共同費用の負担を開発事業者と公共事業とがどのように分担するか，また，それらの施設を一定期間にわたって，どのように分担して維持管理していくかをあらかじめ協議する必要がある．

3　開発という事業の仕組み

市街地開発または宅地開発とは，未市街地や低利用地に開発投資を行って，防災性・利便性を高め，都市基盤

施設の整った市街地を造成する事業である．いいかえると，土地の将来にわたる利用条件を整え，宅地として付加価値を高め供給する．このことで事業の収支をつぐなおうというわけである．モデルとして 1990 年前後の時代の計画的開発 227 団地について調査した費用（コスト = cost）の内訳の例を図示しておく（図 10・5）．すなわち，①開発のために入手した土地の原価，②宅地の造成整備費，③学校等の公益施設を整備する負担費，④街路・公園等の公共施設を整備する負担費，および金利・諸経費・利潤とで構成される．本来，義務教育施設である小・中学校等の公益施設や街路・公園等の公共施設の整備費用は，税金から支出すべきものであるが，大規模開発においては自治体財源で短期間に対応がむずかしい場合，また平均より高水準の施設を整備する場合など，デベロッパーにはその相当額の負担が求められる．デベロッパーは，こうしたコスト計算根拠から譲渡する宅地価格を設定しなくてはならない．

開発成長期にあって，宅地は短期間で地価の値上がり差益を求める不動産商品とされてきた．しかし，安定期においては，こうした投機的価格形成モデルは成り立たなくなりつつあり，長期間にわたり経営することで事業を成り立たせる，たとえば定期借地権つき住宅分譲など，あらたな持続的経営モデルへの転換が必要になっている．

4　土地区画整理事業

日本の都市近郊地帯のように，土地の所有権が小零細で入り込んでいる場合に，個別開発が繰返されるとスプロール現象が生じる．そこで，地権者（土地所有者または地上権（借地権）者）があつまって，土地の「交換分合」を行い，かつ「減歩」（公共減歩）によって街路や公園，水路などの都市基盤施設の用地を確保し，計画的な街区を造成する（図 10・6 (A), (B)）．また「減歩」（保留地減歩）によって供出された保留地を処分した収益を事業費（工事費，補償費，事務費）などに充当する．そして，換地は「照応の原則」にしたがって，できるだけ従前地の位置，形状を考慮しながら再配置される．狭小敷地や不整形敷地は，買い上げるか割増し精算金を徴収して適切な敷地にする．

この方式は，わが国の農村での耕地整理事業で培われてきた共同負担による土地開発事業システムやドイツのアディケス法＊を先達として，わが国では大正期以降の大都市膨張の時代に，近郊農村地帯で発達してきたものである．事業の収支は，「従前地」と造成後の「換地」との不動産評価額の差，つまり事業により資産価値が増大するという原理によって成り立ってきた．

宅地の共同開発方式としてはすぐれたソフトであるが，市街化途上地域では，区画整理以前の地価上昇のためや，すでに住宅を建てて住んでいる世帯の増加など，地権者の合意の困難さがある．また，幹線道路や都市公園などの広域施設のための減歩負担の増加，地価上昇の期待薄

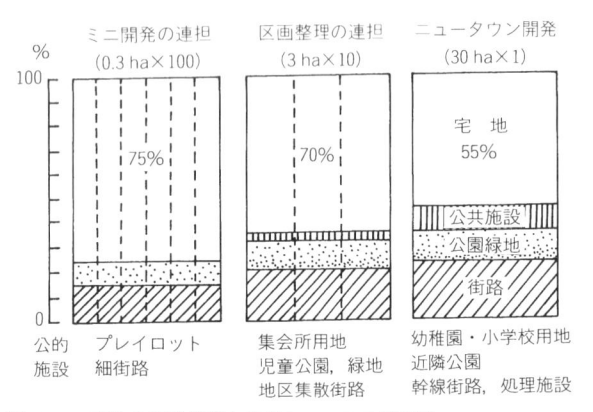

図 10・4　宅地の開発規模と公共スペースの必要度

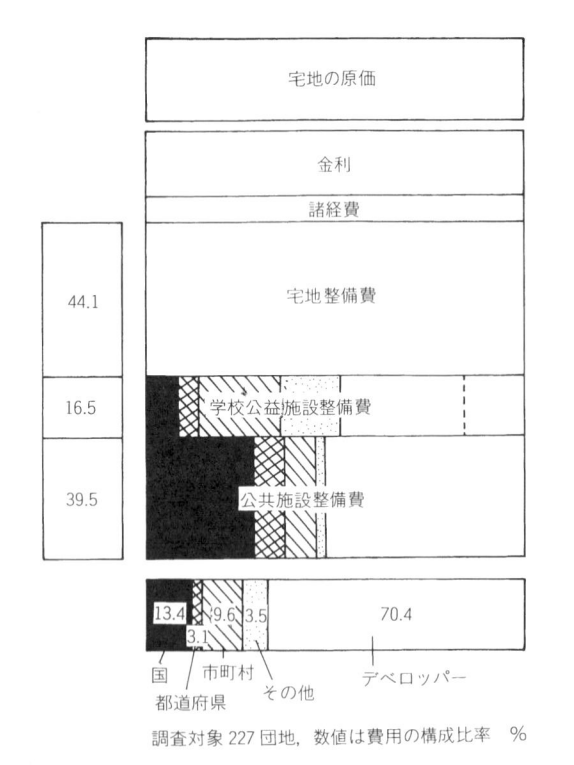

図 10・5　大規模宅地開発の事業コスト，公共とデベロッパーの負担割合（出典：㈶日本住宅総合センター『関連公共公益施設の実態調査及び促進事業の効果分析』1993 年 3 月より）

などで，その実行が難しくなっている．このため，現在では，①土地区画整理事業の区域は都市計画法で決定して公共性を付与する，②幹線道路や駅前広場の造成あるいは災害復興など公共性の高い事業の場合は，市町村や住宅・都市整備公団（現都市再生機構）などの公共団体が施行する，③個人や民間施行でも事業費を補助する，④幹線道路など都市全体が利用する公共施設の整備費用は，公共管理者が負担する，などの仕組みを整えている．

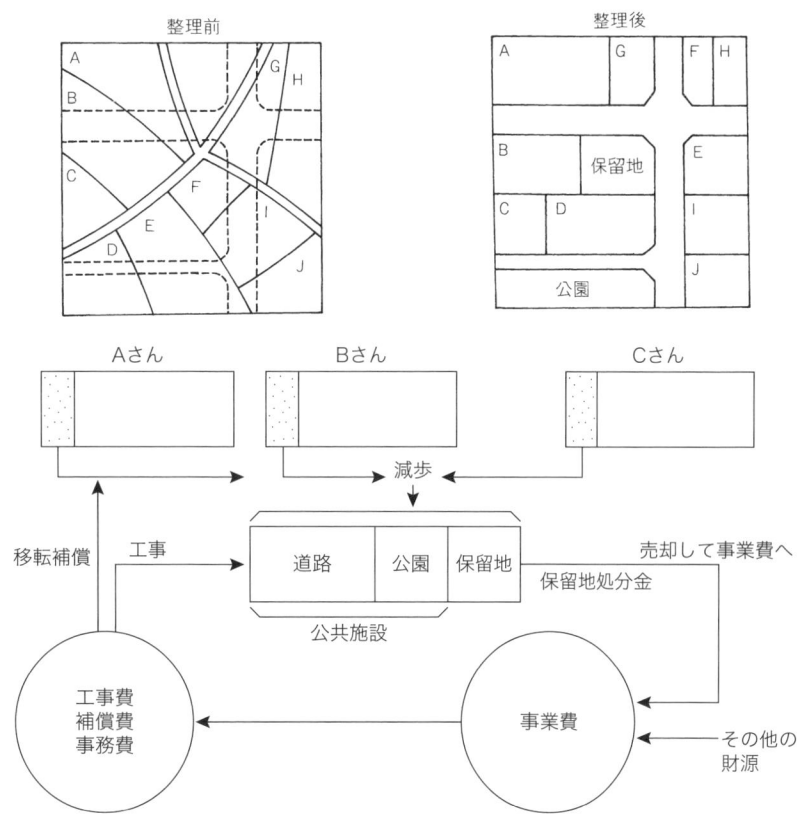

5 宅地開発のコントロール

宅地とは地表の一片ではなくて，建築行為のために造成される画地である．主としてどのような条件の具備が求められるだろうか．わが国の都市計画法でも，市街化区域内での一定規模以上の宅地開発は許可制になっている．そこでは，どういう内容がチェックされコントロールされるのだろうか．

土地の交換分合と減歩による公共用地の捻出によって，良好な宅地を造成する方法．耕地整理の伝統とフランクフルトアムマインの市長アディケス氏の提案（1902年アディケス法）成功の影響の下にスタートして，わが国で画期的に発達した．現存の市街地の1/3は区画整理によるもの．

図10・6(A) 土地区画整理のしくみ

施行前・後の土地利用構成の変化

		施行前	施行後
公共用地	道　　路	3.5	21.4
	緑　　地	−	3.0
	河川・水路	0.3	0.4
	その他	−	−
	公共用地計	3.8	24.8
宅地	住　宅　地	9.8	
	農　　地	82.0	
	社寺・墓地	1.8	公共減歩率
	その他	1.4	21.8%
	民有地計	95.0	
	公有地	1.2	
	宅地計	96.2	75.2
合計(11ha)		100.0	100.0

種別	名称	幅員 m	延長 m
幹線	国道大窪西線	18	595
主要幹線	松陰線	16	810
補助幹線	松陰八木線	12	860
	中島中央線	12	130

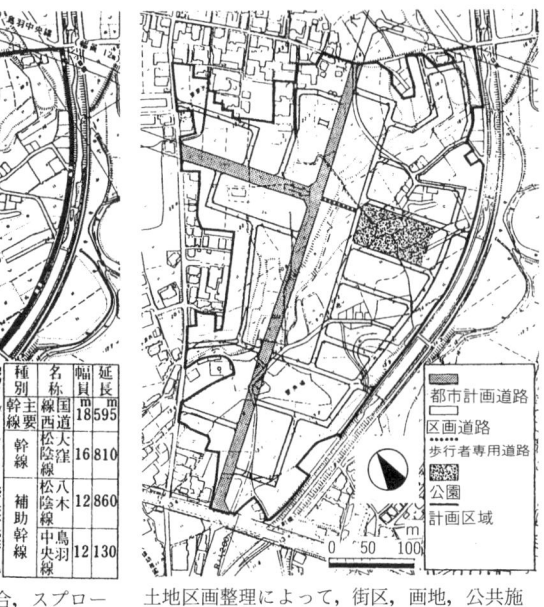

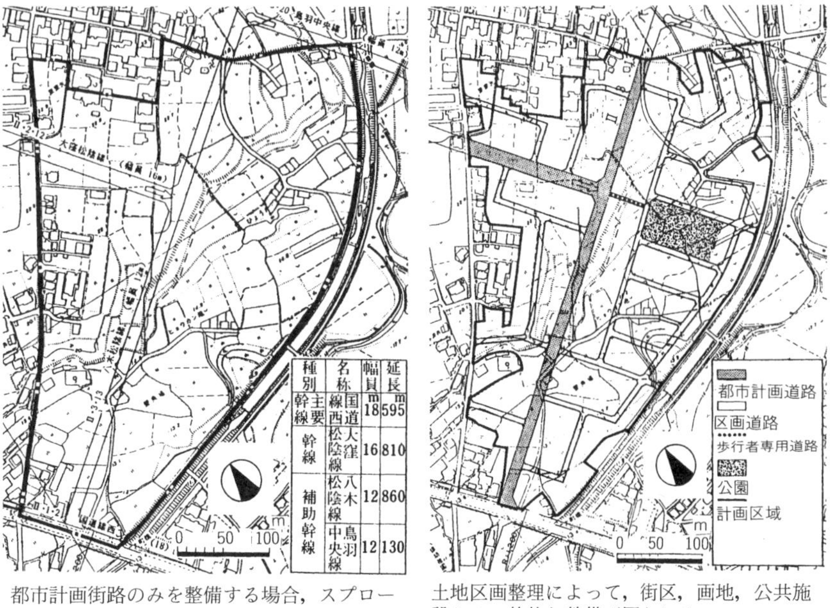

都市計画街路のみを整備する場合，スプロールのおそれが大きい

土地区画整理によって，街区，画地，公共施設との一体的な整備が図られる

図10・6(B) 土地区画整理の事業例

安全性

急斜面での崖崩れや，低地での浸水のおそれがないように，擁壁，排水路等が整っていること．

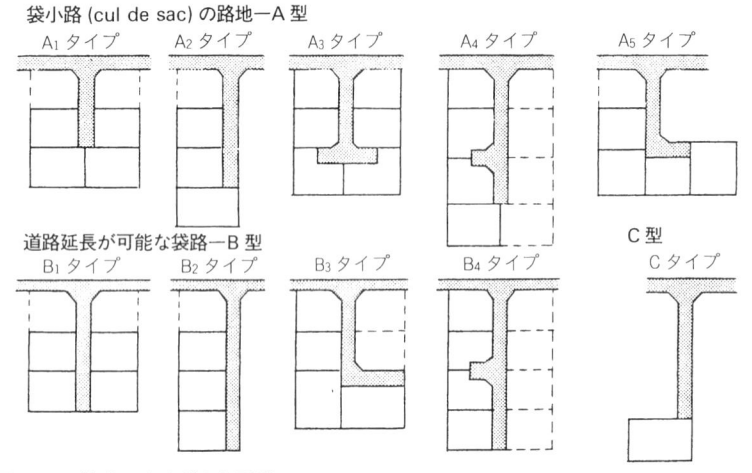

図10・7 接道のさまざまな形態 (出典：松尾久「細街路における建築行政」1972年)

接道

一定幅員以上の街路に接していること．建築基準法では緊急車の進入，避難等のために最低幅4m（道路中心線から両側各2mの後退）の接道を義務づけている．これは路地 (alley) にも適用される（図10・7）．一般に細街路としても6m以上がのぞましい．

宅地面積の最低規模

狭小な宅地は，建て詰りの原因となる（表10・1）ので，何らかの形でコントロールされる．ひとつは，建築基準法の建蔽率で，建坪・建蔽率・敷地面積の関係から間接的に最小限宅地が維持できるというもの，もうひとつは直接的に，地域ごとの最小限規模を決める方式である．

6 宅地開発指導要綱

このような宅地開発の条件をどのようにして確保するか，都市計画法では，ごく緩い内容条件で1000m²以上の開発を許可制にしている．しかし，これでは不十分な対応しかできなかったため，自治体がこれに規制の内容を上乗せ追加したコントロールとして，宅地開発指導要綱（ときには条例＝市町村の法律）行政が発展してきた．1970年

表10・1 戸建住宅の敷地の広さと住環境

面積（ネット）	家屋	外構	相隣関係	植栽
50m²	総2階のべ 60m²>	スキ間だけ，路上はみ出し	壁対壁，開口部なし	植木鉢
80m²	総2階のべ 100m²>	せまい前庭，車庫困難	ほとんど開口を設けられない	低木を若干
140m²	一部2階のべ 120m²>	前後に小庭 車庫確保	開口部を設けても目隠しが必要	低木を若干
200m²	一部2階のべ 140m²>	1～2m壁面後退できる，生垣	小さな開口ならプライバシー守れる	中木植えられる
300m²	一部2階のべ 180m²>	2～3m壁面後退，植樹等	相隣関係を自由にデザインできる	高木植えられる

表10・2 宅地開発指導要綱による，街路・宅地の水準アップ
(1967～72年に兵庫県下7市町で制定されたものを合成)

	適用範囲	一宅地の規模	公園・緑地・広場	公共施設の負担	道路等の基準	協議方式その他
要綱の内容	・市街化区域における500m²以上の開発行為に対して適用する．	（一戸当りの敷地面積） ・低密住宅地 1戸建 120～150m²以上 ・中密住宅地 1戸建 100～120m²以上 ・タウンハウス 80～100m²以上	（公園面積） ・宅地開発区域面積の3%以上か，計画人口1人当り3～6m²以上の公園を確保する．	（教育施設） ・教育施設整備のため計画戸数に応じた協力金を市に納入する． （その他施設） ・消防水利施設 ・駐車場，ごみ処理施設，集会所を設置する．	（接道条件） ・幅員6～6.5m以上の道路に接道させる． （区域内道路） ・4～6m以上とする．	・事前公開の標識設置 ・関係市との事前協議 ・関係市と協定書の締結

・これらの開発指導要綱は，1967年から1972年にかけて，各市で制定されたものの内容をまとめたものである．
・兵庫県7市町は次の各市である．芦屋市，西宮市，尼崎市，伊丹市，宝塚市，川西市，猪名川町．このうち川西市は1967年全国で初めて独自の開発指導要綱を始めた．

代，新都市計画法の許可制が始まると，宅地開発業者，特に中小の建売り住宅開発では，規制のかからない1000m²以下のいわゆるミニ開発を行い，宅地の質が低下した．

そこで，1967年の兵庫県川西市を皮切りに，宅地開発指導要綱行政が人口急増とスプロールに悩む全国の市町村に急速にひろまった．これらの要綱は強制力も罰則もともなわない，あくまでも行政指導もしくは誘導であった．その内容の主たる傾向をみると，①許可を必要とする開発規模を500m²から300m²まで下げた．②宅地最小限面積を定めた．一般市街地で80〜100m²，郊外市街地で150〜200m²程度のところが多い．なお，③人口急増に対処する財政難を理由に，公共施設負担金（価格の数％程度）の納入を求めたが，その後，税金の二重取りという批判や規制緩和の動きとともに後退した（表10・2）．

郊外住宅地の開発がさかんだった北米では，20世紀の前半から宅地区画基準（land subdivision codes）による開発指導がなされている．住環境として，また不動産価値として維持するために，良質の宅地および住宅地の条件を規定している．特に，①宅地の最小規模が1000m²以上と大きい，②建築線の後退，塀や付属小屋などの設置禁止，芝生とその手入れまで，あとで述べる建築協定，緑地協定の内容まで含んでいるものが多い．市町村が行う行政指導とともに，まとまった良質の宅地開発においては，開発者（developer）が，分譲する宅地（および住

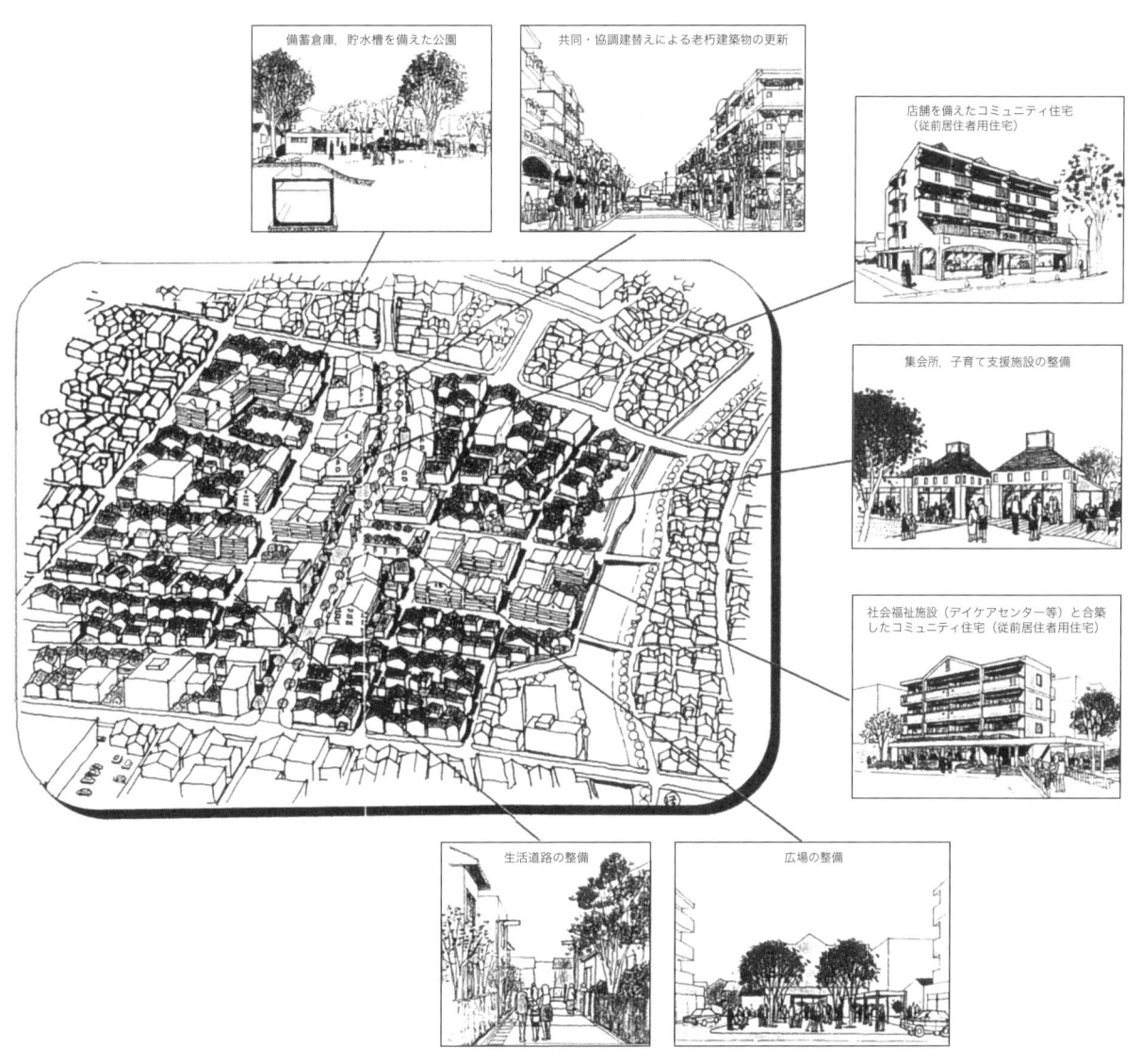

図10・9 密集住宅市街地整備によるまちづくり（出典：建設省住宅局パンフ，2000年より）（説明はp.123）

宅) の購入者と環境維持に関する協定を結ぶという契約方式もある．この手法は，近年の日本でもいくつかの団地開発でモデル的に試みられている．

7 宅地と建築物

市街地における不動産 (real property, estate) という観点から，日本と欧米をくらべてみると，大きな差異は宅地・建物の関係である．日本の場合，建物は改変除却がたやすく，宅地はいつでも更地になるよう区別されている．また，不動産の価格は，建物の利用によって得られる価値よりも地価の値上がりにともなうキャピタルゲインによるところが大であった．欧米の市街地では，宅地と建物は一体として不動産をなしている．つまり，住居はストックとして概して長寿命であって，居住・使用価値および収益性（交換価値や家賃）に重きがおかれている．そこから住環境の維持と不動産価値の保全という2つの利益が重なる．

わが国の場合，宅地が敷地として売却されると，細分割されてより零細な住居に変わってゆくところに問題がある．住環境の形成と維持のために宅地・住宅一体のきめ細かいコントロールが必要といえよう．

10・3
市街地のストックと保全・改善・再開発

1 市街地のライフサイクル

市街地・町並みは，さまざまな時代に開発され，不断に新陳代謝を続けている．初期投資の質の向上を図るとともに，既成市街地ストックに対しても計画的な維持管理，改善，部分更新，再開発といった追加の投資が必要である．そこから，居住コミュニティ＝「まち」は，その歴史過程を経て成熟し，個性を育てることができるのである．都市は，さまざまな時代に開発され，個々に災害や栄枯盛衰の経歴をかさねてきた多様な市街地ストックによって構成されており，その整備計画のありかたは，個々の地区ごとにていねいに検討されるべきである．それゆえ，都市政策をたてるにあたっても，どのような問題性と整備課題をもつ市街地が，どこにどれくらいあるか，大略を把握し，維持管理のメニューを準備することが必要になる．これまでの市街地機能と環境に関する実態調査と居住者の意向調査およびそれらを反映する整備事業からみて，次のような対策類型に整理することができる．

2 市街地環境の維持保全と改善
維持保全事業

すでに良好な居住地・市街地環境が維持されており，住民がその継続を求める場合である．それが問題になるのは，その空間環境の共同秩序を乱す宅地の細分割や狭小過密居住あるいは不適切な用途の土地利用，不調和なデザインなどが発生する場合である．また歴史的にすぐれた伝統的町並み遺産のように，その空間構成と景観の共同秩序を保全したいとする場合である．町並みは生きているから，現状凍結のような保護対策ではなくて，す

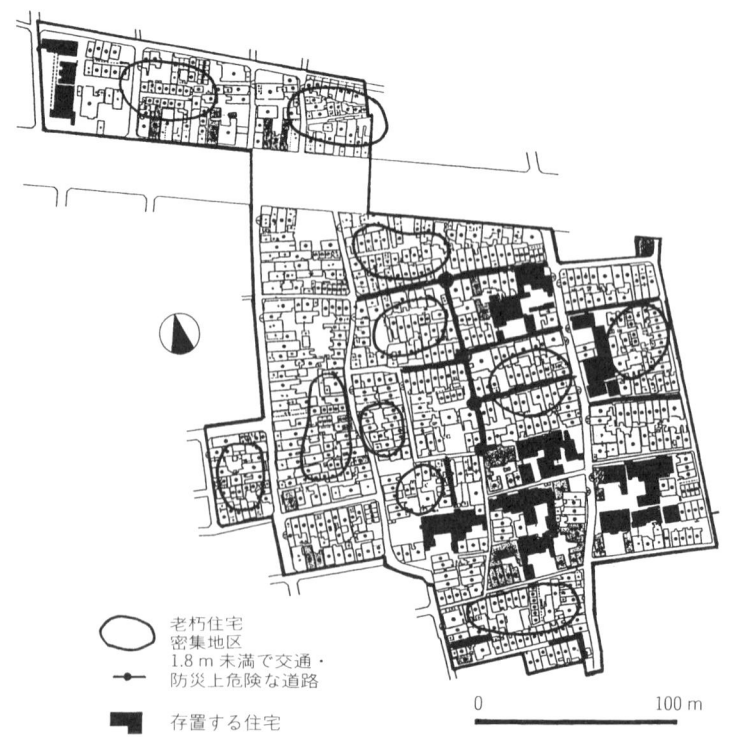

○ 老朽住宅密集地区
●─● 1.8 m 未満で交通・防災上危険な道路
■ 存置する住宅

0　　　　100 m

事業前の状況

地区の大半は戦前からの長屋住宅が密集し，街路も幅員4m未満が多く防災・住環境上の問題があった．1973年からの住民の意識調査をはじめ，住民参加の計画をもとに住宅地区改良事業（522戸）をすすめてきた．また周辺地区も含めて小集落地区改良事業（90戸）を追加した．

図 10・8　住環境の改善（住宅地区改良事業＋小集落地区改良事業，名古屋市南押切地区）

でに異質に変容している部分を取除き，更新する建築物には町並みへの調和を求め，同時に設備などの近代化改修を加える．したがって，保全（conservation）とは凍結的保存ではなくて，積極的な保全的開発（conservational development）であるともいえる．

地区改善事業

初期投資の質が低く，居住と供用の過程を通じての自律的な向上が困難な場合，積極的な支援によって計画的に改善（improvement）を図る方式である．歴史的にいって，生活貧困階級や社会的に差別されてきた人々が，災害の危険の多い都市縁辺地区に押しこめられ，低質過密居住を強いられてきた地区＝スラムについては，すでに「3章　近代以降の都市づくり」で説明した．初期のスラム対策では，「不良住宅」を除却（demolition）すればスラム街を一掃（clearance）できるというものであったが，居住者はその地区から排除されるとまた別の地区に移ってスラムを再建するしかない．スラムといっても居住者は最大の努力を払って生活を維持しコミュニティの相互扶助をすすめているのであるから，その現実の生活関係を尊重して段階的向上（up-grading）を図るべきであると政策が変革されてきた．したがって，現状の市街地ストックを基本にしながら，街路の拡幅・新設や公園づくり，下水道や防火水槽，コミュニティ福祉施設の改良など，共同施設を積極的に整備する．さらに，社会的に決めた水準以下（sub-standard）の住宅・建築物が密集している地区の部分再開発などが含まれている（表10・3）．居住環境が低質だった地区における住宅地区改良事業と住環境整備事業などを組み合わせて効果をあげている事例を示しておく（図10・8）．既存の住宅・建築物ストックで良好なものは存置し修復する．不良ストックは除却し，住み続けてきた地区内で，新しい公的住宅に入居する方法をとっている．これらは，住民が参加する総合的な住環境整備プランに基づいて実行されている．

3　密集住宅市街地の整備

1980年代から行われた関東大地震を想定した被害予測さらに1995年の阪神・淡路大震災によって，わが国の都市に大量に存在する木造住宅密集地の脆弱さが明らかになった．そこで，それまでのいくつかの住環境整備事業，たとえば豊中市の庄内地区や墨田区の京島地区などの経験を総合してより強力に実行できるよう，1997年に密集住宅市街地整備法が制定された．ここで密集地区とは，①狭小な敷地に高密度に建築物が建ち並び，②老朽木造建築物の比率が高い，③地域内の道路・公園が乏しい，そのために，日常の居住性に劣るだけでなく，地震時等に人々が避難したり緊急車が進入するのが困難で，自力の建替えによる市街地の改善が不能で共同化が必要とされる地区と定義されている．この制度を適用する場合は，①自治体が主

事業化状況

導する整備プランの策定，②老朽住宅・建築物の除去，③従前居住者のためのコミュニティ住宅の建設（公共・民間），④個別住宅の共同建替え（個人・民間），⑤道路・公園・集会所などの建設を公的に補助しようというものである（図10・9）．このような密集市街地のうち，特に危険な地区は東京と大阪で各2000ha，全国で8000haあると推定されている．

4 都市の再開発事業

既成の市街地空間の構造を更新ないしは再造成するために，住宅・建築物だけでなく街路と街区の改造を含み，基本的に全面的な除却と建替え（scrap and build）を行う更新事業方式を都市再開発（urban redevelopment）といっている．改善型にくらべると，町並みやコミュニティの連続性が損われるおそれがあるが，この方式が社会的に必要とされるのは，次のような状況である．①幹線街路や駅前広場などの都市基盤施設が貧弱で都市機能がマヒしていて大規模な改造が必要とされる地区，②低層の商業地区などで，都市発展にともない開発ポテンシャルが高まり，土地の有効利用と魅力アップによる商業集積や人口回復によって振興が期待される地区，③街区の形状や家屋の質が不良で家賃収益力が低下している地区で，

表10・3 既存市街地・居住地を整備するさまざまな方策

①保全（conservation）	イ．保護，現状維持（重要文化財，特別指定地区），良好環境地区
	ロ．修復維持（居住環境協定地区，伝統的町並み保存地区）
	ハ．保全型開発（町並み景観保存的開発地区）
②改善（improvement）	ニ．地区基盤整備（街路・公園未整備地区）
	ホ．地区基盤整備＋家屋部分更新（家屋密集地区，老朽商店街近代化地区，スラム改造・住環境整備地区）
③再開発（redevelopment）	ヘ．全面更新＋再入居（住宅地区共同再開発，商住混在地区再開発地区など）
	ト．全面更新＋機能転換の新開発（大規模都市施設導入，土地利用高度化，用途転換地区など）

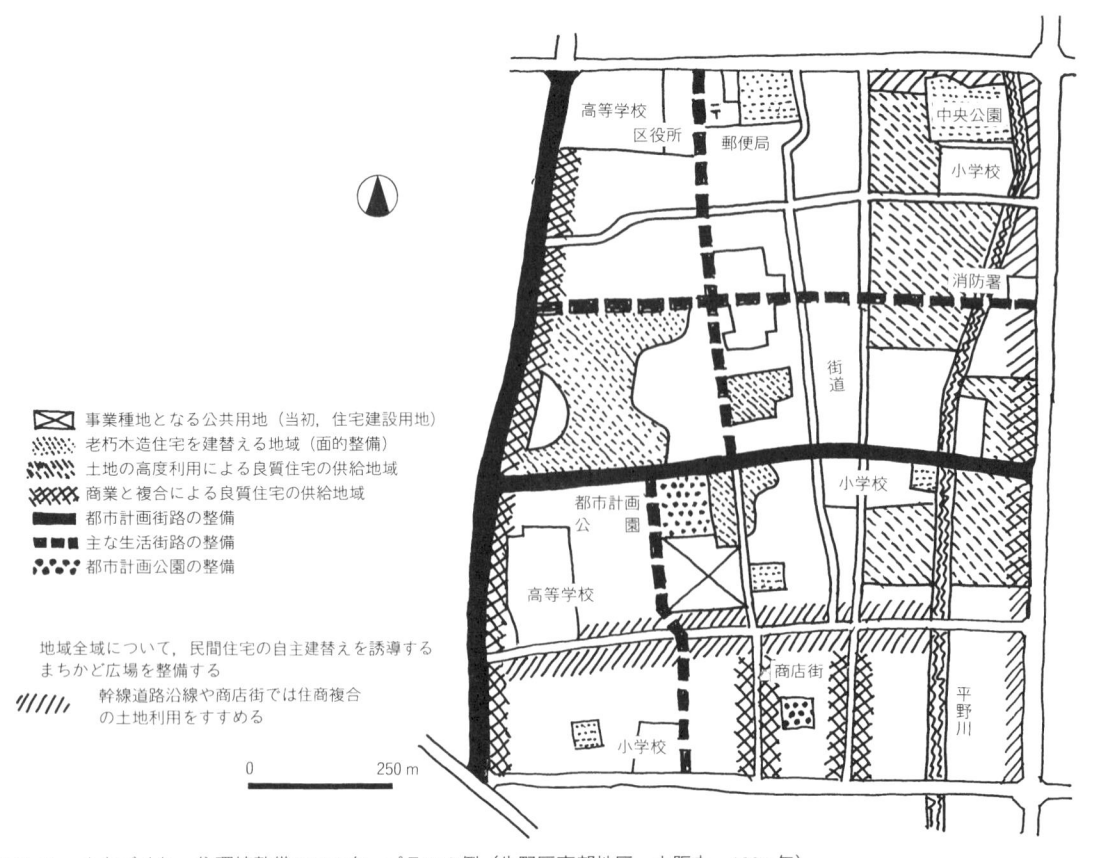

図10・10 まちづくり・住環境整備のマスタープランの例（生野区南部地区，大阪市，1994年）

地権者が共同的更新を希望している地区，④産業機能の変化や公共用地の利用転換などから発生するまとまった跡地を中核にして周辺と一体的に都市の再整備を期待する場合，などが想定される．

これらの既成市街地の整備は，総合的な地域の都市改造マスタープログラムに基づいて実行されることがのぞましい（図10・10）．どの地区でどの手段を選択し事業に優先権をあたえるかは，事業の難易度，公共予算負担の程度，地域住民・事業者の熱意と合意，社会的必要度，広域的施設の導入時期などを考えあわせて，都市計画制度の上でマスタープログラムとして描くことで，個々の地区事業決定のための指針とすることができる．

維持保全，改善および再開発の方式は，単独でも適用されるが，地区全体としては改善，部分的に再開発，重要な文化遺産周辺は保全といった複合的な組み合わせとして適用することが効果的である．また，工場や貨物駅の跡地など，土地利用ポテンシャルの大きいまとまった大規模サイトを再活用して，都市型の集合住宅団地や商業・業務・レジャー・居住などの複合地区（mixed development）に転換するプロジェクトも都市再開発事業のひとつである．これら全体として，都市の住宅・建築・市街地などの更新を行って新陳代謝をすすめる政策を「都市更新（urban renewal）」，それらを通じて居住と都市活動の回復振興を図る戦略を「都市再生（urban revitalization）」と，それぞれ称している．

5 市街地再開発事業

既成市街地の内部において，よりよい環境や土地活用をめざして，小規模な敷地等を共同化して立体化，高度利用することで多くの床（建築床面積）と街路・広場や公開空地などの公共施設用地を生み出す共同建築化というシステムが市街地再開発事業の基本的な仕組み（都市再開発法，1969年，以後改正あり）である（表10・4，図10・11）．土地区画整理の換地と違うのは，従前権利者の権利は，原則として等価交換といって，新しい再開発ビルの床「権利床」に「権利変換」（置換え）され，区分所有権が設定されることである．この場合に敷地は共有

表10・4 「再開発で活力あふれる豊かなまちづくり－中心市街地の再開発のすすめ」

問題の所在	市民と自治体の連携・信頼に基づく活力ある再開発
・都心のシンボル性の後退 ・住宅の老朽化と新規供給の停滞 ・若年定住人口の流出・減少 ・大型店舗の郊外化，商店街活力低下 ・駅前広場等公共施設・駐車場不足 ・市民にも事業者にも魅力がなく，個性に乏しい市街地景観	・地域の新しい活動拠点の形成 ・総合的な都市の成長力の増進 ・都市型住宅の供給と住環境の整備 ・購買だけでない市民の交流・賑わいの場を創る文化福祉施設の整備 ・個性豊かなまちの顔づくり ・環境にやさしいまちづくり

（出典：建設省・都市再開発促進協議会他のパンフレット，1994年より）

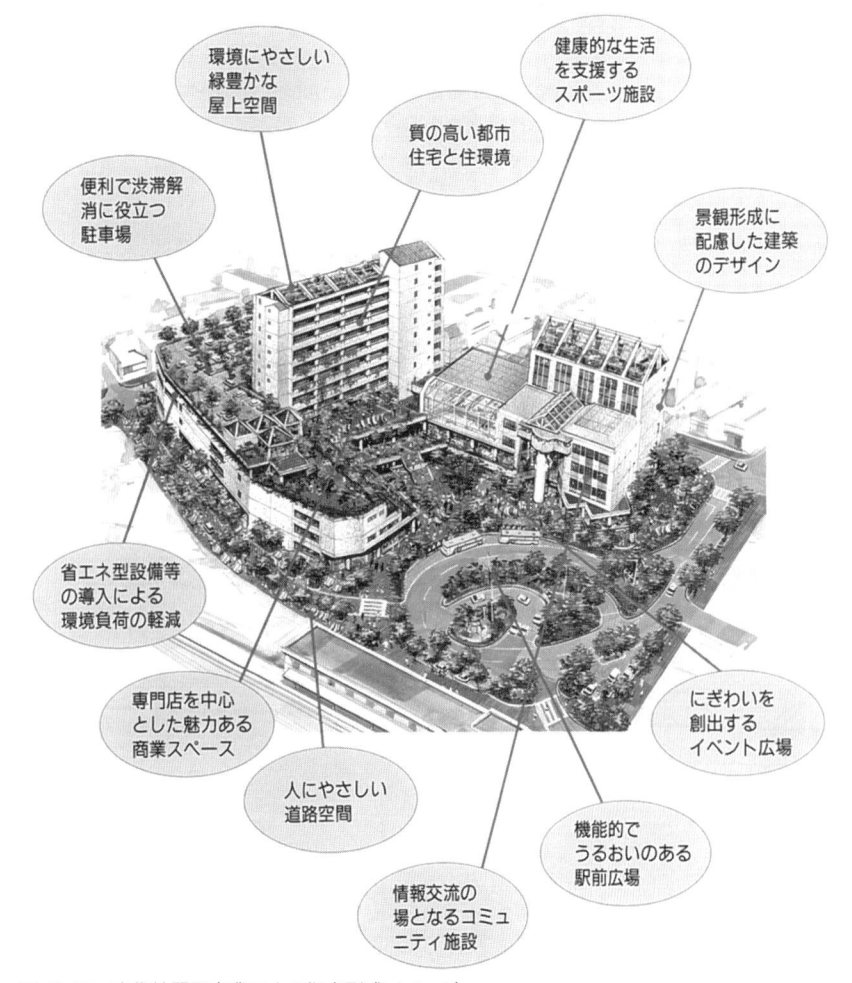

図10・11 市街地開発事業による拠点形成イメージ（出典：建設省・都市再開発促進協議会他のパンフレット，1994年より）

となる（図10・12）．

事業費は，①地権者の権利預託，②国と地方公共団体からの補助金に加えて，特に重要なのは，③高度利用によって新たに生み出される「保留床」（区画整理の保留地に相当）の処分金収入を充てることである．いいかえると，この保留床への需要を確保し適正な価格で処分でき

るかが，事業の成否を決することになる．駅前などの商業業務型の地域では，大規模店やオフィス等の大型テナントを獲得できるかどうかが，あるいは都市型の中高層マンションの需要が見込まれるかどうかが，おのずから市街地再開発事業の立地選定の条件になってきた．

市街地再開発で，事業主体になれるのは，個人，市街

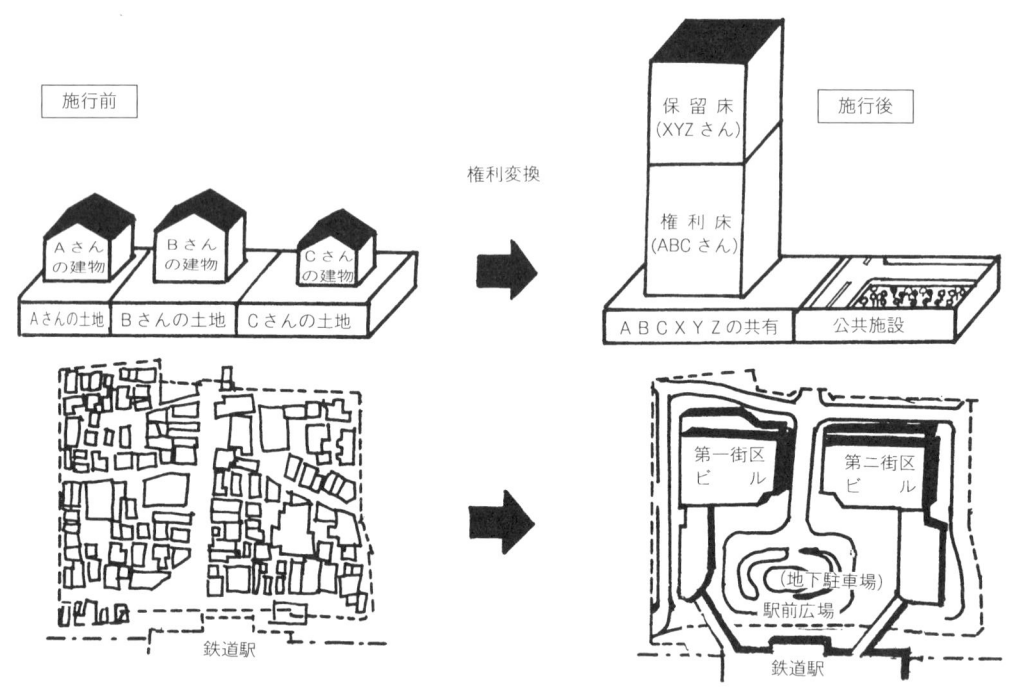

図10・12 権利変換のしくみ

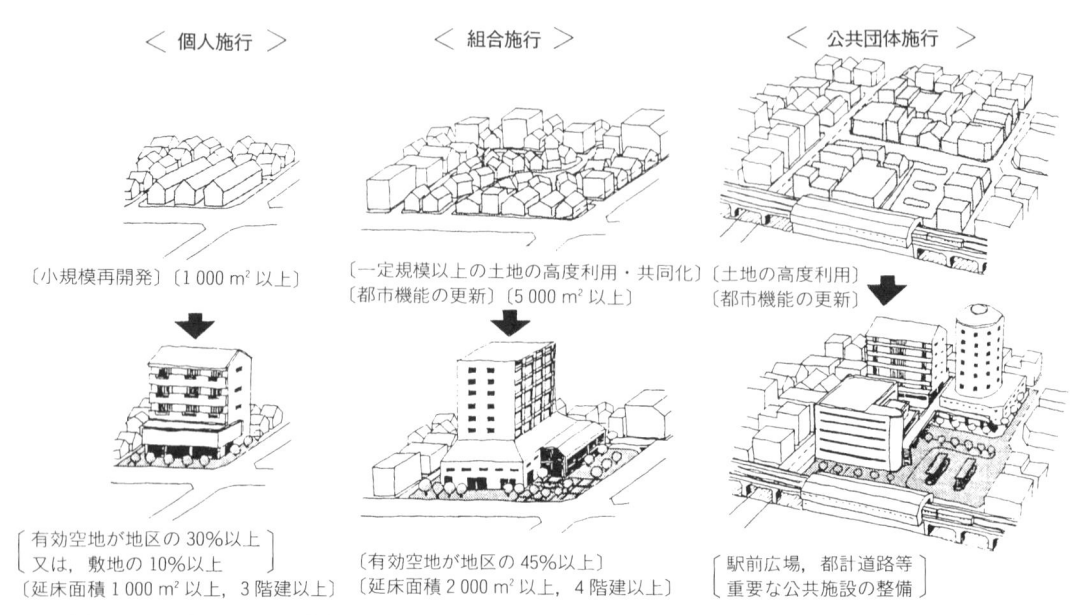

図10・13 市街地再開発事業のイメージ（出典：㈶大阪都市整備協会『実務者のための100のまちづくり手法』1990年より）

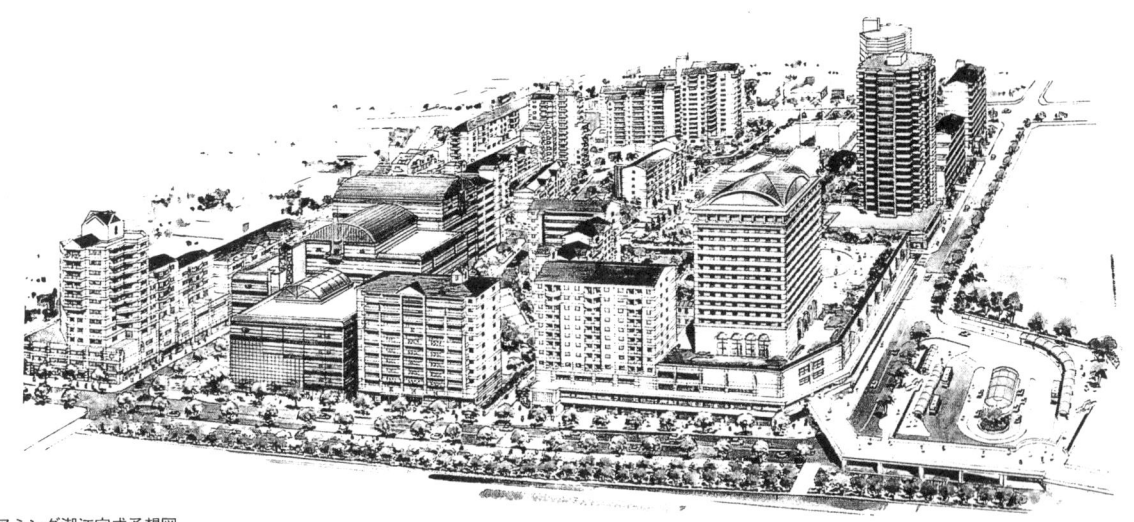

アミング潮江完成予想図

〈「アミング潮江」再開発事業の概要〉
　かつて繁栄した市場や商店街であったが，時代の移りかわりと共に活気が失われ，商業施設や住宅が老朽化し，若年層の流出と高齢化の進行という都市問題を抱えるようになった．1970年から再開発事業に取組み，自治体と地元のまちづくり協議会および住宅・都市整備公団参加のもとに1994年に第一地区が竣工した．
・新しい住宅への再生・460世帯，1250人が1200世帯，約3600人に増加
・中心商業地の再生・店舗面積22000m²，散策の楽しめるショッピングモールが出現
・若者文化村の誕生・立地を生かして遊びと生活文化の拠点づくり
・近松と文化・近松門左衛門の墓所にちなむ歴史文化の見直し
・お洒落な町並み・姉妹都市アウグスブルグのような明るく落ち着いたたたずまい

〈居住の継続〉
　潮江地区の権利者構成は，借家人・借地人がそれぞれ41.3％，38.6％を占めている．これら約8割（第一地区では86％）のひとびとが再開発によって住み続けられるかどうかが大きな問題であった．考える会を中心とする運動の過程で，当初昭和60年に予定されていた都市計画決定がいったん見直し，延期され，2年後に住宅・都市整備公団，尼崎市，住民の覚え書き締結の下で都市計画決定された．

〈参加による改善〉
　「希望する者はすべて残れる再開発をめざす」ことを理念とした．この結果，市営コミュニティ住宅を含めて第一地区で約80％の住民が再開発後居住を継続している．

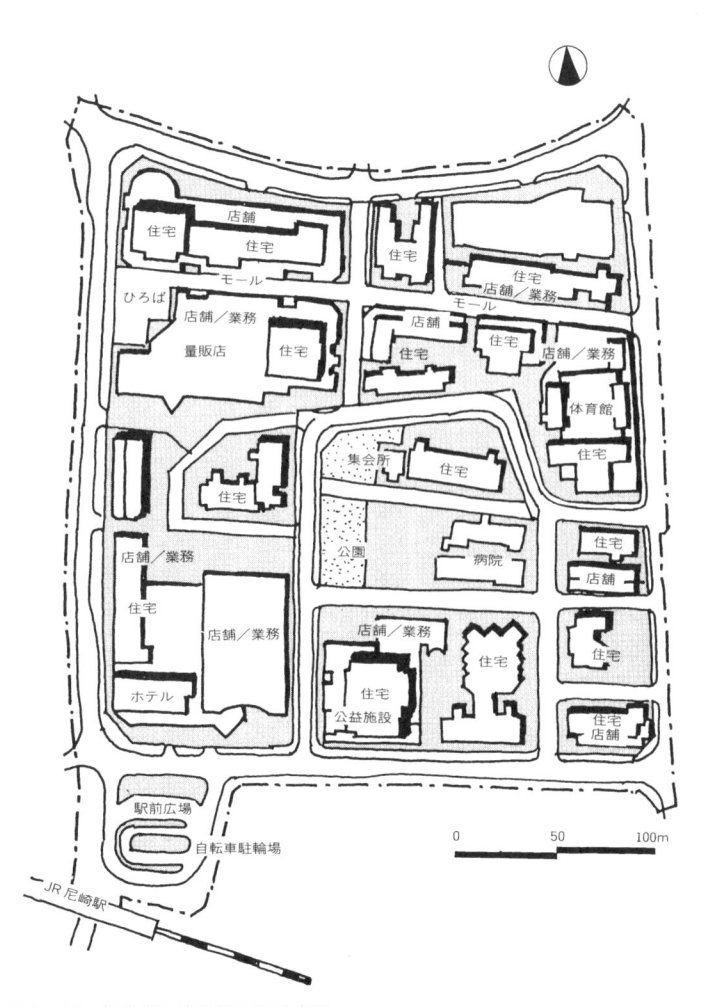

図10・14　複合的な市街地再開発事業　(出典：住宅・都市整備公団関西支社『JR尼崎駅北地区「アミング潮江」市街地再開発事業史』1994年より)

地再開発組合（地権者の集まり），地方公共団体（市町村自治体）ならびに公的デベロッパーとしての住宅・都市整備公団（2004年度より独立行政法人・都市再生機構），地方住宅供給公社などである．デベロッパーも，再開発組合に参加することが多い（図10・13）．

こうした事業は「まちづくり協議会」「再開発組合」による計画の検討，都市計画や商業立地との調整などで，初期の発想から実現まで通常10年近い取組み期間を要する．手間がかかり過ぎるともいえるが，その期間に，まちづくりに取組む力を充実することが大切といえよう．従前の居住者や従業者は，さまざまな理由で，再開発された空間に入居できないことも多い．権利床の評価額が高くなり，必要な床面積が確保できない．借家権者は新しい床の家賃が払えない．あるいは，立体的なビルに不適な業種もある．低所得世帯や零細権利者でも入居可能な（affordable）住戸や店舗を供給する対策を怠ってはならない（図10・14）．

このように，多数の権利者が参加する，きめの細かい市街地再開発の事業方式は，永年にわたる土地区画整理の経験や技法蓄積の上に，これまた日本独特の発達をみたものである．

6 中心市街地の整備と活性化事業
タウンマネージメント

都市における中心市街地は，古くから商業・業務などのさまざまな機能が集積し，人々の生活や娯楽や交流の場となり，地域全体の賑わいを発展させてきた．しかし，近年，多くの都市で，商店街の衰退，コミュニティの人口減や高齢化がすすんでいる．それが魅力低下となりさらなる不振をまねくという「衰退のスパイラル」におちいっている．商業系の事業者や地権者だけでなく市民にとっても，都市の顔でもある中心市街地を，このまま成り行きにまかせて空洞化させてよいものかという問題意識をもつようになった．これまで，商店街*については，経営診断や魅力化などが中小企業政策として，商業モール・共同駐車場づくり，空間の高度利用再開発，交通アクセス整備などは都市計画サイドから取組まれてきたが，これだけでは空洞化にブレーキをかける有効な政策とはいえなくなっている．そこで，活性化プログラムを意欲

図10・15（A） 中心市街地衰退の構図（出典：(A)(B)とも，兵庫県パンフレット，2004年より）

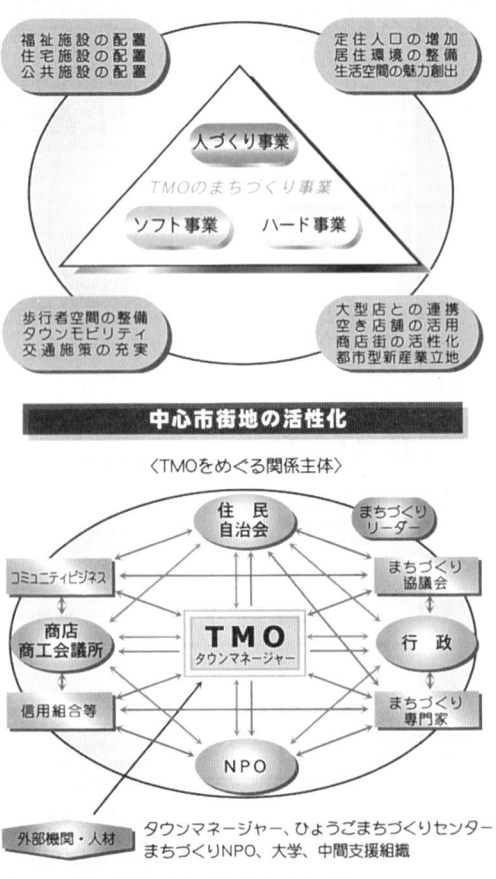

図10・15（B） TMOまちづくりのイメージ

表10・5　中心市街地活性化の取組みメニュー例

I	活性化プログラム推進 ①TMO組織　理念・コンセプト　人材の結集と育成　組織化・資金調達など ②将来構想・アクションプラン立案　多様な提案の受け入れ　マネージャー派遣 ③市民参加　情報発信　レター　イベント
II	商店街のイメージアップと複合機能化 ①商業者の豊かさ創造の経営マインド　商店リノベーション　こだわりの店・馴染みの店づくり　共同サービス強化　コミュニティマネー ②商店街の魅力再発見　多様な集積　ヒューマンコミュニケーション　観光客の受け入れ　満足度の高いコンパクトさ ③空き店舗・空きビルの活用　核店舗誘致　起業家ショップ開設　共同店舗 ④市民機能の導入による　交流プラザ　子育て支援　健康増進施設　福祉増進施設　図書館端末　シネコン　地場産業コーナー　観光案内所 ⑤居住人口の回復　家族向けの住宅　ケアハウス　シルバーハウジング　空き業務施設の用途変換
III	アメニティと集客力あるモールづくり ①安全で魅力的なモール・歩行者空間　電線地中化　バリアフリー　タウンモビリティ（電動車いす利用）　自動車乗り入れ規制 ②アーバンデザイン　看板デザイン　並木・ストリートファニチャー ③中心市街地にふさわしい土地利用の実現　市街地再開発制度や地域地区制度の地域に即した運用
IV	アクセス性と回遊性の向上 ①交通アクセス　バス・市電・LRT・鉄道および道路などの結合プログラム（乗り継ぎスポット・ターミナルの快適化と適切配置，共通乗車券）　コミュニティバス運行　低床バリアフリー車両の導入 ②自転車ルートと駐輪場整備・管理 ③環状道路設定・整備　自家用車駐車場の配置と案内情報システム

（出典：中心市街地活性化関係府省庁連絡協議会編「中心市街地活性化のすすめ」2003年等を参考に作成した）

的に実行しようとするモデル都市に対して，さまざまな支援手法を集約的かつ総合的に運営に利用できるように支援しようという「中心市街地における市街地の整備改善および商業等の活性化の一体的推進に関する法律（中心市街地活性化法）」が制度化された（2000年）．

この事業方式は，これまでの都市再開発事業とはかなり発想を異にする．第一に，市町村がイニシアティブをとること．第二に，活性化プログラムを意欲的に促進するために，新たにタウンマネージメント組織（TMO）を立ち上げること．TMOは将来構想の立案，プログラムの企画，人材の結集と育成を行い，関連する組織との連携をすすめるが，在来のような調整協議体とはちがって，自ら資金を調達し，そうした事業を効率的にすすめると期待されている．TMOには商工会，商工会議所，行政，商店会，自治会，NPO，地権者，立地企業などから人材を選ぶ（図10・15 (A), (B)）．

2004年時点で，各地で現在進行形の取組み内容は多様である．瞥見してみると表10・5のような試みがある．

中心市街地問題は郊外化と流通革命がすすむ世界での共通の課題である．独自の創意工夫と総合施策で都心再生を図る政策の先達として，英国のシティ・チャレンジ政策では，商工業の振興と都市整備だけでなく，住宅政策，各種の訓練，環境改善，犯罪対策などの社会政策や，教育，スポーツ，文化事業までが含まれ，市町村のイニシアティブのもとに民間セクターとボランティア組織で構成されるパートナーシップが，コンペ方式などで選定され，都市内の衰退地区の活性化に取組んでいる．さらに既成の商店街と新しい大規模ショッピングセンターとの競合にどう対処するかは複雑な問題である．ドイツでは，郊外への大型店舗の立地を都市計画で規制し中心部へと誘導し，地下鉄や路面電車のアクセスを改善し，快適なモールで集客力を高めている．わが国では中心市街地活性化法と同時に都市計画法の一部を改正して，条例で大規模店舗を立地規制できる建前になったが，その実行には，市民のアーバンセンターの賑わいを創生するという強い意志が求められる．

Ⅳ　市街地の整備と居住地設計

11　建築行為・開発行為の社会的コントロール

11・1
建築の自由と不自由

1　建築行為・開発行為の社会的コントロール

　現代の日本は私有財産制度が発達していて，個人や事業者がそれぞれの土地に住宅や建築物を建てて住み利用する．どう土地を用いてどんな建築をするか，かなり自由度は高いといえる．それらの集合が市街地を形成し，雑多ではあるが個々に表情のある町並み景観をみせている．しかし，建築の自由さは，さまざまな時代の社会的制約条件とのかかわりで得られるものである（表11・1）．
　社会的制約条件についてみると，たとえば古代においては，建築の配置や形状には自然条件への対応や信仰からくる土地・建物にまつわる禁忌が作用していた．また，身分階級社会では，屋敷や建築の規模や形式が差別的に規定されていた．身分制度に対応する武士，町人（商人，職人）および被差別階級ごとに区分された居住地のゾーニング，商工民の奢侈抑制のための家作制限，さらに都市化がすすむと建築物についても延焼防止のための防火造などが義務づけられるようになった．
　近世以降，商工民の経済力が高まると，都市コミュニティを自主運営する協同ルール＝町規約（町定め）などの申し合わせが発達したが，それらの規定には，町内に迷惑をかけない建築の相隣関係ルール，環境侵害のおそれのある業種の立地排除，防火の義務づけなどの内容が含まれていた．このように，都市で集住している限り建築行為には制約条件がつきまとうが，ルールを守りながら創意をこらすことで，美しい整った町並みが形成されてきたといえる．
　伝統的な共同秩序が支配的であった社会から，近代に入ると土地の所有・利用権の私有化と建築の自由をめざすことになり，結果的に無統制な市街地がひろがった．近代化の初期には地方行政が，やがて国家が国民の厚生（public welfare）や社会安定のために都市計画や建築規制を制度化することになった．
　わが国では，戦後，高度成長期を通じて人口と産業の都市集中がすすみ，市街地が急激に拡大し，膨大な建設と開発が行われ，都市計画と建築行政はこれらの対応に追われた．結果としては，市街地のスプロールがかなりすすみ，各地で乱雑な町並みや潤いのない住環境が形成されたといえる．一方，この期間では，建設技術の革新や品質の向上を背景として，基本的に建築の自由が追求されたが，都市空間とのミスマッチングはかえって深刻になった．このような市街地の状況を踏まえて，地域住民からも特色のあるまちづくり，美しい景観など新しい秩序をもった環境が求められるようになり，様々な法制度が改正され，各地で地域社会の共同の取組みを支援する制度が育ちつつある．

2　近代の建築行政

　近代になって土地の私権が強くなり，敷地利用や建築行為がより自由になり，かつコミュニティの束縛が弱まると，環境侵害などの相隣・近隣関係の紛争を多発させた．また衛生条件のわるい低質長屋が投機的に大量建設

表 11・1 建築・都市の空間秩序を規定する社会状況と実現手段－歴史的考察モデル

空間秩序の時代区分	■空間秩序をささえる社会的状況	□規制と整備の制度・手法
村落共同体の自治秩序	■生産祈願・難除け・自衛のための共同結束 ■伝承・信仰に根ざす自然観・宇宙観（地相・家相など風水学の世界）	□自然条件への適応経験 □集落空間を構成する共同規範 □地場の建築材料・構法・労働
身分社会の格式秩序	■武家社会における階級的秩序 ■城下町等の社会的秩序（治安，商工民の制御と集団運営）	□身分格式を表現する建築様式 □町屋型都市建築の原型 □通りと店のルール，火の用心の設え □資材流通・大工職能・生産組織の発達
町衆協同体の自治秩序	■町内という協同運営体 ■「町定め」などの協同運営ルール ■自治運営の共同責任の明確化	□協同ルール（不動産の入手，業種制限・迷惑行為排除，宅地分割禁止など） □両側町の格子・セットバックなどの町並み □町屋形式の都市建築による相隣関係 □身分を越える奢侈の制限
近代化社会の都市秩序	■伝統的協同秩序の弱体化 ■急激な都市化と貧困・衛生問題 ■産業発展と都市建設のアンバランス ■自由放任から公共政策としての新秩序の模索	□建築の自由の拡大 □不動産・住宅市場の形成 □近代的な建築生産方式の導入 □公衆衛生対策・建築物取締り規制 □公共事業のための土地利用権の優先
都市計画・建築法制による秩序	■都市の拡張と地域機能の分化 ■新中間層の郊外地秩序 ■建築の大型化・高層化 ■市街地スプロール・内部混合地域問題 ■都市計画法・建築基準法の改正	□用途地域制と建築規制 □住居専用地域の登場 □近代建築技術の発達 □形態規制・日影規制 □防火規制・騒音規制との連動 □宅地の基準と開発規制
都市コミュニティのまちづくり秩序	■都市コミュニティの成熟期 ■まちづくり計画に基づく規制と整備 ■魅力あるアメニティ環境の追求 ■安全・安心・福祉側面の総合 ■フロー主義からストック基調へ	□WS・専門家派遣などの住民主体の計画支援 □建築協定・地区計画制度・まちづくり条例 □住環境整備・密集市街地整備計画 □景観形成計画・伝統的町並み保存 □防災・バリアフリー・地域福祉との連携 □クリアランスから改善型プログラムへ □持続的な環境マネージメント技法

（筆者作成：このチャートの発想にあたっては松尾久氏の助言を得た）

されるようになった．このような事態は近代都市の効率性や健康性および安全性を脅かすため，行政的な対処が必要になり，在来の相隣関係の取決めや共同体規定のかわりに，近代法に基づく建築行政が登場した．わが国では，その初期段階としては，不衛生で密集する低質長屋を問題にしたいくつかの府県による家屋建築物規制令規*が制定されていた．そして，国家レベルとしては1919年に市街地建築物法が制定された．これは，建築単体の構造や衛生の最低条件を定めたものであるが，同時に，道路や敷地の条件などの集団規定も含まれていた．

3 建築基準法

現行の建築基準法*は，市街地建築物法を前身として，1950年に制定されたものである（以後，逐次改正）．日本の建築基準法は，「単体規定」，つまり，建築物の構造・防火・衛生などの安全に関する規定（building code）と「集団規定」，つまり，建築物の集団である市街地での，敷地・道路との関係，用途地域制，建築物の形態など都市計画に基づく地域規定（zoning code）が一体化されたものである．集団規定は都市計画法（1968年に全面改正）で定められる用途地域制度とリンクしている．これにより建築行為は工事着手前に，法に定められた規定に適合することの確認をうけることになり，また，その後，さまざまな関連法令や規則が付け加えられているので，都市における建築行為はきわめて複雑に制御されるようになった．

11・2
建築のための敷地の条件

好ましい市街地の環境水準とは，①街路・公園などの公共施設が整っていること，②環境に悪影響をおよぼす土地利用がないこと，③敷地と建築物とのバランスがとれていること，④上下水道などの給排サービス施設が整っていること，⑤美しい町並みの秩序を維持している

こと，のすべての条件を満足させることである．実際に建築行為にはいるときに第一に問題となるのは建築のための敷地（building site）の条件である．

接道条件

すべての建築敷地は，道路に接していなければならない．建築基準法によると，住宅地などの細街路では幅員4m以上が求められる．奥行きの浅い路地奥の敷地でも2m以上は接していなければ，建築敷地として認められない．

安全条件

擁壁や排水施設を整えて，宅地災害から自らを守るとともに隣家に危害をおよぼさないようにする（くわしくは「10・2 市街地を開発する仕組み」を参照）．

敷地の広さ

ある広さの敷地にどれだけの延べ床面積（または容積）の建築物を配置するかを，土地利用の強度（intensity）というが，狭い敷地いっぱいに過大な建築物を配置すると日照や通風からしても建て詰まりの原因となる．そこで，想定される建築容積に見合う規模の敷地を確保することが必要になる．たとえば，一戸建て住宅地で，2階建て住戸の延べ床面積を120m²程度と想定すると，日照や植栽，相隣環境関係を考えれば敷地面積として150m²くらいが最小かと思われる．逆にいうと，ある広さの敷地で許容される建築物の規模は規制されるべきである．

わが国の都市計画法や建築基準法では，新しい地区計画制度をのぞくと敷地の最小限規模を規定してこなかった．むしろ，敷地と建築との関係を，建蔽率や容積率といった係数を用いてコントロールし，間接的には極小宅地の発生の防止に役立てようとしている．

一方，市町村の宅地開発指導要綱では，直接的に宅地規模を規定する例も少なくない．たとえば，最小限宅地面積を，第一種住居専用地域では150m²，第二種住居専用地域では80m²に設定している事例がある．

北米の郊外住宅では，今世紀にはいってから，市町村が宅地区画条例（land subdivision codes）でもって宅地開発の水準を維持してきた（図11・1(A), (B)）．ここでは，1エーカー（0.4ha）当りの住戸数基準を，たとえば5戸と定めて宅地の零細化を防いでいる．

また，西欧系諸国の都市では，敷地は建築物と一体的に扱われることが多く，後述の「地区詳細計画」でもって誘導する方式が一般的である．

11・3 地域地区制と建築物の用途コントロール

1 土地利用と建築物の用途制限

市街地における建築物は，単体であっても，その外部環境は相互に依存しあっている．一方的に近隣環境の利益を内部化し，日照阻害や騒音などの不利益を外部化することは許されない．その基本原理は，市街地における「空間の共同秩序（communal space order）」である．もともとは地域社会の慣習や規定から始まり，不適切な用途・建築行為の排除が目的であった．近代の土地私有権

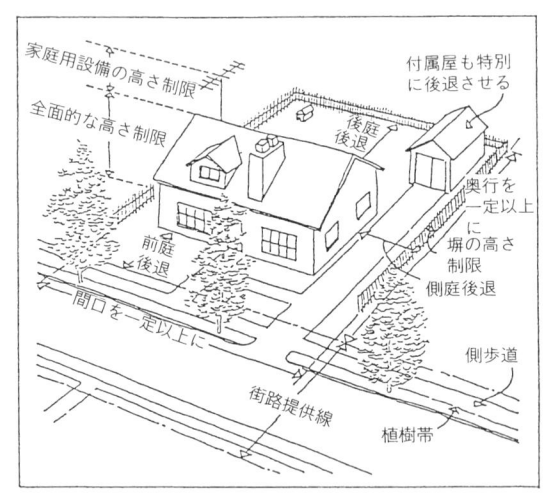

住環境のアメニティを守ること，不動産価格の低下を防ぐことが，厳しい共同規制の背景にある．

図11・1(A) 敷地に関するさまざまな規制（アメリカ宅地区画条例 = land subdivision codes の例）

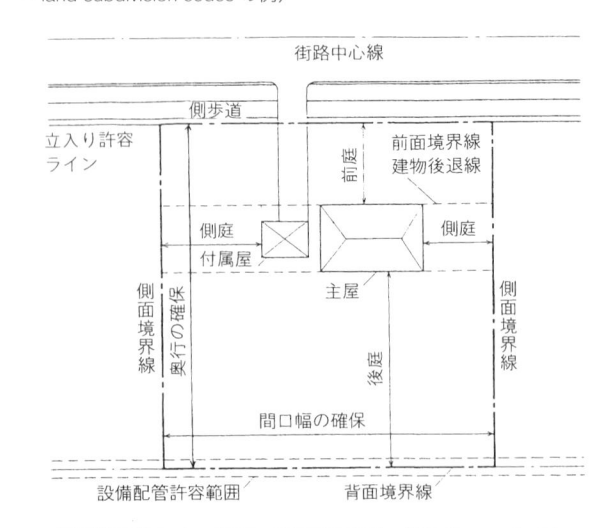

建築線が厳しく，増築には許可が必要．簡易ガレージ，塀なども規制される

図11・1(B) 建物や付帯物に関する規制（アメリカ，1960年代）

の保障，建築種別の多様化，建築件数の増加に対して，客観的で公正な建築行政が求められるようになった．そこでの有効な解決策のひとつが地域制＝ゾーニング指定の方式であった（「5章 土地利用計画」参照）．

地域制が基本とするのは「用途地域制」である．地域制の各土地利用区分に対応する建築行為，すなわち建築物の用途およびそれらに対応する形態についての「許容」および「排除」のリストを作成する．

わが国の都市計画法では，必要な区域について用途地域指定を行い，建築基準法では指定された用途地域に対応する建築行為のおもに用途と形態について規定している．建築行為に当たっては，建築確認申請をして自治体（特定行政庁という）が任命する建築主事または公的に指定された民間の検査機関の確認を得なければならない．

2 用途地域の種類

建築物の種類は実に千差万別であり，新しい種類も次々に登場する．これらに対しては，多年の建築行政の経験の蓄積から，現行の用途地域の区分とそのなかで許容され，あるいは禁止される建築物の種類リストが作成され改訂されつつ運用されている（表11・2(A), (B), 図11・2）．

用途地域は，基本的に3つの系で区分されている．住居系・商業系・工業系である．実際には，これら3区分は完全に用途純化されていることは少なく，混在していることが多い．そこでは異なった土地利用単位の粒度と用途指定地域のひろがりとが問題となる．すでに

表11・2(A) わが国の用途地域の基本区分

地域名		指定の対象となる区域例
住居系	低層住居専用地域 第一種	①環境良好な低層住宅地
	低層住居専用地域 第二種	①環境良好な低層住宅地のなかに小規模な店舗や併用住宅の立地がみられる区域 ②環境良好な低層住宅地として開発計画のある区域のうち小規模な店舗や併用住宅を計画的に立地する区域
	中高層住居専用地域 第一種	①一定のまとまりのある住宅団地 ②中高層住宅や低層住宅など住宅形式が混在する一般住宅地のうち専用住宅として比較的純化されている区域
	中高層住居専用地域 第二種	①中高層住宅や低層住宅など住宅形式が混在する一般住宅地 ②併用住宅や一定規模以下の店舗，事務所などの商業系用途が混在する一般的な住宅地
	住居地域 第一種	①住宅と官公署，商店，小規模工場などが混在している区域で，大規模な事務所などを規制し，より適切に住環境の形成を図るべき区域
	住居地域 第二種	①住宅と官公署，商店，小規模工場などが混在している区域で，主として住宅地の環境を保護すべき区域
	準住居地域	①住宅地内の幹線道路の沿道で，店舗や自動車関連施設などの業務施設がすでに立地しているかまたは今後立地が予想され，これら施設と調和した住環境の保護を図る区域
商業系	近隣商業地域	①商店街などやショッピングセンターなど，日常購買施設の集積する区域 ②商業地域の周辺にある住宅や店舗などが混在する区域
	商業地域	①広域な商圏をもつ商業地で，百貨店，専門店が立地する区域 ②官公街，会議場などの業務ビルが集中して立地する業務地 ③娯楽，サービス施設が集積する区域
工業系	準工業地域	①住宅または商業施設がかなり混在している軽工業地 ②旧集落地で家内工業が盛んな区域 ③準工業地域で許容される工場および流通業務施設が混在する地域
	工業地域	①準工業地域で許容されない工場が大部分を占め，かつ住宅および商業施設が混在する区域 ②将来とも都市型工業地として残すべき区域
	工業専用地域	①工業団地，埋立地など工業用地として計画的に開発された区域 ②住宅の立地を防止し，工業地として整備すべき区域

表11・2(B) 米国の用途地域（ニューヨーク市，1990年）

地域地区		用途	建築できる主な施設
住居地域	独立住宅地区	R_1, R_2	低層独立住宅，日常生活用施設
	一般住宅地区	$R_3 \sim R_{10}$	中高層のさまざまな集合住宅
商業地域	局地小売店舗地区	C_1	日常品小売店舗・サービス店舗，近隣商店街
	局地サービス地区	C_2	中域用のサービス事業所，小規模なボウリング場・請負業・運送店・葬祭場・倉庫など
	水辺レクリエーション地区	C_3	レクリエーション用のマリーナ，釣り場，ビーチなど
	一般商業地区	C_4	周辺・郊外の大規模ショッピングセンター，百貨店，事務所ビルなど
	制限付中央商業地区	C_5	広域から集客する百貨店，中心商店街，卸売り店舗，縫製・精密加工作業場，大規模事務所など
		C_6	中心業務・大規模事業所，ホテル，劇場など
	商業娯楽地区	C_7	商業型戸外アミューズメントパークなど
	一般サービス地区	C_8	自動車展示場，各種加工や流通の基地施設など
工業地域	軽工業地区	M_1	縫製・電子・薬品などの加工作業場ビル，ロフト住宅など
	中級工業地区	M_2	M_1では許容されないほとんどの中大規模工場など
	大工業地区	M_3	重化学工場，火力発電所，鋳物工場など

述べたように，多様多数の中小零細事業者が，それぞれの敷地に立地することの利便も考慮する必要がある．家族経営など職住一体の併用住宅も少なくない．そこで，ある程度まで混合の利便性を認めつつ，粒度の大きい事業所は住居と混在しないように中くらいの網目の篩（ふるい）を掛けている（表11・3）．

住居系用途地域

住宅形態から，一戸建ておよびタウンハウス等の低層住宅と中高層集合住宅地および混合的な住居地域に区分される．第一種低層住居専用地域でも小規模な事業所や店舗との兼用住宅であれば許容される．

商業系用途地域

シビックセンター，大規模なショッピングセンター，

1　第一種低層住居専用地域
　　低層住宅地としての良好な環境を保護するための地域です．
　　主として居住に供し，日用品を販売する店舗の床面積の合計が 50 m² 以下の兼用住宅の建築はできます．

2　第二種低層住居専用地域
　　主に低層住宅地のための地域です．
　　2 階以下で床面積の合計が 150 m² 以下の日用品を販売する店舗などの建築はできます．

3　第一種中高層住居専用地域
　　中高層住宅のための地域です．
　　2 階以下で床面積の合計が 300 m² 以下の自動車車庫の建築はできます．

4　第二種中高層住居専用地域
　　主に中高層住宅のための地域です．
　　2 階以下で床面積の合計が 1,500 m² 以下の一定の店舗及び飲食店などの建築はできます．

5　第一種住居地域
　　住居のための地域です．
　　床面積の合計が 3,000 m² 以下のボウリング場などの一定の運動施設及びホテルや旅館の建築はできます．

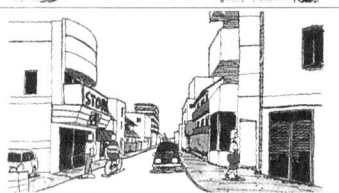

6　第二種住居地域
　　主に住居のための地域です．
　　マージャン屋・ぱちんこ屋・カラオケボックスなどの建築はできます．

7　準住居地域
　　沿道において，自動車関連施設などの立地の他これと調和した住宅の環境を保護する地域です．
　　作業面積が 150 m² 以下の自動車修理工場の建築はできます．

図 11・2　用途地域の目標イメージの表現　(出典：大阪府守口市，1994 年より)

オフィス街などは商業地域であるが，住居系地域に住む人々の日常生活の利便に供する地区センターや地元商店街などについては，近隣商業地域を設けている．

工業系用途地域

家内工業や地場産業地域，小規模な町工場と住居が混在し共存できる地域を準工業地域としている．コンビナートなどの工業専用地域では，安全や環境面からみて住居系施設の立地を排除している．

特別用途地区

用途地域区分をあまりに細分化するのは，社会的な理解や行政運用上からみて限界がある．そこで，それぞれの都市やコミュニティの特別なニーズに見合って選択するオプションとして，市町村が条例でもって，用途地域に重ねてコントロールの内容を緩めたり，強化したり，追加したりできる特別用途地区制度がある．たとえば，特別工業地区，文教地区などである．特別工業地区は，地場産業地区などで伝統的に職住が一体であった地域で，基本的に住居地域だが，使用する生産機械の動力規模が不適格になるため，その業種に限って立地を許可するといった場合である．また文教地区は学校とその周辺一体の教育環境を守るために，ある半径内での風俗営業施設，娯楽施設，環境侵害のおそれの大きい施設などの立地を排除する地区である．1998年の法改正では，特別用途地区として定めていた11の類型は廃止され，市町村が地域の実情に応じて自由に内容を設定できるようになった．

なお地域制に地区制を合わせて地域地区制と称している．

11・4 建築物の形態コントロール

1 敷地と建物形態との関係

市街地では土地利用への圧力が強く，敷地に対して過

---

8 近隣商業地域
周辺の住民に対して日用品を供給する商業などの利便を増すための地域です．
作業面積が300 m²以下の自動車修理工場の建築はできます．

9 商業地域
銀行・百貨店などの各種の施設が集まる都心の商業業務の利便さを増すための地域です．
キャバレー・料理店・ダンスホールなどこれらに類する建築はできます．

10 準工業地域
主として環境の悪化をもたらすおそれのない工業の利便を増すための地域です．
住宅や店舗などの建築はできます．

11 工業地域
主として工業の利便を増すための地域です．
住宅やマッチの製造以外の工場は建築できますが，学校・病院などの建築は禁止されています．

12 工業専用地域
特に工業の利便を増すための地域で，住宅の建築は禁止されていますが，工場はどんなものでも建てられます．

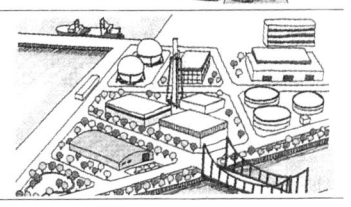

図11・2（続き）

表 11・3 用途地域内の建築物の用途制限

例　　示	第一種低層住居専用地域	第二種低層住居専用地域	第一種中高層住居専用地域	第二種中高層住居専用地域	第一種住居地域	第二種住居地域	準住居地域	近隣商業地域	商業地域	準工業地域	工業地域	工業専用地域
住宅, 共同住宅, 寄宿舎, 下宿												■
兼用住宅のうち店舗, 事務所等の部分が一定規模以下のもの												■
幼稚園, 小学校, 中学校, 高等学校											■	■
図書館等												■
神社, 寺院, 教会等												
老人ホーム, 身体障害者福祉ホーム等												■
保育所等, 公衆浴場, 診療所												
老人福祉センター, 児童厚生施設等	1)	1)										
巡査派出所, 公衆電話所												
大学, 高等専門学校, 専修学校等	■	■									■	■
病院	■	■									■	■
床面積の合計が150m²以内の一定の店舗, 飲食店等	■											4)
〃　　500m²以内　　〃	■	■										4)
上記以外の物品販売業を営む店舗, 飲食店	■	■	■	2)	3)							■
上記以外の事務所等	■	■	■	2)	3)							
ボウリング場, スケート場, 水泳場等	■	■	■	■	3)							■
ホテル, 旅館	■	■	■	■	3)						■	■
自動車教習所, 床面積の合計が15m²を超える畜舎	■	■	■	■	3)							
マージャン屋, ぱちんこ屋, 射的場, 勝馬投票券発売所等	■	■	■	■	■							■
カラオケボックス等	■	■	■	■	■							
2階以下かつ床面積の合計が300m²以下の自動車車庫	■	■										
営業用倉庫, 3階以上または床面積の合計が300m²を超える自動車車庫 (一定規模以下の附属車庫を除く)	■	■	■	■	■							
客席の部分の床面積の合計が200m²未満の劇場, 映画館, 演芸場, 観覧場	■	■	■	■	■	■					■	■
〃　　200m²以上　　〃	■	■	■	■	■	■	■				■	■
キャバレー, 料理店, ナイトクラブ, ダンスホール等	■	■	■	■	■	■	■	■			■	■
個室付浴場に係る公衆浴場等	■	■	■	■	■	■	■	■		■	■	■
作業場の床面積の合計が50m²以下の工場で危険性や環境を悪化させるおそれが非常に少ないもの	■	■	■	■								
作業場の床面積の合計が150m²以下の自動車修理工場	■	■	■	■								
作業場の床面積の合計が50m²以下の工場で危険性や環境を悪化させるおそれが少ないもの	■	■	■	■								
日刊新聞の印刷所, 作業場の床面積の合計が300m²以下の自動車修理工場	■	■	■	■	■							
作業場の床面積の合計が50m²以下の工場で危険性や環境を悪化させるおそれがやや多いもの	■	■	■	■	■	■	■					
危険性や環境を悪化させるおそれが多いもの	■	■	■	■	■	■	■	■	■			
火薬類, 石油類, ガス等の危険物の貯蔵, 処理の量が非常に少ない施設	■	■	■	2)	3)							
〃　　少ない施設	■	■	■	■	■							
〃　　やや多い施設	■	■	■	■	■	■	■					
〃　　多い施設	■	■	■	■	■	■	■	■	■			

□ 建てられる用途　　■ 建てられない用途

1) については, 一定規模以下のものに限り建築可能.
2) については, 当該用途に供する部分が2階以下かつ1,500m²以下の場合に限り建築可能.
3) については, 当該用途に供する部分が3,000m²以下の場合に限り建築可能.
4) については, 物品販売店舗, 飲食店が建築禁止.

剰な容積の建築行為が発生し，相隣環境を侵害し，町並みの「空間の共同秩序」や都市景観を破壊しがちである．そこで，上述の用途地域制の区分に対応させて，建て詰まり・過密化しないように敷地の利用強度や建築物の形態にさまざまな制限を課する制度が発達してきた．

高さ制限

建築物の高さ（height）は，地震国日本で高層建築物の構造強度に不安があった時代に，最高31m（100尺，商業地域）に抑えてきた．しかし現在では一戸建て住宅を基調とする低層住居専用地域および高度地区など特別に指定される地区をのぞけば，絶対高さだけを単独に規定することはあまりない．しかし，町並み景観，風致景観保存などの場合は軒高の連続性や樹木との調和を乱す状況が発生しがちであり，そういう地域では絶対高さ制限は依然として有効である．

建蔽率

建蔽率（building coverage ratio）とは，敷地面積＝Sに対する建築面積＝Aの比率＝Cの最大限を定める（図11・3(A)）．つまり通風，採光，植栽などのために敷地内において庭や小空地を残そうとするものである．

容積率

容積率（floor area ratio，またはbulk ratio）は，敷地面積＝Sに対する建築の延べ床面積＝Fの比率＝Bの最大限を定める（図11・3(B)）．立体的な建築空間の容量が対象とされる容積率制度は，第二次大戦後の米国での超高層ビルの登場とともに発達した制度である．

ひとつには，オフィスの活動量が増加すると，街路，地下鉄，水道・電力供給などインフラストラクチャーの能力整備が追い付けない．そこで床面積制限が取上げられた．いまひとつには，高さ制限をやめて容積制限に換えると建築物の形態がより自由になり，地上面に広い公開空地が確保できる．このことで，高さ制限と高い建蔽率の結果として生じる「ビルの谷間」の陰欝さを解消できるとされたのである．なお，延べ床面積であるから，地下階の床面積も加算されるが，駐車場や共同住宅の廊下や住宅地下室などの面積は割引いて計算される．

2 前面道路および隣地境界との関係

斜線制限の原理

街路は都市のオープンスペースであり，沿道の建築物にとっては戸外環境である．これが陰欝で圧迫感の強いビルの谷間になってしまうのを防ぐために，また居室の明るさを保つために敷地境界線から斜めに建築制限線を設定して，天空が広くみえ採光を確保しやすいようにするのがねらいである．

道路斜線

前面道路の反対側の境界から斜線を立ち上げて建築制限線とする（図11・4(A) a）．幅員の狭い道路では，建築物の上層階を斜線の内側に後退（set back）させねばならない．斜線の勾配は用途地域に応じて変化する．たとえ

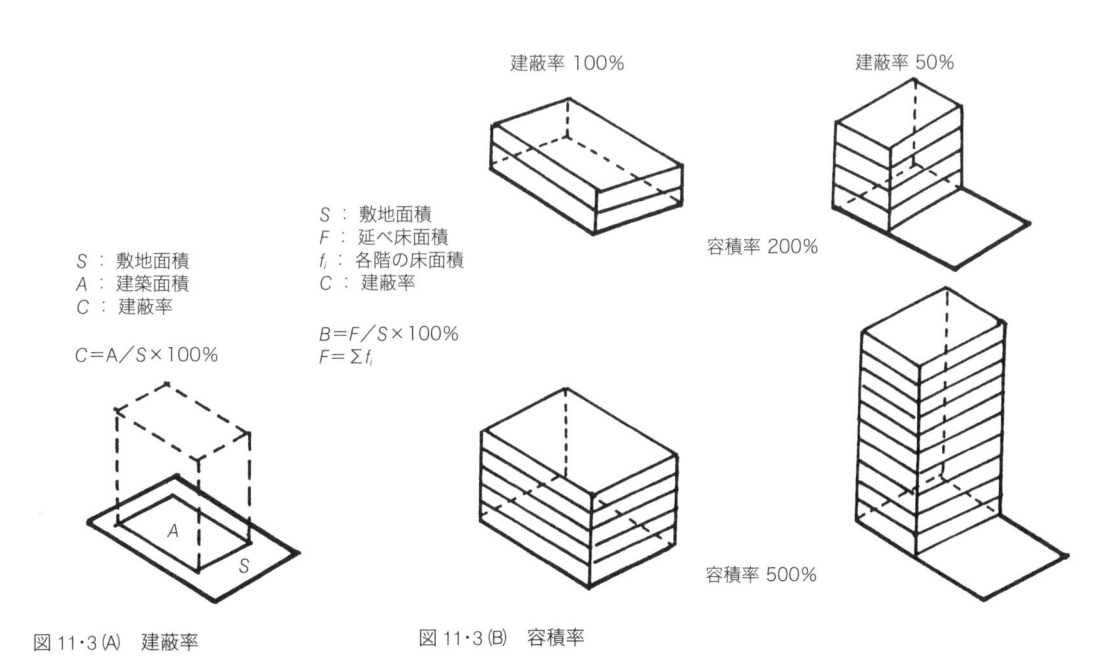

S ：敷地面積
A ：建築面積
C ：建蔽率

$C = A/S \times 100\%$

S ：敷地面積
F ：延べ床面積
f_i ：各階の床面積
C ：建蔽率

$B = F/S \times 100\%$
$F = \sum f_i$

建蔽率 100%

建蔽率 50%
容積率 200%

容積率 500%

図11・3(A)　建蔽率

図11・3(B)　容積率

ば，住居地域では1.25／1，商業地域では1.50／1としている．これが基本であるが，緩和規定がある．①建築物を道路境界から，ある距離＝Smだけ後退させて配置した場合には，斜線の立ち上がり起点も道路反対側の境界からSmだけ後退させる（図11・4(A)b）．②斜線制限の効果は，下層階で大きく上層階では少なくなるので，道路斜線の適用範囲を，起点線から水平にある距離＝Lmに達するまでとしてきた（図11・4(A)c）．しかし，一律の斜線制限は建築の形態を単調にすることもあるので，その後，天空率で比較することで制限をゆるめ設計の自由度を増す方を選ぶことができるようになった．

隣地斜線

相隣の極端な環境侵害を抑制するために，隣地境界線上のある一定高さから斜線を立ち上げて建築制限線とする（図11・4(B),(C)）．中高層住居専用地域などでは，高さ20mから勾配1.25／1，商業地域などでは高さ31mから2.5／1と定めている．なお，隣地斜線の場合においても，敷地境界線から建築物をある距離＝Dmだけ後退させると，緩和規定として斜線の起点も外側にDm分移動させることにしている．

建築制限線と建築線

風致地区や建築協定または建築基準法を適用して，敷地境界から建築の外壁を1～1.5m後退させるのが一般的である．「建築制限線」は後退すべき範囲を示し，「建築線」とは，地区詳細計画などのように建築の外壁の位置そのものを決めて，街区デザインを実現しようとする場合に適用される．

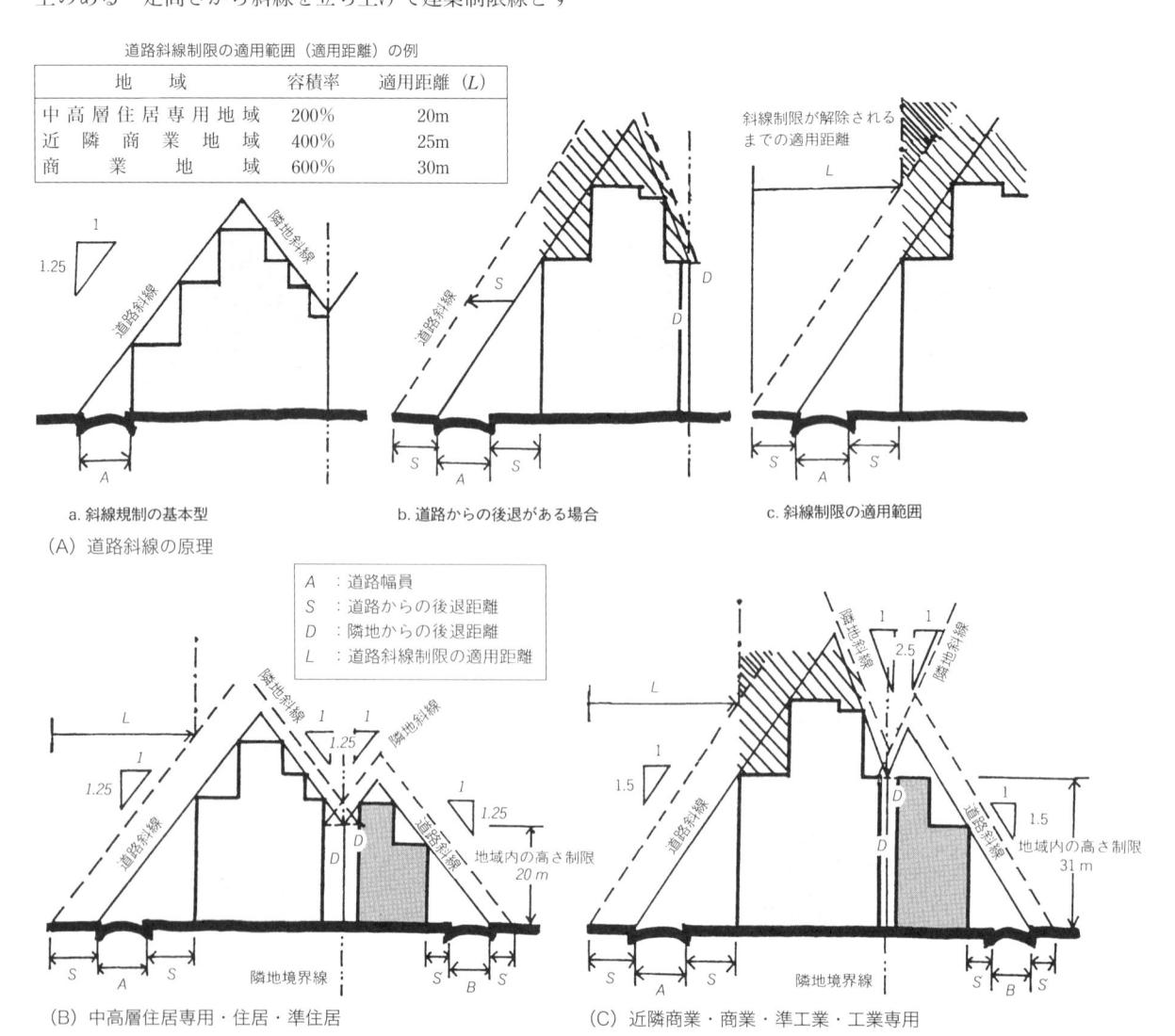

道路斜線制限の適用範囲（適用距離）の例

地域	容積率	適用距離(L)
中高層住居専用地域	200%	20m
近隣商業地域	400%	25m
商業地域	600%	30m

a. 斜線規制の基本型
b. 道路からの後退がある場合
c. 斜線制限の適用範囲

(A) 道路斜線の原理

A：道路幅員
S：道路からの後退距離
D：隣地からの後退距離
L：道路斜線制限の適用距離

(B) 中高層住居専用・住居・準住居

(C) 近隣商業・商業・準工業・工業専用

図11・4 道路斜線および隣地斜線の制限範囲

3 日照条件のための形態規制

北半球の中緯度にある日本では，夏期には直射日光を建物の庇などで防ぎ，かつ春秋や冬期には室内で日当りを享受したいという要求が強い．日照のある環境は，単に採光や暖房エネルギー消費の問題だけでなく，戸外の開放感，樹木の栽培，季節と気象の変化の知覚などの面からいっても重要である．

日照条件は緯度差の影響が大きく，日本の北海道と沖縄，あるいはヨーロッパの北欧と地中海でも対処が異なるので，地域に即した解釈が必要である．北海道では，日照そのものよりも空間の開放感（openness）や採光性が，逆に沖縄では日射を遮ることと通風性が重視される．

住居系地域における日照条件を保護するために，とられている建築形態の制限は次のとおりである．

北側斜線

住居専用地域について適用されている．すなわち，北側に隣接する家屋の日照条件を保護するためのもので，南側の家屋の北側敷地境界線の一定高さから立ち上げた斜線を，建築制限線とするものである（図11・5）．

日影時間規制

住居系地域，ときに近隣商業地域および準工業地域の日照基準を保障するために，当該新築建築物が，近接の敷地におよぼす日影障害を規定する日影時間以下に抑制するために行う形態制限である．1970年代コンピューターの導入で日影時間予測地図がたやすく作成できるようになって制度化された．北側斜線制限とは違って，日照環境を日影時間の規制を通じて実質化を図ったものである（図11・6(A), (B)）．

測定や計算にあたっては，冬至日を基準とする．敷地境界線から一定距離にある建物の開口部位置線を想定し，低層住居専用地域では1階および，その他の地域では2階部分の窓の高さを測定面としている．また，同一敷地内の場合は複数の建築物による複合日影も考慮する．

4 立体用途地域制の場合

1993年の都市計画法の一部改訂で，たとえば下層階が商業地域であっても中上層階を住居地域に指定できるようになった．

「9章 コミュニティと居住地計画」で述べたように中心部居住を促進するにはこの方法が活用されるべきであろう．この場合，適切なオープンスペースが近隣に整備されておれば，必ずしも冬至日の直射日光にこだわる事はないと思われる．京都の町家の暮らしなどでは，ツボ庭や内庭への春秋の日光を楽しんできたのであって，住居をともなう商業系地域であれば，日照と採光を一定水準保つような制度が求められる．

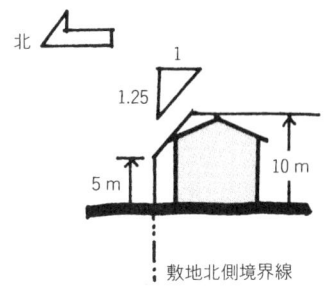

図11・5 北側斜線制限

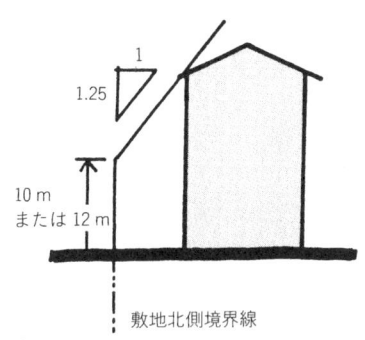

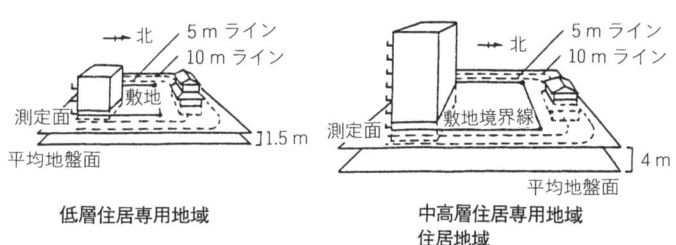

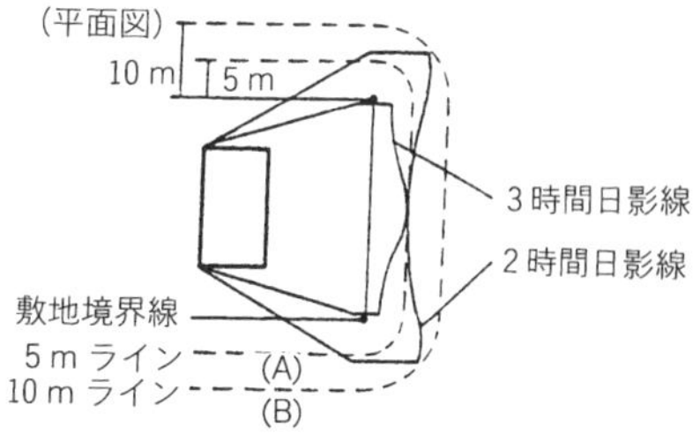

図11・6(A) 日影時間が規制される範囲

用途地域	低層住居専用地域				中高層住居専用地域			住居地域		
高度地区	第1種		第2種		第1種	第2種	第3種	第1種	第2種	第3種
外壁後退 容積率（%）	1.5m	1.0m	1.5m	1.0m						
50										
60										
80										
100										
150										
200										
300										
400										

凡　例：日影にしてはならない時間

	5mを超え10m以内の範囲(A)	10mを超える範囲(B)
	3時間	2時間
	4時間	2時間30分
	5時間	3時間

対象区域内にある対象建築物について，日照条件の最も悪い冬至日の午前8時から午後4時までの8時間に生じる日影を次の基準で規制している．
・日影を測定する地点の高さは，第一種低層住居専用地区では，建物の平均地盤面から1.5mの地点（ほぼ1階の窓の中心の高さ），第二種中高層住宅専用地域および住居地域では，建物の平均地盤面から4mの地点．（ほぼ2階の窓の中心の高さ）である．
・日影時間は，敷地境界線から外側に測って5mを超え10m以内の範囲(A)と，10mを超える範囲(B)の2段階の規制を受ける．

図 11・6 (B)　規制される日影時間数（大阪府，1983年）

5　騒音・振動規制

　騒音と振動の発生源は，大別して事業所・産業活動と，交通とくに自動車交通である．騒音と振動は局地的に距離減衰するので，その環境基準は用途地域制と連動させている（表 11・4 (A), (B)）．ただし，自動車交通の騒音を考慮して，街路幅員別に騒音環境基準が設けられている．

　自治体条例で，深夜カラオケ店の立地制限をしたり，建築物の防音対策を義務づけたり，騒音の激しい道路沿いに建設するマンションの開口部を防音窓にするよう指導しているところもある．

6　組み合わせによる総合的運用

　用途地域とこれに対応する形態規制の組み合わせを一覧する（表 11・5）．これからみるようにそれぞれの規制の数値メニューには幅があり，市町村やコミュニティは，それらの適切な組み合わせを選んで運用することができる．

　なお，参考までに，ゾーニング型の建築行政の先達である米国ニューヨーク市の例を紹介しておく（図 11・7）．わが国より分類がより具体的であり区分が細かい．ことに住居地域系では，住宅の集合形式に対応して敷地，容積，建築制限線などがワンセットになっているのが特徴的である．

表 11・4 (A)　地域類型別騒音（苦情）発生源寄与率

地域類型	主たる発生源	自動車(%)	工場(%)	生活(%)	自然(%)	その他(%)
道路に面しない	住居系	30	3	40	16	11
	商工業系	20	28	27	12	12
	全市	29	6	38	16	12
道路に面する	住居系	67	0	20	7	5
	商工業系	70	8	15	3	5
	全市	69	5	17	5	5

表 11・4 (B)　騒音に関する環境基準および用途地域との対応関係（一般的な地域）

地域の類型（当てはめる地域の位置づけ）	基準値		用途地域とのおおむねの対応関係
	昼間	夜間	
AA（療養施設，社会福祉施設等が集合して設置される地域など特に静穏を要する地域）	50db以下	40db以下	―
A（専ら住居の用に供される地域）	55db以下	45db以下	一低専，二低専，一中高，二中高
B（主として住居の用に供される地域）	55db以下	45db以下	一住，二住，準住
C（相当数の住居と併せて商業，工業等の用に供される地域）	60db以下	50db以下	近商，商業，準工，工業

（道路に面する地域）

地域の区分	基準値	
	昼間	夜間
A地域のうち2車線以上の車線を有する道路に面する地域	60db以下	55db以下
B地域のうち2車線以上の車線を有する道路に面する地域およびC地域のうち車線を有する道路に面する地域	65db以下	60db以下

7 建築行政の地域的展開

国土が広大で,かつ地方独自のコミュニティ自治体運営が発達してきた米国では,建築の社会的コントロールの規定内容も州や自治体ごとに制定されている.日本の場合は,建築基準法といった制度の枠組みは全国共通で,容積率や日影時間規制などは,数値メニューから地域ごとに選択する仕組みになっている.このようなシステムは,どの自治体でもすぐに使えるツールとしての便利さがある反面,無自覚に運用してしまう安易さを含んでいる.

また,沖縄から北海道まで気候・風土の違いも大きい.地域独自に評価できるシステムであれば,新たに付け加えたり切替えるオプションを育てることがこれからの課題である.

2000年以降,地方分権の動きにそって,国から地方自治体への権限委譲および民でできることは民でという規制緩和の方向での法改正がかなり大胆にすすんでいる.これを踏まえて,地方自治体がいかに特色あるまちづく

表 11・5 用途地域と形態規制との組み合わせ一覧

制限 用途地域	容積率(%)	建蔽率(%)	斜線制限 道路 適用距離 L(m)	道路 勾配	隣地 立上り(m)	隣地 勾配	北側 立上り(m)	北側 勾配	外壁の後退距離(m)	絶対高さ制限(m)	日影規制 適用建築物	日影規制 測定面(m)	日影時間(時間) 5〜10m	日影時間(時間) 10m超	敷地面積
第一種低層住居専用地域 第二種低層住居専用地域	50 60 80 100 150 200	30 40 50 60	20				5		0 1.0 1.5	10 12	地上3階建以上 or 軒高7m以上	1.5	3 4 5	2 2.5 3	場合により制限あり
第一種中高層住居専用地域 第二種中高層住居専用地域	100 150 200 300		20 25	1.25/1	20	1.25/1	10	1.25/1			10m超	4	3 4 5	2 2.5 3	
第一種住居地域 第二種住居地域 準住居地域	200 300 400	60	20 25 30										4 5	2.5 3	
近隣商業地域	200 300 400		20												
商業地域	200 300 400 500 600 700 800 900 1000	80	20 25 30 35	1.5/1	31	2.5/1	制限なし	制限なし	制限なし	制限なし	制限なし		制限なし		制限なし
準工業地域 工業地域	200 300 400	60	20 25 30								10m超	4	4 5	2.5 3	
工業専用地域	200 300 400	30 40 50 60	20 25 30								制限なし				
無指定地域	100 200 300 400	50 60 70	20 25 30	1.5/1	31	2.5/1	制限なし	制限なし	制限なし	制限なし	10m超	4	4 5	2.5 3	制限なし

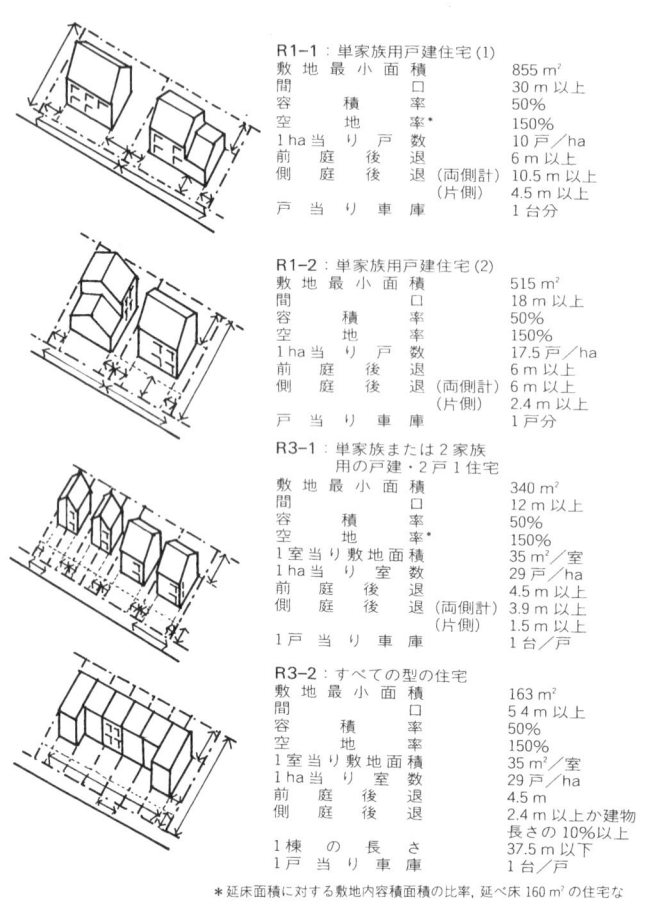

図11・7 用途地域に対応する住居（R系）の形態制限の例（ニューヨーク市，1980年）

R1-1：単家族用戸建住宅(1)
敷地最小面積　855 m²
間　　口　　30 m 以上
容　積　率　　50%
空　地　率*　150%
1 ha 当り戸数　10 戸/ha
前　庭　後　退　6 m 以上
側　庭　後　退（両側計）10.5 m 以上
　　　　　　　（片側）4.5 m 以上
戸　当　り　車　庫　1 台分

R1-2：単家族用戸建住宅(2)
敷地最小面積　515 m²
間　　口　　18 m 以上
容　積　率　　50%
空　地　率　　150%
1 ha 当り戸数　17.5 戸/ha
前　庭　後　退　6 m 以上
側　庭　後　退（両側計）6 m 以上
　　　　　　　（片側）2.4 m 以上
戸　当　り　車　庫　1 戸分

R3-1：単家族または2家族用の戸建・2戸1住宅
敷地最小面積　340 m²
間　　口　　12 m 以上
容　積　率　　50%
空　地　率　　150%
1室当り敷地面積　35 m²/室
1 ha 当り室数　29 戸/ha
前　庭　後　退　4.5 m 以上
側　庭　後　退（両側計）3.9 m 以上
　　　　　　　（片側）1.5 m 以上
1戸当り車庫　1 台/戸

R3-2：すべての型の住宅
敷地最小面積　163 m²
間　　口　　5.4 m 以上
容　積　率　　50%
空　地　率　　150%
1室当り敷地面積　35 m²/室
1 ha 当り室数　29 戸/ha
前　庭　後　退　4.5 m
側　庭　後　退　2.4 m 以上か建物長さの10%以上
1棟の長さ　37.5 m 以下
1戸当り車庫　1 台/戸

＊延床面積に対する敷地内容積面積の比率，延べ床160 m²の住宅なら空地は240 m²以上に．

りを展開できるかが問われ，期待されているところである．都市計画法では市町村に決定権限が大幅に移譲され，建築基準法についても地域の事情に合わせて，かつ技術的条件を満たすなら，規制基準をかなり独自に運用できるようになった．それだけに地域住民と自治体の見識・まちづくり力が問われる局面を迎えているといえよう．

こうした課題は，今後，都市化のすすむ発展途上国でも問われる．どのような建築行政を展開すべきか，仮に法律を定めても住民・地域社会の実感に合わないもので，違反建築物・不適格建築物が続発するなど規定を守れない事態も生じるのであって，地域の状況，市民の意識と要求，行政能力などに適した開発・建築行為のルールづくりと運用が求められる．

追補1
建築物ストックの適法化と維持管理

スクラップアンドビルドで成長してきた日本の都市建築物も21世紀には品質が向上化し，長寿化ストックとして活用されるようになりつつある．一方で，適切な管理を怠ると，老化が進む．さらに耐震基準にみるように，そのライフ期間において，安全や衛生基準の改定があると「既存不適格」と認定される．また使用過程において，増改築，用途変更，分割や連結が行なわれたり，管理責任者の変更等も発生する．建築基準法の運用の現行をみると，特定の建築物をのぞくと新築時の確認申請に重点が置かれ，使用過程を通じての定期的な点検確認が手薄である．ライフステージを通じた管理点検には，膨大な業務がともなうが，大きな課題である．単体不動産としての評価だけではなくて，魅力ある都市の社会資産としての価値を上げる方策につながる．

IV　市街地の整備と居住地設計

12　市街地の安全と防災都市づくり

12・1
安全と安心の保障

　住居のことを，シェルター（shelter，避難所）と呼ぶように，それは自然や外敵の脅威から自らを守るものであった．同じように大陸の都市は，城市（cheng）とか城郭（burg）というように軍事的防衛機能を第一にして周囲に城壁をめぐらしていた．しかしながら，歴史を通じて，都市は絶えず破壊力に脅かされてきた．外敵の侵略，自然災害や気候の変動，悪疫の蔓延などの外力によって廃墟と化した都市は数知れない．都市はまた自らの内部に事故や災害を多発させ，被害の拡大を許す誘因を増加させてきた．たとえば，都市を拡張するために洪水常襲地や地滑り危険地帯を市街化したり，大火の危険が大きい密集市街地をスプロールさせたり，火災や煙やガスに弱い地下街や雑居ビルなどを増加させている．

　都市生活における安全性（safety）＊を高めるには，地域における災害の発生と拡大のメカニズムを解明し，これらに対抗できる総合的な防災システムを確立しなければならない．都市計画の最も大切な目標のひとつは，市民が自らの生命，生活および財産の安全を確保し安心して居住できるように，空間・環境・施設を整備することである．

　ところで，安全の維持は，生命，生活および財産等に加えられるおそれのある危険性（hazard）を予測して，被害の予防や抑制および回復対策を行って，自らを守る防衛力を優越させる営みである．安全を不断に維持する自覚が安心の保障（security）につながる．

12・2
災害発生・拡大のメカニズム

　災害現象をどのように説明すればよいのか，かつて佐藤武夫は，『災害論』（勁草書房，1970年）で，災害（被害）の発生と拡大のメカニズムを，①素因，②必須要因および③拡大要因で説明した．これを，たとえば火事についていうと，①素因とは「火の元」＝燃焼であり，②必須要因とは可燃物の存在である．つまり，火の元のそばに可燃物があり初期消火ができない条件があると，失火して火災は家屋全体におよぶ．素因が必須要因と結びつくことで，はじめて災害が発生するのである．③拡大要因は延焼を可能にする諸条件である．家屋が密集しており，消防水利が貧弱であると街区全体に延焼して被害が拡大する．拡大要因は，さらに数次にわたって作用する．たとえば，避難路や救急態勢が不備であると被害は人命にもおよぶ．さらに，救援態勢の不備による生活再建の遅れなどで社会生活上の被害はさらに拡大する．

1　自然的災害系

　台風・大雨・大雪・地震・火山噴火など，素因からみて自然災害といわれるものの多くも，治山・治水や都市整備の状態によって発生が必須化され，さらに避難・救援や復興対応のあり方によっては被害が連鎖的に拡大するというメカニズムをもっている．

洪水，崖崩れ，地すべり等

かつては人が住むことを避けたような浸水常襲地，急斜面地や地滑り危険地，埋立て地盤地，液状化危険地などが宅地化された．そのような危険地帯に住みつき，防災工事を過信するところから生じる災害が少なくない．危険地帯を予知し，そのような地域を居住地として開発しないことが基本であり，ある程度開発が許容されるところでは，宅地造成水準の向上，地盤改良，河川改修，排水，擁壁，遊水池の設置などの対策によって必須要因のはたらきを抑制する．さらに万一に備えて，危険性の予知と警報・避難勧告といったソフトな社会システムと連携させる．

地震，噴火等による損壊

1995年に発生した阪神・淡路大震災の被害は，消防庁などによると，死者・行方不明者約6700人，負傷者4万5000人，全壊・半壊建物約10万5000棟，物的な被害総額は国家予算の8分の1＝10兆円，公共施設の被害は4兆円，民間の住宅・建築物の被害総額は6兆円近くと推定されている．予防的な対策としては，住宅・建築物および地盤の安全性を高めること，避難・被災後の人命救出・救援などの緊急時対応システムが機能できる基盤の強化を図っておくこと，などが取組まれている．

2 社会的災害系

密集し連坦している高密度な都市環境では，被害が連鎖反応的に拡大しやすい．

火災の延焼

都市の歴史は，大火の歴史でもあったといえる．ロンドンの大火（1666年），江戸の三大大火（1757，1772，1829年）などは特に有名である．伝統的な防火の方法としては，まず「火の用心」があり，次に「火消し」があった．しかし，わが国のように可燃性の高い木造密集市街地では大火になりやすい．そこで，江戸時代においては延焼防止のために，①建築物の屋根と外壁の防火構造化，②消防水利の整備，③防火帯（火除地）の造成などの都市計画が試みられてきた．これが近代になると防火建築帯となるように，防火地域・準防火地域の指定や防災建築街区の建設が行われて今日に至っている．

大災害後の復興都市計画のあり方は，地域社会や景観を大きく変容させる．わが国では，関東大震災（1923年）や米空軍の焼夷弾爆撃による主要都市の戦災（1944～45年），あるいはフェーン現象下で発生した酒田市大火（1976年）など，焼け野原で行われた復興都市計画*は，旧い都市を近代化する大きな機会とされ，街路の拡幅，街区・宅地の合理化，公園整備などが一挙にすすめられた反面で，多くは歴史的な都市景観との断絶を生じさせた．

密室空間化・迷路空間化

大規模な複合建築体や地下街などは，単純な事故を災害に必須化しやすく，火熱，煙，ガスが充満したり爆発する密室化や，方向感覚を失わせる迷路化，不特定多数の群衆避難にともなうパニック現象等が生じる危険性が大きい．高度な防災と避難情報システムが開発の条件になっているが，わかりやすさ（legibility），ゆとりのある空間構成（redundancy）にして，避難誘導をたやすくする環境づくりが基本となる．

爆発事故

産業施設や大量の危険物貯留所の事故などは，居住地に近接していると巻き添え被害を拡大するので，土地利用における立地制限や緩衝地帯の設置が求められる．近年は，原子力系プラント事故による放射能汚染，戦争やテロリズムも都市を脅かしているが，それらへの対策はもはや都市計画のみでは対応できる問題ではない．

交通災害系

路上事故，車上事故ともに問題であるが，特に歩行者・自転車の交通災害については，地区ごとの交通環境点検を充分に行う必要がある．街路形態の改善，交通安全施設・安全街区の整備とともに，走行速度や大型車両乗入れ，路上駐車等の制限などの交通規制を組み合わせて事故防止を図る必要がある．一般の歩行者（pedestrian）や自転車通行者の安全については，自己制御力の発達していない幼児，また判断力・動作力にハンディキャップをもつ高齢者ならびに障害者が，安全かつ快適に生活できるように，環境点検を不断に行う必要がある．

12・3
防災計画の論理

自治体は，水害，火災，地震災害，各種事故などに備えた，保安管理，緊急対応，救出および救援などの動員体制として，「地域防災計画」を策定することになっている．都市計画には，これらと連携しながら，市街地や集落の空間・環境の安全性を高め，緊急時における生存・

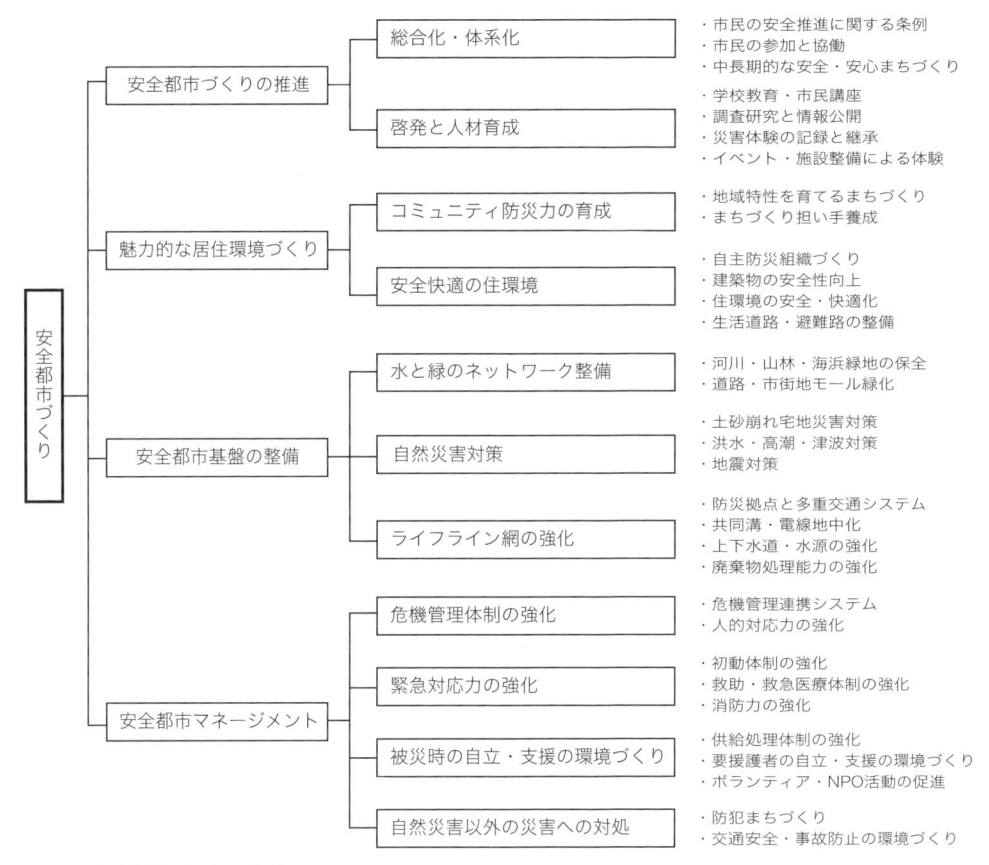

```
安全都市づくり
├ 安全都市づくりの推進
│   ├ 総合化・体系化
│   │   ・市民の安全推進に関する条例
│   │   ・市民の参加と協働
│   │   ・中長期的な安全・安心まちづくり
│   └ 啓発と人材育成
│       ・学校教育・市民講座
│       ・調査研究と情報公開
│       ・災害体験の記録と継承
│       ・イベント・施設整備による体験
├ 魅力的な居住環境づくり
│   ├ コミュニティ防災力の育成
│   │   ・地域特性を育てるまちづくり
│   │   ・まちづくり担い手養成
│   └ 安全快適の住環境
│       ・自主防災組織づくり
│       ・建築物の安全性向上
│       ・住環境の安全・快適化
│       ・生活道路・避難路の整備
├ 安全都市基盤の整備
│   ├ 水と緑のネットワーク整備
│   │   ・河川・山林・海浜緑地の保全
│   │   ・道路・市街地モール緑化
│   ├ 自然災害対策
│   │   ・土砂崩れ宅地災害対策
│   │   ・洪水・高潮・津波対策
│   │   ・地震対策
│   └ ライフライン網の強化
│       ・防災拠点と多重交通システム
│       ・共同溝・電線地中化
│       ・上下水道・水源の強化
│       ・廃棄物処理能力の強化
└ 安全都市マネージメント
    ├ 危機管理体制の強化
    │   ・危機管理連携システム
    │   ・人的対応力の強化
    ├ 緊急対応力の強化
    │   ・初動体制の強化
    │   ・救助・救急医療体制の強化
    │   ・消防力の強化
    ├ 被災時の自立・支援の環境づくり
    │   ・供給処理体制の強化
    │   ・要援護者の自立・支援の環境づくり
    │   ・ボランティア・NPO活動の促進
    └ 自然災害以外の災害への対処
        ・防犯まちづくり
        ・交通安全・事故防止の環境づくり
```

図12・1　安全都市づくりの体系（出典：神戸市『安全都市づくり方針』1996年を参考にした）

生活の基盤となるライフラインを強化する対応が求められる（図12・1）.

1　災害危険の予測

突発的で様相もいろいろなのが災害であるが，対策をたてるには，発生と被害拡大モデルの想定が必要となる．たとえば，地震災害についていうと，地震＝素因発生の分布・規模・確率等の予測的想定が行われる．さらに，地盤の軟弱さ，建物や施設の強度などによる倒壊と季節や時間の条件下での出火と延焼の危険度，死傷者の発生度，避難の困難度といった被害拡大モデルに基づいて事態の想定が行われている．

2　都市防災対策の目標設定

理念としていえば，いかなる災害発生にも対応できるように万全を期する．しかし，災害が避けられない場合でも被害の程度をできるだけ軽減させる＝「減災」（mitigation）対応が求められる．災害の発生と拡大のメカニズムの連鎖反応の各段階で抑制することが，安全対策・防災対策の基本である．災害の形態や規模を事前に対策目標として想定することは容易ではない．柔軟なシナリオをもって，余裕をもたせた目標設定がのぞまれるが，一方で，経済・社会・財政上の制約もあるため計画の策定はたやすくない．緊要であって効果がありそうな短期プログラムと，都市基盤整備のような長期プログラムとを並行してすすめることになる．それらのプログラムは，市民，事業者，行政，ボランティアなどの役割分担と協働の関係を含むものである．

3　災害対策のプログラム

災害対策というと，発生後の救援や復旧に関心があつまりやすいが，都市計画では，発生前の防災都市づくり＝予防対策が重要で，これが被害の拡大を抑え，復旧さらに復興事業をたやすくすることにつながる．

発生時対策

突発性，広域性，複合性に対処するために情報連絡体

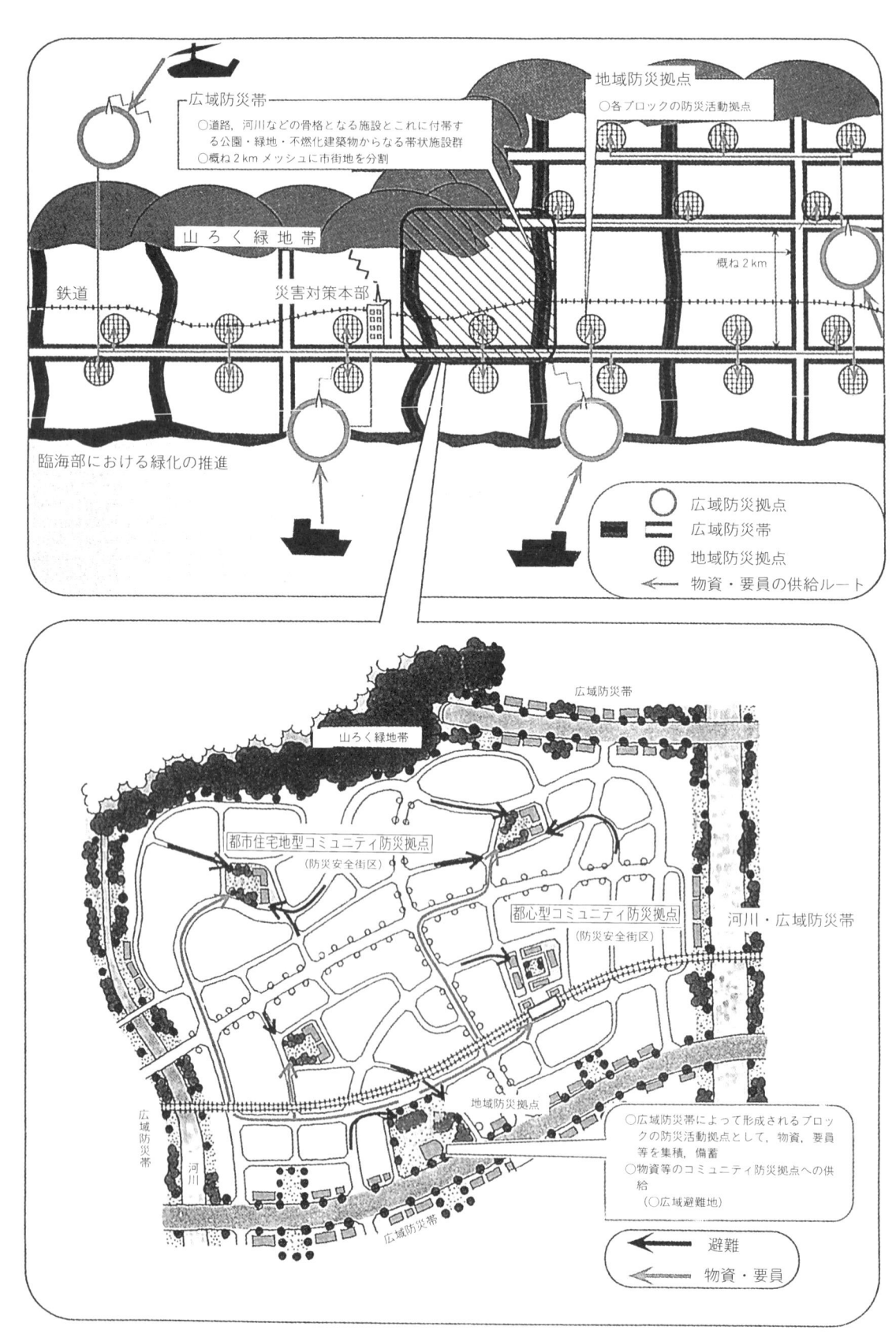

図 12・2 防災安全街区と防災拠点の構想 (出典：兵庫県フェニックス・プラン, 1995年より)

制と防災組織の日常的な備えが必要で，救出・救急・避難・救援体制はリアルタイムでの対応活動が緊急に求められるプログラムである．さらには当座の復旧活動から，より長期的な見通しをもった復興計画の策定へといった，時間ごとに変化するニーズに対応できる行動マニュアル，連絡・決定および行動の組織的なプログラムで構成される．「本番」に備えて，日常的な意識，訓練，メンテナンスなどのソフトな取組みが大切であり，地域ごとに結成されてきた消防団・水防団，近年の自主防災組織などがコミュニティ連帯の基本となってきたことにも注目しておきたい．

予防的対策

市街地や都市施設，不燃化や耐震化をすすめること，避難路や避難所となる街路と公園および防災センターなどを系統的に整備すること，水利や交通の複数系統化を図ること，ミクロな対策としては個別の住宅や建築物の防災性能の向上を図るための診断，改修支援，資金助成を普及させること，学校・病院・公民館などには耐震性の確保を義務づけることなどが実施されている．

災害対策の日常化

市民は，街路や広場・公園，公共施設を日常的に利用することで，地理感覚をつかみ，非常時にも的確に行動することができる．アメニティとセキュリティの統一が求められるところである．

4 地域空間づくりの総合化にむけて

住環境の改善，商店街の近代化と市街地の不燃化，河川改修とグラウンド整備，公園・体育館と防災センターなどの整備を総合化することが有効である．1995年1月17日の阪神・淡路大震災後において，多くの学校施設や都市公園が避難場所，延焼防止，給水・食料・物資の配給所，仮設トイレ，仮設住宅地，ボランティアや自衛隊の活動拠点などに活用された．この経験に基づいて，兵庫県の震災復興フェニックス・プランでは，山系から海浜へ，東西都市軸に広域防災帯を配し，さらに地域ごとに防災拠点を備えたコミュニティの防災安全街区の構想を描いている（図12・2）．

12・4 防災都市づくり

大地震の場合は，家屋損壊，出火の多発と延焼，津波，宅地崩壊，避難や救援の途絶，交通通信機能のマヒ，さらには堤防やダムの破壊にともなう水害など，大規模な都市災害を連鎖的に拡大するメカニズムを潜在させてい

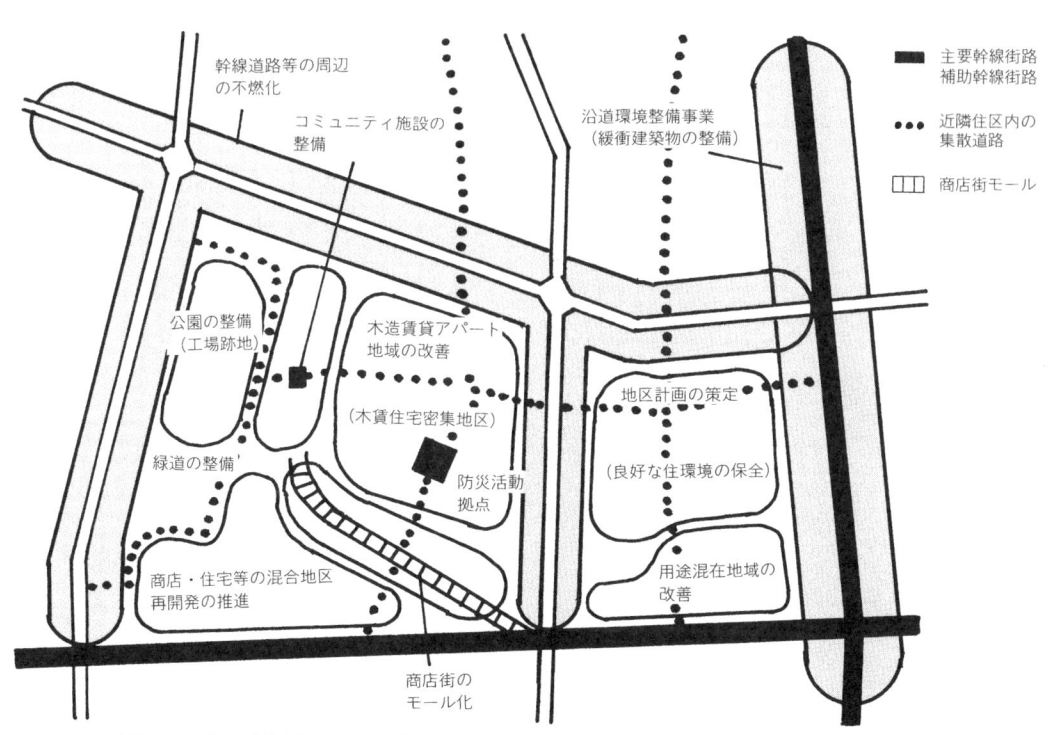

図12・3 防災生活圏の模式（東京都，1994年）

る．そこに，大地震を最大の破壊力と想定して地域防災計画を策定する理由がある．

1 防災生活圏

わが国の都市のように木造市街地が高密に連坦していると，大地震による出火が同時多発して延焼し熱風が巻き起こる．消防力では対抗できなくなると，安全な避難路・避難地が必要になる．しかも，子どもや高齢者や病弱者の避難速度や移動距離限界を考えると，ある範囲以上に逃げないでも済む防災まちづくり，安全で安心して住めるまちづくりのために，地域単位を設定する必要がある．道路，公園，河川・海岸線やそれらの沿道の不燃化によって延焼遮断帯をつくり，それらで囲まれた小中学校区程度の区域を防災生活圏とする．防災生活圏の内部には避難場所となる安全な公園広場を設ける（東京都の基準は1カ所1ha以上）（図12・3, 12・4）．また災害発生時に備える避難，救援などの防災センターとなる公共施設と近接させる．

2 避難路沿道の不燃化

防災生活圏内での安全な避難を確保するために避難路沿道・避難地まわりの建築物の不燃化をすすめる．

防火地域・準防火地域

出火しても延焼しないこと，このために建築物を不燃構造にすることが必要である．不燃化の方法としては，まず防火地域あるいは準防火地域指定を行って建築物の構造や外壁・内装等の不燃化＝防火仕様を義務づける．木造建築物が多いわが国の市街地では，特に準防火地域を指定して外装にモルタル仕上げなど難燃化＝準防火仕様を義務づけている．

しかしながら，個別の建築が連続して延焼遮断帯を形成するのは容易でない．さらに，準防火基準に適合する建築物であっても，大地震時には，屋根瓦や外装が剥落したところから延焼するといった複合事象が生じる．

防災街区の造成

延焼遮断や避難路確保など防火帯の造成を緊急に行わねばならない地域については，個別建替え，共同建替え

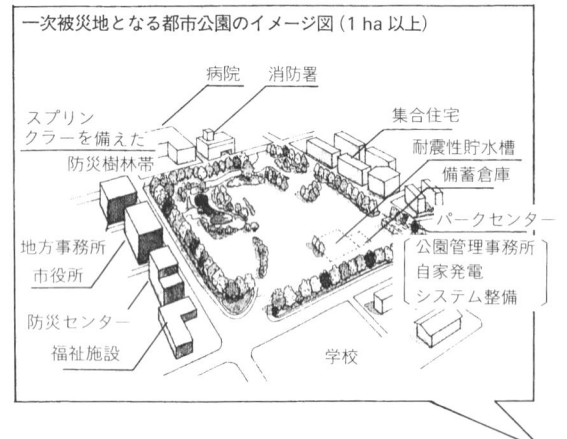

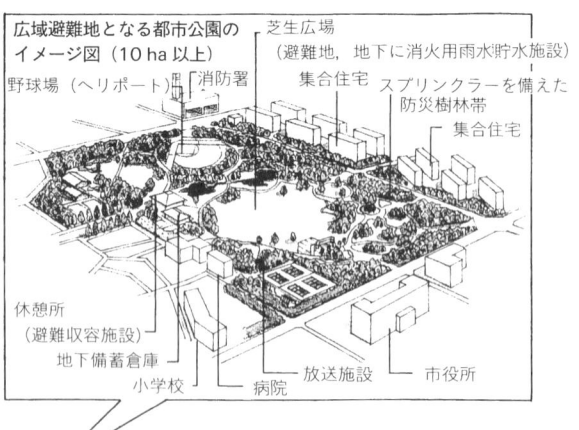

図 12・4 防災公園のイメージ（建設省のまちづくりパンフレット，1996年から）

1995年1月の阪神・淡路大震災において，多くの都市公園が避難地，火災の延焼防止，給水所，食料・物資の配給所，仮設トイレ，仮設住宅地，ボランティアや自衛隊の活動拠点などに活用された．この教訓を生かし，一次避難地やさらに広域避難地となる防災公園の整備をすすめる．

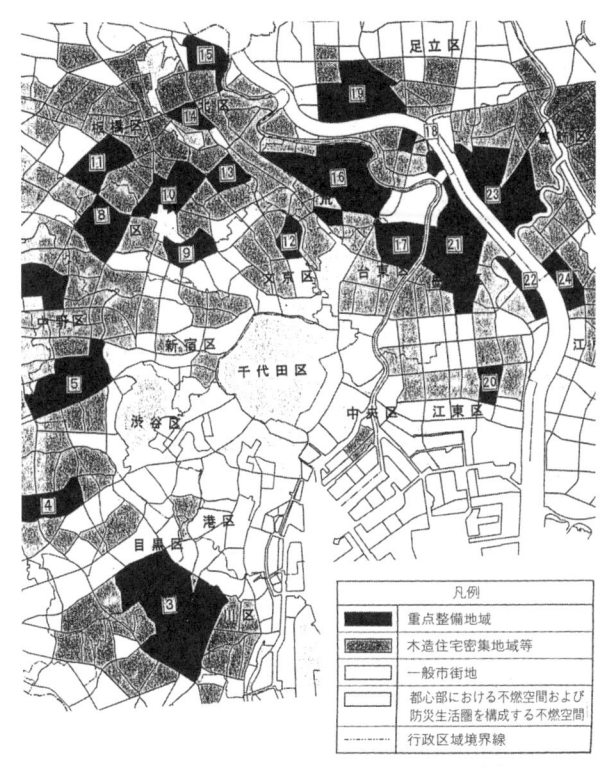

図12・5 防災生活圏と重点整備地域（東京都，1996年）

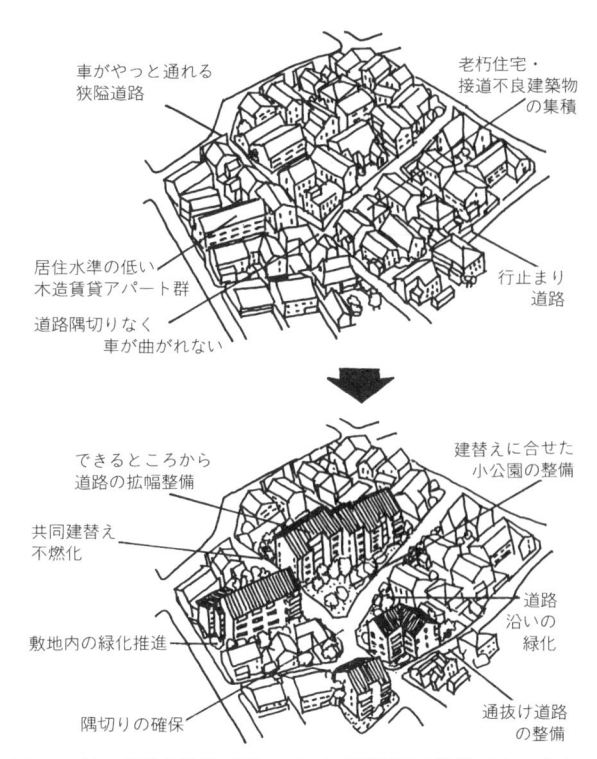

図12・6(A) 基盤未整備・木造アパート密集地区の整備イメージ（出典：中野区住宅マスタープラン，1994年より）

図12・6(B) コミュニティ住宅への建て替えで広くなった通路（撮影：佐藤隆雄）

による連続不燃化を促進するために，街区を指定して市町村が建築補助金を支出しているところもある．また，路線状商店街の近代化と耐火中高層建物への再開発とを一体化した防災街区を造成する方法もある．

3 木造密集市街地の防災対策

街区の問題点

老朽長屋・木造アパートなどでは住戸と住戸とを仕切る隔壁が不備であるため，一戸から出火するとたちまち延焼する．また小住宅が建て込むなど，幅員が4m未満の細街路や路地の街区では，地震により両側の家屋が街路に倒れこんで避難・救出・消火活動が困難になると予測される．

緊急的な対応

密集した市街地に住む人々の間では，昔から火事を出さないことは共同の戒めであった．「火の用心」「夜まわり」とともに「防火水利の設置」や「火消し組織」といった地元防災ソフトがあった．現代においても，緊急時に逃げ出せることを第一とし，警報システムを整備し，身体障害者・寝たきり老人等の避難支援については，地元と消防行政がマップを作成し訓練をするなど，コミュニティでの不断の協力が大切と認識されている．

住環境の整備

密集家屋の共同建替えや小規模な住宅地区再開発によって生活街路と小広場，住宅・建築物の不燃化を実現することで，防災性と居住性を統一的に向上させることがなんといっても基本となる対策である．危険度が高いところ，コミュニティの住環境改善への機運が高まったところを優先的に計画的な住環境整備，共同建替えを実行する（図12・5, 12・6(A)(B)）．こうしてつくり出された防災上有用な小スペースが，日常時には，快適な歩行者路，緑道，広場になる．住民は，そうした防災空間を日常使うことで，非常の場合にも適切に行動しやすくなる．

4 ライフラインの強化

 緊急時の避難路を確保すること，救急・救援車両の通行を保障できる街路整備が求められる．災害時には沿道家屋や電柱の倒壊も通行の支障となることも考慮しておく．水道，電力および情報通信ネットワークは，生存のためのライフラインであるので，大地震時に破壊されにくいように耐震構造にする．また一部が壊れても網の目のように他の路線で代替できるなどの補充機能＝リダンダンシーが求められる．水利機能でも，水道管のネットワークとともに，井戸水，河川水，耐震貯水槽などが併用できるようにしておくと安心である．

5 生活復旧への支援

 防災まちづくりの最大の目的は，地震や大火災から人命と財産を守ることである．しかし，被災後長期にわたって劣悪な環境のもとで避難生活や仮住まいを強いられたり，生活再建のめどがみえないと，ストレスがたまり，被害をさらに深刻化し拡大する．市民生活を一刻も早く復旧させるための対策が求められる．

 応急避難段階では，生活の場として避難所の環境を整備するとともに，復旧着手段階では，自宅の損壊が軽微な人を早く自宅に戻れるようにする支援が緊要である．阪神・淡路大震災では，そのままでは危険であっても，それなりの応急修復補強があれば居住できる家屋への支援体制がとれなかったために除去対象となり，仮設住宅への依存を大きくした経験がある．とともに，自宅を失った人が一刻も早く応急仮設住宅に移り住むことができるような体制を整える．その際にも可能な限り自宅近くの仮設住宅に入居できるようにするなど，被災前の地域社会の人間関係や生活空間上の配置をできる限り崩さないことが，ささえあう復興のために大切である．

6 市民と防災意識

 被災直後の数日間は，人命救助活動や初期消火などで最も頼りになるのは市民一人一人があつまる共同の力である．その「自分たちのまちは自分たちで守る」という自覚は，日頃から「自分たちのまちは自分たちでつくる」という意識をもち，それを実行することから生まれてくる．

 地域内での安全な避難場所や防災器具の置き場所などの知識，井戸や河川などの地域ストックの柔軟な利用，地域コミュニティのつながりなどが非常時には大きな力＝地域防災力となる．日頃からしっかりとした防災対策をとることが大切だが，想像を超える大災害にはすべてをマニュアル化することはできない．最終的には，日々のまちづくりで培った市民のまちに対する経験や想像力がものをいうことになる．

 また自分自身が被災者とならなかった場合でも，大規模災害を国民すべての問題として考えていかなければならない．被災地の復興には，ボランティアや義援金などそれぞれができる範囲で幅広く支援活動を続けることが不可欠なのである．

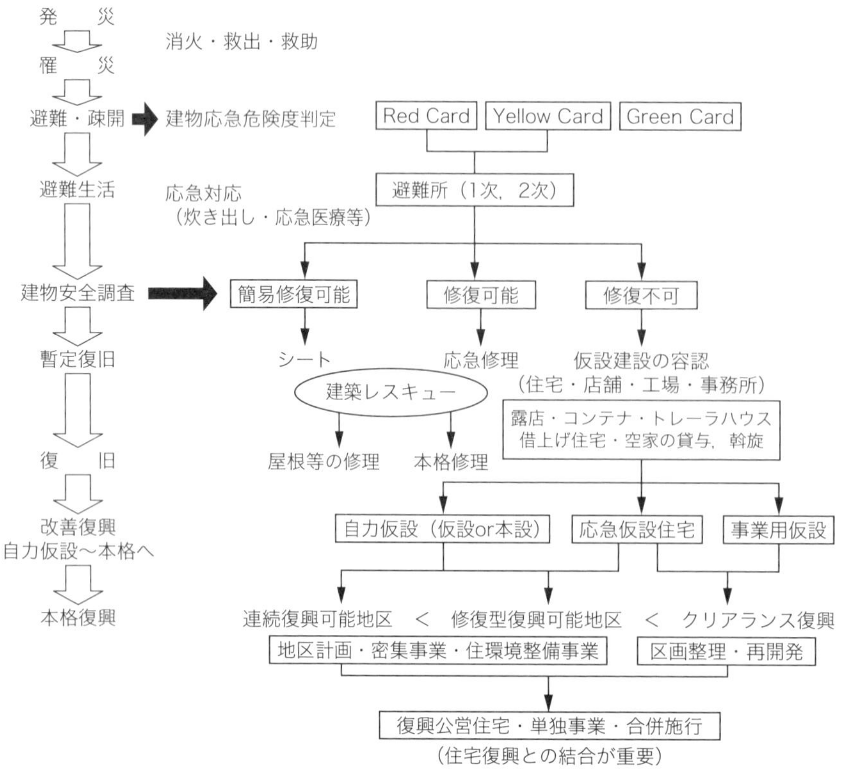

図12・7 復興市街地づくりのプロセス図 (出典:「墨田区災害復興マニュアル」2004年より)

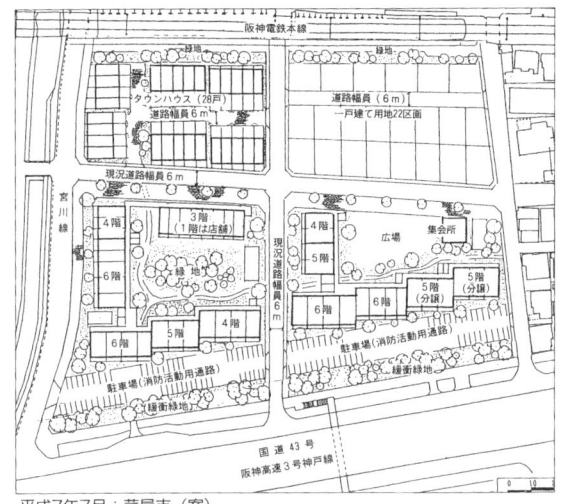

(A) 市が示した計画案（1995年7月）

平成7年7月：芦屋市（案）

残存住宅も含めたスクラップアンドビルド型再開発の案．当初の5月案では，公営賃貸住宅・分譲住宅とも7～8階建4棟が計画されたが，7月案では分譲住宅用にテラスハウスと戸建ての低層街区が配置されている．しかし，全壊を免れた世帯は，全面再開発を希望しなかった．国道43号線の沿道公害対策として緩衝緑地と駐車場を配置．

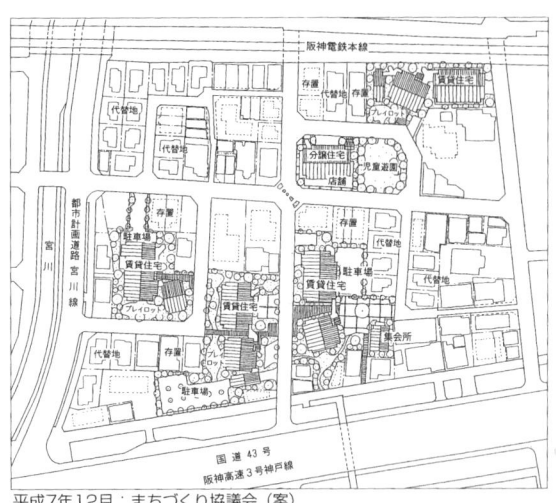

(B) 二回目の計画案（1995年12月）

平成7年12月：まちづくり協議会（案）

住民まちづくり協議会＋支援コンサルタントがまとめた要望内容を反映した案．実地の状況に合わせて存置住宅，建て替え用地，公営住宅用地がきめ細かく設定されている．

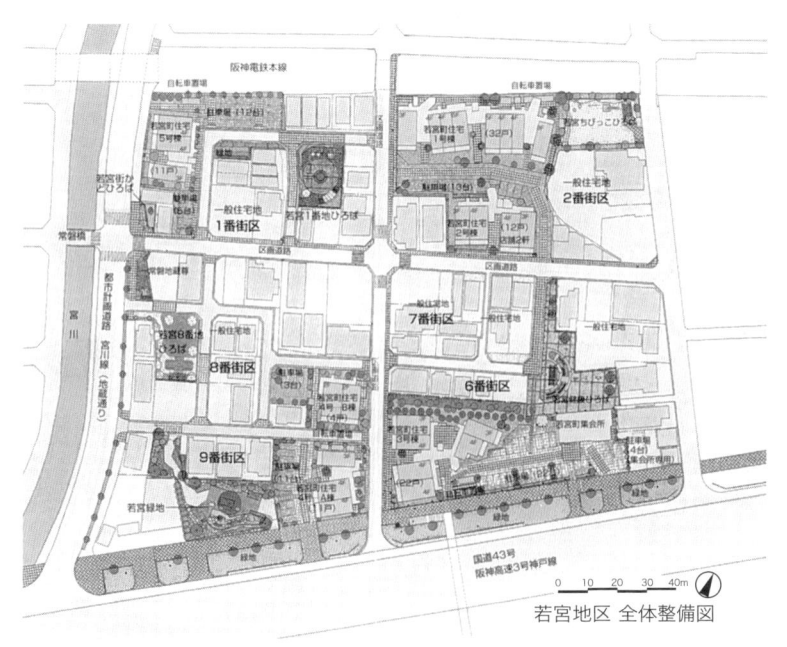

若宮地区 全体整備図

(C) まとまった復興住環境事業計画（1997年6月）

全壊を免れた住宅・ブロックを存置させた．公共住宅は中層にして小規模・分散配置にした．一部は建て替えを含む全面修復型事業として，緑道のある街路や公園をきめ細かく配置し，ヒューマンスケールでデザイン密度の高いコミュニティ環境を実現した．

地区面積 2.3ha　人口 554人　世帯数 261世帯　木造密集地区　住宅戸数 224戸　全壊 62%　半壊 27%
被災の状況

町並みにフィットした復興住宅　（画：筆者）

図 12・8　復興まちづくり計画のプロセス例：芦屋市「若宮地区—安全・快適でコミュニティのあるまちづくり」2001年
（出典：芦屋市「若宮　復興まちづくりのあゆみ」2002年（協力：若宮地区まちづくり協議会＋㈱ジーユー計画研究所））

12　市街地の安全と防災都市づくり　151

7 復興都市計画

　復興（revitalization）とは，復旧（restoration）を超えて新しい活気を被災都市が獲得しようする取組みである．大災害後の復興事業は，旧い市街地を近代都市に変身させる「千載一隅」の機会とされ，広い街路や整然と配置された公園，系統的な街区と画地を実現させてきた．しかし，住宅や事業所などの再建などへの支援がなかったため，都市の復興は遅れがちだった．

　大地震の発生などがある程度予測されるようになった現代では，被害を想定して都市復興プログラムを検討する自治体も出始めている．復興都市計画の場合，被災地における建築制限の限られた期間の内に，かつ住民の相当数が離散している状況下での策定となるので，平時において手順を決めておくわけである．何を復興するのか，①市民の生活の復興，②住宅の復興，③仕事・産業の復興，そして④都市の復興である．特に住宅の復興については，個人財産であるから公的支援をすべきでないというのが従来の政府見解であったが，鳥取県西部大地震（2000年）あたりから，住宅復興は住民が地域に踏みとどまり地域社会を維持する基盤であるという見地から，独自の公的支援を行う自治体も出始めている．復興とは「ゼロからの再出発」ではない．災害から生き残ったコミュニティがあり，修復可能な住宅や都市施設がある．それらのストックの価値を見定めながら方針をたてることが必要になる（図 12・7）．従来は，都市計画決定済の事業を地域に押し付ける傾向がみられたが，阪神・淡路大震災の復興都市計画では，住民参加でもって地域特性を生かした居住地づくりとしていくつかのすぐれた事例があって注目される（図 12・8 (A), (B), (C)）．都市の復興こそが目標であることを念頭において，人々とコミュニティの人間関係が継続されるような住宅・居住地の再生，都市の記憶を断絶させないための記念物や町並みの継承，緑の防災回廊や賑わいの商業モールづくりなど新しいアメニティの獲得をめざしたい．

追補 1
レジリエントの発想

　大災害がつづく近年，レジリエント＝Resilient という用語が目立つようになった．防災に関する国際会議のテーマにもなり，国内では「強くしなやかな国民生活の実現を図るための防災・減災に関する国土強靭化基本法」が制定された．元々は材料工学などで，外からの破壊応力に対して，粘り強く抵抗し復元力を維持しようとする構造物の性質をいう．数十数百年の周期で災害は繰り返して地域を襲い，生き残った人々は廃墟を復興してきた．レジリエントであるということは，この生き残りと活力ある復興への持続的サイクルのための備えである．災害があっても粘り強く抵抗してサバイバルできる，水や電力など基幹ライフラインの強靭化，救援活動と社会経済の交流を途絶させない広域ネットワークの確保，ふるさとを思う住民のエネルギーを結集する仕組みなどを事前に想定し，復興構想や防災対策事業に反映させるべきである．また，東北大震災の経験からの読み取りも重要であろう．

IV 市街地の整備と居住地設計

13 地区計画などミクロの都市計画

13・1
まちづくりの仕組み

1 住民・コミュニティと公共行政

　宅地および住宅・建築物は，居住者や事業者の私的財産として形成される．これに対して幹線道路や都市公園，下水道などは公共（国，都道府県，市町村）が建設して供用する．それらの中間領域には，細街路や子どもの遊び場や集会場など，もっぱら，その地区にサービスする共同施設がある．たとえば，細街路やプレイロットの多くは，開発時にデベロッパーが街区・画地と一体的に造成する．画地を入手した人は，それらの細街路の費用も負担する．維持管理は，市町村道として移管する場合と私道として共同管理する場合とがある．

　市街地の環境形成について，都市計画法や建築基準法は用途地域を定め，それに対応して建築物の安全，衛生，環境などの最低限が守られるように義務づけている．しかし，この基準をクリアしているからといって快適で美しい町並みが形成される保証はない．

　都市を構成している居住地コミュニティに対して，公共はまずもって社会状態からみて最低限必要と思われる行政サービスを保障する．これに対して個人やコミュニティは，個性的でより高い水準の生活と居住環境を追求する権利を有している．まちづくりの場合，たとえば，緑につつまれた戸建て住宅地の環境を維持したいとか，活気のある魅力的な商店街を振興させるとか，開発の圧力を受けとめながら新旧共存の農村集落の環境をつくる

とか，あるいは由緒ある歴史的町並み景観を保全するとか，再開発地区とその近隣において新しい秩序ある都市空間を創出していくとか，このような努力は，住民と居住地コミュニティの自発的で主体的な取組みがあってこそ実現されるものである．

　しかし，その営みは実際には容易ではない．①現在の都市民は協同してまちづくりをすすめる経験・知識・機会が乏しいこと，②人間関係，利害関係などが複雑であったり，逆に希薄だったりして，まちづくりをすすめる組織を結成する動機づけが難しいこと，③法律，不動産，環境問題，都市計画などの知識や情報がわからないこと，④調査や企画立案など活動のための資金が足りないこと，などが経験的にも説明できる．そこで1980年代から，住民・コミュニティから要請があった場合，まちづくり活動を自治体やボランティア組織が支援し，ときに協働事業を行う取組みが盛んになってきた．

　まちづくりの原理として考えると，住民・コミュニティは，よりよい生活空間を自ら追求する権利を有している．その権利の具体化＝ミクロの都市計画を円滑にすすめられるよう，公共が支援し基礎的な条件を整えるという論理になる．

　都市全体にとっても，良質な環境の住宅地，魅力的で繁栄する商店街，個性ゆたかな景観地区などの存在は，その都市のイメージを向上させ，経済活動を刺激し，ひいては財政収入を増加させるものである．したがって，公共が積極的に支援し，共同施設を整えたり協働事業に参画する意義も大きいのである．

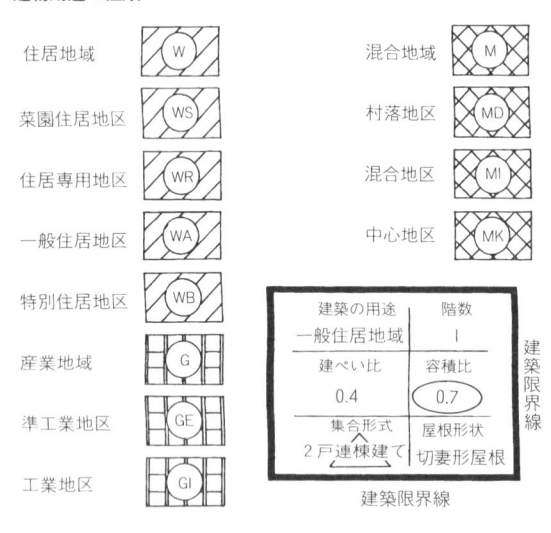

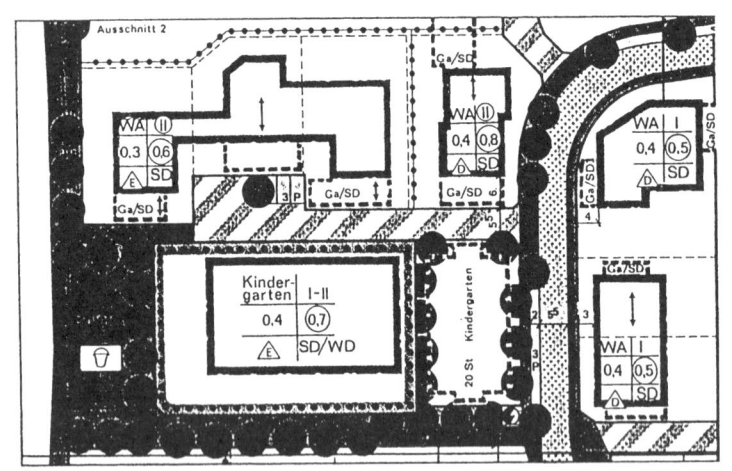

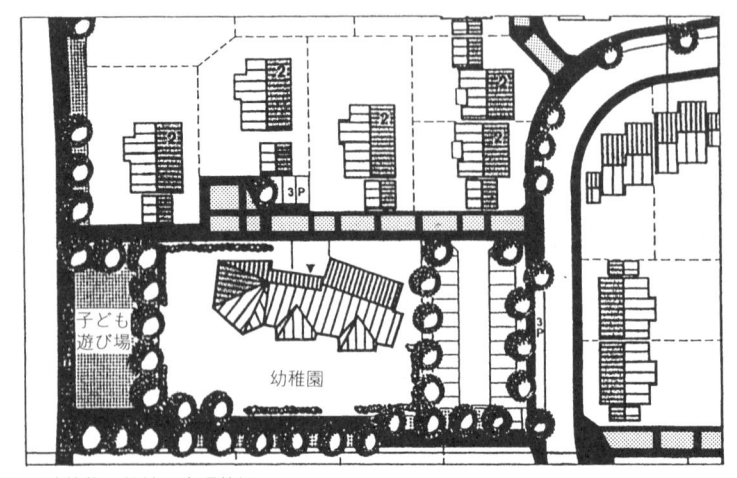

2 住民・公共・民間によるパートナーシップ

新規に市街地を開発したり，既存の市街地を再開発するには，まとまった初期投資が必要である．改善型の事業でも，建築物の共同建替えをしたり，移転施設跡地等の土地利用転換など，中小規模の都市整備のプロジェクトが必要になる．このようなプロジェクトを担当するのが開発事業体＝デベロッパーである．デベロッパーには，まちづくり事業の企画の支援，公共の開発認可の獲得，資金融資や運用で地域社会と協働することが求められる．デベロッパーには，およそ次のような種類がある．

①民間事業体（private developer）．大手の広域的企業から地場の不動産・住宅建設事業体（ホームビルダー）まで．

②公的デベロッパー（semi-public developer）．開発系の公団や自治体の開発公社・住宅公社あるいは公共と民間が共同出資する第三セクターの事業体など．

③非営利団体（non-profit organization），コーポラティブや住宅協同組合や中心市街地活性化地域などの「まちづくり会社」など．

まちづくりでは住民・コミュニティが主体となるが，事業では住民・コミュニティと各種の事業体が契約提携して，デベロッパーが有する経営能力，技術，資金などを活用することで成果をあげることができる．

3 まちづくり組織
アクティブな多階層の参加

居住コミュニティを代表する日常組織としては自治会・町内会がある．しかし，まちづくりのようなプロジェクト活動では，自治会・町内会といった地区振分けの代表組織では機能できない．環境保全，地域福祉，公害防止，商店街振興，協同事業など，地域でさまざまな実践を行っているリーダーの参加，また女性，青年などこれまでは公式に発言する機会が少なかった階層にも参加を求める必要がある．

図13・1 西ドイツの地区計画＝Ｂプランの例 (出典：B. V. Marzahn, *Die Bauleitpläne*, Karl Krämer Verlag, 1985年)

学習・運動発展型の取組み

調査，学習，発想，検討，提案などの活動を目的とする．とりあげる課題によって対象地域の範囲が変化する．たとえば，任意の有志グループから出発して，より多くの広い住民の参加を得て，検討の範囲が決まっていくこともある．自治会・町内会とはちがって全世帯参加でもない．「住民」の資格も自由に決められ，参加メンバーにも出入りがある．まちづくり活動をすすめる過程で，より多くの人々の理解を求め，参加者を受入れつつ力量をつけるのが運動体であるといえる．

13・2 地区計画制度

1 ドイツと日本

ミクロの都市計画として，さまざまな手法があるが，もっとも基本的な仕組みとなるのは地区計画制度である．ヨーロッパ大陸の都市計画では，都市全体のマスタープランと市街地の各部分ごとの地区詳細計画（detail plan）との2段階の仕組みをとっているところが一般である．そのもっとも精緻なシステムの代表格は，ドイツの地区建築計画（Bebauungsplan, Bプラン）である（図13・1 (A), (B)）．

①Bプランは，市街地ほとんどすべての各部分に対して策定している（歴史的市街地などで，伝統的な空間の構成秩序がすでにあるところを除く）．②各部分ごとに街路，公園・空地，駐車場などの位置，画地の区分・形が示される．さらに画地に建てる建築物については，③建築物の用途，階数，容積率などとともに，建築物の建てられる範囲を示す建築制限線，ときに壁面位置を規定する建築線が決められる．まるで，アーバンデザインの草案検討用のブロック模型のようなものであり，建築家はこの空間フレームにしたがって，個々の建築デザインに腕を振うことになる．④もし，建築家とデベロッパーが，よりすぐれた計画を提案し，自治体に承認されれば，それが新しい地区計画の内容となる．

このように地区ごとに建築物の用途・形態・位置および共同施設の配置まで立体ブロックとして描いて，開発や建築行為の確認チェックや指導の根拠にするのであるから，日本や米国のようなゾーニング制度は必要ではない．

2 日本の地区計画制度

建築物の配置と街区とを一体的にデザインして整った市街地空間を実現させる試みは，公共住宅団地，官庁街などの一団地設計制度，市街地再開発事業など開発主体が一本であるところでは試みられてきた．

しかし，多数の主体が集合している一般市街地で，地区のニーズに合わせて建築と街区の形態を計画することは未発達であり，そこでは基幹施設の計画が重要であって，建築的な秩序はゾーニングでよいとする風潮があった．そのなかで，建築協定は先駆的な仕組みであった．

建築協定

良好な住宅地などの環境を乱されたくない，また近隣環境をめぐるトラブルを防ぐという見地から，建築基準法にも制定の当初（1950年）から建築協定の制度が設けられていた．

ゾーニングによる用途と形態の最低限の規制だけでは住環境に満足できない場合には，複数の権利者（土地と家屋）が話しあって，敷地（面積，間口・奥行等），用途，形態（壁面後退，高さ・階数等），意匠（屋根の形や色，垣・柵，樹木，看板・広告等），建築設備などの「建築物に関する基準」について協定を締結する（図13・2）．その有効期間はおおむね10年程度である．建築行政はその地区を「建築協定締結地区」として認定するが，内容は当事者共同の民事契約であって，もし協定に違反する建築行為が生じても建築基準法による規制など公権力の行使はおよばない．

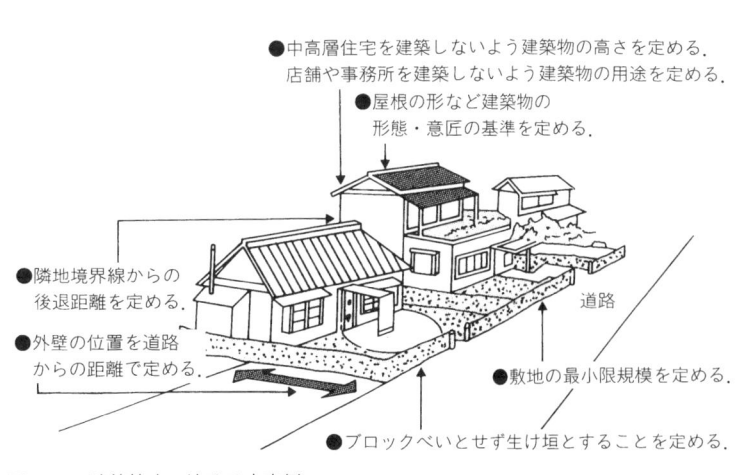

図13・2 建築協定で決める内容例（出典：建設省のパンフレット，1996年より）

- ●中高層住宅を建築しないよう建築物の高さを定める．店舗や事務所を建築しないよう建築物の用途を定める．
- ●屋根の形など建築物の形態・意匠の基準を定める．
- ●隣地境界線からの後退距離を定める．
- ●外壁の位置を道路からの距離で定める．
- ●敷地の最小限規模を定める．
- ●ブロックべいとせず生け垣とすることを定める．

この制度が活用されるようになるのは1960年代になってからである．建築協定事例で，デベロッパーが住宅を分譲するときに建築協定付きの契約を行う場合および既成の一般市街地で協議する場合とがある．権利者全員の合意が必要であるから，後者の場合，不都合が生じる人，不在権利者，必要を認めない人，無関心な人にも働きかけて，全員合意に達するには並みたいていでない自主努力が必要である（表13・1）．場合によっては，虫食い状に建築協定地区が決まってしまうことも致し方ない．

不動産の売買などで権利者が変更になっても，この不動産は協定条件付きで交換されるので新しい権利者もこの協定を守らねばならない．建築協定は有効期限が5〜10年間と期限があるので，持続しようとすると運営委員会を維持し続ける不断の努力が課題となる．

建築協定は，住民相互の契約により住環境を維持するという草の根都市計画の基本原理を体現する，すぐれた制度であるが，①その合意と持続のための苦労が過大で，どこでもできるわけでない．②街路や公園広場などの改善に結びつかないという問題がのこっている．

なお，関連する制度に「緑化協定」があり，樹木の種類，植栽する場所，垣または柵の構造等について協定を締結し，市町村の認可をうける．

地区計画制度

1970年から住環境整備や町並み景観の保存など，地区ごとのまちづくりニーズが高まってきた．住民やデベロッパーの努力で建築協定地区も増加してきた．そこから，それらの中核となりうる市街地基盤整備と町並みの共同秩序とを，きめ細かくかつ一体的に計画するミクロの都市計画制度の登場が期待されるようになった．そこで西欧，特にドイツのBプランを参考にしながら作成されたのが，日本版の地区計画制度（1980年）である（図13・3，表13・2）．その内容は次のとおりである．

①地区施設の配置と規模：主として地区住民が利用する区画街路（細街路），小公園，緑地，広場，その他の公共施設の規模と配置等を定めてスプロールを防止し良質な市街地をつくる．

②建築物等の制限：建築物や工作物の用途制限，壁面の位置，形態とデザイン，塀や垣の構造，敷地面積・建築面積の最小限，建蔽率の最高限度，容積率・高さの最低・最高限度等を定めて，用途の混在や敷地の小分割や建て詰まりを防ぎ，目的に合った町並みをつくる．

③草地や樹林地の保全：現存する草地や樹林地を残すことを定める．

その特徴をみると，第一に，建築協定で培われてきた敷地，建築物についての詳細なオプションルールを含むことが挙げられる．しかし，ドイツの地区詳細計画のような建築線・形態に至る立体的で厳密な規定はしていない．これには，西欧では街区建築として，マッシヴな形をもち安定しているのに対して，日本では市街地建築物の粒がこまかく，かつ増改築や更新を短い周期で繰返すという，不定形の特性をもつためである．

第二に，建築協定では扱えなかった細街路や小公園などの共同基盤施設の整備を都市計画で認定して，公共事業の導入を可能にしたことである．これがミクロの都市計画と称される理由である．

第三に，ドイツのようにすべての市街地に適用するのではなく，オプションメニューにしたことである．住民の意欲が高いところ，市街地形成が途上のところ，放置しておけばスプロールのおそれのあるところ，などが積極的適用対象地域と考えられている．

第四に，建築協定のような全員合意方式ではなく，都市計画決定される点である．それだけに，計画策定の初期から，まちづくり協議会による住民参加のプランニングを徹底する必要がある．

3 まちづくり協議会

地区計画制度は，用途地域のように市街化区域一律に義務づけるものではなくオプションである．これを活用

表13・1 建築協定運動に対する反対・非合意

1. 制御の主旨に抵触するような建築活動を予定したり望んでいる	・制限に抵触するような営業をしたい 　例：学習塾，八百屋，牛乳屋，たばこ屋…… ・制限に抵触するような建築物を建てたい 　例：3階建てを建てたい ・制限が厳しくなるのは困る ・建築の自由度をもっていたい
2. 制御の主旨に対する批判	・アパートの禁止や敷地細分割の禁止などはぜいたくである ・金持ちのエゴである
3. 資産性の重視	・地価が下がって売れにくくなるかもしれない ・土地はあくまで商品である
4. 共同性の無理解	・協定に入っていない者の隣なので，自分だけが損をすることになる ・既存不適格建築物に接しており，いまさら協定を結んでもメリットがない ・当分の間はもう問題もないだろうから

（出典：富川薫，京大修士論文，1983年）

1号地（計画的開発地区）　　　2号地（スプロール地区）　　　3号地（すでに良好な環境の地区）

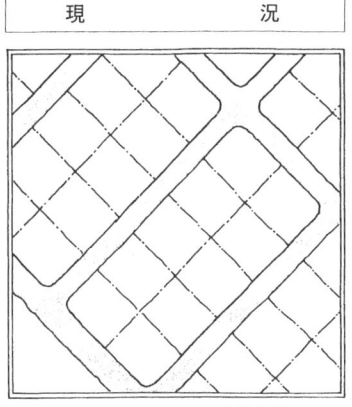

| 現況 | 現況 | 現況 |

土地区画整理事業により基盤整備が行われたが，建築物のコントロールはできない

基盤整備がされないまま，住宅が建ち並びはじめている

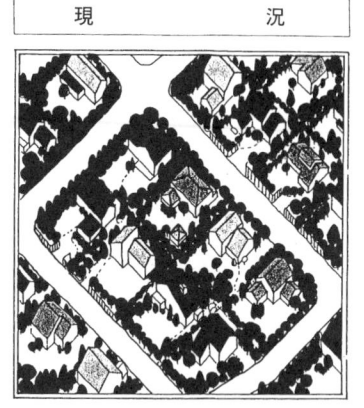

家並みがそろい，緑豊かで良好な環境の住宅地だが，将来ともこの状態が保てるという保証はない

↓　　　　　　　　↓　　　　　　　　↓

| 放置した場合 | 放置した場合 | 放置した場合 |

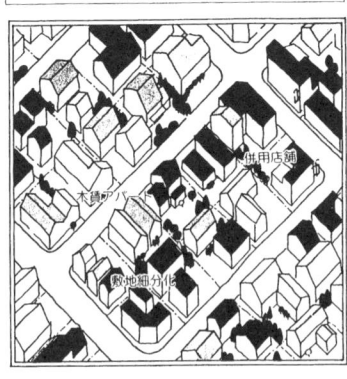

敷地の分割や建築物の用途の混在などが起こり，事業の目的にそったまちづくりが実現されない場合がある

行き止まりの道が生じるなど，道路網が形成されず，建て詰まって災害に弱い市街地となるおそれがある

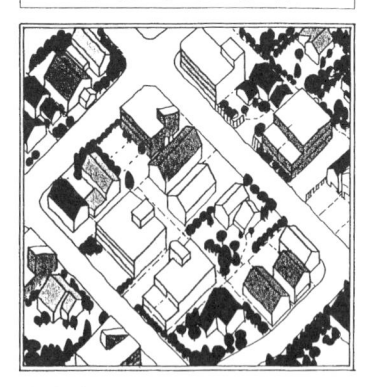

敷地が細分化されて周辺となじまない形態の建物が建ち並び，緑が少なくなるなど良好な環境が損なわれてゆく

図13・3　地区計画の適用対象（出典：大阪府の地区計画，1992年より）

表13・2　地区計画での内容例（大阪府田尻町，1990年）

名　　称	吉見の里駅上地区，地区計画	敷地面積の最低限度	120m²（ただし地区施設を含む敷地については，当該地区施設部分を除いた敷地面積の最低限度を120m²とする）
位　　置	田尻町吉見および嘉祥寺		
面　　積	約7.5ha	壁面の位置の制限	敷地境界線から0.5m以上後退（ただし地区施設を含む敷地については，当該地区施設道路の境界を敷地境界とみなす）
理　　由	関西国際空港の背後地として急激な市街化に見舞われている		
地区施設の配置および規模	地区施設道路 路線1～3 各　幅員6.70m	垣または柵構造の制限	垣，柵は景観に配慮したものとし，コンクリートブロック等による塀は禁止（ただし高さ0.6m以下は対象外）
用途の制限	次に掲げる建築物は建築してはならない (1)ホテルまたは旅館 (2)工場 (3)ぱちんこ屋	建築物等の形態または意匠の制限	看板，広告板および案内板は良質で落ち着いたもので，周辺環境を損なわないものとする

したい自治体は，条例を制定して運用することになっている．全国でもいちはやく制定されたのが神戸市の「まちづくり条例」（1985年）であった．いちばん問題になるのは，だれがどのような発意で，地区計画まちづくりを行うかであった．たとえば，神戸市の条例の場合，特に地区の単位や規模を示していない．その手順としては，①住民・市民およびさまざまな地域集団が，市に地区計画策定のための策定組織として申請する．②それを市長が任命した専門審議会にかけて，内容を検討した上で「まちづくり協議会」として認定する．③活動費用を補助し，職員スタッフやコンサルタントを派遣し，またNPOの協力を求めて計画策定活動を支援する．その結果，④ほぼ合意に達した地区の基本構想案については，市長がその計画を認定して行政の参考指針とすることを約束する．⑤また，そのなかで，都市計画法の地区計画制度でとりあげるべき内容を決定にもってゆくのである．地区計画の場合，街路や小公園の整備など地区施設の整備事業をともなうが，その費用負担をどうするか，事業に結びつけるミクロな都市施設の整備制度も運用経験もまだ発展途上にあるが，今後活用の可能性は大きいと思われる．

4　地区交通環境の整備

幹線道路が混むと細街路に通過交通が侵入する．街区内の交通事故防止，幼児や高齢者の安全確保，歩きやすい道の回復，路上駐車問題の処理といった問題は地区計画の課題でもあるが，わが国の場合，交通安全と交通規制および地区計画を統一して運用する体制は部分的にしか試みられていなかった．しかし，交通安全街区として，通過交通防止と一方通行ルート設定，速度制限，大型車進入禁止などを組み合わせて規制し，信号や標識，横断歩道，細街路・歩道網なの設置を一体的にすすめる方式も普及しつつある．この点で，1970年代にオランダで始まったボーンエルフ（woon erf，住宅地の道路）は，歩行者と車を共存させる方式の原型として注目される（図13・4）．(A)の上の図は車道本位の改良前，下の図は改良後である．外部からの進入口に狭窄部（シケイン）を，路面に低い障害物（ハンプ）を設ける．内部の車道は折曲げ，時速10km以下にする．子どもの遊び場や休憩スペース，植樹を配する．舗装材料は多様に区別して用い

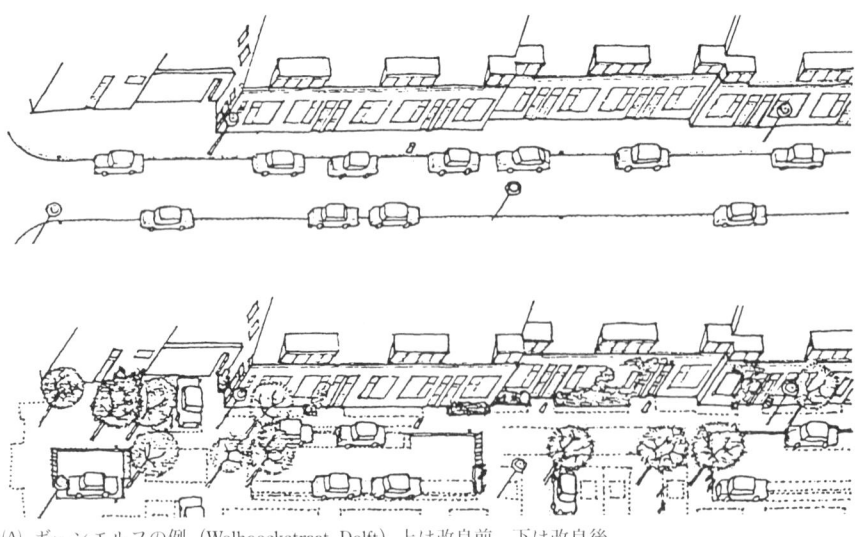

(A) ボーンエルフの例（Welhoeckstraat, Delft）上は改良前，下は改良後

(B) ボーンエルフの例（Patrimoniumstraat, Delft）左は改良前，右は改良後

子どもが道路で遊ぶことを禁止するのでなく，遊ぶことを前提とした道路．車の運転者には歩く速度以下を義務づけるよう交通法規を改正した（出典：木下勇『遊びと街のエコロジー』丸善，1996年）

図13・4　住宅地街路における歩車共存（出典：ボーンエルフ，王立オランダ旅行クラブ『都市住宅』1979年10月号より）

表 13・3 (A) 「憲章」の理念

笹屋町	歴史的景観と固有の町並みを守る 町への積極的関心、秩序とルール、よい暮らしを守る親・子・孫が住みたい住環境の創造
百足屋町	祇園祭の継承発展のために一致協力 風格と品位のある町にするための努力
釜座町	環境破壊の防止、歴史的市街地景観の保持 家業社業の繁栄が円滑に行われ健康で住みよい町
瓦之町	環境を守り育てることは住民のつとめであり権利 社会生活の秩序とルールとお互いの人権を尊重 連帯と協調のもとによりよい暮らしを守る

表 13・3 (B) 「憲章」の具体的、空間的内容

百足屋町	居住者の意志に反したり環境を悪化させる地上げをゆるさない ワンルームマンション建設を認めない 山鉾の尖端（18m）を越えない中低層の町並み保持に努める 増改築、新築にあたって山鉾町にふさわしいデザインを追及し近隣の環境保全に配慮する 史跡表示等の復活・新調
俵屋町・五丁目	建物の高さを5階建・15mを限度とする コミュニティを破壊するおそれのあるワンルームマンションの建設は認めない
釜座町	ワンルームマンションと風俗営業の業種を排除

（出典：清水肇「歴史的中心地における市街地空間の変容と共同的制御に関する研究」京都大学学位論文、1994年より）

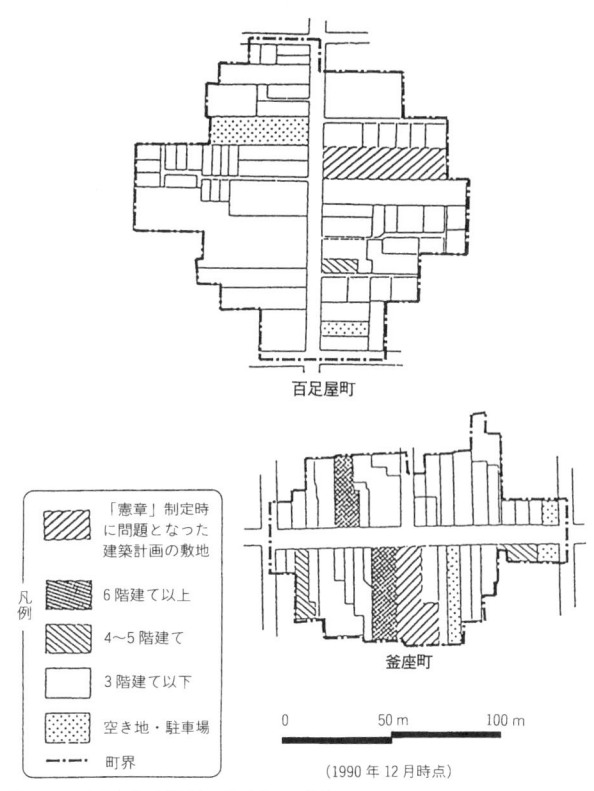

図 13・5 歴史的市街地の町割りの変化

る．これに似た方式は日本でも近年，コミュニティ道路，安全環境街区などで多様なデザイン展開をみせている．

13・3 さまざまな「まちづくり」の手法・制度

1 「まちづくり憲章」の意義

1980年代，バブル経済の時代，京都市内でも地上げと高層マンション建設が激増した．京都の伝統的な都市住宅の形態である町家の町並みのなかに突如として高層建築物が出現した．現存の町並みの容積率は150〜200%であるが，商業地域の用途地域指定は400%を許容しているので，地上階に駐車スペースをとれば，建築物は7〜8階建てになる．伝統的な町並みの空間が維持してきた空間共同秩序を破壊し，日照・採光・通風を悪くし，かつ，せまい通りでの自動車の発着を増大させた．

こうした状況に対して，京都の町内では，コミュニティ綱領ともいえる「まちづくり憲章」を制定する運動が連鎖的にひろまった．1995年現在，約24町内が制定していた．

憲章の内容をみると，①町内が形成されてきた歴史的由来，②居住コミュニティを協同で維持してゆく理念，③空間の共同秩序を乱す建築物への対処が述べられている．法的裏付けをともなわない任意の申し合わせであり，賛同世帯（土地建物の権利を有する者だけではなく，現に居住している借家権者も署名できる）だけのものであるが，まちづくりの行動規範となり，かつ問題事態が生じた場合の説得根拠になっている（表13・3 (A), (B), 図13・5）．たとえば，百足屋町の憲章では，祇園祭の山鉾の高さ18mを越える建築物を建てないといった項目がある．この取組みをさらにすすめた姉小路町界隈では，老舗や個性ある「なりわい」店舗など文化性の高い職住共存の界隈づくりを理念として「町式目」に掲げ，これを建築協定につなげている（表13・4，図13・6）．このような自主的なまちづくりの行動規範は，建築基準法のような行政規定では表現できないことであり，コミュニティルールの原点といえよう．

2 商店街の振興整備

わが国の自発的な地区まちづくりで，豊かな経験をつんできたのが小売商店街であろう．通りや地区にあつ

表 13・4　現代の「町式目」から建築協定へのシナリオ

江戸時代の町衆の自治ルールであった「町式目」にならい、「姉小路界隈を考える会」が地域の魅力を再発見する交流活動を通じてまとめた、まちづくりの行動規範となる提案．

界隈の特色分析	「姉小路界隈町式目（平成版）」	具体化方法として「建築協定」（2001 年）
○昔からの町割り・両側町の姿 ○老舗や旅館、こだわりの店など「なりわい」型自営層のあつまり ○低層・木造建物が基調の町並み ○通りから空がひろがる ○都心地域にありビル化・マンション化がすすむ可能性 ○コンビニや深夜店舗などの進出の可能性	1 「居住」「なりわい」「文化性」の界隈バランスを維持し発展させよう 2 特色ある界隈を守り育てる新しい「人」「なりわい」を迎えいれよう 3 職住共存の活気とともに落ち着いた風情、夜間の静けさを保とう 4 人のスケール・低中層の町並み、通りからみる空を大切にしよう 5 「向こう三軒両隣」への気遣いとまちへの調和を考えながら個性の表現をしましょう ◇「もてなし」の心が伝わる美しい通り景観を育てましょう	■建築物の用途に関する基準（排除する建築行為） (1), (2) 風俗営業系に供する建築物 (3), (4) 遊技場系に供する建築物 (5) 深夜営業の店舗 (6) 住戸の専有面積が 45m² 以下の共同住宅（ワンルームマンションなど） ■建築物の形態等に関する基準 (1) 建築物の地上階数は 5 以下 (2) 屋上施設、装飾塔を含む最高高さは 18m 以下 (3) 多層駐車場には壁・屋根を設置

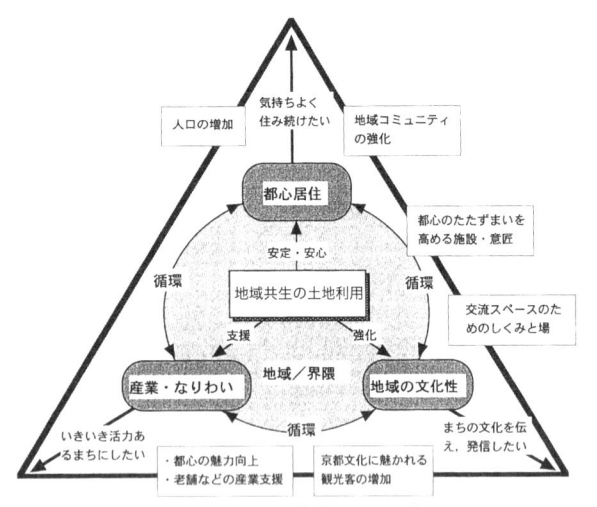

（出典：「姉小路界隈を考える会」資料，2004 年より要約）

図 13・6　建築協定地区における敷地利用の理念（出典：京都市姉小路町「地域共生の土地利用検討会資料」2002 年より）

まって営業することから、地縁的連帯が強く、デパートやショッピングセンターや他の商店街と競合し共栄するために知恵をあつめてきた．個店の業種と品揃え、価格・サービスを良くするとともに、商店街としてのたのしい空間環境を創る必要がある．ショッピングとは、単に物品を購入することでなく、その雰囲気を楽しむレジャーでもある．また、商店側と顧客、市民と市民の交流広場であって、商店街の人々は地域のまちづくりにも参加し協力してきた．

商店街環境の魅力アップのために、これまでもタウンゲート、鈴蘭灯などの街路照明、BG 音楽、アーケード、カラー舗装、モール化、歩行者天国、ストリートファニチャーや彫刻・噴水、イベント広場などの工夫が凝らされてきた．このような商店街整備の歴史は、わが国のアーバンデザインの発達に大きく寄与してきた．

しかしながら、大規模店舗のさらなる大型化は、モータリゼーションの進行とあいまって市街地外部に新規立地の傾向にあり、このため中心市街地や鉄道駅前にあった核店舗の撤退もあいつぎ、既存の商店街はいよいよ苦境におちいっている．経営者の高齢化、後継者不足、駐車場不足、売上げの減少、転廃業など衰退している商店街も少なくない．それらは、個々の店舗の経営問題であるとともに、コミュニティにとっても地域の日常のコミュニケーションの場である生活センターの危機でもある．快適なプロムナードや広場を整えること、文化活動や地域福祉などの集客力ある施設を配置すること、空き店舗や跡地の再利用や駐車・駐輪場整備を行うこと、コミュニティバスなどの交通アクセスを向上させること、商店街の上部空間や近隣での住宅供給を行って都市居住をすすめ、顧客を増加させるといった、都市計画との連携がいよいよ大切になっている．

2000 年には、中心市街地における商業活動とまちづくりを総合的に運営するため、「中心市街地活性化法」が制度化された．その運用はこれからの課題である（「10 章　市街地の開発・再開発と整備計画」参照）．

3　農業集落の整備

大都市周辺のスプロール途上地帯を歩いていると、ふと旧集落地区に入る．緑が豊かで風格のある屋敷構え、菜園、地形に沿ったゆるやかなカーブの道や水路、寺の境内や鎮守の森など生活空間が有機的に構成されている．できることなら、このような農業集落や営農条件と調和

する形で新しい宅地開発を実現したいものである．近郊農家の立場からすると，道路や公園を整備し，下水道を整え，家屋も改善したい．また，現存農地については，一部を優良農地として整備し，交換分合や耕作権の賃貸などの流動化も含めて営農する．一部は宅地化して，賃貸または分譲して経営する．

宅地化を個々ばらばらにした結果が，スプロールを招いたのであるから，土地区画整理手法などを適用して，農業集落，新しい小市街地および生産緑地保全を計画的に実現することが望ましい．集落地域整備法*（1987年）はこうした目的をもって制定された．住民，農地委員会，自治体都市計画とが協力して集落地区計画を策定して，農地の保全と整備，開発規制，基盤整備をすすめる（図13・7）．

4 地域住宅計画＝HOPEの果たした役割

地域の風土的特性を生かす住居・町並みづくりを求めて，1983年に建設省（現国土交通省）*がスタートさせてヒットした施策である．HOPEとは，HOusing with Proper Environmentと少々こじつけている．そのねらいは次のとおりであった．①自然環境，伝統，文化など地域の特性を生かしながら，将来に資産として継承できる質の高い居住空間を整備する．②地域の自主性と多様性を尊重して，その創意による住宅づくりを行う．③地域の社会，文化および建設産業の振興までを含めた総合住宅政策を展開する．地区計画ではないが，地域の主要な要素である住宅・住環境づくりに関連する取組みである．

HOPE計画をたてる自治体を国が助成し，事業補助金の優先割当てや融資の増額を行う．実際に，この施策は，地域の自由な発想を刺激し，地場の材料や工法を生かした住宅生産，風土を継承する町並みの創造などの成果を生み出してきた．何よりも，市民，文化人，建築家，建設事業者，行政が共同で地域の居住についてあらためて自由な角度から話しあい，提案する機会ができたことが評価される．歴史的町並み保全も，このような継承的な創作を加えることで，はじめてライブな保全となる．この制度は1990年代になって市町村住宅建設5カ年計画と総合化されて「市町村住宅マスタープラン」の重要な柱のひとつとなっている．

5 歴史的な町並みの保存地区

長短の違いはあっても，どの都市も歴史を有している．王宮，城閣，社寺，庭園，公共広場や大通りなどは，目立った記念物＝ランドマークとなる歴史的遺産である．都市観光*の目玉は，このような傑出した場所である．一方，かつての商人，職人，中下級の官吏や武士などの居住コミュニティの市街地は，傑出した記念物や場所ではなくて，それらを目立たせる地模様であるとみられがちであった．しかし，1970年代から伝統的な町並み景観が注目を浴びるようになった．この時代精神はいくつかの面から説明できる．

近代の画一主義への反発

第二次大戦後の公共住宅団地などにみられる効率本位の画一主義デザインへの批判がたかまった．

生活・居住様式への関心

庶民の生活史，住居史，文化人類学の発達によって，地域の条件を生かしながら形成されてきた独自の生活文化への関心が高まり，民家や集落の研究の成果も豊かに

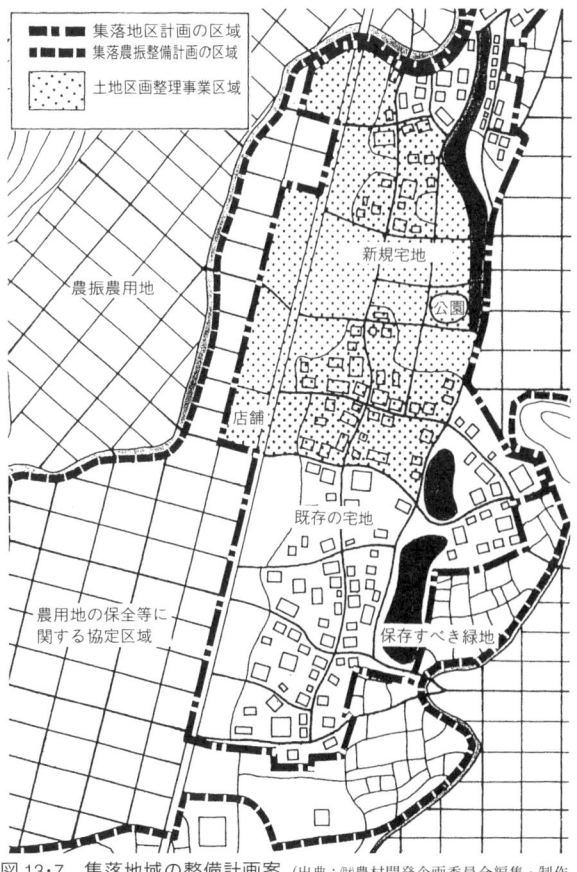

図13・7 集落地域の整備計画案（出典：㈶農村開発企画委員会編集・制作『集落地域整備法による明るく住みよい集落づくり』パンフレット，福岡県久山町上久原集落，1991年より）

お伊勢詣りの繁栄をささえた台所，勢田川の両側に並ぶ問屋街では，1970年代河川改修の立退きをきっかけに，町並み保存の運動が盛上がった．

凡例
- 歴史環境保全地区
- ⟵⟶ 幹線道路
- ㊊ 公園
- ●●●● 地区サービス道路
- ㊉ 地区センター
- ……… 生活緑道
- ＊＊＊ 歴史緑道
- ◯ 整備地点

① 舟入公園
② 河崎歴史文化センター
③ 河崎自治公園（惣門と環濠）
④ 河崎公園（玄関口）
⑤ 環濠の道
⑥ 地域文化蔵地区

図 13・8 (A) 伝統的な町並みの保存構想図

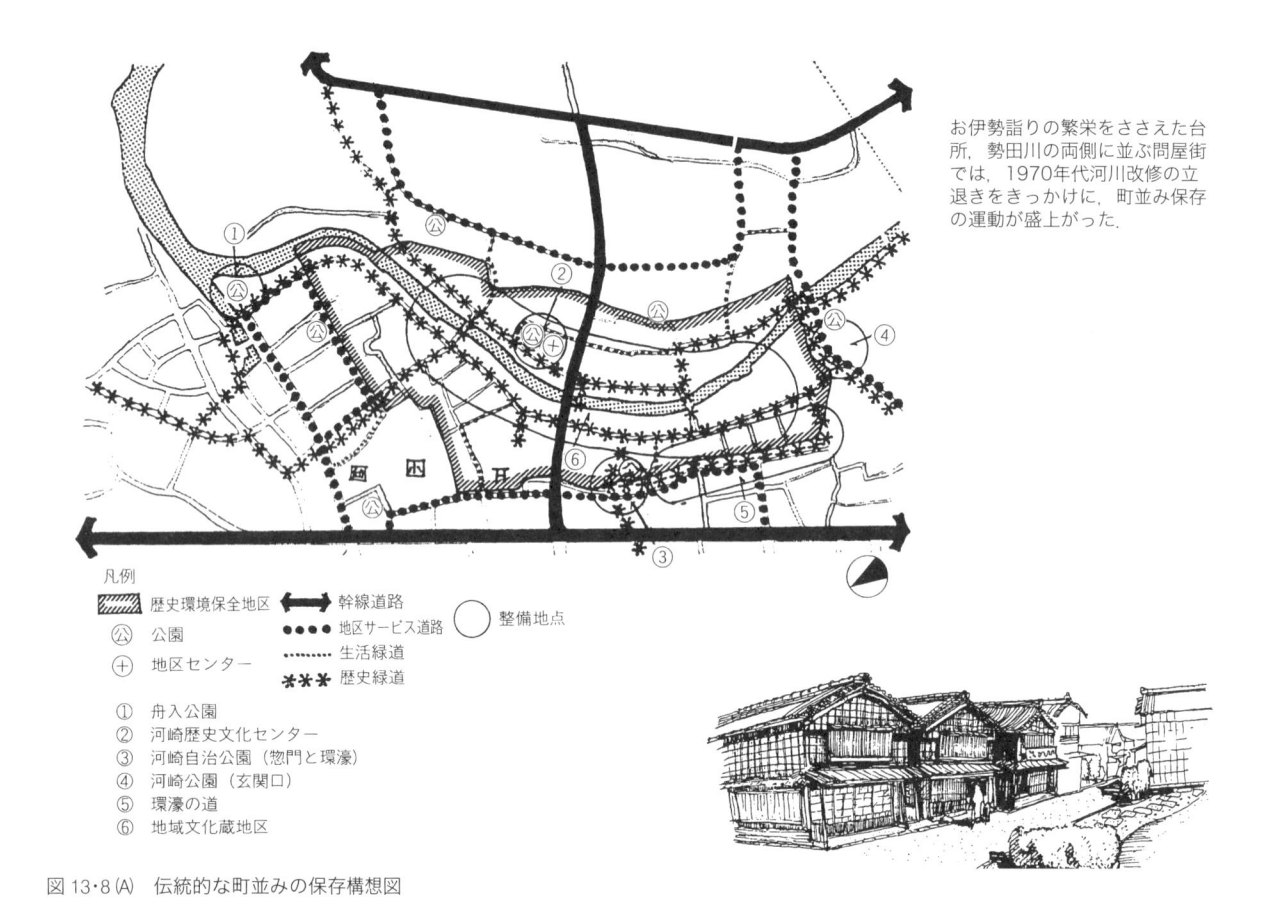

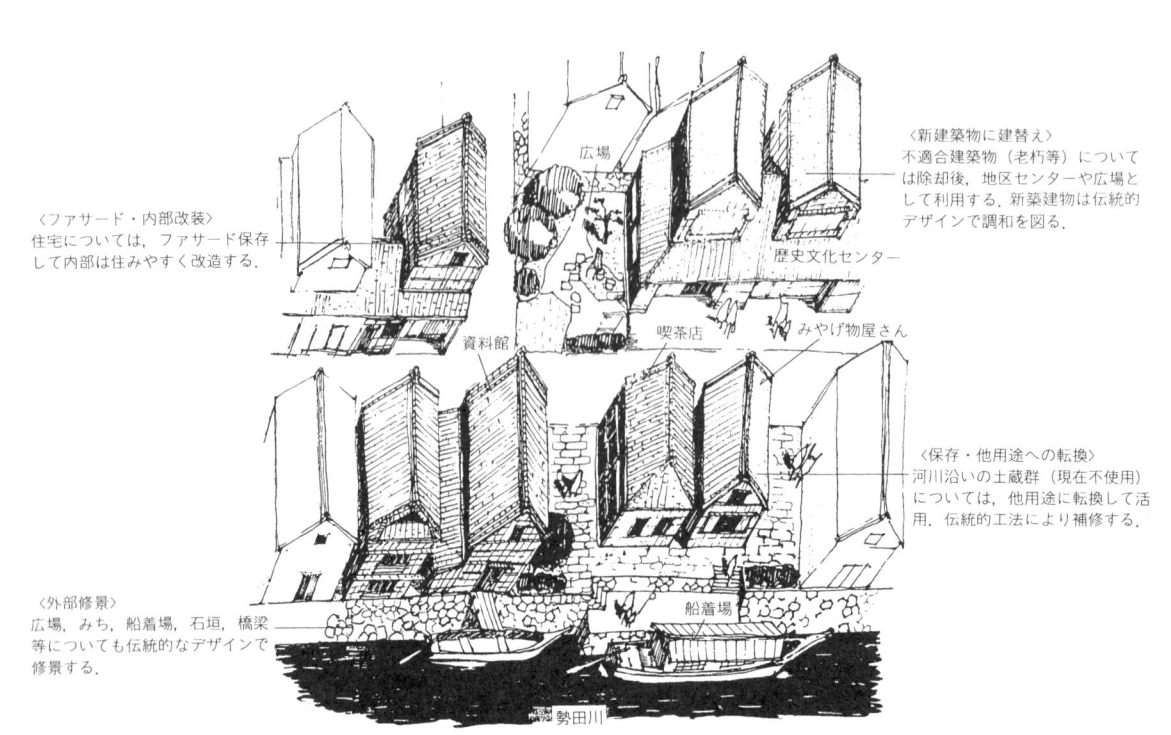

〈ファサード・内部改装〉
住宅については，ファサード保存して内部は住みやすく改造する．

〈新建築物に建替え〉
不適合建築物（老朽等）については除却後，地区センターや広場として利用する．新築建物は伝統的デザインで調和を図る．

〈保存・他用途への転換〉
河川沿いの土蔵群（現在不使用）については，他用途に転換して活用，伝統的工法により補修する．

〈外部修景〉
広場，みち，船着場，石垣，橋梁等についても伝統的なデザインで修景する．

図 13・8 (B) 保存と改造典型例 (出典：(A)(B)とも，観光資源保護財団「伊勢河崎の町並み—歴史的環境の保全とまちづくり」1980 年より)

なってきた．

住民・コミュニティの自覚

自らの居住空間への自覚が高まり，風土の個性を生かそうというまちづくり・むらづくり活動が動機づけられた．いわば，地模様が図柄として意識されるようになったのである．

文化観光のポテンシャル

戦後生まれの都市化時代に育った世代が旅に出て，新鮮な感覚で伝統的なまち・むらの風景を「観賞」するようになった．わが国では，1970年の国鉄（現JR）の旅行キャンペーン「Discover Japan」がヒットした．高山，津和野，妻籠，金沢，小樽，函館など，歴史的町並み保存の自発的な住民運動が各地で高まり，市町村の条例で保全地区を指定し，ファサード改修を助成する自治体も増加してきた．さらに自主的交流組織「全国町並み保存連盟*」が結成され，1978年に第1回全国町並みゼミが開催された（図13・8(A), (B)）．

こうした動きともに，1975年には文化財保護法の一部が改正され，「伝統的建造物群保存地区（伝建地区）」が加えられた．都市計画法では地区計画のひとつのタイプとして位置づけられている（図13・9(A), (B)）．伝建地区としての選定基準は，①建造物群が意匠的に優秀なもの，②建造物群および地割がよく旧態を保持しているもの，③建造物群およびその周囲の環境が地域的特色を顕著に示しているものである．地区保存計画では，全体としての町並み景観の保全，主要な伝統的建造物の保存，一般建造物に景観との調和を求める修景などを内容としている．文化財でありながら居住や営業の場でもあるので，関連する生活環境の整備や防災対策も保存整備事業として公的に助成される．町並みの類型としては，武家町，商家町，産業町，宿場町，門前町，村落などがある．

伝建地区のように文化財保護法に基づく厳密な扱いでなくても，地方独自や

図13・9(A) 通りと水路再生のアーバンデザイン（出典:(A)(B)とも，長野県須坂市教育委員会『信州須坂の町並み』1990年より）

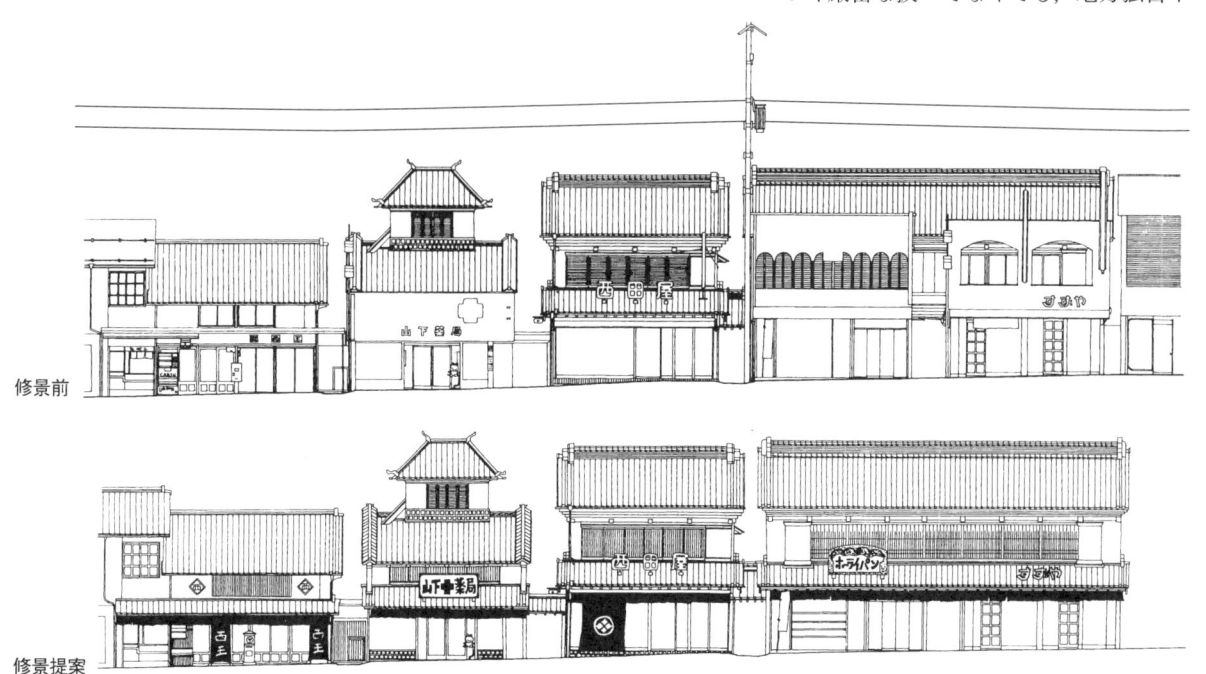

修景前

修景提案

図13・9(B) ファサードの修景．土蔵造りの絹問屋の町並み．伝建指定地区．電線地下化・看板ファサードを除去して復原

住民任意ですすめている歴史的町並み保存地区も全国で数多くなっている．歴史的街区・町並みの建造物群と景観を保存する動きは，欧米も日本も1970年代に盛り上がった．レンガ・石造建築物は躯体が堅固で寿命が長いので，保存修復しながら使い続けることが多い．木造が主で新陳代謝のテンポが速い日本では，建造物自体の維持・保存・改修とともに，町並みの空間秩序と建築様式を継承する方式が重視されている（追補1→p.166）．

13・4 まちづくり目標への誘導手法システム

日本と同じように米国も地域制＝ゾーニングを基調としている．しかし，ゾーニングの規制基準をパスしたからといってすぐれた市街地ができるわけではない．そこで，コミュニティが希望するときや，まとまった規模の開発・再開発が行われるところでは，まちづくりの目標像を計画に描き，その実現にむけて不動産の権利者やデベロッパーに協力を要請する．その場合の貢献の見返りとして，地域制の規制内容の一部を緩和するという利益を与えて誘導するシステムを発達させてきた．わが国でも，このような公共の利益と民間への利益供与とを天秤にかけて交渉する誘導手法が取入れられるようになった．

1 開発利益誘導システム

総合設計制度

まとまった敷地，たとえば数千m²以上の敷地（日本では，原則として商業系1000m²，住居系2000～3000m²）で，それぞれの地区の特性に見合った歩道・通路・広場・小公園などの公開空地を設けるなどして，市街地の環境向上に役立つ建築計画に対して，その取組みを評価して，容積率や高さ，斜線制限などの一部を規制緩和して建築の自由度をより大きくする．いいかえると容積の割増しといった動機付けとなる開発利益誘導＝インセンティブを与える．これに類似の制度として，計画的に設計された市街地再開発や大規模住宅団地などでも，容積率の上積みなどを行う．また，人口回復を図るために住宅附置義務を課している自治体では，住宅床比率に応じて容積率の上積みを認めている場合もある（図13・10(A), (B), (C)）．

開発権の移転

商業地域などで高い容積率を供している地域内で，歴史的文化財のような低層建築物や由緒ある広場（民有）があるとする．その所有者は，税金やさまざまな経済的理由からその敷地を有効に高度利用したいと考える．許容されている最大容積と現建築物の容積との差額が未利

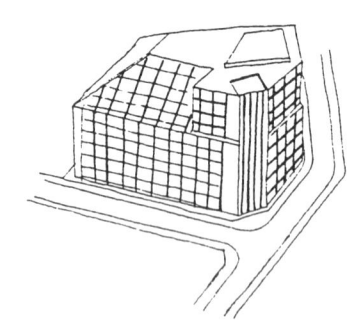

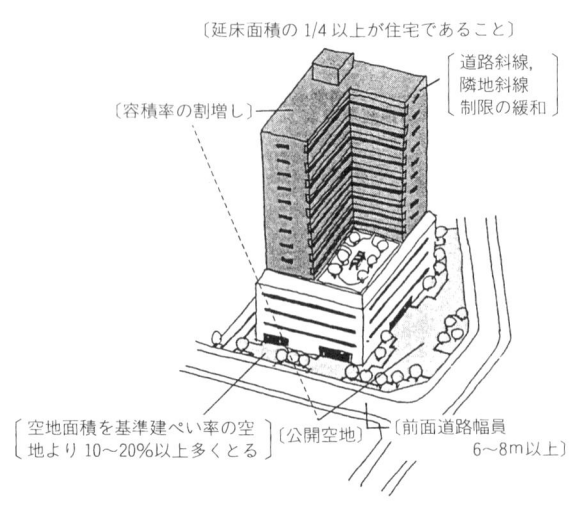

(A) 適用しない場合

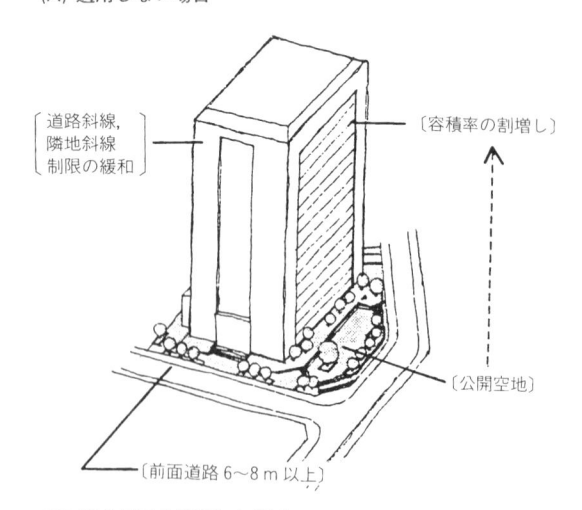

[道路斜線，隣地斜線制限の緩和]　[容積率の割増し]　[公開空地]　[前面道路6～8m以上]

(B) 総合設計を適用した場合

[延床面積の1/4以上が住宅であること]　[容積率の割増し]　[道路斜線，隣地斜線制限の緩和]　[空地面積を基準建ぺい率の空地より10～20%以上多くとる]　[公開空地]　[前面道路幅員6～8m以上]

(C) 市街地住宅総合設計を適用した場合

図13・10　総合設計制度による規制の緩和　(出典：大阪市都市整備協会『実務者のための100のまちづくり手法』1990年より)

用の空中開発権（air rights）である．もし，これを近接する土地を開発しようとするデベロッパーが買収すれば許容容積率として加算される．空中権の移転*と呼ばれている．米国で案出されたこの制度は，文化財建造物や庭園・広場の保存などを民間エネルギーで可能にする知恵である（図13・11）．

2　市街地空間の成長管理政策

これまでの容積率指定は，都市の成長が続き，低層市街地が中高層へ，中高層市街地が高層へとやがて移行することを前提として決めてきた．既成の落ち着いた低層建築物の町並みでも，商業地域であれば将来を見越して個別敷地での高層建築物を容認してきた．すべての敷地に容積率いっぱいの建築物が建ち並ぶのではないので，歩止まりを想定して多めの容積を許容している．この方策の矛盾は，2つの面で生じた．ひとつは高度成長する都心地域では，歩止まりが100％に近くなり，不動産投機によって，地域トータルとしては地価騰貴と過剰容積を招いたことである．一方，伝統的なコミュニティでは，町並みの空間秩序を否定する単発高層ビルやマンションが乱立して地元との多くの紛争が発生した．

ダウンゾーニング

過剰な容積率指定を反省して，地区計画制度などで住民が合意できるならば，不動産の投機的な値上がりと住民追出しの地上げと高層ビル化を排除して，また，都市基盤施設とのバランスを考えて，地区の現状に即するように容積率を切り下げるといったダウンゾーニングが都市の成長管理政策の手法のひとつとして1980年代のボストンやサンフランシスコなど米国都市で登場した．都市開発の圧力の強い地区では，地域制が許容する容積率は，空間開発の既得権であると理解されがちであるので，ダウンゾーニングに対しては，既得開発権を保持したい権利者から反対がでる．まちづくりの共通目標を実現するコミュニティの価値観に支えられる制度である（図13・12）．

開発プロジェクトの評価

まちづくりの目標を計画に描き，まとまった敷地の開発・再開発について，デベロッパーの構想提案を求める．もし，その提案が地区にとって，活性化や環境向上への貢献度の高いすぐれた提案であれば，ゾーニングの内容を変更する．たとえば人口回復を求めるインナーシティでは若い家族も入居可能な住戸を開発延べ床面積の相当比率で供給すること，保存すべき文化財一体を公園化してランドマーク保存と住宅開発を共存させること，創造的な経営で集客力のある空間をデザインする都市再開発提案など，プロジェクトが魅力的で社会的貢献度が高い

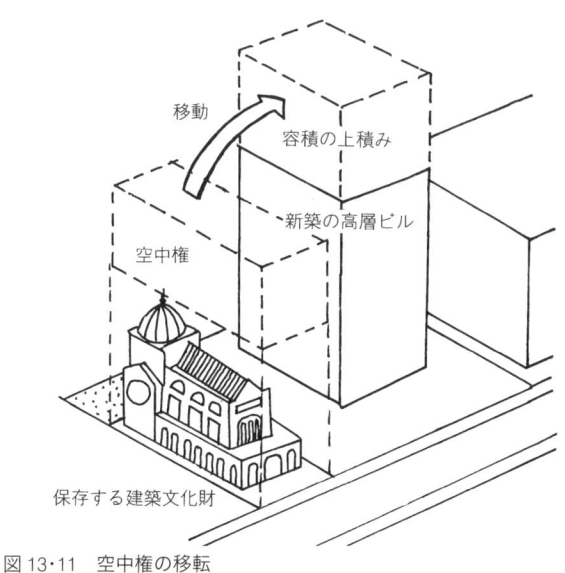

図13・11　空中権の移転

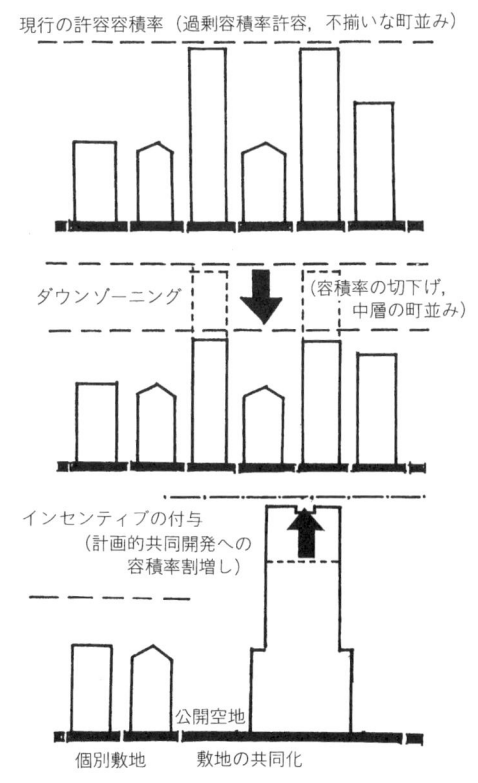

図13・12　ゾーニングの計画的な誘導手法

と評価されると，ゾーニングの内容を緩和するか，抜本的に変更するのである．特定のデベロッパーに，このようなインセンティブを与えるには，社会的公正さを保たねばならない．複数のデベロッパー案について住民が参加して公益性と活性化の可能性を検討し，高い評価を得るようなプロジェクトへと誘導するプログラムをどうすすめるかがこれからの課題である．

追補1
歴史まちづくり法の概要
①背景：地域のまちづくり計画にあたって，歴史的価値のある文化財とその周りを趣のある環境として一体的に整備すべきことは，景観法（2004年）前後から通念となりつつある．文化財保護行政においても周辺環境と一体として保存・活用する方針が，また都市・農村行政からも歴史的な事物（町並み・集落・農業用施設など）や一帯の景観を積極的に保全する地域づくりへの関心が高まり，この取り組みを普及しようと文化庁・国土交通省・農林水産省が共同所管する法律が2008年に新設された（正式名称：地域における歴史的風致の維持及び向上に関する法律）．
②市町村の歴史まちづくりを支援する．
　モデル地域として先行的・積極的に進める市町村は「歴史まちづくり計画」を策定する．国は認定した計画の実行のために，新設された歴史的環境形成総合支援事業やまちづくり交付金をはじめ関連する整備事業，開発行為の特例措置などで市町村を支援することになっている．
③歴史まちづくり計画（歴史的風致維持向上計画）の策定．
　主な内容は次のように想定されている．
A）歴史的風致の維持向上の方針：城や神社，仏閣などの建造物，その周りの町家や武家屋敷，集落などの町並みが残されており，そこで工芸品の製造・販売や農作，祭礼行事など歴史と伝統を反映した人々の生活が営まれることにより，地域固有の風情，情緒，たたずまい＝「風致」（scenery）を醸し出すまちづくりを目標にする．
B）重点区域の設定：とくに一体的かつ重点的にまちづくりを進める対象区域，たとえば「城郭建築（重要文化財）などと城下町の町並み」「古墳（史跡）群や神社仏閣を中心とした一帯のエリア」「伝統的な集落（伝統的建造物群保存地区）や農村景観一帯のエリア」などが想定される（付図参照）．
C）住民が参画する調査と価値の発見：すでに指定されている有形・無形の文化財だけでなく，地域で人々に親しまれ大切にされてきた歴史的価値も取り上げてデータベース化する．成果の公開や学習会・シンポジウムの開催など，計画策定が住民と自治体にとって地域の風致を再認識する過程であるといえる．

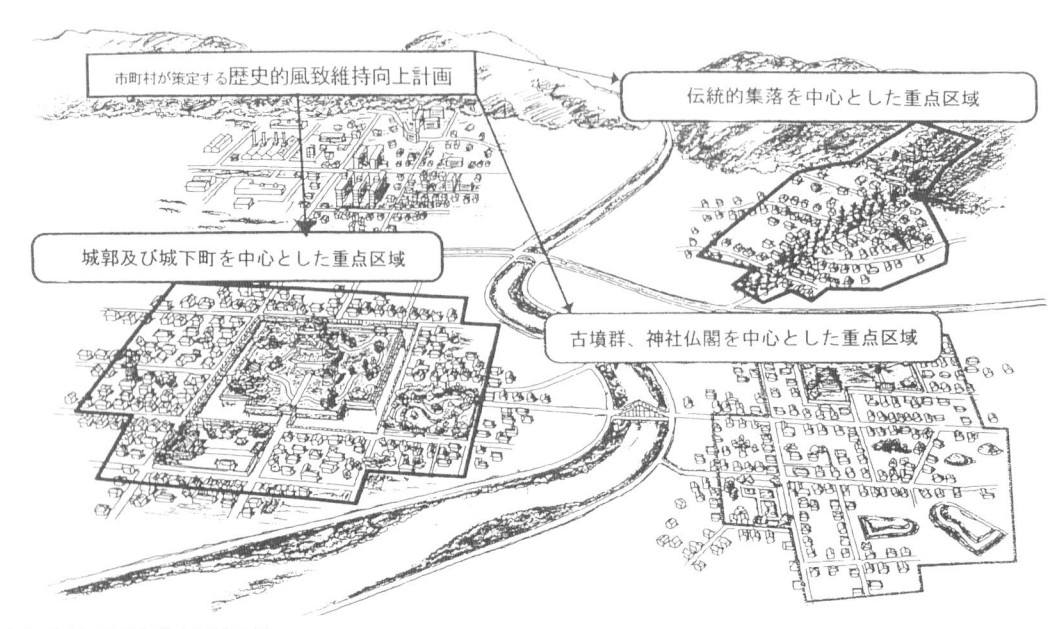

歴史まちづくり計画と重点区域の例 (出典：『歴史まちづくり法の概要』文化庁・国土交通省・農林水産省，2008年より)

V　これからの課題

14　地域共生の都市計画にむけて

14・1
地域共生の意味

　本書の初版を，学兄の一人である阮儀三教授（同済大学歴史都市保護研究センター長，上海）に贈呈したところ，「環境共生」ならわかるが「地域共生」とはいったいどういう意味かと質問された．何人かの読者からも同様の質問を受けた．実のところ，それほど考えないで直感的につけた書名だった．第二版では，あらためて考えてみる．

　共生（symbiosis）とは，もともと生物生態学（ecology）の概念であって，多様な生物種（species）が，それぞれの生存条件を追求し，競争や寄生や双利などの付きあい関係を通じて，共存の動的な均衡に達し，その状態を保ち続けることである．

　近代人類は，資源の獲得競争と大量消費・大量廃棄を続けて地球環境にまで大きな影響をおよぼし，自らの生存をも危うくしている．そこで，生態学のモデルを人間社会にも当てはめて，私たちも地球の一員として共生できる道＝環境共生をめざそうということになった．

　しかしながら現代社会は，思想や価値観において多元化し，多様な主体が相互にその権利を主張する．一方，グローバル化にともなって資源や市場や金融をめぐる競争は，地域社会をも激しく揺さぶっている．個人，集団，事業所，国際資本や国家が，地域の資源や市場や環境をめぐって，権利と利益を追求する競争がかつてなく激しくなっている．

　そのなかで，「人間居住」「環境共生」の理念を前提としつつ，将来にむけて持続可能（sustainable）な共存というマクロな価値と個々の利益追求との間に動的均衡を創出し維持することこそが「地域共生」だと定義できる．

　人間社会では，現在から将来に至る地域のあり方については基本的な価値観があり，長期的かつマクロ目標については合意が形成されやすいが，各主体の中・短期の利益主張については，相互の理解と信頼，情報明示と討論，共生目標像と各主体の合理的な利益追求の条件について合意に達するには，甚大な創意と工夫と納得できる評価の積み上げが求められる．地域共生とは，きびしい努力の上に成り立つ共存への営みなのである（参考図書：松田裕之『共生とは何か』現代書館，1995年）．

14・2
予測される社会変化とその影響

　本書では，現代都市計画に至る過程と今日における到達点および問題点について概説した．1997年の初版の基調をのこしつつ8年間の状況変化を加味する予定だったが，マイナーチェンジの範囲を超えてしまった．まさに現代都市計画は進行形の状況にある．

　さらに，21世紀前半，少なくとも15〜20年間を視野に入れるなら，日本の社会は大きな自己変革なくして持続的な発展が困難になることが予測される．そのなかで，都市計画に期待される役割は何か，私たちの「まちづくり」の仕組みをどう変革するかが問われている．

　1章で，本書を読み解く方向づけとして「現代における

都市計画の課題」として，5つのテーマを設定した．これらが21世紀の第一四半世紀の都市計画の変革にどうつながるか，未来からのメッセージは不確かな要素に満ちているが，社会的趨勢として予測されていること，識者たちが予見を述べている課題などを参考にしつつ，今後において都市計画が影響を受ける社会条件について考えてみる．

人口・年齢構成の変化

未来予測のなかで人口趨勢はもっとも確度の高いものである．2006年をピークに日本の人口は，2000年にくらべて2015年には5%，2030年には14%減少する．そのうち社会に大きく影響するのは少子化である．出生率（合計特殊出生率）は，1971年の2.16から2003年には1.29へ急降下している．一方，高齢人口（65歳以上）の比率は2000年の18%にくらべて，2015年で29%，2030年で32%に達すると予測されている．なお世帯数の減少は緩やかであるが，単身世帯，2人世帯は速いテンポで増加し，夫婦と子の核家族世帯は減少にむかう．

生産・消費市場の変化

人口趨勢がさらに続くとすると，生産年齢人口（15〜64歳）は2000年にくらべて2030年には，実に約30%の減少と予測されている．ある水準の産業力・経済成長率を保とうとすると，このままでは労働力不足になる．女性および65歳以上の就労促進，産業構造や消費構造のあり方が考えられねばならない．産業や社会基盤などへの投資も2030年で10〜20%の減少と予測されている．ただし，1人当りの国民所得は人口減少もあって，2015年あたりから微減とされている．

地方自治と財政の変化

政府および自治体の負債のかつてない膨張，低成長による税源の縮小，福祉的経費の増加などから，さらに地方分権化と政府補助金事業の縮小によって，地方自治体の建設投資意向にも変化が生じるだろう．公共と民間との中間的なパートナーシップ領域がひろがり，福祉の領域でみるように公助・共助・自助といった分担関係の見直しがさらに進むと予想される．

建設投資の構造的変化

社会基盤投資でも，ネットワークや人的交流などのソフトな基盤整備のウエイトが大きくなっている．また，欧米諸国にくらべてGNPで数倍も高い比率だった日本の建設投資，特に公共事業などの投資は，1998年のピークにくらべて2005年で約30%の減だが，この傾向がさらに続けば2015年には50%以下になる．しかも，既存ストックの維持管理や更新に充当する投資の比率が増大するので，2015年以降になると新規投資の余力が乏しくなると予測されている（以上の項目については，政府統計および松谷明彦『人口減少経済の新しい公式』日本経済新聞社，2004年を参考にした）．

地球資源・環境の変化

地球レベルにおける環境影響の削減にむけての世界の協力体制が課題となっている．日本も大量の資源消費国であるから，公害防止，資源化活用，自然回復，環境管理の技術や制度をさらに高度化するとともに，環境共生途上国，特に隣接するアジア諸国への支援をいっそう積極化しなくてはならない．21世紀はじめの四半世紀の段階では，地球環境問題とともに切迫するのは化石エネルギー，食糧などをめぐる資源獲得競争であって，大災害とならんで，わが国の危機管理につながる課題となりそうだ．

市民生活ニーズの変化

子育てがたのしくできる社会，高齢期を充実して生きられる社会，家族・コミュニティ・職場でゆとりと創造力とよりよい人間関係を育める社会，緑ゆたかな自然に親しめる社会…など，さまざまな答申や提案は「物質消費の豊かさから「生活の質（Quality of Life）」へ」「成長・拡大から安定・成熟化へ」と変革が必要と論じている．しかし，現実の日本は過去数十年間において，膨大なエネルギー，資金，技術を投入してきたのに，全体としていまだに日本の都市は，個性的な美しさに乏しく，支えあう力を失い，住み心地のよくない居住環境なのはなぜか．また市民が自治的なまちづくりに参画しようとしても，そのための手がかりが薄弱なのか，成熟した都市への発展段階にあっては，生活の質の向上を求める市民ニーズが高まるにちがいない．

14・3 21世紀都市計画への課題展開

1章で提起した5つの課題のなかで，21世紀の社会的な変化の予測に照らしてみて，いくつか重要と思われるテーマについて付言的な展開をこころみる．

1 産業活動・市民活動を活性化する地域（まち）の整備
都市・農村連携の土地利用計画プログラム

2000年の都市計画法の改正では，市街化区域と市街化調整区域との区分，いわゆる線引きの採否は都道府県の権限となり，都市計画区域外でも，市街化の進行がすすむ区域では準都市計画区域の指定ができるようになった．

しかし，これらの改正はあくまでも市街化問題への対処にすぎない．一方，わが国の都市計画の地域地区制度では，公園緑地や生産緑地，農村集落地域といった土地利用の機能的分類カテゴリーが欠落している．さらに，都市計画区域でも，国道沿道のロードサイドショップや大規模店舗の立地は放任に近い．かつて都市計画は建設省，農村関係は農林水産省という行政上の縄張りがあって，調整ができなかったと聞くが，21世紀においては，①都市・農村を一体的に対象とし，②自然保全・農林生産・市街地の均衡ある土地利用をめざし，③適切な利用・管理状態を把握し，情報化して誘導するような土地運用プログラムが求められるであろう．

人口減少社会に入るわが国では，市街地や埋立地や産業跡地などに空閑地ストックが増加する．したがって，ニュータウンなど新規開発よりも，それらの効果的な再利用が検討される．逆にヨーロッパで試みているように採掘跡や工場跡を森林や生産緑地に戻すことも有効だろう．埋立地に自然海浜を回復する事業も好ましい．

2 住居とコミュニティ福祉を実現する居住地の整備

世界が経験したことのない超少子化・高齢化社会で労働力として社会的に期待されているが，女性労働力と高齢者労働力である．また，できるだけ自立性を保てるように介護予防が提起され，地域福祉の大切さが強調されている．これが人々にとって生きがいとなるには，安心してたのしく育児や就労ができる，①仕事の条件，②地域環境，③支援の社会サービスが保障されねばならない．こうした課題に応えるため，高齢者の在宅福祉，ゆとりある子育ての条件づくり，多世代交流を日常化するような，地域における参加と協働，相互支援型の地域コミュニティの再組織化，商業街モールや地域職場，福祉ネットワークサービスなどを可能にする生活圏の再生が必要となるだろう．大正から昭和初期にかけて大阪市長だった都市政策学者関一（せきはじめ）（1873〜1935）は，都市計画の目的は「住み心地よき都市」をめざすことだと主張している（『住宅問題と都市計画』1923年）．住み慣れた住まいと近隣における住環境と福祉環境を総合化する居住福祉プログラムが住み心地をささえるといえよう．

3 均衡ある都市構造を体現する基盤施設の整備
社会基盤投資に求められる条件

わが国の国民所得で占める建設投資の比率は，成熟した西欧諸国の2倍以上に達している．気候と国土の形態からして河川や海岸を保全する必要度が高いこと，地形や地質が複雑で工事単価が割高になること，永年にわたって産業基盤投資が優先され，都市や居住環境の良質ストックの形成が等閑にされてきたなどの背景があるが，交通施設，環境管理施設，地域防災施設などもかなり重装備になっている．初期投資額が大きいだけでなく運用メンテナンスの費用が膨らんでいる．資金の話だけでなく，資源やエネルギー消費の原単位も大きい．さらに今後の都市施設の更新期をむかえると，膨大な負担が生じることは明らかである．土地利用についてはわが国の都市は大陸の都市とくらべてコンパクトシティを維持してきたが，最近のモータリゼーションは，市街地を低密拡散という好ましくない方向に導いている．

わが国でも今後，巨額の建設投資を持続することは不可能であるから，都市施設はもはやスクラップアンドビルドの消耗品ではないと自覚すべきである．より良質のストックを形成して，大切に運用することが成熟する都市づくりの条件である．

アーバンモビリティ

市民にとってわかりやすく移動しやすい都市構造という視点は重要である．モータリゼーションと情報ネットワークは市民活動・企業活動を野放図に拡散させて，不定形の都市構造にしてしまった．エネルギーと物財および土地の浪費を抑え，市民やコミュニティの風景を創成するためにはコンパクトタウン（またはシティ）を回復し，市民のモビリティ本位の交通サービス・施設網へ再編成することが求められる．中心市街地の市民モール化，LRTやコミュニティバスなどによる市民交通のネットワーク化などなどの実験をすすめるとともに，既存交通施設のつなぎ替え補強といったストック基調のインフラストラクチャー整備でもって効率よく行うべきだろう．クルマに乗らない高齢者のモビリティをどう保障するか．こうした取組みは，地域における人々の自立度をささえ，

社会的入院・入所や，破綻が予想される福祉の社会的費用を軽減する上でも効果がある．

これらの見地を合わせた次の段階の社会基盤づくりに向けて，都市計画サイドからする新たな性能評価基準づくりと評価方法が案出されるべきだろう．

社会的資産としての住宅ストック

阪神・淡路大震災での公共施設の復興の成果は世界で注目されているが，個々の住宅の復興は立ち遅れている．新築しようにも二重ローンの重圧がかかる．政府は，個人資産（不動産）形成に公共支出はなじまないとしてきたが，鳥取県西部地震では，放置すれば過疎のコミュニティが崩壊すると，知事が判断して住宅復興支援金を支出した．また，災害時でなくても，予防的に行う住宅ストックの耐震補強においても，公的支援の強化が求められる．長期にわたる避難と仮設住宅に対する大きな公的支出を軽減できるというわけである．さらにバリアフリー*化など福祉住環境の見地からみても，予防的な住居改善によって，要介護度の進行を遅らせれば，その期間を通じての累積的な介護保険等の費用の増加を抑える効果が大きいとされている．

住宅は基本的に居住の場であり，不動産は二次的な価値である．個人資産の問題は不動産流通時における税制等の対処であって，個人住宅であっても公的支援が必要と判断される性能状態，コミュニティの状態であれば社会的資産として積極的に支援するという方向に住宅の政策基準を変革するべきであろう．

4 健康と安全およびアメニティを持続向上する地域環境管理

良質ストックを基調とするアーバンハウジング

居住という観点からみると，都市化時代のわが国の都市では，経済成長に合わせてよりよい質や規模の住宅を次々に大量供給し，人々は住み替えによって居住水準を向上させてきた．その結果日本の住宅ストックの平均寿命は平均26年（国土交通省，2002年）と欧米にくらべて数分の一だとされる．住宅ストックの大量廃棄と新築は，資源，エネルギー，資金の浪費であり大量の廃棄物を発生させる．より良質の住宅・住環境を大切に維持できるハウジングの体制の変革が求められる．

わが国の建築物ストックは不動産評価でも低く築後20年で価値がゼロと評価されている．また中古住宅（米国では既存住宅）の流通も円滑ではない．相続等の税制もあって，ストックの維持，住み継ぎがすすまない．この問題は，さらに，地域の落ち着いた住環境，伝統のある景観などの形成を妨げる原因にもなっている．

これまで木造市街地は火災に弱いとされ時に禁止され，モルタル塗りの不燃化や鉄筋コンクリートなどの耐火構造物が奨励されてきた．しかし日本やアジアの都市建築物のひとつの伝統的特徴はこの木造にある．近年の防災や構造技術の発達は都市建築物としての木造の可能性を拓きつつある．国内における木材生産の周期に合わせた程度の寿命を確保して，そのデザインや都市景観の文脈が継承されるなら，持続的な町並み形成が可能となる．新しい環境共生型の都市防災計画がまたれるところである．

景観を育むまちづくり

安定・成熟化の時代におけるアメニティとは，テーマパークのように即席で演出されるものでなく，住み継いできた都市とコミュニティの歴史を語るものであり，そのことで来住者や訪問者を迎え入れることができる．歴史的なランドマークと町並み，人々の記憶に残る場所などをいかに保存するか．現代化を求める権利者，土地の高度利用を求める権利者のニーズと地域における歴史文化的資産の評価，保存活用方法の開発，損失補償の扱い方などのルール，いわば地域共生のルールづくりが立ち遅れている．地域文化は，アクセサリーではなく，地域のアイデンティティ形成，経済活動における知名度や魅力アップにつながるものであるという取組みが求められよう．これに関連して，道路，海岸保全，河川改修などの公共事業のアメニティの質をどう向上させるかも都市計画からのいっそうの関与が求められる．

有名観光地でなくても，地域の個性をもって顔のみえるまちづくりをすすめている都市への関心は高まっており，かつ情報システムの発達によってインタラクティブな交流の機会が豊富になった．訪問者を意識し，受け入れ交流することは，自らの地域を見直す機会であり，かつ都市の知名度と魅力をアピールする場であり，観光＝tourismの発展にもつながる．

5 市民・民間・行政が協働する自治まちづくりの発達

人材を育てるプランニングプロセス

都市計画という用語を聞いて，人々はどのような事象を連想するだろうか．かつて道路拡幅で解体されたドイ

ツの旧家の棟札には，「神よこの家を火災と都市計画から守りたまえ」と記してあったというから，昔から公権力による立退きや土地収用，公共の建設工事などがイメージされたのだろう．また日本の都市でのように狭い敷地に建築しようとする人にとっては，建蔽率や容積率などの制限のことと受取られるかもしれない．あるいは，市民がシンボルとしているケヤキ並木の大通りや彫刻のある公園広場のことと感じるかもしれない．しかし，これら断片的に連想される事象は，都市計画の本質をいいあててはいない．地域づくりにおいて，社会的・環境的な生活空間秩序を誘導することが都市計画の本質である．さまざまな建設事業や施設の出現はその結果である．

都市計画という社会的な営みをすすめる上で，大きな役割を果たしているのは，いうまでもなく「都市計画法」と関連法制である．自治体によっては，用途地域や都市施設の配置など法で義務づけられ内容を決めることをもって「都市計画行政」としているところも少なくない．しかしながら，現実の都市空間を造り運用する活動は，市民個人や団体，企業などもろもろの機関の創意とエネルギーでもって具体化されている．これらの各主体の総集合が「市民」という存在である．市民とは，自らの都市状態をしっかりと診断し，批判し，課題を自覚し，共有できる将来空間像を構想し，実現のためのルールと協力関係を築く主体である．とすると，都市計画とはその営みを支援する社会的システムであるといえる．

それ故，現行の都市計画行政をみると，行政が提起する計画案への合意の獲得が先行しがちで，市民のプランニングへの参加を拒否したり抑制する傾向がのこっているが，現代都市計画の大切な役割は，市民自身の都市づくり能力の発達を支援することであることを自覚しなくてはならない．

たとえば，阪神・淡路大震災で破壊された阪神地域の復興都市計画では，まちづくり協議会方式のミクロな計画策定活動が約百地区ですすめられてきた．土地区画整理や市街地再開発，共同建替えなどの事業は，もともと私的な権利への介入であるから，権利者が説明会，生活再建交渉，まちのイメージづくり等に参加して協議する経験を積んできている．とりわけ阪神地区は1970年代からコミュニティカルテを作成し，地区計画の導入にあたって「まちづくり条例」を先進的に制定するなど，まちづくり協議会方式のミクロの都市計画の実験が展開されてきた地域である．そこで復興計画においても，国が示す事業基準に対して，地元のニーズを具体化できるプランニングの実践が集約的に続けられている．そのプロセスをみると都市計画という仕組みが住民の参加のなかで地域の生活空間として具象化してゆく過程を実感させる迫力がある．市民にとってこの体験は，今後の地域社会の運営に生かされることであろう．

できるだけ多くの人々が気楽に参加できるよう，包み込む（involve）ようにする．特に日頃，発言する機会が少ない人々にも働きかける．女性，高齢者，障害をもつ人たち，青年層それに子どもたちにも参加して体験できる場を設ける配慮が求められる．

14・4 都市計画の科学と教育

1 それぞれの近・現代化を知る

1980年代来，アジア諸国からの専門家との交流や大学院生を受入れることが多くなった．受け入れ側のどの大学研究室も大学院生の出身校の先生がたと共同して都市調査をすすめることで，アジアのそれぞれの国の都市計画についても理解が深まってきた．

都市計画とは，なんといっても，ひとつの社会システムである．法律や建設技術だけが一人歩きはできない．たとえば，わが国の現行の用途地域制度をとってみても，いろいろ批判はあっても，それが地域社会で容認され自治体行政として運用できているのは大きな社会的成果だというべきである．急激な近代化をすすめている発展途上社会では，膨大な開発投資が流入するいっぽうで，これらを制御して都市の生活空間・環境に秩序を与える営みが立ち遅れているケースが往々にしてみられる．たとえば，土地利用プランは構想図として描かれ，行政当局が保有していて，個々の開発プロジェクトをスタッフが指導したり許可したりする根拠に用いられているのだが，法律的に定立されていない．そこに政治と利権がらみの恣意的な意図や権力の介入の余地が生じる．緑地帯として描いていた場所で外国と合弁するホテル建設が突然に許可されたりする．

あるいは建築基準法をどうするかという問題がある．フォーマルセクター（公式部門）の近代建築物は，欧米的な基準を設けて審査しているが，インフォーマルセクター（非公式，庶民生活領域）では，伝統的な材料と構

法で家屋を建設していて，近代システムと伝統システムの二重構造がある．ここでは，伝統システムに学び，それに適用する技術と制度を工夫して現代化を図ることが必要になる．木造都市であったわが国においても，建築法制で木造建築構造の基準化を工夫して社会的に定立してきた経験がある．明治期の長屋建築規則から市街地建築物法・都市計画法，戦後の建築基準法と新都市計画法に至るわが国100年の取組みのなかで現行システムが築かれてきたことを，先達の築いてきた社会的ソフト資産と受けとめて，次の改革を構想することが大切となる．

近・現代都市計画発達史

　本書のようなテキストブックで，都市計画発達史を語ろうとすると，まず欧米先進国の実践と思想に学ぶことから始まる．そこでは，アジア，アラブ，アフリカ地域の諸都市のオリジナルな歴史に学び，どのような近代化が図られつつあるのかといった事態を見落しがちである．わが国の場合でも，欧米の近代思想や技術・制度をどう受け止めて同化してきたのかが問われる．用途地域制を例に述べたように，これが社会システムとして作動できるには，その地域や国の風土と伝統システムへの同化作用（acculturation）が前提となる．

　さいわい，わが国では1970年あたりから，都市政策と都市計画の近・現代史研究がすすんできた．1970年代には，柴田徳衛『現代都市論』が近代都市行政史の新しいパノラマを示し，さらに石田頼房『日本近代都市計画史研究』(1987年)，『日本近現代都市計画の展開1868-2003』(2004年)は，都市計画の行政制度，技術，財政，組織，専門家が，この100年の時代状況のなかで何を築いてきたのか通観している．その後，近代都市計画史研究をする人も業績も増大しており，それらに期待することができる．

2　日本らしい取組み

　アジアの専門家との交流での話題をいくつか紹介する．たとえば，日本の市街地開発で大きな役割を果たしてきた土地区画整理や私鉄の沿線開発事業があった．

　土地区画整理事業は，中小規模の土地保有が一般的な日本で，地主共同の宅地整備事業を可能にする精緻な制度として発達したもので世界に例をみない．ドイツのアディケス法に動機づけられたものであったが，すでにあった農地の交換分合システムである耕地整理制度を都市型に改良して精緻に発展させてきた，すぐれた社会システムである．都市膨張が著しいアジアの諸都市にこれを適用できないだろうかという討論で，共同的開発という原理は認められたのだが，土地に関する私的権利の認定は，国や地域で大きな差がある．インドの専門家と話したときに，土地の権利認定に7つぐらいの違った制度（不文律のものも含めて）があるという．それらを交換分合するインターフェイスを事情に合わせて工夫すれば，こうした技術・制度の移転（transfer）も可能となるだろう．

　地下鉄建設を企画中の中国大都市からの視察団を迎えたことがある．鉄道の建設運用とからめて遊園地，デパート，郊外住宅地を開発してきた，わが国の私鉄沿線開発という地域開発経営システムは，公共都市計画の成果ではないが，わが国独自に発達して都市構造を規定してきたものである．鉄道という基盤施設への先行投資を地域経営から回収して再投資に循環させた点は現代デベロッパーの先駆者といえよう．モータリゼーションが進行するなかで高能率の鉄道システムが日本では健在であることは評価されてよい．大きな先行投資を必要とする鉄道建設を見送り，野放図なモータリゼーションの混雑で苦しんでいるアジアの大都市では，こういう事業方式の適用性も再検討してみる価値がある．

　ミクロの都市計画では，建築物がソリッドで寿命の長い欧米の市街地とくらべて，日本の木造建築物の市街地は，不定形でたえず増改築や更新の新陳代謝が行われる．景観計画をたてるといっても形態デザインの規定は難しいので，たとえば陣内秀信『東京の空間人類学』(1988年)などにみるように歴史地理学を援用する都市空間の文脈解析や市街地の空間秩序といった形態のなかに潜んでいる構成原理の理解と適用，町並みの保存と創造手法を発達させてきた．

3　都市計画専門家に必要な脱皮

　都市計画のプロフェッショナルという観点からすると，20世紀では土木（衛生工学を含めてきた）・建築・造園といった建設技術系ご三家が主流といった時代が続いてきた．しかし1970年代から，都市計画という社会的営為の業務にはもっとさまざまな分野からの参入がすすんできた（multi-disciplinary）．また学問としてみれば，問題解決の科学，実践支援の科学でありさらに社会的営為

のシステムの科学として，従来の学問分野の境界をこえる学際的研究の展開がすすんでいる（inter-disciplinary）．さらに現代では都市づくりの思想と都市政策の最適決定を支援する政策科学といった領域もひろがっている．

社会科学との連携も発展してきた．もともと近代の都市計画は，法治行政のシステムに属している．したがって，公共的な決定の権限や手続きをめぐるかつての建設省，現国土交通省*などの国の機関と自治体，自治体と住民の関係，私的権利に対する公共の介入，市民参加や情報公開，公共と民間の役割分担と，土地・開発問題にみるような利権や社会的不公正の排除といった課題を内包しており，政治学，行財政学や経営・経済学との連携がいっそう大切である．

このように眺めてくると現代都市計画は多分野からの意欲的な参入で運営されている．その状況のなかで，建設系が主導してきた都市計画行政も，多分野的連携のなかで，生活空間に秩序と活気を与えるファシリテータとして，新しい次元にどう脱皮できるかどうかが問われている．

4 市民の参画をささえる

地方分権時代に入ると，都市計画においても自治体ごとの能力の差がさらに大きくなるだろう．国の標準マニュアルと補助金事業にたよっていれば，ミニマムは確保されるというわけでもない．複合的な観点，新しい評価概念をもった都市経営＝マネージメント政策が求められるだろう．これは，都市運営にさまざまな革新を求めるだろう．しかしながら，都市計画を高度に運営できる人材スタッフをもたない自治体も考えられる．これらをいかに情報，人材，技術的に支援するかが課題となる．

プランナーや計画コンサルタントには，計画策定のためのプログラムを企画し準備し支援するという新しい専門家・プロフェショナルとしての資質能力がいよいよ求められるようになった．しかし，市民参加の進展にブレーキをかけようとする政治的状況が支配的であったり，市民の方にそうした経験が乏しかったり，気運がいまひとつ盛り上がっていない場合でも，プランナーは，市民参画で得られる価値について執拗にかつ確信をもって，市民，事業者および行政体を説得する必要がある．

最近の日本では，近隣レベルの公園やコミュニティ施設づくりなどで，住民による草の根参加型の実地調査をしたり，プランニングの演習をしたり，ワークショップの開催など，様々な参加のプログラムやカリキュラムが多用されるようになった．コミュニティリーダーと支援の専門家，NPOグループには，多様な階層・年齢の人々が気安く参加できるよう，参加してよかったと充実感が得られるように，雰囲気づくり，情報の準備提供，発言や行動の機会づくり，目標の発見などのために，計画のソフト技法にも工夫をこらすことが求められる．計画策定について市民参加への期待を高め雰囲気をつくること，参加のさまざまな具体的な方法を提示すること，参加の目標と大体のスケジュールを設定すること，必要な専門家やボランティアの派遣を手立てすること，活動のための資金を自治体支出や各種のまちづくり基金からの助成でまかなうこと，こういう下ごしらえをすすめておくことで，市民が参加しやすい機会と場，組織づくりの動機を準備する必要がある．

用語集

アディケス法
フランクフルトアムマインのアディケス市長が考案した都市計画における受益者負担制度（1902年）．幹線街路の新設にあたって，その沿道となって利便さや不動産価値の上昇の恩恵を被る受益者から，街路からの距離に応じて負担金を徴収しようというもの．のちの土地区画整理の原理となった．

アテネ憲章
近代建築国際会議＝CIAM の第四回会議（1933年）で行われた「機能的都市」に関する議論の成果をまとめたもの．マルセイユからアテネに向かう船上で開催されたことから後に『アテネ憲章』として有名になる．CIAM は，国家という境界を越えた建築家たちの運動組織として1928年に結成された．両大戦間にあって，機械文明と工業化社会が進行するなかで，都市と市民は古い秩序を失い，混乱のなかでもがいていた．装飾美に耽っていた伝統的な建築家たちに反旗を翻した CIAM のメンバーは，機能性を中核とする新たな建築・都市像を確立し，市民と行政を啓発し普及させることをめざした．

アテネ憲章の骨子としては，まず人々の生活機能を「住居」「労働」「休養＝レクリエーション」に要素化し，これらを「交通」機能によって都市として組織化するという明快な定義を行った．そして用途別の土地利用区分＝ゾーニングを行い，かつ機械文明の合理性や建設技術の発展を十分に取り入れることで「太陽・緑・空間」あふれる環境づくりができると提案した．さらに，土地投機や勝手な利用を抑制するための公共の権限を強化する近代都市計画システムのあり方までも示唆していた．『アテネ憲章』の普及は第二次世界大戦のせいもあって遅れていたが，積極的なリーダーだったル・コルビュジエたちの努力によって1942年には米国，1943年にはフランスで出版され，戦後復興とニュータウン開発を急ぐ世界各国の建築・都市計画の基本教科書となった（参考図書：矢代眞巳他『20世紀の空間デザイン』彰国社，2003年）．

アメニティ（amenity）
ラテン語の amoenitas を語源としている．この言葉の第一義は場所や物の心地良さ，快適さであり，第二義として人物の感じの良さを表す．愛する，好きの意を表す amo を語幹とする（紀谷文樹他『都市をめぐる水の話』井上書院，1992年より）．英国の都市計画において，アメニティは主要な目的概念になっている．すなわち，産業革命以来の工業化都市問題に対処する「衛生条件の改善」，交通発達にともなう開発拡散に対処する「自然景勝地の保護」，さらに都市の戦災と復興建設に対処する「歴史的遺産の保全」などを含むものであり，自らが整えている環境の享受に喜びを感じられる状態であると理解されている．客観的状態と主観的状態を統一する概念であることが特徴といえる（参考図書：デイヴィッド・L・スミス／川向正人訳『アメニティと都市計画』鹿島出版会，1977年）．

アンウィン，レイモンド（Raymond Unwin, 1863～1940）
英国の建築家．ハワードに協力して田園都市，続いて田園郊外の住宅地設計を担当，『住宅地の設計』（1934年）を出版する．

安全性（safety）
災害についていえば，予測される災害発生（危険）に対して，予防や対応の諸手段を備えて生命と財産を守っている状態．どの程度の安全性の水準（安全度）を確保するかは，価値観や安全投資への負担と効用を考えて社会が判断することである．そのためには，災害の発生拡大のメカニズム，発生の確率，対策案とその効果シミュレーションなどの科学的データを整えることが不可欠である．

インセンティブ（incentive）
都市の活性化や公開空地の整備などアメニティ形成に貢献度の高い開発プロジェクト等で，審査により通常のゾーニング規制を緩和して，容積率の割増しや地下駐車場の床面積控除などの特典を与えて誘導しようとすること．

インナーシティ（inner city）
都市空間の拡大モデルを同心円状に見立てて，内環地帯・外環地帯・郊外地帯で区分されるときの中心地区．多くは歴史的な都市のコアでもある．モータリゼーションによる郊外化から生じる内環部の衰退や人口の空洞化が問題となっている．

インフラストラクチャー（infrastructure）
車両に対してこれを走らせる軌道や路盤＝下部構造物を称する鉄道用語．転じて道路，鉄道，上下水道，通信網などの地域基盤施設のことを総称する．

宇宙観（cosmology）
天体の運行と地上を観相して宇宙の秩序を求める古代からの学問．ギリシャやインドなどでは理想社会や自然の理にかなった都市計画にも影響を与えてきた．また，東アジアの風水思想による都市，家屋，墓地などの立地や配置も古代のコスモロジーの適用である．

エコポリス（ecopolis）
環境保全型都市が備えるべき条件の例としては，①都市活動に必要な資源エネルギーや水の利用・循環において，環境への負荷を最小限に抑えること，②都市空間や交通・物流システムなどを環境への負荷が最小限になるように計画し運用すること，③緑化・地下水涵養などで多様な生態系が再生され機能すること，④排出抑制や循環浄化機能によって都市気候や都市環境が良好に維持されること，⑤市民や事業者が環境に高い意識をもち，日常生活や事業者活動・都市開発が環境に配慮する社会システムの確立が挙げられている（東京都『環境保全型都市づくりガイド』1995年より）．

エコロジー（ecology）
もともとは生物学の概念．19世紀以来，生物の個体から群衆，さらに複数の種の生息関係を説明してきた．さらに生物が生息する場の土地や水などの非生物的要素を含めて生態系（ecosystem）と捉えるようになった．公害と自然破壊が極限化していた工業先進国では，1970年代以降「エコロジー運動」が高まった．複雑な生命系の共生環境をシステムと理解して，そのなかで多様な種の生存や生活を位置づけ，人間の行動規範を探ってゆこうというのがエコロジー運動の考え方である．

NPO（Non-Profit Organization）＝民間非営利活動組織
不特定かつ多数のものの利益の増進に寄与するといった社会的な使命を達成することを目的に活動する民間団体．利益をあげても分配せずに団体の活動目的を達成するための費用に充てるので「非営利」と定義されている．社会に対して情報公開するなど責任ある体制で継続的に存在する組織である．わが国では，1998年の「特定非営利活動促進法」で，この種の団体にNPO法人格を認めることになった．活動領域としては，17分野が定められているが，それらには，保健・医療・福祉の増進，社会教育，まちづくり，文化・芸術・スポーツ振興，環境保全，災害救援，地域安全，人権擁護と平和促進，国際協力，男女共同参画社会の形成，子どもの健全育成，情報社会の発展，科学技術の振興，経済活動の活性化，職業能力の開発と雇用機会の拡充支援，消費者保護などが含まれている．なお，関連してNGO（Non-Governmental Organization）＝非政府活動組織とは，政府間の直接的な開発援助プロジェクトではなく，草の根型の地域づくりを支援する国際的ボランティア組織をいう．近年では，NGOの自主的活動を国家が支援するようになってきた．

家屋建築物規制令規
1919（大正8）年，市街地建築物法（いまの建築基準法の原形）が制定される以前，すでに明治中期からいくつかの府県で家屋建築物規制令規が制定されていた．井戸や便所や排水等の衛生条件に関すること，外装や煙突など防火に関することがその内容であった．なかでも，1886年の大阪府「長屋建築規則」はもっとも系統立ったものだった．
さらに1909年には大阪府「建築取締規則」が定められたが，ここでは欧米法規も検討され，接道や建込み制限など，いまでいう集団規定も登場し，近代建築法規としての体裁をみせるようになった．全国府県に普及した家屋建築物規制令規は市街地建築法の前身となり，かつ現代における自治体の指導要綱や条例行政にもつながっている（これらの経緯については，赤崎弘平「市街地整備のための建築のルールの地方的展開」東京大学学位論文，1996年にくわしい）．

環境アセスメント（environment assessment）
さまざまな開発行為が環境におよぼす影響を事前に予測評価し，開発の可否や必要な対策を判断すること．評価にあたっては大気，水質，騒音，生態，景観など内容と地域に即して必要なチェック項目が選定される．

環境管理計画
環境基本法（1992年）に基づき，1994年以来，政府と自治体が策定している．長期的目標として，①環境への負荷の少ない循環を基調とする経済社会システム，②人間の多様な自然・生物との共生，③あらゆる人々・事業者が環境保全の行動に参加，④国際的取組みの強化を掲げ，その実現のための施策の大綱，各主体の役割，政策手段のあり方等を定めている．なおこれと協調すべきものとして，1992年の地球環境サミットのリオ宣言とアジェンダ21があり，そこでは，資源と環境を喰い潰さない方法で生活と生産を発展させ，未来世代につなげる「持続的開発＝サステイナブル・デベロップメント（sustainable development）」の基調テーマが掲げられている．

規制緩和（deregulation）
自由な競争と市場の活性化の障害とされる行政上の規制をゆるめようとする動きである．都市計画においても，土地の高度利用や企業誘致，遊休地活用などのために，用途や形態の規制を緩和するという経済的な要請を受けることが多い．都市のアメニティへの貢献度が高いかどうか，賑わいなど活性化に寄与するかどうか，不当な利権の原因にならないか，公正でバランスの取れた評価が求められる．地方分権時代には，自治体レベルの創造的な能力が求められる対応である．

基本構想・基本計画
すべての自治体は地方自治法によって基本構想を策定して議会の承認を得ることが義務づけられている．基本計画は，基本構想の内容を具体的実践プログラムとして，とくに行政各部門および市民・民間の行動目標として展開するものである．

近代建築国際会議（C. I. A. M. ＝ Congrès Internationaux d'Architecture Moderne）
両大戦間の時代は，機械化文明，工業化社会への移行の時期であった．しかし，建築界の権威は折衷主義様式を守り，時代の要請に対応できなかった．ル・コルビュジエたちグループは近代主義の建築革新をめざして，住居，住宅地，そして都市のあり方を国家の枠を超えて議論し，1928年の第一回会議以降の討論成果を次々に発表して社会的な啓発を行った．その第四回会議の成果が有名な「アテネ憲章」（1933年）である．

空中権の移転（Transfer of Development Rights, TDR）
許容容積と現容積との差である残余を空中開発権と見立てる．たとえば中心商業地区に歴史的に由緒ある教会が残っているとする．隣接する土地を再開発するデベロッパーが空中権を買取り，教会を保存する代わりに，自らの容積の割増しを許容される．

景域（Landschaft【独】）
Landscapeはふつう「景観」と訳されるが，ドイツのLプラン（土地利用マスタープラン）では，単なる視覚的デザインではなく，緑地植生，ビオトープ，地理的状態をまとめて把握し目標像を描く点で「景域」計画と訳されることが多い．

建設省
道路，河川，市街地，住宅，下水道など国土・地域の建設に関連する公共事業の行政を担当する国の行政機関．戦後1948年

に設置された．その前身は内務省（1873～1947）の土木局であった．基本的には直轄および補助事業の担当部局であり，各種公共建設事業の制度と長期整備プログラムなどを統括してきた．都市局は，市街地の開発・再開発，土地区画整理，公園緑地，下水道など都市整備に関わる行政部門を担当していることから，それらの調整機能を兼ねて非事業部門である都市計画行政をも統括してきた．2001年，中央省庁等改革の一環として，国土の総合的，体系的な利用・開発・保全，そのための社会資本の総合的な整備，交通政策の推進を担う責任官庁として国土交通省が設置され，建設省はその母体のひとつとなった．

建造物遺産（building heritage）
歴史的文化財としてすぐれた建築物，土木施設，庭園などは，人類が創造し，活用と保全を図ってきたものである．これらを先祖からの遺産＝ヘリテージとみて，現世代で損耗することなく，さらに豊かにして未来世代に相続するという考え方．

建築基準法
「建築物の敷地，構造，設備及び用途に関する最低の基準を定めて，国民の生命・健康及び財産の保護を図り，もって公共の福祉の増進に資する」ことを目的としている（1950（昭和25）年制定）．その後の改訂を経て現在では，いわば「建築基本法」として，最低基準はもとより，よりよい技術水準に向けての誘導推進の働きも果たしている．また，建築確認業務を通じて，多くの関連分野の「建築法規」たとえば消防，医療，教育，福祉，交通などにかかわる建築技術水準の実現のために連携体制をとっている．

郊外（suburb）
urban＝都会に対して，「半都会」という意．古くて建て込んだ旧市街に対して新しく便利な garden suburb＝田園郊外が理想であったが，現状は無気力な市街地のスプロールと化している．

公共交通
自動車がパーソナルな交通手段であるのに対して，バス，軌道等は公衆が利用する意味で公共交通機関といわれる．タクシーや途上国でみかける乗合いジープなどは，セミパブリックな交通手段である．

公衆衛生（public health）
産業革命によって出現した英国の工業都市における労働者は，貧困と不衛生のどん底にあった．衛生問題を社会的に解決しようとして公衆衛生の政策概念が立てられた．エドウィン・チャドウィック（Edwin Chadwick，1800～90）は，保守的な貧民救済行政官であったが，1836年に主査となった政府委員会が提出した「英国における労働者の衛生状態の改革に関する報告」では，政府が下水道など衛生対策に先行支出する方が，社会問題となってからの対策よりも効率的であり国策として有利であるという計算書を示して，公衆衛生行政を導いた．

高速鉄道（rapid transit）
専用軌道を走る高速大量輸送機関（mass transit）としては，地下鉄，JR・私鉄，それに近年はリニアモーター駆動のミニ地下鉄，モノレールやさまざまな新交通システムが登場している．

公聴会（public hearing）
1968年の都市計画法で制度となった．都市計画法にしたがって計画する事項について，行政機関は原案の審議を審議会に諮る（諮問する）とともに市民に公示する．市民は意見書を提出して，行政機関はそれに関する公聴会を開催することになっている．しかし回数が少なく，雰囲気が堅く，提出された意見書のうち代表的なものを行政が選んで，時間を限って発表させ，質疑応答はしない，聞きおくだけといった形式主義がなお横行している．非公式の事前説明会，学習会やシンポジウムなどの意見交換の機会を充実させるとともに，公聴会の開催方式の改革が求められる．

交通バリアフリー法
正式の名称は「高齢者，身体障害者等の公共交通機関を利用した移動の円滑化の促進に関する法律」（2000年）．駅などの旅客施設を中心とした一定の地区において，市町村が作成する基本構想に基づいて，旅客施設，周辺の道路，駅前広場，信号機等のバリアフリー化を推進する事業をすすめようというもの．

戸外レクリエーション（outdoor recreation）
戸外で土を踏み，日光と風に当たり，草木に親しみ，身体を自由に動かしたり道を歩いたり，景色を眺望するなど広い空間を享受すること．こうした機会は，人々を心身のストレスから解放する．散策，語らい，子どもの遊び，ジョギング，サイクリング，体操や太極拳，植物・鳥や魚や栗鼠など小動物との親しみ，季節の行楽など戸外レクリエーションの内容は多様である．子どもから高齢者まで，時間や季節，一人と仲間集団などの条件によってニーズは変化する．人々はオープンスペースに出ることで，自らのニーズを行動で実現しようとする．公園緑地は，そのような多様な行動が自由に触発され創造できるように計画することが基本である．日常的な休養空間，緑道のような散策ルート，自由な活動のための原っぱ，樹木と樹林，親しみやすい水辺，変化のある地形といった空間・環境の素材性を基本にして，遊具や各種利用施設を整える．

国土交通省
（建設省の項目を参照）

コミュニティ（community）
もともとは社会学の概念で，生存のための生活共同体，血縁や地縁を基調に構成員の共同努力により自律的な集団生活を維持する集団を指す．特定の目的のための機能的集団である association とは区別されてきた．しかし，現代では広く，地域的なつながりをもつ共同体，たとえば欧州連合＝EC，市町村自治体，自治会町内会，居住地レベルのまちづくり集団などにも用いられている．

コンサルタント（consultant）
コンサルタントは相談役の意味．依頼者からの相談を受け，その立場に立って，かつ専門的および社会的立場から助言や提案を行う職能．

コンパクトシティ

既成都市の荒廃，モータリゼーションによる都市機能の拡散は，土地利用，エネルギー利用などの環境問題とともに，コミュニティの孤立化やクルマ非利用者の社会疎外を深刻にしている．そのような状況に対して，さまざまな都市機能がコンパクトに集積し，日常生活のモビリティも保障されるようなまとまりのある中小都市を回復しようという，欧米から1990年代に始まった取組みである（参考文献：海道清信『コンパクトシティ』学芸出版社，2004年）．

コンパクトシティ（集約都市）形成

地方都市の多くでは市街地の拡張をすすめてきたが，いまや人口減少と産業の停滞の中で，過疎化し空洞化する地帯が広がっている．このため拡散した都市機能（医療，社会福祉，教育文化などの施設）をコア地域に集約し，魅力ある都市センターと生活圏を再構成する．跡地については都市施設以外の利用に転換を促進する．これによって伸びすぎた各種インフラストラクチャーの老朽化対策，維持管理コストの削減を図ることができる．永年住み慣れてきたコミュニティの再編成と保全再生は容易ではないが，全体構想計画の策定と事業支援制度の要綱が平成25年度に創設された（国土交通省所管）．

市民農園

都市民が花卉園芸や野菜栽培などの機会をもてるように，近郊に設ける貸し農園．農家が直営する場合と自治体や農協がまとめて借り上げて市民に貸す場合とがある．ドイツでは小農園（クラインガルテン，Klein Garten）として歴史があり普及していて，1区画当り数百m²と規模が大きい．昼間をすごす休憩小屋は建てられるが居住はできない．

社会調査（social survey）

都市計画では社会調査が基本的に重要である．国勢調査や住宅統計調査などのような指定統計調査＝センサスが利用できるほか，各種の既存統計や調査報告を活用し，また独自に調査を行う．意識や意見調査では，アンケート調査やインタビュー調査など多様な方法を用いる．

住宅需給市場（housing market）

住への要求（need）が高くても，住宅取得能力が不十分であると需要（demand）として顕在化しない．需要は供給（supply）と市場で結びつく．住宅政策の中心的な目標は，需要が満たされる住宅市場を育てること，必要な場合に公共が市場に参画して人々が取得能力に応じて入居できる（affordable）住宅供給を実現することである．

住宅地区改良

不良住宅の密集のため，住環境が劣っている地区において，不良住宅を除去し，生活道路，児童遊園，集会所等を整備し，従前居住者のために住宅の集団的な建設をすることにより，住環境の整備改善を図ることを目的としている．戦前の不良住宅地区改良法が1960年に改訂され，現行制度になった．

住宅マスタープラン

住宅供給の方針や市街地整備の方向など，住宅政策を地域の特性に応じて計画的，総合的にすすめるための基本となる計画．1980年代の地域住宅計画（HOPE）の成果の上に，1990年代に入って自治体ごとの策定をすすめるようになった．

住宅問題（housing problem）

貧困や生活不安など放置できない深刻な状態が生じることが社会問題である．住宅問題はスラムなど貧困問題に含まれるが，不動産投機や急激な都市化，住宅市場の混乱などで居住問題，環境破壊などが突出する状態下にあっては，狭小住宅，過密居住，危険家屋などについて最低の維持水準（social minimum standard）を社会が定めて，水準以下（sub-standard）の住宅・居住状態＝住宅難世帯を解消することを政策目標にする．

集落地域整備法

「土地利用の状況等からみて，良好な営農条件及び居住環境の確保を図ることが必要であると認められる集落地域について，農業の生産条件と都市環境との調和のとれた地域の整備を計画的に推進し，地域の振興と秩序ある整備に寄与する」ことを目的にして1987年に制定された．市街化調整区域内における集落整備＝むらづくりの基本方針を立て，続いて「集落地区計画」を策定する．

商店街

街路をはさんで両側に小売店舗やサービス店舗が並ぶ商業地区（shopping street）．都市圏がひろがると買い回り品を扱う中心商店街と，主として日用の最寄り品を扱う近隣商店街が分化した．商業街は早くから歩行者専用モール（mall）や通り抜け小路（passage）を形成し，市民センターやコミュニティ生活センターとしての賑わいを盛り上げてきた．伝統的にいうと，それらは中小企業自営業とその家族による協同努力と市民・住民消費者との結びつきで成立してきた．アーケードやカラー舗装，集会・福祉・文化施設併存などの商店街整備施策＝コミュニティマートづくりは，中小企業政策と都市計画政策とが協力してきた境界領域である．

1970年代の流通革命以来の変動のなかで，小売業の形態は，商店街・百貨店に加えてスーパーマーケット，地下街・駅ビル，さらに生活圏の自動車化にともない大規模駐車場を擁する郊外の大型ショッピングセンターへと多様化した．その結果，在来型のインナーシティ商店街は競合にさらされ，なかには衰退するところも少なくない．しかしながら，1990年代に入って，地域に根ざす商店街のショッピング活動を通じての多様な人間的接触，都市やコミュニティの文化空間としての魅力が再評価され，再振興（re-vitalization）への努力がすすんでいることが注目される（参考文献：藤田邦昭『街づくりの発想』学芸出版社，1994年および吉野国夫『タウンリゾートとしての商店街』学芸出版社，1994年）．

スクォッター（squatter）

公共用地や民間地を無断で占拠して住みついた人々のこと．住環境の内容はスラムであることが多いが，不法（illegal）占拠であるので，居住環境改善事業でも定住にあたっての権利問題が

生じる.

ストリートファニチャー（street furniture）
街路空間に置かれるベンチ，街灯，電話ボックス，車止め等の屋外家具の総称．まちのイメージつくりの小道具といえる．

スラム（slum）
社会のなかで差別されたり，さまざまな悪条件のために生活貧困階級となった人々の集中居住地区のこと．通常，その住宅は密集粗悪で，住環境も災害の危険が大きく，上下水などの衛生条件も不備である．住宅地区改良事業の適用対象となる．

生産緑地
農林漁業に供される土地であるが，特に市街化区域内に「残存」する農耕地をいう．都市環境にとっても価値があり，一定期間，宅地化しないで耕作を続けることが認定されると，固定資産税の宅地並み課税が減免される．

関口鉂太郎（1886～1981）
日本ではじめて京都大学に創設された造園学科の初代教授．1920年代後半，北米，ドイツに学び，都市公園緑地学を方向づけた．本文の定義（64ページ）は，筆者が受講した造園学の講義ノート（1956年）から．

全国町並み保存連盟
郷土の町並み保存と，よりよい生活環境づくりをモットーに，名古屋，奈良，長野の3地域の住民組織と専門家，自治体などが全国に呼びかけて，1974年に結成された．毎年全国町並みゼミを開催している．2004年現在，70団体が加盟している．

第三世界（the third world）
第二次大戦後の米ソ対立のもとで，中立的な新興発展途上国の結束を図ろうとして1974年の国連資源総会で中国の鄧小平が提起した．その後の南北対立時代になって，発展途上国の総称として用いられるようになった．

代替案（alternatives）
たとえばニュータウンへの交通手段を何にするか，輸送能力，建設・運用コスト，環境影響などの評価条件を設定して，鉄道・新軌道・誘導バス・高速道路などの複数の候補案を作成する．つまり選択可能で有力な比較候補のこと．

タウンウォッチング（town watching）
気楽な見て歩きの意味であるが，市街地や集落の土地や事物や景観に刻み付けられた自然の営みや人間活動の形態を，特別の興味をもって観察しつつ歩くこと．グループで討論しながら実地に観察することで，日常なにげなく見過ごしている地域から何か面白い発見があることを期待して行う．住民による地域学習の手法としてもおもしろくて，わかりやすい．

宅地開発事業
近代初期の住宅・宅地開発は，地元の資産家と近郷地主によって行われた．特に第二次大戦までの関西では，長屋建て賃貸住宅が供給量の80％にも達した．地主たちによる宅地供給の共同事業としての区画整理は名古屋や京都の周辺で発達した．私有鉄道は当初は都市間や観光地を連絡していた．そこで，乗客需要を増やすために沿線で田園郊外都市開発と住宅供給を行った．関西では大正時代の中頃から5大私鉄の沿線としての郊外圏が形成され始めた．

地域開発（regional development）
地域の経済社会を振興するための総合的な地域開発の事業方式である．もともと「開発」とは，石炭や鉱石などの地下埋蔵資源に投資して有用な価値を取出すための投資事業のことから始まった．20世紀前半の2つの大戦は国家総力戦となったので，国家が有する未開発資源を戦争遂行のために効率的に総動員する国土計画と地域開発が発達した．その代表例が，米国における1930年代半ばのTVA開発である．すなわちテネシー川水系で洪水調節，水力発電，農業用水などの多目的ダム群を開発し，工業開発，農業開発，電化，水運，地域振興を総合的・計画的に実現し，世界のモデルとなった．このような成果があってから，「総合開発」の概念は，たとえば新都市開発，都市再開発，経済開発，人材開発，文化開発などにも広く用いられるようになった．

地域福祉計画
社会福祉計画は各種の生活扶助，年金，社会保険などの政府管掌事業が中心であるが，人々の自立性，自発性をできるだけ維持できるようにするためには，日常生活の場における支援活動や環境づくり，コミュニティ活動を見直し，自助・共助・公助を結ぶ計画的な取組みが必要になっている．住民，町内会，地域団体，NPO，社会福祉協議会に加えて，まちづくり・都市計画部門も参画し，共通目標としてのコミュニティ像を策定しようというもの．

デベロッパー（developer）
開発事業体．主として土地にかかわる開発プロジェクトを担当する．

同潤会
関東大震災に際し寄せられた義援金から出資して内務省の外郭団体として設立された．罹災者住宅を約6000戸建設したが，特に1926～33年間に15団地2500戸の鉄筋コンクリート造公共アパート団地をはじめて計画的に開発した．その団地設計はいまでも高く評価されている．現代日本の公的ハウジング機構の原形となった．

ドクシアディス，コンスタンチノス（Constantinos A. Doxiadis, 1913～75）
ギリシャの都市計画家．多分野的協同による人間居住科学＝エキスティックスを提唱した．

都市化（urbanization）
urbanは都会，ruralは田園（もしくは田舎）を意味し，urbanizationは，都市の産業に従事し都市に住み，田園とはちがった社会的生活様式で暮らす人口が増加していく都市化現象

をいう．もともとは社会学の定義．

都市観光（urban tourism）
自然学習，景勝地訪問，歴史探訪など，観光活動＝ツーリズムの種目は多様化しているが，都市の市民生活，文化活動自体も多様な観光資源である．都市景観や町並みも，訪問者に対して都市の個性と魅力を演出する大切な要素である．

都市計画マスタープラン（master plan）
全体として調整しつつ都市のあるべき目標像として創造的に組み立てることで，さまざまな部門や主体の行動指針とする．そういう意味で，マスター（親方あるいは大工の棟梁）の計画という．本来的にいうとマスタープランは絶対的な上位計画であり，他の部門別計画はこれにしたがうものであった．しかし，現代のマスタープランは拘束的なものではなく，基本構想・基本計画に基づく指針を示すものである．

土地政策
投機による地価の異常高騰は，土地所有の偏在，資産格差の増大，公共事業に占める用地費比率の増加と事業の効率低下の原因となった．1989年に成立した土地基本法は，基本理念として公共の福祉の優先，計画に基づく土地利用，投機的取引の抑制，社会的公正さの4つの原則をもって，土地税制，金融政策および住宅・宅地の供給促進をすすめてきたが，わが国における土地政策はまだ未熟な段階にある．1996年の土地政策審議会は，資産本位から有効な土地利用重視に転換する政策方向を答申している．

土地利用価値（land value）
農村においても都市においても，土地は基本的に利用されることで価値が生じる．土壌が肥沃で用水や農道が整った耕地は農民＝利用者に豊かな収穫をもたらす．通勤に便利で，安全で環境の整った住宅地は住民にとって快適な居住を可能にする．交通条件が整った知名度の高い商業業務集積地の事業者は，より有利な営業を展開することができる．これらは利用価値である．土地は，市場経済の下では交換価値＝土地価格（地価）に換算される．交換価値の基本は利用価値であるが，開発による利用転換や価値増加の期待も反映される．地価が上昇すると，不動産所有者は地代・家賃の上昇と売買した場合の差益を享受できる．一方，借地人や自家用所有者は，地価上昇によって地代や税金などの負担が増える．

土地は金融市場の商品にもされる．わが国が1990年前後に体験したいわゆるバブル経済は，経済政策の誤りと土地政策の不在から生じた．土地が膨大な過剰流動資金の主要な投機（射幸性がきわめて高い投資，speculation）対象とされ，異常な地価高騰を招き，その結果，正常な土地利用を基調とする都市計画や市民居住，不動産市場および開発投資市場の秩序が破壊された．

西山夘三（1911～94）
日本の近代住宅計画および住宅政策理論のリーダーとして著名であるが，地域・都市計画の分野でも住民生活を原点とする生活空間の矛盾を鋭く批判した評論と創造的な解決をめざす「構想計画論」の提案者として知られる．

人間居住政策（human settlement）
セツルメントとは，土地に定住する意思である．ヒューマンセツルメントの概念は，ギリシャの都市計画家で第二次大戦後の復興建設大臣をつとめたドクシアディスが，Ekistics＝人間居住科学として提唱したもので，人間・社会・機能・自然・居住空間の調和を，住宅から大都市までの14段階の空間単位で秩序づけようとするものであった．これが，1970年代以降，国際連合の地域政策部門でも採択され広く用いられるようになった．ここでいうヒューマンには，人間らしく居住できる権利を実現しようとの意味がこめられている．

ノーマライゼーション（normalization）
心身にハンディキャップを有する人が，適切な介護を受けて自らの能力を活かし，地域社会でふつうに暮らせること．デンマークの知的障害者福祉の実践家であるN・E・バンク＝ミケルセン（1919～90）が提唱した在宅福祉をめざすコミュニティ計画の目標のひとつ．

場の意識（sense of place）
土地に宿る自然神や祖先神の魂．空間に信仰上の意味秩序を感じさせる．ヨーロッパにも，地霊＝ゲニウス・ロキ（genius locci）という発想がある．さらに歴史社会的な事象の記憶がとどまる場所を取り上げる場合もある．

バリアフリー（barrier free）
身体動作や視覚，聴覚などで困難を感じる障害者や高齢者が，日常の生活環境で直面する心理的および物理的な障害物＝バリアを取り除いて，行動の自由さをより多く獲得できるようにする社会的取組みをいう．バリアフリーという言葉は，1968年の米国障害者法に始まり，1974年に国連障害者生活環境専門家会議の報告書「バリアフリーデザイン」によって広まった．都市計画では，住居・建築物，街路，交通機関，公共施設などの生活空間において，さまざまな障害を軽減し，かつ安全で快適な環境をデザインし実現することを指す．この取組みをさらにすすめて，すべての人びとにやさしい環境を設計することが，ユニバーサルデザインである．

バロック都市（Baroque City）
17世紀から18世紀前半のヨーロッパを風靡した芸術様式．ルネッサンス時代の天動説的な人間と宇宙との固定的調和論から脱皮して，古典的形式に依りながらも新しい宇宙観のもとで揺れ動く人生の劇的な表現を求めた．絶対王権とそれをささえる貴族，官僚，中産階級の好む芸術表現様式となった．建築では，広い街路，記念広場，秩序だった建築ファサードなど壮大な都市美観が設計された．

ビオトープ（Biotop【独】，biotope）
「ビオ（生物）」と「トープ（場所）」との合成語．種の維持や環境保護の目安とする小動物や植生が生息できるひとまとまりの同質的空間．規模はせいぜい数haと小さい．

復興都市計画

世界の都市は、歴史を通じていずれも大災害を被っていて、その対策は都市計画の重要なテーマであった。また災害や戦火によって灰燼と帰した市街地は復興にあたって、都市基盤施設や街区の構成をまったく新しいパターンに改造する機会とされてきた。復興都市計画は被災後の指針として急遽策定されることが一般であるが、大震災が予測される近年では復興都市計画の手順をあらかじめ検討するようになった。

防犯環境づくり

犯罪を防止する安全と安心対策の基本としては、居住者相互の監視（monitoring）の眼がゆきとどくこと、侵入を防ぐ心理的縄張り（territory、領域）を感じさせる空間をつくり、死角をなくすことなどが提案されている（参考文献：オスカー・ニューマン／湯川利和、湯川聰子訳『まもりやすい住空間』鹿島出版会、1976年および湯川利和『不安な高層安心な高層』学芸出版社、1987年）。

まちづくり

広く用いられる故に定義の難しい用語。むらづくり、ふるさとづくり、地域づくり、都市づくり、さらには人（人材）づくり、というとき、「づくり」とはデベロップメント＝開発の取組みに相当すると思われる。つまり、地域の資源価値（潜在力）を見出して、現代生活の価値実現を図る住民の取組み運動といえる。類似の表現に「おこし」＝振興がある。「まち」は町、街も用いるが、行政単位でも市街地でもない日常居住の場といった語感が好まれている。

「まちづくり」とは、地域に居住する住民の価値創造運動である。そのレパートリーは、歴史・伝統の掘り起し、自然や文化財の保全、生涯学習・福祉の増進、住環境の整備、地域に根ざす文化活動、地場産業の振興など幅広い。フォーマルな都市開発事業でも、商店主やユーザー、市民からの取組みは「まちづくり」といえる。本書では、「まちづくり」と都市計画は区別して用いている。「まちづくり」活動を生活空間形成の面から支援するのが、都市計画のはたらきである。

マンフォード、ルイス（Lewis Mumford，1895～1990）

ニューヨーク大学時代に、生物学者から出発して都市計画学者になったパトリック・ゲデス（Patrick Gedess、スコットランド生まれ、1854～1932）から都市研究への目を開かれた。独自の史観をもって、都市の歴史を解き起こし、近代の技術文明と巨大都市を批判し、人間性を回復する理想都市像として、近隣地域と田園都市における住民の生活共同体を基調とする地域計画論を提起した。哲学者、歴史家、文化・文明批評家、エッセイストとしても知られる。代表的著作に『技術と文明』(1934年)、『都市の文化』(1938年)、『歴史の都市 明日の都市』(1961年、いずれも邦訳あり)がある。

モータリゼーション（motorization）

都市での移動や物流が自動車により多く依存する現象。道路にそって市街地が低密度で拡散する。他方、公共交通機関は利用者を失い経営が苦しくなる。個人に移動の自由を与えた点ではすぐれているが、車に乗らない人の不便、公害、事故多発、資源の浪費など多くの現代的問題を生起させている。

ライフスタイル（life style）

時代、地域、階層などの生活意識と行動、生産労働と生活消費の様式類型のこと。住居と職場の分離、郊外居住、クルマと情報サービス依存、多様な価値選択などは、現代都市民のライフスタイルといえる。

ランドマーク（landmark）

地域の眺めを特徴づけたり位置づける目印やシンボル的な景観要素となるもの。都市の場所や方角をわかりやすくする。米国では、建造物文化財に用いることが多い。

ル・コルビュジエ（Le Corbusier，1887～1965）

フランスの近代主義建築家。造形家でもあった。近代の工業技術文明を楽観的にとらえて、鉄とコンクリートを用いた高層建築物とそれにより地表を開放したオープンスペースによる明るい都市空間を提案した。因習的な権威主義にとりつかれたバロック都市、またハワードなどの田園分散の小都市論への挑戦でもあった。その明快で機能主義の主張とデザイン様式は、第二次世界大戦後の世界の建築家・都市計画家に絶大な影響をおよぼした。都市の構想提案では『人口300万人の現代都市』(1922年)、『輝く都市』(1933年)、建築作品では「サヴォワ邸」(1930年)、「1400人のユニテ・ダビタシオン＝集合住居単位」(1934年、実現は1951年)、「ロンシャンの教会」(1965年)などがある。

路面電車（tram car）

近代化初期の都市拡大は道路を使用して初期投資が軽くて済む路面電車が主力であった。大都市化のなか、大量輸送は地下鉄や電気軌道が担当し、路面電車は市内近距離移動の足となってきた。モータリゼーションの進行期に邪魔者扱いされて廃止された都市も少なくない。しかし、近年はその価値が再評価されて、高規格車両の開発、専用軌道化と優先信号制御によって、中量輸送に効率的で公害の少ない新交通システムや軽軌道システムの一種として復活の兆しがある。

ワークショップ（workshop）

特別の課題について関心をもつ人々が、小さいグループに分かれて調査、学習、提案、討論など、密度の濃い合意形成のための作業を行うこと。主催者や支援の専門家は学習のためのテキスト、資料、プログラムなどを周到に準備しておくことが必要である。デザインゲーム（design game）とは、ある進行ルールにそって、小さな公園やコミュニティ施設づくりのアイデアを実地観察や模型やプランづくりを通して共同体験するためのプログラムで、ワークショップの一手法である。

参考図書

現代の都市計画という広い世界の取組みをパノラマとして眺められるように，著者が初版から第二版にわたって参考にした主な資料をテーマごとに記載した．より具体的な内容や所在は図書検索のウェブサイトで確かめられよう．本書のような入門書に続いての学習に適していると思われる図書には○印を付した．

刊行図書以外に注目される雑誌，学術報告書，調査報告書，計画書等があるが，ここでは省いた．

〈都市計画一般〉
- ○日笠端『都市計画』第3版，共立出版，1993年（注：1977年の初版以来，もっとも人気の高い都市計画教科書）
- ○都市計画教育研究会編『都市計画教科書』第3版，彰国社，2001年（注：教科書であるとともに，それぞれの専門家が分担執筆したもので，独自の計画論や最新事例の紹介がある）
- ・池田禎男，横山浩『新大系土木工学55 都市計画I』技報堂出版，1988年
- ・青山吉隆『図説都市地域計画』第2版，丸善，2001年
- ・チャールズ・エイブラムズ／伊藤滋監訳『都市用語辞典』鹿島出版会，1978年
- ・日本都市計画学会編『都市計画図集』技報堂出版，1978年
- ・梶秀樹他『都市計画用語録』彰国社，1978年
- ・ディーター・プリンツ／小幡一訳『イラストによる都市計画のすすめ方』井上書院，1984年
- ・建設大臣官房政策課編『最新国土建設キーワード』経済調査会，1992年
- ・日本都市計画学会編『都市計画マニュアル』ぎょうせい，1985年
- ・山田学他『現代都市計画事典』彰国社，1992年
- ・野口和雄『改正都市計画法─解説と活用法』自治体研究社，1993年
- ・日本都市計画学会九州支部編『アジアの都市計画』九州大学出版会，1999年
- ・A. J. Catanese and J. C. Snyder edited., Urban Planning 5th Edition, Mcgraw-Hill, 2000年
- ・John M. Levy, Contemporary Urban Planning-2nd Edition, Prentice Hall Inc., 1988年
- ・Frank S. So, Judith Getzels, The Practice of Local Government Planning, 2nd edi., International City/County Management Association, 1988年

〈都市の形成史〉
- ○西川幸治『日本都市史研究』日本放送出版協会，1972年
- ・高橋康夫，吉田信之編『日本都市史入門I～III巻』東京大学出版会，1989～90年
- ○高橋康夫，吉田信之，宮本雅明，伊藤毅『図集日本都市史』東京大学出版会，1993年
- ・佐藤滋『城下町の近代都市づくり』鹿島出版会，1995年
- ○佐藤滋＋城下町都市研究体編『図説城下町都市』鹿島出版会，2002年
- ○レオナルド・ベネーヴォロ／佐野敬彦，林寛治訳『図説都市の世界史1～4巻』相模書房，1983年
- ・J.B. ワード＝パーキンズ／北原理雄訳『古代ギリシアとローマの都市』井上書院，1984年
- ・ハワード・サールマン／福川裕一訳『中世都市』井上書院，1983年
- ・ジュウリオ・C・アルガン／堀池秀人・中村研一訳『ルネサンス都市』井上書院，1983年
- ・L. マンフォード／生田勉，森田茂介訳『都市の文化（上・下巻）』丸善，1955年
- ・L. マンフォード／生田勉訳『歴史の都市 明日の都市』新潮社，1969年
- ・西田雅嗣・矢ヶ崎善太郎編『図説建築の歴史─西洋・日本・近代』学芸出版社，2003年
- ・布野修司編『アジア都市建築史』昭和堂，2003年
- ・ベシーム・S・ハキーム／佐藤次高監訳『イスラーム都市─アラブのまちづくりの原理』第三書館，1990年
- ○N. ショウナワー／三村浩史監訳『世界のすまい6000年，①先都市時代，②東洋の都市住居，③西洋の都市住居』彰国社，1985年
- ・Ian Tod & Michael Wheeler, Utopia, Harmony Books, 1978年
- ・Fiona Macdonald, Cities: Citizens and Civilizations, Franklin Watts, 1992年

〈近代都市計画史〉
- ・石田頼房『日本近代都市計画史研究』新装版，柏書房，1992年
- ・石田頼房『日本近代都市計画の百年』自治体研究社，1987年
- ○石田頼房著『日本近現代都市計画の展開 1868-2003』自治体研究社，2004年
- ・渡辺俊一『比較都市計画序説─イギリス・アメリカの土地利用規制』三省堂，1985年
- ・東京都都市計画局地域計画部都市計画課，総務部相談情報課編『東京の都市計画百年』東京都都市計画局，1989年
- ・越沢明『東京の都市計画』岩波新書，1991年
- ○E. ハワード／長素連訳『明日の田園都市』SD選書，鹿島出版会，1968年
- ・Stephen V. Ward 編, Garden City-past, present and future, E & FN Spon, 1992年
- ・パトリック・ゲデス／西村一朗他訳『進化する都市』鹿島出版会，2015年
- ・ドーラ・ウィーベンソン／松本篤訳『工業都市の誕生─トニーガルニエとユートピア』井上書院，1983年
- ○ル・コルビュジエ／吉坂隆正編訳『アテネ憲章』SD選書，鹿島出版会，1976年
- ・ル・コルビュジエ／坂倉準三訳『輝く都市』SD選書，鹿島

出版会，1968 年
- ○C.A.ペリー／倉田和四生訳『近隣住区論』鹿島出版会，1975 年
- ○L.ベネヴォロ／横山正訳『近代都市計画の起源』SD 選書，鹿島出版会，1976 年
- ・Arnold Whittick, Encyclopedia of Urban Planning, Mcgraw-Hill, 1974 年

〈地域論・都市政策論〉
- ・柴田徳衛『現代都市論』東京大学出版会，第 1 版 1967 年，第 2 版 1976 年
- ・星野光男『都市自治名著文集』，広文社，1978 年
- ・芝村篤樹『関一――都市思想のパイオニア』松籟社，1989 年
- ・五十嵐敬喜『現代都市法の状況』三省堂，1983 年
- ・五十嵐敬喜，小川明雄『都市計画―利権の構図を超えて』岩波新書，岩波書店，1993 年
- ・五十嵐敬喜，小川明雄『図解公共事業のしくみ―いっきにわかる「日本病」の本質と問題点』東洋経済新報社，1999 年
- ・吉川和広『土木プランニングのすすめ』技報堂出版，1985 年
- ・飯田恭敬，岡田憲夫編著『土木計画システム分析（現象分析編）』森北出版，1992 年
- ・田島義介『地方分権事始め』岩波新書，1996 年
- ・原田純孝編『日本の都市法Ⅰ―構造と展開』東京大学出版会，2001 年
- ・原田純孝編『日本の都市法Ⅱ―諸相と動態』東京大学出版会，2001 年
- ・青木仁『なぜ日本の街はちぐはぐなのか―都市生活者のための都市再生論』日本経済新聞社，2002 年
- ・小林重敬『分権社会と都市計画』ぎょうせい，1999 年
- ○吉野正治『市民のためのまちづくり入門』学芸出版社，1997 年
- ・小林重敬他『新時代の都市計画 1 〜 6 巻』ぎょうせい，1999 〜 2000 年
- ○日本都市計画学会地方分権研究委員会編『都市計画の地方分権』学芸出版社，1999 年

〈人間居住論〉
- ・C.A.ドクシアディス／磯村英一訳『新しい都市の未来像―エキスティックス』鹿島研究所出版会，1965 年
- ○長峯晴夫『第三世界の地域開発』名古屋大学出版会，1986 年
- ・M.モリッシュ／保科秀明訳『第三世界の開発問題』増補改訂版，古今書院，2000 年
- ・岩崎駿介他『人間居住キーワード事典―都市・農村・地球』中央法規出版，1995 年
- ○三村浩史『人間らしく住む都市の居住政策』学芸出版社，1980 年
- ・西川潤『人口』岩波ブックレット No. 348，岩波書店，1994 年
- ・西川潤『貧困』岩波ブックレット No. 347，岩波書店，1994 年
- ・西山夘三『西山夘三著作集第 3 地域空間論』勁草書房，1968 年
- ・西山夘三他『講座現代日本の都市問題 1 〜 5 巻』汐文社，1971 年
- ・伊藤光治，篠原一，松下圭一，宮本憲一『岩波講座：現代都市政策Ⅰ〜Ⅺ巻』岩波書店，1972 〜 73 年
- ○三村浩史＋地域共生編集委員会『地域共生のまちづくり―生活空間計画学の現代的展開』学芸出版社，1998 年
- ・宮本憲一『都市政策の思想と現実』有斐閣，1999 年
- ・日本政策投資銀行地域企画チーム編『自立する地域』ぎょうせい，2001 年
- ○松谷明彦『「人口減少経済」の新しい公式』日本経済新聞社，2004 年
- ・大西隆『逆都市化時代―人口減少期のまちづくり』学芸出版社，2004 年
- ○蓑原敬『成熟のための都市再生―人口減少時代の街づくり』学芸出版社，2003 年
- ・中山徹『地域社会と経済の再生―自治体の役割と課題』新日本出版社，2004 年
- ・スヴェン・ティーベイ編著／外山義訳『スウェーデンの住環境計画』鹿島出版会，1996 年
- ・角橋佐智子，角橋徹也『オランダにみるほんとうの豊かさ―熟年オランダ留学日記』せせらぎ出版，2003 年

〈土地利用計画・マスタープラン〉
- ・辻村明，中村英夫『日本人と土地―日本における土地意識とその要因』ぎょうせい，1990 年
- ・国土庁土地局土地情報課監修，土地総合研究所編『日本の土地―その歴史と現状』ぎょうせい，1996 年
- ・岩見良太郎『土地区画整理の研究』自治体研究社，1978 年
- ・石田頼房『都市農業と土地利用計画』日本経済評論社，1990 年
- ○都市・農業共生空間研究会編『これからの国土・定住地域圏づくり―都市と農業の共生空間をめざして』鹿島出版会，2002 年
- ・NPO 法人日本都市計画家協会編『都市・農村の新しい土地利用戦略―変貌した線引き制度の可能性を探る』学芸出版社，2003 年
- ○水口俊典『土地利用計画とまちづくり―規制・誘導から計画協議へ』学芸出版社，1997 年
- ・都市開発制度比較研究会編『諸外国の都市計画・都市開発』ぎょうせい，1993 年
- ・大野輝之，レイコ・ハベ・エバンス『都市開発を考える―アメリカと日本』岩波新書，岩波書店，1992 年
- ・川合正兼『北米のまちづくり―新しい潮流』学芸出版社，1995 年
- ・蓑原敬他『都市計画の挑戦』学芸出版社，2000 年
- ・海道清信『コンパクトシティの計画とデザイン』学芸出版社，2007 年
- ・大西隆他編『講座：新しい自治体の設計（全 6 巻）』有斐閣，2003 年

〈農村計画〉
- ・日本建築学会編『図説集落―その空間と計画』都市文化社，1989 年
- ・山崎光博他『グリーンツーリズム』家の光協会，1993 年
- ・農村開発企画委員会編『村づくりワークショップのすすめ』農林統計協会，1994 年
- ・井上和衛他『日本型グリーンツーリズム』都市文化社，1996 年

- 農村開発企画委員会，農業工学研究所集落整備計画研究室編『改訂版・農村整備用語辞典』農村開発企画委員会，2001年
- 長谷川昭彦他『農村ふるさとの再生』日本経済評論社，2004年
- 大野晃『限界集落と地域再生』京都新聞出版センター，2008年

〈都市交通〉
- 天野光三編『都市の公共交通―よりよい都市動脈をつくる』技報堂出版，1988年
- 加藤晃，竹内伝史『都市交通論』鹿島出版会，1988年
- 佐々木綱監修，飯田恭敬編著『交通工学』国民科学社，1992年
- 新谷洋二編著『都市交通計画』第2版，技報堂出版，2003年
- 大蔵泉『交通工学』コロナ社，1993年
- 武部健一『道のはなし』技報堂出版，1992年
- 秋山哲男，三星昭宏編『講座:高齢社会の技術6―移動と交通』日本評論社，1996年
- 上岡直見『クルマの不経済学』北斗出版，1996年
- 路面電車と都市の未来を考える会編著『路面電車とまちづくり―人と環境にやさしいトランジットモデル都市をめざして』学芸出版社，1999年
- 太田勝敏編著『新しい交通まちづくりの思想―コミュニティからのアプローチ』鹿島出版会，1998年
- 白石忠夫編著『世界は脱クルマ社会へ』緑風出版，2000年
- 西村幸格，服部重敬『都市と路面公共交通―欧米にみる交通政策と施設』学芸出版社，2000年
- ○山中英生，小谷通泰，新田保次『まちづくりのための交通戦略』学芸出版社，2000年
- 家田仁，岡並木編著『都市再生―交通学からの解答』学芸出版社，2002年
- ○北村隆一『鉄道でまちづくり―豊かな公共領域がつくる賑わい』学芸出版社，2001年
- 北村隆一『ポスト・モータリゼーション―21世紀の都市と交通戦略』学芸出版社，2001年
- ○土屋正忠『ムーバスの思想武蔵野市の実践』東洋経済新報社，2004年

〈ユニバーサルデザイン・バリアフリー〉
- 田中直人『福祉のまちづくりデザイン―阪神大震災からの検証』学芸出版社，1996年
- ○田中直人『福祉のまちづくりキーワード事典―ユニバーサル社会の環境デザイン』学芸出版社，2004年
- 川内美彦『ユニバーサル・デザイン―バリアフリーへの問いかけ』学芸出版社，2001年
- 馬場昌子＋福祉医療建築の連携による住居改善研究会『福祉医療建築の連携による高齢者・障害者のための住居改善』学芸出版社，2001年
- ○中井多喜雄『福祉住環境テーマ別用語集』学芸出版社，2000年
- バリアフリーデザイン研究会『バリアフリーが街を変える―市民がつくる快適まちづくり』学芸出版社，2001年

〈安全と安心の環境〉
- J.ジェコブス／黒川紀章訳『アメリカ大都市の死と生』SD選書，鹿島出版会，1977年
- O.ニューマン／湯川利和，湯川聡子訳『まもりやすい住空間―都市設計による犯罪防止』鹿島出版会，1976年
- ○伊藤滋編『犯罪のない街づくり』東洋経済新報社，1985年
- ○湯川利和『不安な高層安心な高層―犯罪空間学序説』学芸出版社，1987年
- 中村攻『子どもはどこで犯罪にあっているか―犯罪空間の実情・要因・対策』晶文社，2000年

〈緑地・公園計画〉
- 日本造園学会編『造園ハンドブック』技報堂出版，1978年
- 日本公園緑地協会編『緑のマスタープラン作成の手引』日本公園緑地協会，1977年
- 武内和彦『環境創造の思想』東京大学出版会，1994年
- 進士五十八『緑のまちづくり学』学芸出版社，1987年
- ○進士五十八『アメニティ・デザイン―ほんとうの環境づくり』学芸出版社，1992年
- 進士五十八『「農」の時代―スローなまちづくり』学芸出版社，2003年
- 吉村元男『エコハビタ―環境創造の都市』学芸出版社，1993年
- 吉村元男『ランドスケープデザイン―野生のコスモロジーと共生する風景の創造』鹿島出版会，1995年
- ○建設省都市局公園緑地課監修，日本公園緑地協会編『みんなのための公園づくり―ユニバーサルデザイン手法による設計指針』日本公園緑地協会，1999年
- ○石川幹子『都市と緑地―新しい都市環境の創造に向けて』岩波書店，2001年

〈地球環境・エコシティ〉
- 半谷高久他編『人間と自然の事典』化学同人，1991年
- 環境庁企画調整局編『環境基本計画』大蔵省印刷局，1994年
- リチャード・レジスター／鶴田栄作訳『エコシティ』工作舎，1993年
- 東京都環境保全局環境管理部編『東京都環境管理計画―新たな展開に向けて』東京都，1992年
- 山村恒年他『21世紀へ　環境学の試み―自然と人間の共有の未来に向けて』嵯峨野書院，1995年
- 松田裕之『共生とは何か―搾取と競争を越えた生物どうしの第三の関係』現代書館，1995年
- ○K.エルマー他著／水原渉訳『環境共生時代の都市計画―ドイツではどう取り組まれているか』技報堂出版，1996年
- アン・W・スパーン／高山啓子他訳「アーバンエコシステム―自然と共生する都市」公害対策技術同友会，1995年
- ○日本建築学会編『シリーズ地球環境建築・入門編　地球環境建築のすすめ』彰国社，2002年
- ○服部圭郎『人間都市クリチバ―環境・交通・福祉・土地利用を統合したまちづくり』学芸出版社，2004年
- 福田成美『デンマークの環境に優しい街づくり』新評論，1999年

〈景観・都市デザイン〉
- ○D. L.スミス／川向正人訳『アメニティと都市計画』鹿島出版会，1977年
- K.リンチ／丹下健三，富田玲子訳『都市のイメージ』岩波書

店，1968年
- 樋口忠彦『景観の構造―ランドスケープとしての日本の空間』技報堂出版，1975年
- 中村良夫他『新大系土木工学58 都市空間論』技報堂出版，1993年
- 土木学会編『街路の景観設計』技報堂出版，1985年
- 五十嵐敬喜，野口和雄，池上修一『美の条例―いきづく町をつくる　真鶴町・1万人の選択』学芸出版社，1996年
- ○五十嵐敬喜『美しい都市をつくる権利』学芸出版社，2002年
- 芦原義信『街並みの美学』岩波書店，1979年
- 日本建築学会編『水辺環境のデザイン』丸善，1994年
- 鳴海邦碩編『景観からのまちづくり』学芸出版社，1989年
- 鳴海邦碩編『都市環境デザイン―13人が語る理論と実践』学芸出版社，1995年
- ○鳴海邦碩編『都市デザインの手法―魅力あるまちづくりへの展開』改訂版，学芸出版社，1998年
- 武内和彦，鷲谷いづみ，恒川篤史編『里山の環境学』東京大学出版会，2001年
- ○西村幸夫＋町並み研究会編著『日本の風景計画―都市の景観コントロール　到達点と将来展望』学芸出版社，2003年
- ○西村幸夫＋町並み研究会編著『都市の風景計画―欧米の景観コントロール　手法と実際』学芸出版社，2000年
- 西村幸夫『都市保全計画―歴史・文化・自然を活かしたまちづくり』東京大学出版会，2004年
- 景観まちづくり研究会編著『景観法を活かす―どこでもできる景観まちづくり』学芸出版社，2004年
- ○オギュスタン・ベルク／篠田勝英訳『日本の風景・西欧の景観―そして造景の時代』講談社現代新書，講談社，1990年
- オギュスタン・ベルク／篠田勝英訳『都市のコスモロジー―日・米・欧都市比較』講談社現代新書，講談社，1993年
- 田村明『美しい都市景観をつくるアーバンデザイン』朝日選書，朝日新聞社，1997年
- 田村明『まちづくりの実践』岩波新書，岩波書店，1999年
- 渡辺定夫編著『アーバンデザインの現代的展望』鹿島出版会，1993年
- 千賀祐太郎『よみがえれ水辺・里山・田園』岩波ブックレットNo.364，岩波書店，1995年
- 進士五十八他『風景デザイン―感性とボランティアのまちづくり』学芸出版社，1999年

〈歴史文化の保全〉
- 観光資源保護財団編『歴史的町並み事典』柏書房，1981年
- ○西山夘三『歴史的景観とまちづくり』都市文化社，1990年
- 大河直躬編『都市の歴史とまちづくり』学芸出版社，1995年
- ○大河直躬・三舩康道編著『歴史的遺産の保存・活用とまちづくり　改訂版』学芸出版社，2006年
- ○陣内秀信『東京の空間人類学』筑摩書房，1985年
- 陣内秀信監修『エコロジーと歴史にもとづく地域デザイン』学芸出版社，2004年
- 石田潤一郎，中川理編『近代建築史』昭和堂，1998年
- エドワード・レルフ／高野岳彦，神谷浩夫，岩瀬寛之訳『都市景観の20世紀―モダンとポストモダンのトータルウォッチング』筑摩書房，1999年
- ジョナサン・グランシー／三宅理一訳監修『建築の歴史―世界の名建築の壮大な美とドラマ』BL出版，2001年
- ○大西国太郎＋朱自煊編『中国の歴史都市―これからの景観保存と町並みの再生へ―』鹿島出版会，2001年
- 阮儀三『歴史環境保護的理論与考察』上海科学技術出版社，2000年
- 日本建築学会近畿支部環境保全部会編著『近代建築物の保存と再生』都市文化社，1993年
- ○全国町並み保存連盟編著『新町並み時代―まちづくりへの提案』学芸出版社，1999年
- 文化庁編『歴史的集落・町並みの保存―伝統的建造物群保存地区ガイドブック』第一法規出版，2000年
- 全国伝統的建造物群保存地区協議会編著『未来へ続く歴史のまちなみ―伝建地区とまちづくり』ぎょうせい，2001年
- 文化庁編『歴史的集落・町並みの保存―伝統的建造物群保存地区ガイドブック』第一法規，2000年
- Donald Appleyard Edited, The Conservation of European Cities, MIT Press, 1979年
- アンソニー・M・タン／三村浩史＋世界都市保全研究会訳『歴史都市の破壊と保全・再生―世界のメトロポリスに見る景観保全のまちづくり』海路書院，2006年

〈観光・ツーリズム〉
- バレーン・L・スミス／三村浩史監訳『観光・リゾート開発の人類学―ホスト＆ゲスト論でみる地域文化の対応』勁草書房，1991年
- 井口貢『観光文化の振興と地域社会』ミネルヴァ書房，2002年
- 北川宗忠『観光・旅の文化』ミネルヴァ書房，2002年

〈都市防災〉
- 建設省都市局都市防災対策室監修『都市防災実務ハンドブック―地震防災編』ぎょうせい，1997年
- ○阪神大震災復興市民まちづくり支援ネットワーク事務局編『震災復興が教えるまちづくりの将来』学芸出版社，1998年
- ○日本都市計画学会防災・復興問題研究特別委員会編『安全と再生の都市づくり―阪神・淡路大震災を超えて』学芸出版社，1999年
- 林春男『いのちを守る地震防災学』岩波書店，2003年
- ○塩崎賢明，出口俊一，西川栄一，兵庫県震災復興センター編『大震災100の教訓』クリエイツかもがわ，2002年
- 安藤元夫『阪神・淡路大震災：被害と住宅・生活復興』『復興都市計画事業・まちづくり』学芸出版社，2003・2004年
- 室崎益輝監修『減災と技術―災害の教訓を活かす』日本技術士会，2005年
- 塩崎賢明『住宅復興とコミュニティ』日本経済評論社，2009年

〈地区計画・まちづくり協定〉
- 藤井治「市街地の集合秩序―明治初期の慣習にみる自主的環境協定」『市街地整備の人間的方法』関西情報センター，1985年
- 三村浩史，北条蓮英，安藤元夫『都市計画と中小零細工業―住工混合地域の研究』新評論，1978年
- ハルトムート・ディーテリッヒ他／阿部成治訳『西ドイツの

都市計画制度―建築の秩序と自由』学芸出版社，1981 年
○日端康雄『ミクロの都市計画と土地利用』学芸出版社，1988 年
・日本住宅総合センター『良好な住環境の確保からみた地区計画制度の実績評価』および『地区計画制度の実績評価と運用方策』日本住宅総合センター，1995 および 1997 年
・森村道美『マスタープランと地区環境整備―都市像の考え方とまちづくりの進め方』学芸出版社，1998 年
・鈴木克彦『すぐに役立つ「建築協定」の運営とまちづくり』鹿島出版会，1992 年
・佐藤滋＋新まちづくり研究会編『住み続けるための新まちづくり手法』鹿島出版会，1995 年
・立命館大学リムゼミナール編著『京都・素顔の住宅地―ちょっぴり学術書』淡交社，1995 年
・三村浩史＋リム・ボン『町衆企業とコミュニティ―京都における都心まちづくりの考察』高菅出版，2001 年
・京都新聞社編『京の町家考』京都新聞社，1995 年
○青山吉隆編著「職住共存の都心再生―創造的規制・誘導を目指す京都の試み」学芸出版社，2002 年

〈居住地計画〉
○巽和夫，扇田信，多胡進，住田昌二，三村浩史編『住環境の計画（全5巻）』彰国社，1987〜95 年，とくに第5巻，三村浩史他『住環境を整備する』1991 年
・全国住環境整備事業推進協議会編『住環境整備 20 年のあゆみ』全国市街地再開発協会，1982 年
・全国市街地再開発協会編『住環境整備 2000』全国市街地再開発協会，2000 年
・HOPE 計画推進協議会編著『十町十色―HOPE 計画の 10 年』㈶ベターリビング，1994 年
・黒崎羊二他『密集市街地のまちづくり―まちの明日を編集する』学芸出版社，2002 年
・浅見泰司編『住環境―評価方法と理論』東京大学出版会，2001 年
・佐藤滋『集合住宅団地の変遷』鹿島出版会，1989 年
・佐藤滋編著『まちづくりの科学』鹿島出版会，1999 年
・戸谷英世，成瀬大治『アメリカの住宅地開発―ガーデンシティからサスティナブル・コミュニティへ』学芸出版社，1999 年
・天野光三，藤墳忠司，小谷通泰，山中英生『歩車共存道路の計画・手法―快適な生活空間を求めて』都市文化社，1986 年
・住区内街路研究会『人と車「おりあい」の道づくり―住宅内街路計画考』鹿島出版会，1989 年
・新建築学体系編集委員会編『新建築学体系 19 市街地整備』彰国社，1984 年
○髙見澤邦郎編著『居住環境整備の手法』彰国社，1989 年
・ポール・ノックス／小長谷一之訳『都市社会地理学 上・下巻』地人書房，1993 および 1995 年

〈中心市街地・都市再生〉
・関西情報センター編『世界都市再開発 NOW』学芸出版社，1989 年
・木村光宏，日端康雄『ヨーロッパの都市再開発―伝統と創造 人間尊重のまちづくりへの手引き』学芸出版社，1984 年
・日端康雄，木村光宏『アメリカの都市再開発―コミュニティ開発，活性化，都心再生のまちづくり』学芸出版社，1992 年
・藤田邦昭『生き残る街づくり―都市・商店街・再開発』学芸出版社，1987 年
○藤田邦昭『街づくりの発想―商店街・都心居住・再開発』学芸出版社，1994 年
○田端修『町なかルネサンス―職・住・遊の都心再生論』学芸出版社，1988 年
・吉国国夫『タウンリゾートとしての商店街―都市を変える5つの提案』学芸出版社，1994 年
・脇本祐一『街が動いた―ベンチャー市民の闘い』学芸出版社，2000 年
・阿部成治『大型店とドイツのまちづくり―中心市街地活性化と広域調整』学芸出版社，2001 年
・酒巻貞夫『商店街の経営革新』改訂版，創成社，2002 年
・中沢孝夫『〈地域人〉とまちづくり』講談社現代新書，講談社，2003 年
・中出文平＋地方都市研究会編著『中心市街地再生と持続可能なまちづくり』学芸出版社，2003 年
・新たな都市空間需要検討会執筆チーム編著『中心市街地活性化〈導入機能・施設〉事典』学芸出版社，2004 年
・Jan Tanghe, 他, Living Cities : A Case for Urbanism and Guidelines for Re-Urbanization, Pergamon Press, 1984 年

〈ハウジング・居住福祉〉
○延藤安弘，三宅醇他『新建築学大系 14 ハウジング』彰国社，1985 年
・日本住宅会議編『住宅白書』ドメス出版，1986 年から隔年刊行
○西山夘三『すまい考今学―現代日本住宅史』彰国社，1989 年
○三村浩史『すまい学のすすめ』彰国社，1989 年
・巽和夫編『現代ハウジング用語事典』彰国社，1993 年
・小玉徹，大場茂明，檜谷美恵子，平山洋介『欧米の住宅政策―イギリス・ドイツ・フランス・アメリカ』ミネルヴァ書房，1999 年
○住田昌二，藤本昌也他『参加と共生の住まいづくり』学芸出版社，2002 年
・内田青蔵，大川三雄，藤谷陽悦『図説・近代日本住宅史―幕末から現代まで』鹿島出版会，2001 年
・佐藤滋，髙見沢邦郎，伊藤裕久，大月敏雄他『同潤会のアパートメントとその時代』鹿島出版会，1998 年
・片木篤，藤谷陽悦，角野幸博編『近代日本の郊外住宅地』鹿島出版会，2002 年
・早川和男他編『講座現代居住 1〜5巻』東京大学出版会，1996 年
・早川和男『居住福祉』岩波新書，岩波書店，1997 年
○早川和雄，野口定久，武川正吾編『居住福祉学と人間―「いのちと住まい」の学問ばなし』三五館，2002 年
・園田恭一『地域福祉とコミュニティ』有信堂高文社，1999 年
・藤岡純一編著『スウェーデンの生活者社会―地方自治と生活の権利』青木書店，1993 年
・穂坂光彦『アジアの街わたしの住まい』明石書店，1994 年
・金沢良雄，西山夘三，福武直，柴田徳衛編『住宅問題講座（全9巻）』有斐閣，1968〜71 年

- ○住田昌二『21世紀のハウジング－居住政策の構図』ドメス出版，2007 年

〈計画策定・住民参加〉
- 延藤安弘『まちづくり読本「こんな町に住みたいナ」』晶文社，1990 年
- 大戸徹，鳥山千尋，吉川仁『まちづくり協議会読本』学芸出版社，1999 年
- 日本建築士連合会編『コラボレーション・建築士と住民がまちを創る－地域発意をまちづくりにつなげていく建築士』公職研，2002 年
- 原昭夫『自治体まちづくり－まちづくりをみんなの手で』学芸出版社，2003 年
- 日本まちづくり協会編『住民参加でつくる地域の計画・まちづくり』技術書院，2002 年
- ○日本建築学会意味のデザイン小委員会編著『対話による建築・まち育て－参加と意味のデザイン』学芸出版社，2003 年
- 目加田説子編『ハンドブック市民の道具箱』岩波書店，2002 年
- ○まちづくり条例研究センター監修柳沢厚，野口和雄編著『まちづくり・都市計画　なんでも質問室』ぎょうせい，2002 年
- 佐谷和江，須永和久，日置雅晴，山口邦雄『市民のためのまちづくりガイド』学芸出版社，2000 年
- Herbert H. Smith, The Citizen's Guide to Planning 3rd Edition, American Planning Association, 1994 年
- 土田昭司『社会調査のためのデータ分析入門－実証科学への招待』有斐閣，1994 年
- ○クリストファー・アレグザンダー／平田翰那訳『パタン・ランゲージ－環境設計の手引』鹿島出版会，1984 年（原著は 1977 年）
- ニック・ウェイツ，チャールズ・ネヴィット／塩崎賢明訳『コミュニティ・アーキテクチュア－居住環境の静かな革命』都市文化社，1992 年
- 福川祐一：文・青山邦彦：絵『ぼくたちのまちづくり（全 4 巻）』岩波書店，1999 年
- 沼田眞監修佐島群巳他編『生涯学習としての環境教育』国土社，1992 年．
- ヘンリー・サノフ／小野啓子訳『まちづくりゲーム－環境デザイン・ワークショップ』晶文社，1993 年
- ラインハルト・グレーベ／中村静夫訳『都市計画ガイドブック－みんなでまちを造った』集文社，1984 年
- 小林重敬編，計画システム研究会『協議型まちづくり』学芸出版社，1994 年
- ○三船康道＋まちづくりコラボレーション『まちづくりキーワード事典』第二版，学芸出版社，2002 年
- 野口和雄『まちづくり条例のつくり方－まちをつくるシステム』自治体研究社，2002 年
- 伊藤雅春，大久手計画工房『参加するまちづくり－ワークショップがわかる本』OM 出版，2003 年
- ランドルフ・T・ヘスター／土肥真人共著，訳『まちづくりの方法と技術－コミュニティー・デザイン・プライマー』現代企画室，1997 年
- ○日本建築学会編『まちづくり教科書シリーズ①まちづくりの方法，②町並み保全型まちづくり，③参加による公共施設のデザイン，④公共建築の設計者選定，⑤発注方式の多様化とまちづくり，⑥まちづくり学習』丸善，2004 年

追補：
- 日本都市計画学会関西支部新しい都市計画教程研究会編『都市・まちづくり学入門』学芸出版社、2011 年
- 佐藤滋他『東日本大震災からの復興まちづくり－見えてきた住民主体・地域協働の方法』大月書店，2011 年
- 川上光彦・浦山益郎・飯田直彦＋土地利用研究会編著『人口減少時代における土地利用計画－都市周辺部の持続可能性を探る』学芸出版社，2010 年
- 住田昌二『現代日本ハウジング史 1914‐2006』ミネルヴァ書房，2015 年
- 中山徹『人口減少と地域の再編－地域創生・連携中枢都市圏・コンパクトシティ』自治体体研究社、2016 年
- 中山徹『人口減少と公共施設の展望－「公共施設等総合管理計画」への対応』自治体体研究社、2017 年
- 日本建築学会編『都市縮小時代の土地利用計画－多様な都市空間創出へ向けた課題と対応策』学芸出版社、2017 年
- 尾家建生，金井万蔵『これでわかる！着地型観光－地域が主役のツーリズム』学芸出版社、2008 年
- 矢作弘『「都市縮小」の時代』角川書店、2009 年
- 大月敏雄『町を住みこなす－超高齢社会の居場所づくり』岩波新書、2017 年
- 饗庭伸・小泉瑛一・山崎亮『まちづくりの仕事ガイドブック－まちの未来をつくる 63 の働き方』学芸出版社、2016 年

〈定期刊行物等〉
- 日本都市計画学会『都市計画』
- 日本建築学会『建築雑誌』
- 都市住宅学会『都市住宅学』
- 日本居住福祉学会『居住福祉研究』
- 土木学会『土木學會誌』
- 日本造園学会『ランドスケープ研究』
- 農村計画学会『農村計画学会誌』
- 日本計画行政学会『計画行政』
- 都市計画協会『新都市』
- 東京市政調査会『都市問題』
- 都市問題研究会『都市問題研究』
- 日本住宅協会『住宅』
- 交通工学研究会『交通工学』
- 日本道路協会『道路』
- 日本地域開発センター『地域開発』
- クッド研究所＋学芸出版社『季刊まちづくり』
- Doxiadis Associates, Ekistics
- American Planning Association, Journal of the American Planning Association
- Building Publication of London, Built Environment
- その他　国土交通省，環境省など関連省庁の年次白書など

索 引

(用語集に収録されている用語は＊で示しました)

【あ】
アーバンデザイン　　89,99
アディケス法＊　　118,172,174
アテネ憲章＊　　29,174
アメニティ＊　　12,87,102,170,174
アンウィン, レイモンド＊　　26,174
安心　　143
安全環境街区　　84,159
安全性＊　　12,74,143,174

【い】
移動　　73
インセンティブ＊　　51,164,174
インナーシティ＊　　8,11,33,105,174
インフラストラクチャー＊　　46,77,174

【う】
宇宙観＊　　16,174

【え】
エコポリス＊　　12,63,174
エコロジー＊　　9,175
NPO＊　　13,173,175
LRT　　78,80
沿線開発　　50,172

【お】
オアシス都市　　19
オープンスペース　　45,59,63

【か】
街区　　114
開発行為　　130
開発プロジェクト　　50,165
街路（空間）　　81,114
家屋建築物規制令規＊　　131,175
画地　　114
過密居住　　25
環境アセスメント＊　　12,61,175
環境管理計画＊　　12,45,62,175
環境基本計画　　62
環境共生　　9
環境侵害　　54

【き】
規制緩和＊　　51,164,175
基礎調査　　44
機能主義都市計画　　27

基本構想・基本計画＊　　39,175
共同（空間）秩序　　18
共同秩序　　115,122,130
共同溝　　86
居住地　　18,104,105,107,153
近代建築国際会議＊　　28,175
近代都市計画　　18
近隣住区　　30

【く】
空中権の移転＊　　165,175

【け】
景域＊　　88,175
計画策定　　36,40,44
景観　　87,88,170
景観（基本）計画　　91
景観形成計画　　94
景観条例　　90
景観の空間構成　　92
景観法　　12,90
建設省＊　　161,173,175
建設投資　　168
建造物遺産＊　　93,176
建築家　　16,21
建築基準法＊　　131,176
建築協定　　117,155,159
建築行為　　130
建築条例　　25
建蔽率　　137
権利変換　　125

【こ】
公営住宅　　25,109
公園緑地　　62,65
郊外＊　　29,176
公共交通＊　　75,80,176
工業都市　　24,27
公衆衛生＊　　25,176
高速鉄道＊　　76,176
公聴会＊　　43,46,176
交通規制　　82
交通サービス　　73,80
交通災害　　79
交通需要マネジメント　　83
交通ターミナル　　74
交通バリアフリー法＊　　74,176
高齢化社会　　103,169

戸外レクリエーション*　64,176
国土交通省*　161,173,176
古代都市　17
コミュニティ*　9,11,13,30,102,122,153,159,169,176
コミュニティバス　81
コンサルタント*　13,43,173,176
コンパクトシティ*　49,50,169,177

【さ】
災害　143,144
再開発　109,124〜126

【し】
市街化調整区域　57
市街地開発　116
市街地ストック　122
自然地域　62
持続的開発　9,53
自治体行政　13
自動車公害　83
市民参加　41,173
市民農園*　65,177
社会調査*　37,177
斜線制限　137
住環境　18,108
住環境整備　110,149
住宅需給市場*　109,177
住宅ストック　107,108,170
住宅地区改良*　123,177
住宅地設計　29
住宅マスタープラン*　11,46,113,161,177
住宅問題*　25,177
集団規定　131
集落地域整備法*　161,177
樹木・樹林の保存　71
循環系施設　85
城下町　20,115
城塞都市　19
上水道・下水道　85
商店街*　128,160,177
情報通信　76
職住共存　34,105,107
人口移動　106
親水性　100

【す】
スクォッター*　9,177
ストリートファニチャー*　100,177
スプロール　54
スラム*　9,123,177

【せ】
生活の質　168

生産緑地*　45,64,65,169,178
関口鉄太郎*　64,178
全国町並み保存連盟*　163,178
線引き　57

【そ】
騒音・振動　78,140
相隣関係　130
ゾーニング　25,54,57

【た】
大気汚染　78
第三世界*　8,178
代替案*　37,178
大都市改造　32
タウンウォッチング*　94,178
ダウンゾーニング　165
タウンマネージメント組織　129
高さ制限　98,137
宅地　120,122
宅地開発　119,120
宅地開発事業*　116,178
宅地開発指導　61

【ち】
地域開発*　51,178
地域共生　13,167
地域計画　36
地域地区制　58
地域福祉（計画）*　11,103,169,178
地域文化　170
地球環境問題　10,168
地区（詳細）計画　117,132,155,156
地方分権　12,141,168
中心市街地活性化　129,160
超少子化（社会）　169

【て】
デベロッパー*　14,41,50,118,154,178
テレワーク　76,107
田園景観　89
田園都市　26
伝統的建造物群保存地区　35,163

【と】
同潤会*　31,109,178
道路　81
ドクシアディス，コンスタンチノス*　39,178
都市化*　7,178
都市観光*　161,178
都市計画審議会　42
都市計画制度　31,41
都市計画の科学　171

都市計画マスタープラン*	39,43,178	防犯環境づくり*	103,179
都市景観	79	HOPE計画	161
都市公園	67	歩車分離	30
都市公園の計画	69		
都市構造	12,76	【ま】	
都市構造(空間構成)	77	まちづくり*	41,154,155,180
都市交通計画	46,73,79	まちづくり協議会	11,156
都市政策	10	まちづくり憲章	159
都市の機能的構成	46	町並み	115,116
都市美観	89	町割り	114
土地区画整理	117,118,172	マンフォード,ルイス*	22,36,180
土地政策*	53,179		
土地利用	45,53,57,59	【み】	
土地利用価値*	53,179	ミクロの都市計画	153
土地利用計画	53,54,56,169	密集住宅市街地	110,123
土地利用マスタープラン	58〜60	緑のマスタープラン	69

【に】
西山夘三*　　37,92,109,179
日照条件　　139
ニュータウン　　117
人間居住政策*　　9,179

【も】
モータリゼーション*　　11,27,33,81,169,180
木造市街地　　170
木造密集市街地　　149

【の】
農村集落　　36,89
ノーマライゼーション*　　11,103,179

【ゆ】
ユートピアン　　25

【は】
パーソントリップ　　75
場の意識*　　15,179
バリアフリー*　　170,179
バロック都市*　　22,179

【よ】
容積率　　55
用途地域　　133,136
予測作業　　37

【ら】
ライフスタイル*　　7,180
ライフライン　　11,86,150
ランドマーク*　　20,180

【ひ】
ヒートアイランド現象　　64
ビオトープ*　　65,179
日影時間規制　　141
美観地区　　89
ヒッポダモス　　18

【り】
緑地空間　　64
緑化　　72

【る】
ル・コルビュジエ*　　28,180
ルネッサンス都市　　21

【ふ】
ヴィスタ　　96,98
風景論　　35,87
風水思想　　21
風致地区　　89
復興都市計画*　　144,152,179
不動産　　53,104
不良住宅地区　　25,109

【れ】
歴史的(な)町並み　　34,163

【ろ】
路面電車*　　76,180

【わ】
ワークショップ*　　46,70,180

【ほ】
防火地域　　55
防災計画　　144,148
防災生活圏　　148

第二版　あとがき

　第二版の作成を促がしてくださったのは，初版7刷にいたるまでの実に多数の読者の方々である．初版以降の8年間，私は関西福祉大学において，地域社会福祉について研究の機会を得るとともに「環境と人間」「地域環境の構成」の講義を担当してきた．また，伝統的な文化を保全しつつ活用する内外の生活空間計画についても，調査や参画をつづけてきていたので，それらの新しい知見を加えて，さらなる読者の方々のニーズに応えたい，また，いままで読者からいただいた質問や問題点の指摘にも答えたいと発心した次第だった．

　しかしながら，いざ執筆にかかってみると，この間の都市計画をめぐる状況の変化はめまぐるしく，情報収集と理解は容易でなかった．ここで新たに掲載させていただいた資料について，多くの行政，研究者，専門家の方々，各地のまちづくりの取組み成果に負うところが大である．できるだけ，そのことを表示したつもりだが，不十分な点についてはご一報いただきたい．また執筆内容については，松尾久，寺西興一，奥田初男，佐藤隆雄，海道清信の諸氏から貴重な助言の数々をいただいた．おわりに，教科書としての性格を持つ本書発行のタイムリミットと私の遅筆との間で，大変な苦労をおかけした学芸出版社の前田裕資編集長，永井美保編集スタッフにも謝意を表する次第である．

2005年3月
著者

初版　あとがき

　この本の端緒は，1965（昭和40）年に京都大学建築系学科に新たに地域生活空間計画講座が誕生し，当時新米の助教授だった私が地域調査や都市設計の講義を担当するようになったことに発している．このような機会を私に与えてくださったのは，建築系学科と恩師である故西山夘三先生（1911〜94）である．それまで，都市計画の講義はお隣りの土木系学科が担当していた．道路，橋梁，鉄道，上下水道，港湾，河川などは土木工学が主流をなしてきた領域であるが，それらを都市という場で調整し適切に配置する，つまり都市施設の体系化こそが都市計画の主な役目であり，関連してゾーニングや区画整理，公園・都市美なども紹介されるのが当時の内容であった．

　建築系学科の講義では，西山先生，故絹谷祐規先生（1927〜64）をはじめとする住居・近隣住区などの研究を原点とする「生活空間計画」という概念が展開されてきた．そこで，在来の内容に居住地の計画，住環境と建築行政，歴史的環境の保存，アーバンデザインなどを加えて建築系らしい講義をすすめてきたつもりである．一方，土木系の方は，施設計画の最適化をめざすシステム工学，地域景観のデザイン，計画プロセスの社会工学などの世界を広げてきた．このように，私が京都大学で講義を担当してきた30年間（海外では信じられない長期間だが）において「計画」の実践と学問は飛躍的に発展した．建設のための計画から，計画なくして建設なし，そしてプランニングの科学という状況の逆転と進展が起こったのである．今日，建築系や土木系の自己変革とともに，社会科学・人文科学からの参入も盛んで，都市計画は新しい多分野的共同段階に入ろうとしている．本書もその動機づけの一冊になればさいわいである．

都市計画という実に間口の広い領域をあつかう本書は，多くの方々の研究成果の摂取と考察によって叙述できたものである．建築学会や都市計画学会での交流，著作や報告書の学習，フィールド調査や計画策定チームへの参加，そして研究室ゼミでの討論，講義における学生諸君の反応などから学んできた．また本書の理解を進めるために用いた図表・写真などの少なくない部分は，各自治体や公団等の計画書，行政資料，個々の著述等からも引用させていただいた．それぞれの出典をその場所で記載し，また掲載の依頼をお願いして承諾を得られるように努めた．しかし，これらの点でなお不行き届きがあった場合はご連絡をいただきたい．

　草稿の段階では，それぞれの専門の方々に点検と助言をお願いした．都市計画全般にわたっては川上光彦・金沢大学教授に，都市計画法・建築行政法規に関しては寺西興一・大阪府泉北センター主任に，公園緑地計画については中山徹・奈良女子大学助教授に，地域計画・住環境については西山徳明・九州芸術工科大学助教授に点検をお願いした．また，図・表の仕上げについては真鍋聡君（京大大学院生）に，都市防災の事項については紅谷昇平君（京大研究生）から多大の協力を得た．しかしながら，本書でなお不備な部分があるとすると，それらはすべて著者の責任である．

　執筆期間中は，研究室の諸君と語る時間をときに惜しんだこともあったが，東樋口護助教授，神吉紀世子・橋本清勇両助手およびドクターコース大学院生がゼミ活動を立派に盛り立ててくれた．安宅純子事務補佐員には，この間の煩雑な研究室業務をしっかりとサポートして貰った．

　早い時期から出版を奨めてくださった学芸出版社の京極迪宏社長，初期企画からずっと6年間もねばりつよくお世話くださった編集担当の前田裕資氏，仕上げ業務を担当された三原紀代美氏に感謝する次第である．

　もっと早く本書を出版したいと思いながら，ついに定年退官の時期に至ってしまった．これまで出版は何時ごろかと期待してくださってきた方々に，あらためてご挨拶申し上げる．なお，私事にわたるが，仕事優先で家庭を等閑にしがちだった私をささえてくれた家族にも，ここで一言感謝の気持ちを記しておきたい．

1996年12月
著者

執筆者履歴

三村浩史（みむらひろし）
1934 年　和歌山市生まれ.
1959 年　京都大学大学院工学研究科修士課程修了，大阪府企業局技師として千里ニュータウンの開発計画に従事.
1964 年　京都大学工学部助教授，同年オランダ社会科学研究所の総合計画コース（主任 J.P. タイセイ教授）の共同研修に参加.
1968 年　「地域空間のレクリエーション利用に関する研究」論文で京大工学博士.
1985 年　京都大学工学部教授，建築学科および工学研究科環境地球工学専攻で居住地計画・都市計画の講座を担当.
1997 年　京都大学名誉教授，関西福祉大学教授（2014 年まで）
委員等　日本建築学会都市計画委員長，日本都市計画学会評議員，京都市住宅審議会会長，文化庁文化財保護審議会専門委員，西山夘三記念すまい・まちづくり文庫委員長，京都市景観・まちづくりセンター理事長，日本ナショナルトラスト専門委員，竹富島伝統的建造物群保存審議会会長，尾道市歴史的風致維持向上計画推進協議会委員，他を歴任.
著　書　『都市を住みよくできるか』（日刊工業新聞社，1971 年），『都市計画と中小零細工業』（共著：新評論，1978 年），『人間らしく住む都市の居住政策』（学芸出版社，1980 年），『歴史的町並み事典』（共著：柏書房，1981 年），『すまいの思想』（NHK 市民大学テキスト，1987 年），『すまい学のすすめ』（彰国社，1989 年），『住環境を整備する』（共著：彰国社，1991 年），『近代建築物の保存と再生』（共著：都市文化社，1993 年），『京の町家考』（共著：京都新聞社，1995 年），『地域共生のまちづくり』（共著：学芸出版社，1998 年），編訳書に『世界のすまい 6000 年 ①②③巻』（共訳：彰国社，1985 年），『サンアントニオ水都物語』（共訳：都市文化社，1990 年），『観光・リゾート開発の人類学』（共訳：勁草書房，1993 年），『歴史都市の破壊と保全・再生』（共訳：海路書院，2006 年）他.

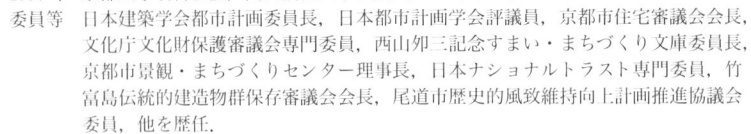

第二版　地域共生の都市計画

1997 年 1 月 25 日　第 1 版第 1 刷発行
2005 年 3 月 30 日　第 2 版第 1 刷発行
2018 年 3 月 20 日　第 2 版第 8 刷発行

著　者　三村浩史
発行者　前田裕資
発行所　株式会社 学芸出版社
　　　　京都市下京区木津屋橋通西洞院東入
　　　　〒600-8216　電話 075-343-0811
　　　　http://www.gakugei-pub.jp/
　　　　E-mail　info@gakugei-pub.jp
製版・印刷：創栄図書印刷／製本：山崎紙工／装丁：前田俊平

© 三村浩史 2005　Printed in Japan　　ISBN978-4-7615-3129-4

JCOPY　〈(社)出版者著作権管理機構委託出版物〉
本書の無断複写は著作権法上での例外を除き禁じられています。複写される場合は、そのつど事前に、(社)出版者著作権管理機構（電話 03-3513-6969、FAX 03-3513-6979、e-mail: info@jcopy. or. jp）の許諾を得てください。
また本書を代行業者等の第三者に依頼してスキャンやデジタル化することは、たとえ個人や家庭内での利用でも著作権法違反です。